软件开发视频大讲堂

MySQL从入门到精通

（第3版）

明日科技　编著

清華大学出版社
北　京

内 容 简 介

《MySQL 从入门到精通（第 3 版）》从初学者角度出发，通过通俗易懂的语言和丰富多彩的实例，详细介绍了 MySQL 开发需要掌握的各方面技术。全书共分为 4 篇 22 章，包括数据库基础，初识 MySQL，使用 MySQL 图形化管理工具，数据库操作，存储引擎及数据类型，数据表操作，MySQL 基础，表数据的增、删、改操作，数据查询，常用函数，索引，视图，数据完整性约束，存储过程与存储函数，触发器，事务，事件，备份与恢复，MySQL 性能优化，权限管理及安全控制，Python+MySQL 实现智慧校园考试系统和 Java+MySQL 实现物流配货系统等内容。书中所有知识都结合具体实例进行介绍，涉及的程序代码也给出了详细的注释，可以使读者轻松领会 MySQL 的精髓，快速提高开发技能。

另外，本书除了纸质内容，还配备了数据库在线开发资源库，主要内容如下：

- ☑ 同步教学微课：共 113 集，时长 14 小时
- ☑ 技术资源库：412 个技术要点
- ☑ 技巧资源库：192 个开发技巧
- ☑ 实例资源库：117 个应用实例
- ☑ 项目资源库：20 个实战项目
- ☑ 源码资源库：124 项源代码
- ☑ 视频资源库：467 集学习视频
- ☑ PPT 电子教案

本书内容全面，实例丰富，非常适合作为编程初学者的学习用书，也适合作为开发人员的查阅、参考资料。

图书在版编目（CIP）数据

MySQL 从入门到精通/明日科技编著．—3 版．—北京：清华大学出版社，2023.6（2024.12重印）
（软件开发视频大讲堂）
ISBN 978-7-302-63489-8

Ⅰ．①M…　Ⅱ．①明…　Ⅲ．①SQL 语言－数据库管理系统　Ⅳ．①TP311.132.3

中国国家版本馆 CIP 数据核字（2023）第 082696 号

责任编辑：贾小红
封面设计：刘　超
版式设计：文森时代
责任校对：马军令
责任印制：宋　林

出版发行：清华大学出版社
网　　址：https://www.tup.com.cn，https://www.wqxuetang.com
地　　址：北京清华大学学研大厦 A 座　　**邮　　编：**100084
社 总 机：010-83470000　　**邮　　购：**010-62786544
投稿与读者服务：010-62776969，c-service@tup.tsinghua.edu.cn
质量反馈：010-62772015，zhiliang@tup.tsinghua.edu.cn
印 装 者：三河市科茂嘉荣印务有限公司
经　　销：全国新华书店
开　　本：203mm×260mm　　**印　　张：**24.25　　**字　　数：**657 千字
版　　次：2017 年 9 月第 1 版　　2023 年 6 月第 3 版　　**印　　次：**2024 年12月第 4 次印刷
定　　价：89.80 元

产品编号：101071-01

如何使用本书开发资源库

本书赠送价值 999 元的“数据库在线开发资源库”一年的免费使用权限，结合图书和开发资源库，读者可快速提升编程水平和解决实际问题的能力。

1. VIP 会员注册

数据库
开发资源库

刮开并扫描图书封底的防盗码，按提示绑定手机微信，然后扫描右侧二维码，打开明日科技账号注册页面，填写注册信息后将自动获取一年（自注册之日起）的数据库在线开发资源库的 VIP 使用权限。

读者在注册、使用开发资源库时有任何问题，均可咨询明日科技官网页面上的客服电话。

2. 纸质书和开发资源库的配合学习流程

数据库开发资源库中提供了技术资源库（412 个技术要点）、技巧资源库（192 个开发技巧）、实例资源库（117 个应用实例）、项目资源库（20 个实战项目）、源码资源库（124 项源代码）、视频资源库（467 集学习视频），共计六大类、1332 项学习资源。学会、练熟、用好这些资源，读者可在最短的时间内快速提升自己，从一名新手晋升为一名数据库开发工程师。

《MySQL 从入门到精通（第 3 版）》纸质书和“数据库在线开发资源库”的配合学习流程如下。

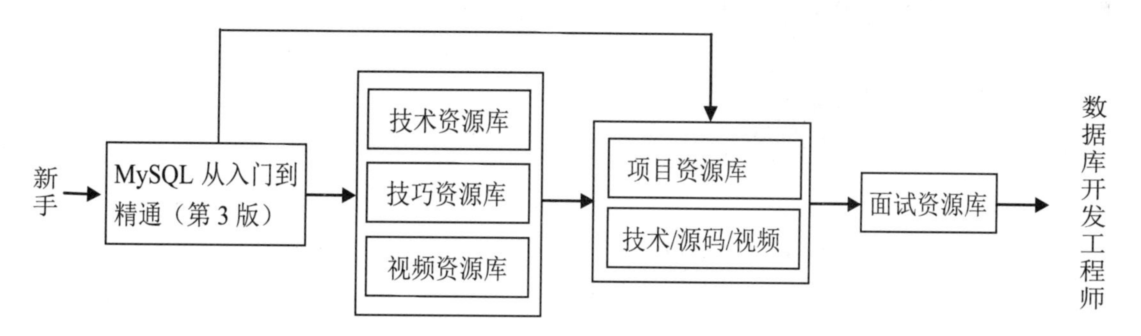

3. 开发资源库的使用方法

在进行数据库开发过程中，总有一些易混淆、易出错的地方，利用技巧资源库可快速扫除盲区，掌握更多实战技巧，精准避坑。需要查阅某个技术点时，可利用技术资源库锁定对应知识点，随时随地深入学习，也可以通过视频资源库，对某个技术点进行系统学习。

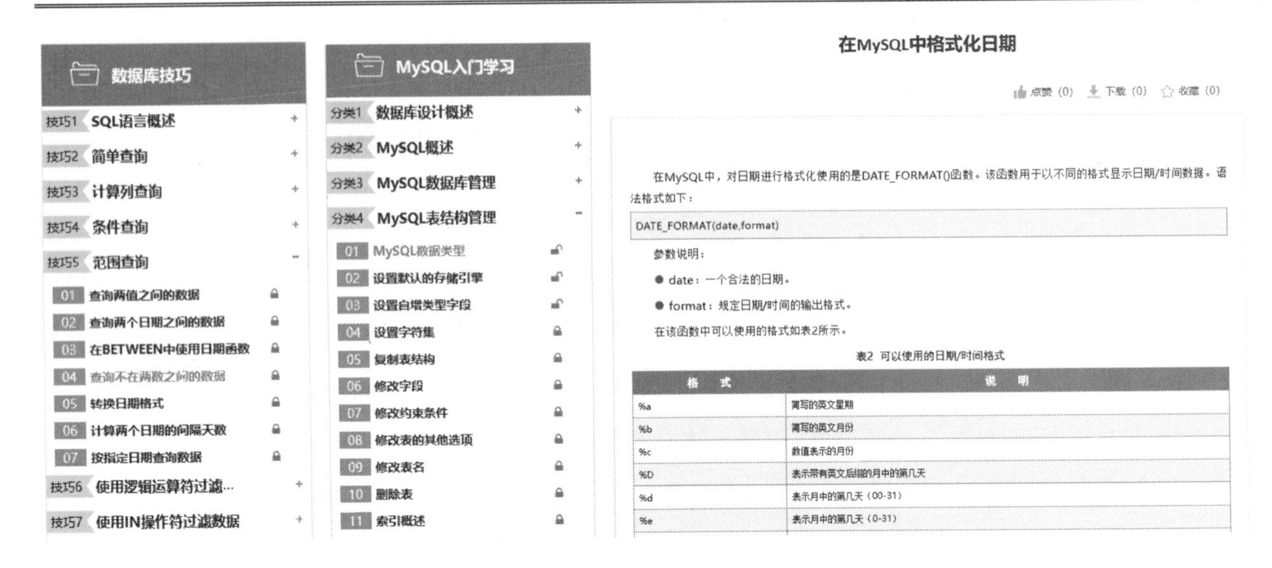

学习完本书后，读者可通过项目资源库中的经典 MySQL 数据库项目全面提升个人的综合编程技能和解决实际开发问题的能力，为成为 MySQL 数据库开发工程师打下坚实的基础。

另外，利用页面上方的搜索栏，还可以对技术、技巧、项目、源码、视频等资源进行快速查阅。

万事俱备后，读者该到软件开发的主战场上接受洗礼了。本书资源包中提供了各种主流数据库相关的面试真题，是求职面试的绝佳指南。读者可扫描图书封底的“文泉云盘”二维码获取。

数据库面试资源库
- 第1部分 MySQL 企业面试真题汇编
- 第2部分 Oracle 企业面试真题汇编
- 第3部分 SQL Server 企业面试真题汇编

前　言

Preface

丛书说明：“软件开发视频大讲堂”丛书第1版于2008年8月出版，因其编写细腻、易学实用、配备海量学习资源和全程视频等，在软件开发类图书市场上产生了很大反响，绝大部分品种在全国软件开发零售图书排行榜中名列前茅，2009年多个品种被评为“全国优秀畅销书”。

“软件开发视频大讲堂”丛书第2版于2010年8月出版，第3版于2012年8月出版，第4版于2016年10月出版，第5版于2019年3月出版，第6版于2021年7月出版。十五年间反复锤炼，打造经典。丛书迄今累计重印680多次，销售400多万册，不仅深受广大程序员的喜爱，还被百余所高校选为计算机、软件等相关专业的教学参考用书。

“软件开发视频大讲堂”丛书第7版在继承前6版所有优点的基础上，进行了大幅度的修订。第一，根据当前的技术趋势与热点需求调整品种，拓宽了程序员岗位就业技能用书；第二，对图书内容进行了深度更新、优化，如优化了内容布置，弥补了讲解疏漏，将开发环境和工具更新为新版本，增加了对新技术点的剖析，将项目替换为更能体现当今IT开发现状的热门项目等，使其更与时俱进，更适合读者学习；第三，改进了教学微课视频，为读者提供更好的学习体验；第四，升级了开发资源库，提供了程序员“入门学习→技巧掌握→实例训练→项目开发→求职面试”等各阶段的海量学习资源；第五，为了方便教学，制作了全新的教学课件PPT。

MySQL数据库是当今世界上最流行的数据库之一。全球最大的网络搜索引擎公司Google使用的数据库就是MySQL，国内的很多大型网络公司，如百度、网易和新浪等也选择MySQL数据库。据统计，世界上一流的互联网公司中，排名前20位的有80%是MySQL的忠实用户。目前，MySQL已经被列为全国计算机等级考试二级的考试科目。

本书内容

本书提供了从MySQL入门到数据库开发高手所必需的各类知识，共分为4篇，大体结构如下图所示。

第1篇：基础知识。本篇通过对数据库基础、初识MySQL、使用MySQL图形化管理工具、数据库操作、存储引擎及数据类型、数据表操作等内容的介绍，并结合大量的图示、举例、视频等，帮助读者快速掌握MySQL，为学习以后的知识奠定坚实的基础。

第2篇：核心技术。本篇介绍MySQL基础，表数据的增、删、改操作，数据查询，常用函数，索引，视图等内容。学习完这一部分，读者能够了解和熟悉MySQL及常用的函数，使用SQL操作MySQL数据库中的视图，掌握SQL查询、子查询、嵌套查询、连接查询的用法等。

第3篇：高级应用。本篇介绍数据完整性约束、存储过程与存储函数、触发器、事务、事件、备份与恢复、MySQL性能优化、权限管理及安全控制等内容。学习完这一部分，读者能够掌握如何进行数据的导入与导出操作，以及存储过程、触发器、事务、事件的使用方法等。这些内容不仅可以优化查询，还可以提高数据访问速度，更好地维护 MySQL 的权限和安全。

第 4 篇：项目实战。本篇分别使用 Python 和 Java 两种语言，结合 MySQL 实现了两个大型的、完整的管理系统，通过这两个项目，读者可以运用软件工程的设计思想，学习如何进行软件项目的实践开发。书中按照“编写需求分析→系统设计→数据库与数据表设计→公共模块设计→创建项目→实现项目→项目总结”的流程进行介绍，带领读者体验开发项目的全过程。

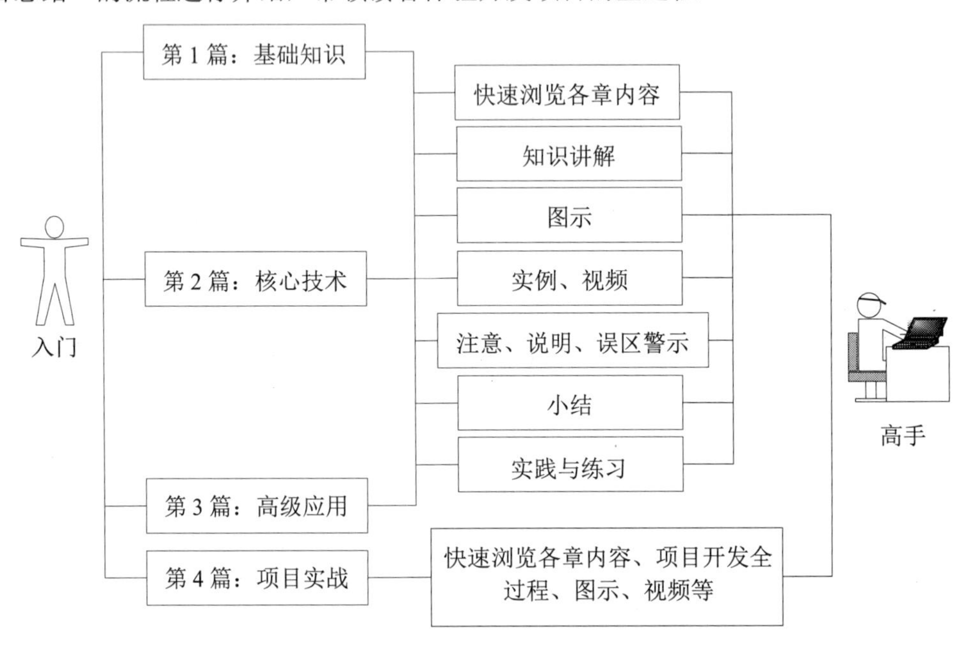

本书特点

- ☑ **由浅入深，循序渐进**：本书以零基础入门读者和初、中级程序员为对象，让读者先从 MySQL 基础学起，再学习 MySQL 的核心技术，然后学习 MySQL 的高级应用，最后学习使用 PHP、Python 和 Java 等语言结合 MySQL 开发完整项目。知识的讲解过程中步骤详尽，版式新颖，在操作的内容图片上以❶❷❸……的编号+内容的方式进行标注，让读者在阅读时一目了然，从而快速掌握书中内容。
- ☑ **微课视频，讲解详尽**：为便于读者直观感受程序开发的全过程，书中重要章节配备了视频讲解（共 113 集，时长 14 小时），使用手机扫描章节标题一侧的二维码，即可观看学习。便于初学者快速入门，感受编程的快乐，获得成就感，进一步增强学习的信心。
- ☑ **基础示例+实践练习+项目案例，实战为王**。通过例子学习是最好的学习方式，本书核心知识的讲解通过“一个知识点、一个示例、一个结果、一段评析、一个综合应用”的模式，详尽透彻地讲述了实际开发中所需的各类知识。全书共计有 195 个应用实例，41 个实践练习，2 个项目案例，为初学者打造“学习 1 小时，训练 10 小时”的强化实战学习环境。
- ☑ **精彩栏目，贴心提醒**：本书根据学习需要在正文中设计了“注意”“说明”“误区警示”等小栏目，可以使读者在学习的过程中更轻松地理解相关知识点及概念，更快地掌握相应技术的应用技巧。

读者对象

☑ 初学编程的自学者
☑ 编程爱好者
☑ 大中专院校的老师和学生
☑ 相关培训机构的老师和学员
☑ 做毕业设计的学生
☑ 初、中级程序开发人员
☑ 程序测试及维护人员
☑ 参加实习的“菜鸟”程序员

本书学习资源

本书提供了大量的辅助学习资源，读者需刮开图书封底的防盗码，扫描并绑定微信后，获取学习权限。

☑ **同步教学微课**

学习书中知识时，扫描章节名称处的二维码，可在线观看教学视频。

☑ **在线开发资源库**

本书配备了强大的数据库开发资源库，包括技术资源库、技巧资源库、实例资源库、项目资源库、源码资源库、视频资源库。扫描右侧二维码，可登录明日科技网站，获取数据库开发资源库一年的免费使用权限。

数据库
开发资源库

☑ **学习答疑**

关注清大文森学堂公众号，可获取本书的源代码、PPT 课件、视频等资源，加入本书的学习交流群，参加图书直播答疑。

读者扫描图书封底的“文泉云盘”二维码，或登录清华大学出版社网站（www.tup.com.cn），可在对应图书页面下查阅各类学习资源的获取方式。

清大文森学堂

致读者

本书由明日科技数据库开发团队组织编写。明日科技是一家专业从事软件开发、教育培训及软件开发教育资源整合的高科技公司，其编写的教材非常注重选取软件开发中的必需、常用内容，也很注重内容的易学性及相关知识的拓展性，深受读者喜爱。其教材多次荣获“全行业优秀畅销品种”“全国高校出版社优秀畅销书”等奖项，多个品种长期位居同类图书销售排行榜的前列。

在编写本书的过程中，我们始终本着科学、严谨的态度，力求精益求精，但书中难免有疏漏和不妥之处，敬请广大读者批评指正。

感谢您选择本书，希望本书能成为您编程路上的领航者。

“零门槛”学编程，一切皆有可能。

祝读书快乐！

编　者
2023 年 5 月

目　录

Contents

第1篇　基础知识

第 2 篇　核 心 技 术

第3篇　高 级 应 用

第4篇　项目实战

第 1 篇

基础知识

本篇通过对数据库基础、初识 MySQL、使用 MySQL 图形化管理工具、数据库操作、存储引擎及数据类型和数据表操作等内容的介绍，并结合大量的图示、举例和视频，帮助读者快速掌握 MySQL，为学习后面的知识奠定坚实的基础。

基础知识

- 数据库基础：数据库的一些基础理论知识，了解即可
- 初识MySQL：掌握MySQL服务器的安装和配置
- 使用MySQL图形化管理工具：掌握MySQL图形化管理工具的使用
- 数据库操作：数据库的创建、修改和删除操作,这是数据库管理员必备的技能,要熟练掌握
- 存储引擎及数据类型：掌握存储引擎及数据类型
- 数据表操作：数据处理的核心内容，重难点是表的约束及关系的创建和维护

第1章

数据库基础

本章主要介绍数据库的相关概念，包括数据库系统概述、数据模型和数据库的体系结构等内容。通过本章的学习，读者应该掌握数据库系统、数据模型、数据库三级模式结构以及数据库规范化等概念。

本章知识架构及重难点如下：

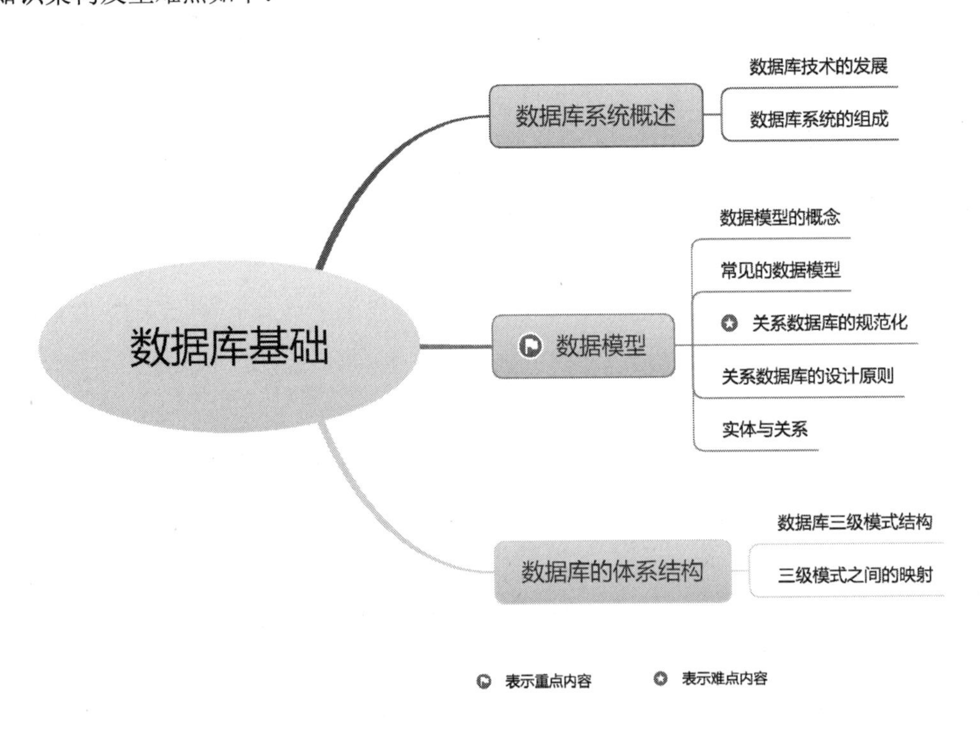

1.1 数据库系统概述

1.1.1 数据库技术的发展

数据库技术是为了响应数据管理任务的需求而产生的，随着计算机技术的发展，对数据管理技术的要求不断提高。数据库技术先后经历了人工管理、文件系统和数据库系统 3 个阶段，下面分别进行介绍。

1. 人工管理阶段

20 世纪 50 年代中期以前，计算机主要用于科学计算。当时硬件设备和软件技术都很落后，数据基本依赖于人工管理。人工管理阶段具有如下特点。

（1）数据不能被保存。

（2）数据没有专门的软件进行管理。

（3）不能共享数据。

（4）数据不具有独立性。

2. 文件系统阶段

20 世纪 50 年代后期到 20 世纪 60 年代中期，硬件设备和软件技术都有了进一步发展，有了磁盘等存储设备和专门的数据管理软件（即文件系统）。该阶段具有如下特点。

（1）数据可以长期被保存。

（2）由文件系统管理数据。

（3）数据共享性差且冗余大。

（4）数据独立性差。

3. 数据库系统阶段

20 世纪 60 年代后期以来，计算机应用于管理系统，而且规模越来越大，应用越来越广泛，数据量急剧增长，对共享功能的要求越来越强烈，使用文件系统管理数据已经不能满足要求，于是出现了数据库系统来统一管理数据。数据库系统的出现满足了多用户、多应用共享数据的需求，比文件系统具有明显的优点，标志着数据管理技术的飞跃。

1.1.2　数据库系统的组成

数据库系统（database system，DBS）是采用数据库技术的计算机系统，是由数据库（数据）、数据库管理系统、数据库管理员（database administrator，DBA）、支持数据库系统的硬件和软件（应用开发工具、应用系统等）以及用户 5 个部分构成的运行实体，如图 1.1 所示。其中，数据库管理员是对数据库进行规划、设计、维护和监视等的专业管理人员，在数据库系统中起着非常重要的作用。

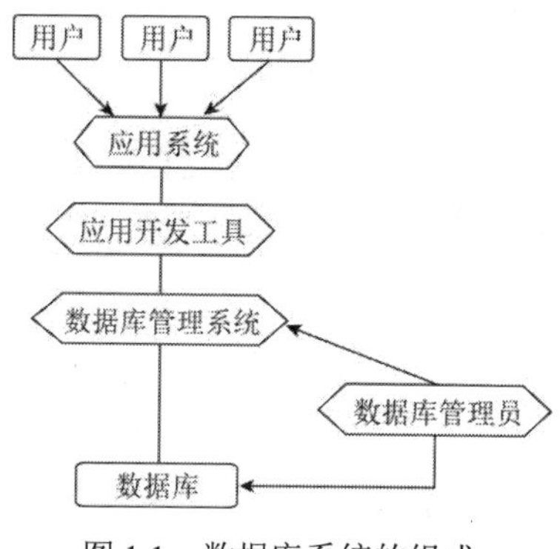

图 1.1　数据库系统的组成

1.2　数 据 模 型

1.2.1　数据模型的概念

数据模型是数据库系统的核心与基础。它是关于描述数据与数据之间的联系、数据的语义、数据一致性约束的概念性工具的集合。

数据模型通常由数据结构、数据操作和完整性约束 3 部分组成，分别介绍如下。

（1）数据结构：它是对系统静态特征的描述，它的描述对象包括数据的类型、内容、性质和数据之间的相互关系。

（2）数据操作：它是对系统动态特征的描述，也是对数据库各种对象实例的操作。

（3）完整性约束：它是完整性规则的集合，它定义了给定数据模型中数据及其联系所具有的制约和依存规则。

1.2.2 常见的数据模型

常见的数据库数据模型主要有层次模型、网状模型和关系模型。

1. 层次模型

用树状结构表示实体类型及实体间联系的数据模型被称为层次模型，如图 1.2 所示。其特点如下。

（1）每棵树有且仅有一个无双亲节点，称为根。

（2）树中除根外所有节点有且仅有一个双亲。

2. 网状模型

用有向图结构表示实体类型及实体间联系的数据模型被称为网状模型，如图 1.3 所示。用网状模型编写应用程序极其复杂，数据的独立性较差。

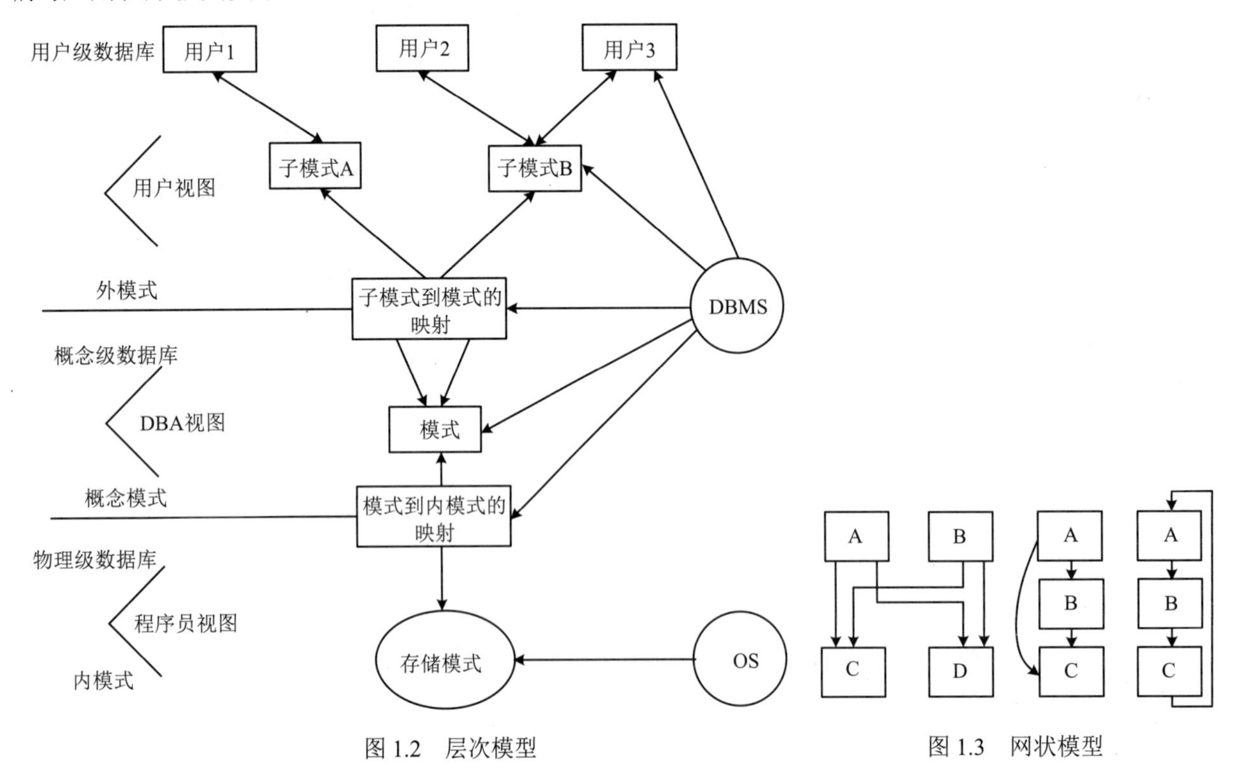

图 1.2　层次模型

图 1.3　网状模型

3. 关系模型

关系模型以二维表来描述数据。在关系模型中，每个表都有多个字段列和记录行，而每个字段列都有固定的属性（数字、字符、日期等），如图 1.4 所示。关系模型数据结构简单、清晰，具有很高的数据独立性，是目前主流的数据库数据模型。关系模型的基本术语如下。

（1）关系：一个二维表就是一个关系。

（2）元组：二维表中的一行，即表中的记录。

（3）属性：二维表中的一列，用类型和值表示。

（4）域：每个属性取值的变化范围，如性别的域为{男，女}。

关系中的数据约束如下。

（1）实体完整性约束：约束关系的主键中属性值不能为空值。

（2）参照完整性约束：关系之间的基本约束。

（3）用户定义的完整性约束：反映了具体应用中数据的语义要求。

学生信息表

学生姓名	年级	家庭住址
张三	2000	成都
李四	2000	北京
王五	2000	上海

成绩表

学生姓名	课程	成绩
张三	数学	100
张三	物理	95
张三	社会	90
李四	数学	85
李四	社会	90
王五	数学	80
王五	物理	75

图 1.4　关系模型

1.2.3　关系数据库的规范化

关系数据库的规范化理论是，关系数据库中的每一个关系都要满足一定的规范。根据满足规范的条件不同，可以分为 5 个等级：第一范式（1NF）、第二范式（2NF）……第五范式（5NF）。其中，NF 是 normal form 的缩写。一般情况下，只要把数据规范到第三范式标准就可以满足需要。下面举例介绍前 3 种范式。

1. 第一范式

第一范式是指在一个关系中，消除重复字段，且各字段都是最小的逻辑存储单位。第一范式是第二范式和第三范式的基础，是最基本的范式。第一范式包括下列指导原则。

（1）数据组的每个属性只可以包含一个值。

（2）关系中的每个数组必须包含相同数量的值。

（3）关系中的每个数组一定不能相同。

在任何一个关系数据库中，第一范式是对关系模式的基本要求，不满足第一范式的数据库就不是关系型数据库。

如果数据表中的每一列都是不可再分割的基本数据项，即同一列中不能有多个值，那么就称此数据表符合第一范式，由此可见第一范式具有不可再分解的原子特性。

在第一范式中，数据表的每一行只包含一个实体的信息，并且每一行的每一列只能存放实体的一个属性。例如，对于学生信息，不可以将学生实体的两个或多个或所有属性信息（如学号、姓名、性别、年龄、班级等）都放在一个列中予以显示，也就是说，一个列中应只存放学生实体的一个属性信息。

如果数据表中的列信息都符合第一范式，那么在数据表中的字段都是单一的、不可再分的。如

表 1.1 就是不符合第一范式的学生信息表，因为“班级”列中包含“系别”和“班级”两个属性信息，这样“班级”列中的信息就不是单一的，是可以再分的；而表 1.2 就是符合第一范式的学生信息表，它将原“班级”列的信息拆分到“系别”列和“班级”列中。

表 1.1　不符合第一范式的学生信息表

学　号	姓　名	性　别	年　龄	班　级
9527	东*方	男	20	计算机系 3 班

表 1.2　符合第一范式的学生信息表

学　号	姓　名	性　别	年　龄	系　别	班　级
9527	东*方	男	20	计算机	3 班

2. 第二范式

第二范式是在第一范式的基础上建立起来的，即满足第二范式必先满足第一范式。第二范式要求数据库表中的每个实体（即各个记录行）必须可以被唯一地区分。为实现区分各行记录，通常需要为表设置一个“区分列”，用以存储各个实体的唯一标识。在学生信息表中，设置了“学号”列，由于每个学生的编号都是唯一的，因此每个学生可以被唯一地区分（即使学生存在重名的情况），这个唯一属性列被称为主关键字或主键。

第二范式要求实体的属性完全依赖于主关键字，即不能存在仅依赖于主关键字一部分的属性，如果存在，那么这个属性和主关键字的这一部分应该被分离出来形成一个新的实体，新实体与原实体之间是一对多的关系。

例如，这里以员工工资信息表为例，若以员工编码、岗位为组合关键字（即复合主键），就会存在如下决定关系。

```
（员工编码、岗位）→（决定）（姓名、年龄、学历、基本工资、绩效工资、奖金）
```

在上面的决定关系中，还可以进一步被拆分为如下两种决定关系。

```
（员工编码）→（决定）（姓名、年龄、学历）
（岗位）→（决定）（基本工资）
```

其中，员工编码决定了员工的基本信息（包括姓名、年龄、学历等），而岗位决定了基本工资，因此这个关系表不满足第二范式。

对于上面的这种关系，可以把上述两个关系表更改为如下 3 个表。

员工信息表：EMPLOYEE（员工编码、姓名、年龄和学历）。

岗位工资表：QUARTERS（岗位和基本工资）。

员工工资表：PAY（员工编码、岗位、绩效工资和奖金）。

3. 第三范式

第三范式是在第二范式的基础上建立起来的，即满足第三范式必先满足第二范式。第三范式要求关系表不存在非关键字列对任意候选关键字列的传递函数依赖，也就是说，第三范式要求一个关系表中不包含已在其他表中包含的非主关键字信息。

所谓传递函数依赖，是指如果存在关键字段 A 决定非关键字段 B，而非关键字段 B 决定非关键字段 C，则称非关键字段 C 传递函数依赖于关键字段 A。

例如，这里以员工信息表（EMPLOYEE）为例，该表中包含员工编码、员工姓名、年龄、部门编码、部门经理等信息，该关系表的关键字为“员工编码”，因此存在如下决定关系。

```
（员工编码）→（决定）（员工姓名、年龄、部门编码、部门经理）
```

上面的这个关系表是符合第二范式的，但它不符合第三范式，因为该关系表内部隐含着如下决定关系。

```
（员工编码）→（决定）（部门编码）→（决定）（部门经理）
```

上面的关系表存在非关键字段“部门经理”对关键字段“员工编码”的传递函数依赖。对于上面的这种关系，可以把这个关系表（EMPLOYEE）更改为如下两个关系表。

员工信息表：EMPLOYEE（员工编码、员工姓名、年龄和部门编码）。

部门信息表：DEPARTMENT（部门编码和部门经理）。

对于关系型数据库的设计，理想的设计目标是按照“规范化”原则存储数据的，因为这样做能够消除数据冗余、更新异常、插入异常和删除异常。

1.2.4　关系数据库的设计原则

数据库设计是指对于一个给定的应用环境，根据用户的需求，利用数据模型和应用程序模拟现实世界中该应用环境的数据结构和处理活动的过程。

数据库设计原则如下。

（1）数据库内数据文件的数据组织应获得最大限度的共享、最小的冗余度，消除数据及数据依赖关系中的冗余部分，使依赖于同一个数据模型的数据达到有效的分离。

（2）保证输入、修改数据时数据的一致性与正确性。

（3）保证数据与使用数据的应用程序之间的高度独立性。

1.2.5　实体与关系

实体是指客观存在并可相互区别的事物。实体既可以是实际的事物，也可以是抽象的概念或关系。

实体之间有如下 3 种关系。

（1）一对一关系：该关系是指表 A 中的一条记录在表 B 中有且只有一条相匹配的记录。在一对一关系中，大部分相关信息都在一个表中。

（2）一对多关系：该关系是指表 A 中的行可以在表 B 中有许多匹配行，但是表 B 中的行只能在表 A 中有一个匹配行。

（3）多对多关系：该关系是指关系中每个表的行在相关表中具有多个匹配行。在数据库中，多对多关系的建立是依靠第三个表（称作连接表）实现的，连接表包含相关的两个表的主键列，然后从两个相关表的主键列中分别创建与连接表中匹配列的关系。

1.3 数据库的体系结构

1.3.1 数据库三级模式结构

数据库的三级模式结构是指模式、外模式和内模式。

1．模式

模式也被称为逻辑模式或概念模式。它是数据库中全体数据的逻辑结构和特征的描述，也是所有用户的公共数据视图。一个数据库只有一个模式。模式处于三级结构的中间层。

注意

定义模式时不仅要定义数据的逻辑结构，而且要定义数据之间的联系，定义与数据有关的安全性、完整性要求。

2．外模式

外模式也被称为用户模式。它是数据库用户（包括应用程序员和最终用户）能够看见和使用的局部数据的逻辑结构和特征的描述，也是数据库用户的数据视图。此外，它还是与某一应用有关的数据的逻辑表示。外模式是模式的子集，一个数据库可以有多个外模式。

说明

定义外模式是保证数据安全性的一个有力措施。

3．内模式

内模式也被称为存储模式。它是数据物理结构和存储方式的描述，也是数据在数据库内部的表示方式。一个数据库只有一个内模式。

1.3.2 三级模式之间的映射

为了能够在内部实现数据库的 3 个抽象层次的联系和转换，数据库管理系统在三级模式之间提供了两层映射，分别为外模式/模式映射和模式/内模式映射。

1．外模式/模式映射

同一个模式可以有任意多个外模式。对于每一个外模式，数据库系统都有一个外模式/模式映射。当模式发生改变时，由数据库管理员对各个外模式/模式映射做相应的改变，可以使外模式保持不变。这样，依据数据外模式编写的应用程序就不用修改，保证了数据与程序的逻辑独立性。

2. 模式/内模式映射

数据库中只有一个模式和一个内模式，因此模式/内模式映射是唯一的，它定义了数据库的全局逻辑结构与存储结构之间的对应关系。当数据库的存储结构被改变时，数据库管理员对模式/内模式映射进行相应的改变，以保持模式不变，应用程序也会相应地发生变动。这样就保证了数据与程序的物理独立性。

1.4 小　　结

本章主要介绍了数据库技术中的一些基本概念和原理，其中重点包括数据库技术的发展、数据库系统的组成、数据模型的概念、常见的数据模型、关系数据库的规范化及设计原则、实体与关系、数据库的三级模式结构，以及三级模式之间的映射等内容。其中，常见的数据模型和关系数据库的规范化及设计原则希望读者认真学习，重点掌握。

1.5 实践与练习

1. 数据库技术的发展经历了哪 3 个阶段？
2. 数据模型通常是由哪 3 个部分组成的？
3. 常用的数据库数据模型主要有哪几种？

第 2 章

初识 MySQL

MySQL 数据库是目前运行速度最快的 SQL 数据库。除了具有许多其他数据库所不具备的功能和选择，MySQL 数据库还是一种完全免费的产品，用户可以直接从网上下载并安装该软件，无须支付任何费用。另外，MySQL 数据库的跨平台性也是其一大优势。本章将对 MySQL 数据库的概念、特性、应用环境，以及 MySQL 服务器的安装、配置、启动、连接、断开和停止等进行详细介绍。

本章知识架构及重难点如下：

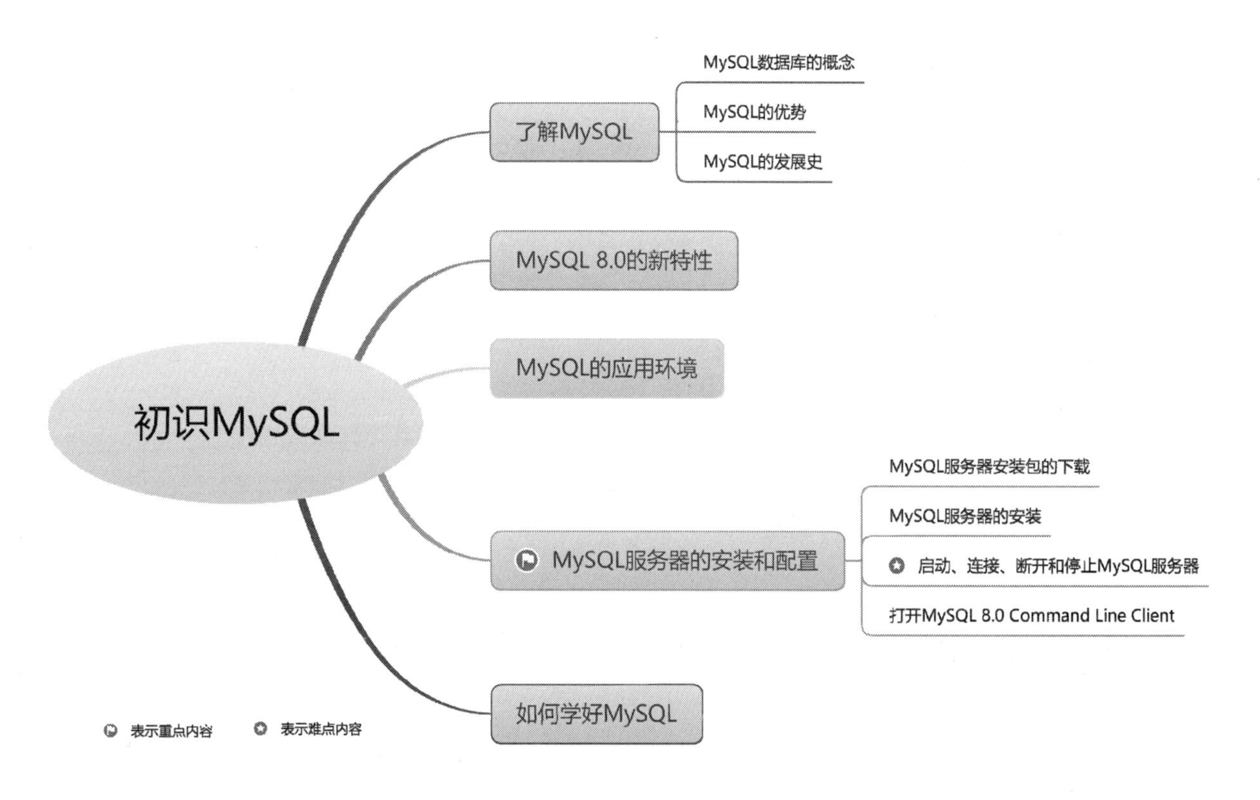

2.1 了解 MySQL

MySQL 是目前最为流行的开放源代码的数据库管理系统之一，是完全网络化、跨平台的关系型数据库系统。它是由瑞典的 MySQL AB 公司开发的，该公司由 MySQL 的初始开发人员 David Axmark 和

Michael “Monty” Widenius 于 1995 年建立，目前属于 Oracle 公司。MySQL 的象征符号是一只名为 Sakila 的海豚，代表着 MySQL 数据库和团队的速度、能力、精确和优秀本质。

2.1.1　MySQL 数据库的概念

数据库（database）就是一个存储数据的仓库。为了方便数据的存储和管理，数据库将数据按照特定的规律存储在磁盘上。数据库管理系统可以有效地组织和管理存储在数据库中的数据。MySQL 就是这样的一个关系型数据库管理系统（RDBMS），它是目前运行速度最快的 SQL 数据库管理系统。

2.1.2　MySQL 的优势

MySQL 是一款自由软件，任何人都可以从其官方网站下载。MySQL 是一个真正的多用户、多线程 SQL 数据库服务器。它采用客户端/服务器体系结构，由一个服务器守护程序 mysqld 和很多不同的客户程序及库组成。它能够快捷、有效和安全地处理大量的数据。相对于 Oracle 等数据库来说，MySQL 使用起来非常简单。MySQL 的主要目标是快捷、便捷和易用。

MySQL 被广泛地应用在 Internet 上的中小型网站中。MySQL 由于其体积小、速度快、总体拥有成本低，尤其是开放源代码，已成为多数中小型网站为了降低网站总体拥有成本而选择的网站数据库。

2.1.3　MySQL 的发展史

MySQL 的原开发者为瑞典的 MySQL AB 公司。MySQL 是一种完全免费的产品，用户可以直接从网上下载并安装该软件，无须支付任何费用。

2008 年 1 月 16 日，Sun 电脑公司（Sun Microsystems）正式收购 MySQL AB。

2009 年 4 月 20 日，甲骨文公司（Oracle）宣布以 74 亿美元收购 Sun 电脑公司。

2013 年 6 月 18 日，甲骨文公司修改 MySQL 授权协议，移除了 GPL，将 MySQL 分为社区版和商业版。社区版依然可以免费使用，但是功能更全的商业版需要付费使用。

MySQL 从无到有，到技术的不断更新、版本的不断升级，经历了一个漫长的过程，这个过程是实践的过程，也是 MySQL 成长的过程。时至今日，MySQL 的版本已经更新到了 MySQL 8.0。

2.2　MySQL 8.0 的新特性

MySQL 是一个真正的多用户、多线程 SQL 数据库服务器。SQL（结构化查询语言）是世界上较为流行的和标准化的数据库语言。MySQL 的特性如下。

（1）使用 C 和 C++语言编写，并使用了多种编译器进行测试，保证源代码的可移植性。

（2）支持 AIX、FreeBSD、HP-UX、Linux、Mac OS、Novell Netware、OpenBSD、OS/2 Wrap、Solaris、Windows 等多种操作系统。

（3）为多种编程语言提供了 API。这些编程语言包括 C、C++、Python、Java、Perl、PHP、Eiffel、Ruby 和 Tcl 等。

（4）支持多线程，充分利用 CPU 资源。

（5）优化的 SQL 查询算法，有效地提高查询速度。

（6）既能够被作为一个单独的应用程序应用在客户端/服务器网络环境中，也能够被作为一个库而嵌入其他软件中以提供多语言支持，常见的编码，如中文的 GB2312、BIG5，日文的 Shift_JIS 等都可以被用作数据表名和数据列名。

（7）提供 TCP/IP、ODBC 和 JDBC 等多种数据库连接途径。

（8）提供用于管理、检查、优化数据库操作的管理工具。

（9）可以处理拥有上千万条记录的大型数据库。

目前，MySQL 的最新版本是 MySQL 8.0，它比上一个版本（MySQL 5.7）具备更多新的特性。

（1）性能：MySQL 8.0 的速度要比 MySQL 5.7 快 2 倍。MySQL 8.0 在以下方面带来了更好的性能，包括读/写工作负载、I/O 密集型工作负载，以及高竞争（hot spot——热点竞争问题）工作负载。

MySQL 8.0 性能与 MySQL 5.6、MySQL 5.7 对比如图 2.1 所示。

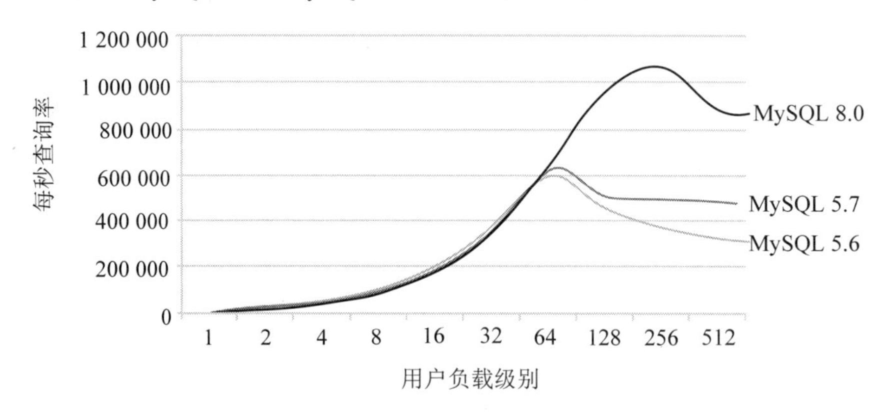

图 2.1　MySQL 8.0 与 MySQL 5.6、MySQL 5.7 的性能对比

（2）NoSQL：从 MySQL 5.7 开始，提供 NoSQL 存储功能，在 MySQL 8.0 中这部分功能得到了更大的改进。该功能消除了对独立的 NoSQL 文档数据库的需求，而 MySQL 文档存储也为 schema-less 模式的 JSON 文档提供了多文档事务支持和完整的 ACID 合规性。

（3）窗口函数（window function）：从 MySQL 8.0 开始，新增了窗口函数，可以用来实现若干种新的查询方式。窗口函数与 SUM()、COUNT() 这种集合函数类似，但它不会将多行查询结果合并为一行，而是将结果放回多行当中，即窗口函数不需要 GROUP BY。

（4）隐藏索引：在 MySQL 8.0 中，索引可以被隐藏或被显示。当索引被隐藏后，它将不会被查询优化器使用。可以将这个特性用于性能调试，例如先隐藏一个索引，然后观察其对数据库的影响。如果数据库性能有所下降，则说明这个索引是有用的，然后将其恢复显示即可；如果数据库性能基本无变化，则说明这个索引是多余的，可以考虑删除它。

（5）降序索引：MySQL 8.0 为索引提供了按降序方式进行排序的支持，在这种索引中的值也会按降序的方式进行排序。

（6）通用表表达式（common table expressions，CTE）：在复杂的查询中使用嵌入式表时，使用

CTE 使得查询语句更清晰。

（7）UTF-8 编码：从 MySQL 8.0 开始，使用 utf8mb4 作为默认字符集。

（8）JSON：MySQL 8.0 大幅改进了对 JSON 的支持，添加了基于路径查询参数从 JSON 字段中抽取数据的 JSON_EXTRACT() 函数，以及用于将数据分别组合到 JSON 数组和对象中的 JSON_ARRAYAGG()和 JSON_OBJECTAGG()聚合函数。

（9）可靠性：InnoDB 现在支持表 DDL 的原子性，也就是 InnoDB 表上的 DDL 也可以实现事务完整性，要么失败回滚，要么成功提交，不至于出现部分成功的问题。此外，InnoDB 还支持 crash-safe 特性，元数据存储在单个事务数据字典中。

（10）高可用性（high availability）：InnoDB 集群为数据库提供了集成的原生 HA 解决方案。

（11）安全性：OpenSSL 改进、新的默认身份验证、SQL 角色、密码强度、授权。

2.3　MySQL 的应用环境

MySQL 与其他大型数据库（如 Oracle、DB2、SQL Server 等）相比，确有不足之处，如规模小、功能有限等，但是这丝毫也没有减少它受欢迎的程度。对于个人使用者和中小型企业来说，MySQL 提供的功能已经绰绰有余。此外，MySQL 由于是开放源代码软件，因此可以大大降低总体拥有成本。

目前 Internet 上流行的网站构架方式是 LAMP（Linux+Apache+MySQL+PHP），即使用 Linux 作为操作系统，Apache 作为 Web 服务器，MySQL 作为数据库，PHP 作为服务器端脚本解释器。由于这 4 种软件都是免费或开放源代码软件（FLOSS），使用这种方式不用花一分钱（除人工成本）就可以建立起一个稳定、免费的网站系统。

此外，Python、Java 和 JavaScript 等编程语言都可以方便地连接并管理 MySQL 数据库。

2.4　MySQL 服务器的安装和配置

MySQL 是目前非常流行的开放源代码的数据库，它是完全网络化的跨平台的关系型数据库系统。任何人都能从 Internet 上下载 MySQL 的社区版本，而无须支付任何费用，并且开放源代码意味着任何人都可以使用和修改该软件，如果愿意，用户可以研究源代码并进行恰当的修改，以满足自己的需求，不过需要注意的是，这种“自由”是有范围的。

2.4.1　MySQL 服务器安装包的下载

MySQL 服务器的安装包可以到 https://www.mysql.com/downloads/中进行下载。下载的具体步骤如下。

（1）在浏览器的地址栏中输入 URL 地址 https://www.mysql.com/downloads/，进入 MySQL 下载页面，如图 2.2 所示。

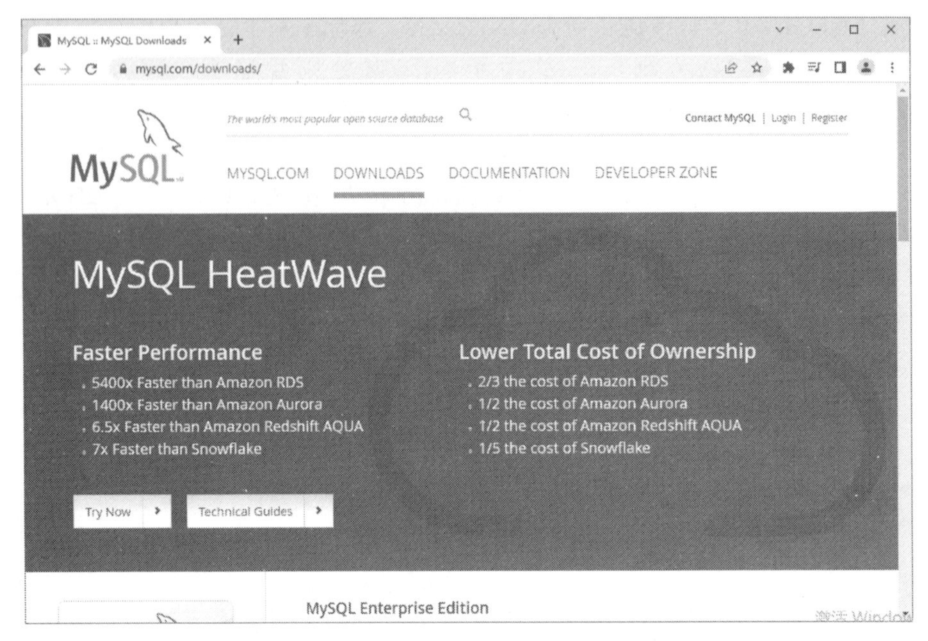

图 2.2　MySQL 下载页面

（2）向下滚动鼠标，找到并单击 MySQL Community Edition (GPL)超链接，进入 MySQL Community Downloads 页面，如图 2.3 和图 2.4 所示。

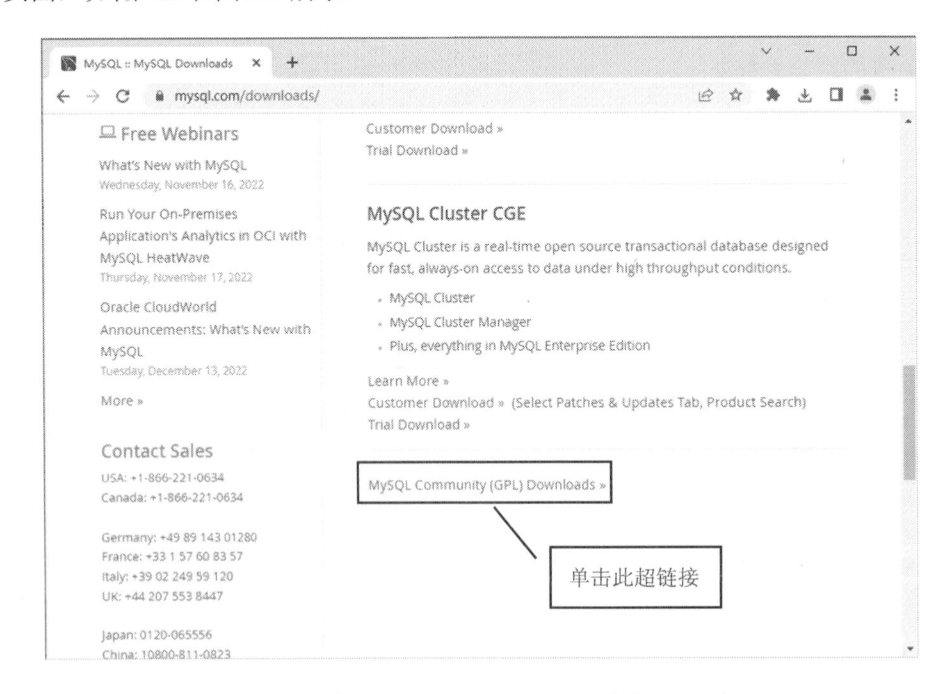

图 2.3　MySQL Downloads 页面

图 2.4　MySQL Community Downloads 页面

（3）单击 MySQL Community Server(GPL)超链接，进入 Download MySQL Community Server 页面，找到如图 2.5 所示的位置。

（4）根据自己的操作系统来选择合适的安装文件，这里以针对 Windows 32 位操作系统的完整版 MySQL Server 为例进行介绍，单击图 2.5 中的 MySQL Installer for Windows 图片，进入 Download MySQL Installer 页面，在该页面中，找到如图 2.6 所示的位置。

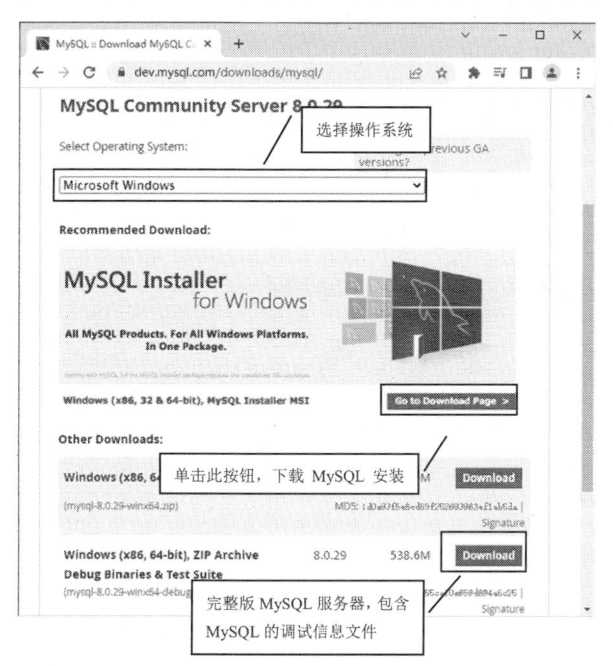

图 2.5　Download MySQL Community Server 页面

图 2.6　Download MySQL Installer 页面

（5）单击 Download 按钮，进入如图 2.7 所示的 Begin Your Download 页面。

（6）单击 No thanks, just start my download.超链接，即可看到安装文件的下载信息，如图 2.8 所示。

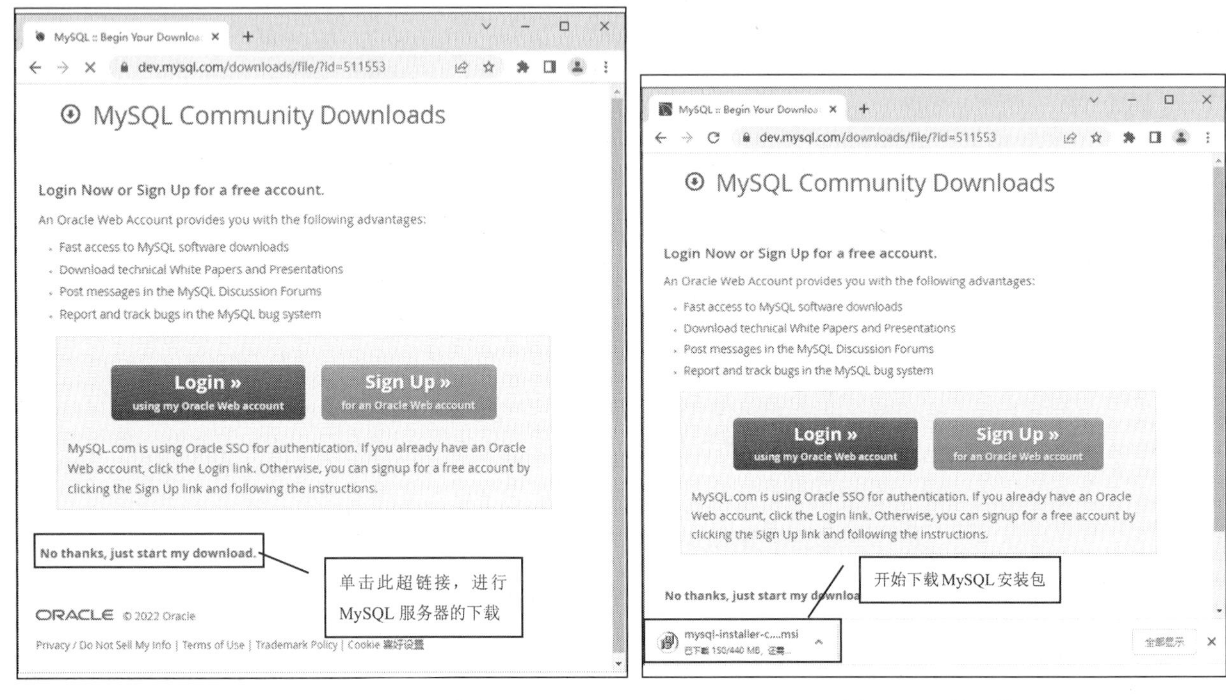

图 2.7　Begin Your Download 页面　　图 2.8　开始下载

2.4.2　MySQL 服务器的安装

下载 MySQL 服务器安装包后，将得到一个名为 mysql-installer-community-8.0.11.0.msi 的安装文件，双击该文件可以进行 MySQL 服务器的安装，具体的安装步骤如下。

（1）双击 mysql-installer-community-8.0.11.0.msi 文件，打开安装向导对话框。如果弹出如图 2.9 所示的提示对话框，那么需要先安装.NET 4.5 框架。

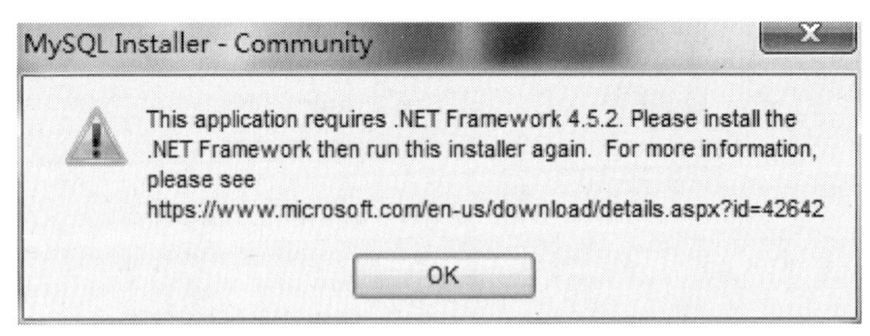

图 2.9　需要安装.NET 4.5 框架的提示对话框

（2）在安装向导对话框中，单击 Install MySQL Products 超链接，将打开 License Agreement 界面，询问是否接受协议，选中 I accept the license terms 复选框，接受协议，如图 2.10 所示。

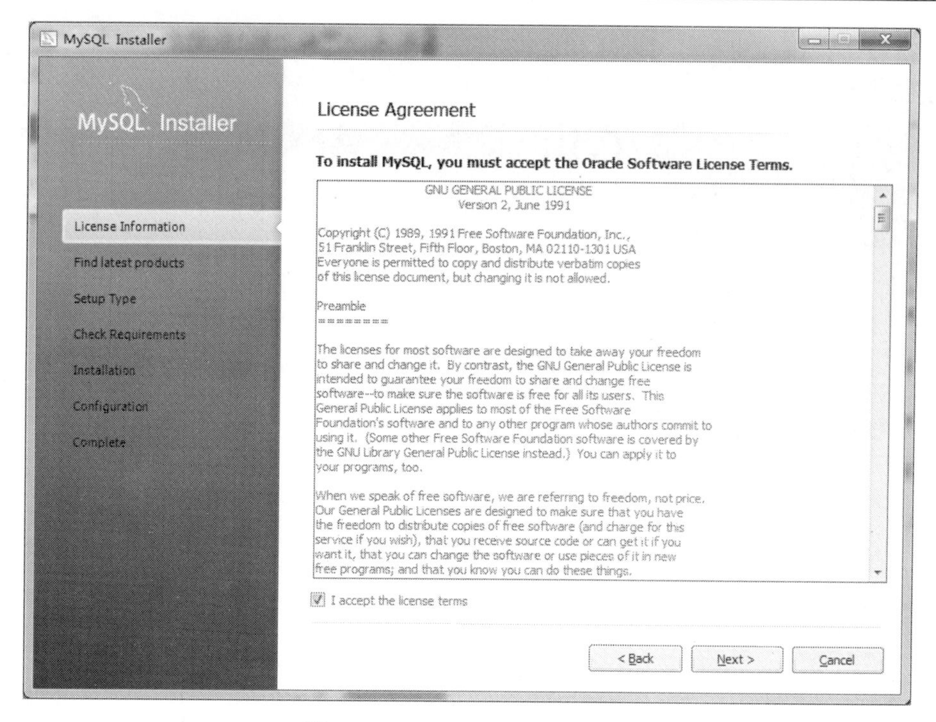

图 2.10　License Agreement 界面

（3）单击 Next 按钮，将打开 Choosing a Setup Type 界面，选中 Developer Default 单选按钮，安装全部产品，如图 2.11 所示。

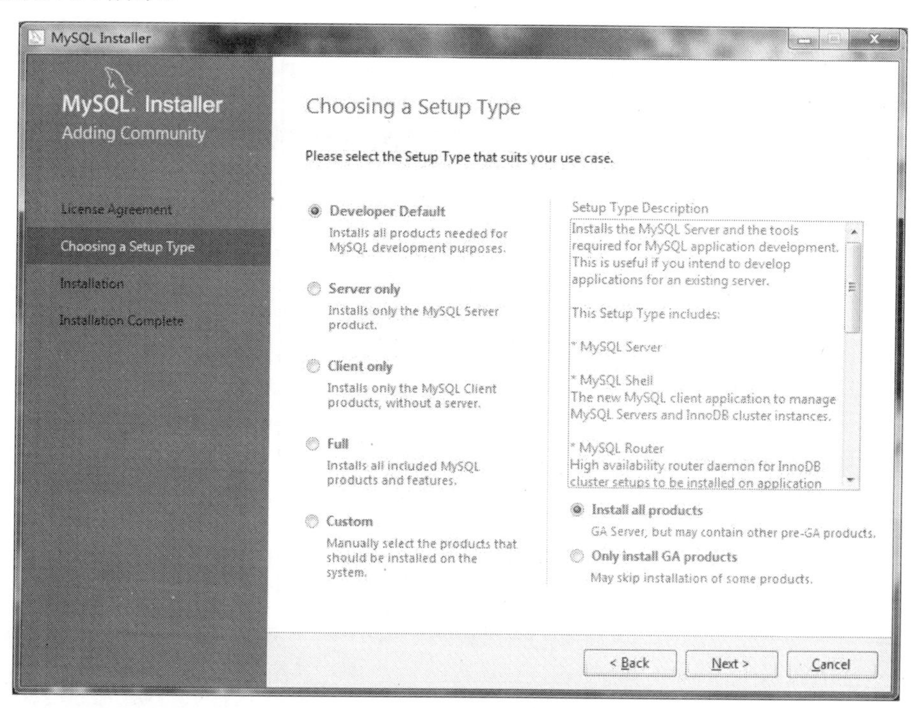

图 2.11　Choosing a Setup Type 界面

（4）单击 Next 按钮，将打开 Check Requirements 界面，在该界面中检查系统是否具备所必需的插件，如图 2.12 所示。

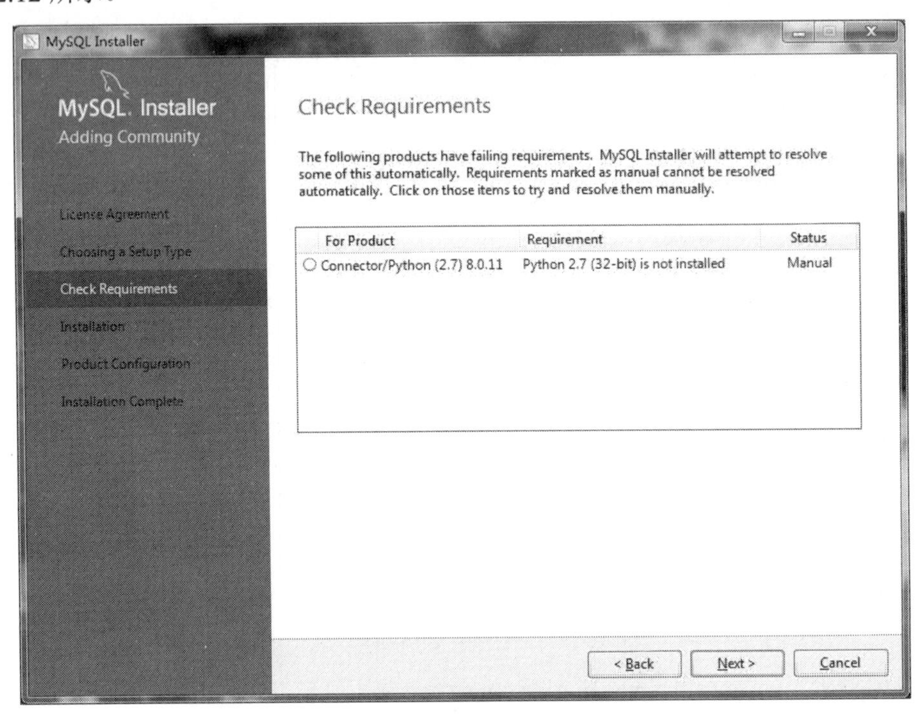

图 2.12　Check Requirements 界面

（5）单击 Next 按钮，将打开如图 2.13 所示的提示对话框，单击 Yes 按钮，将在线安装所需插件，安装完成后，将显示如图 2.14 所示的界面。

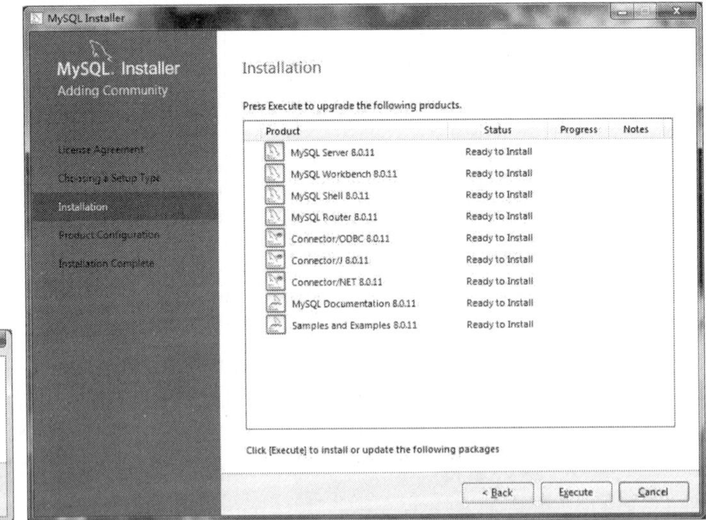

图 2.13　缺少安装所需插件的提示对话框

图 2.14　预备安装界面

（6）单击 Execute 按钮，将开始安装，并显示安装进度。安装完成后，将显示如图 2.15 所示的界面。

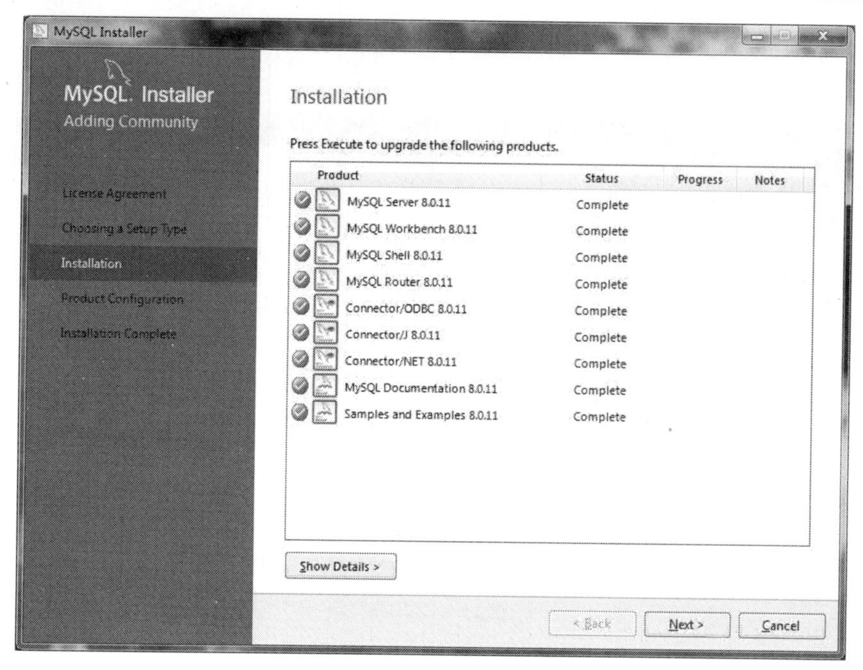

图 2.15　Installation 界面

（7）单击 Next 按钮，将打开如图 2.16 所示的 Product Configuration 界面，在该界面中对服务器进行配置。

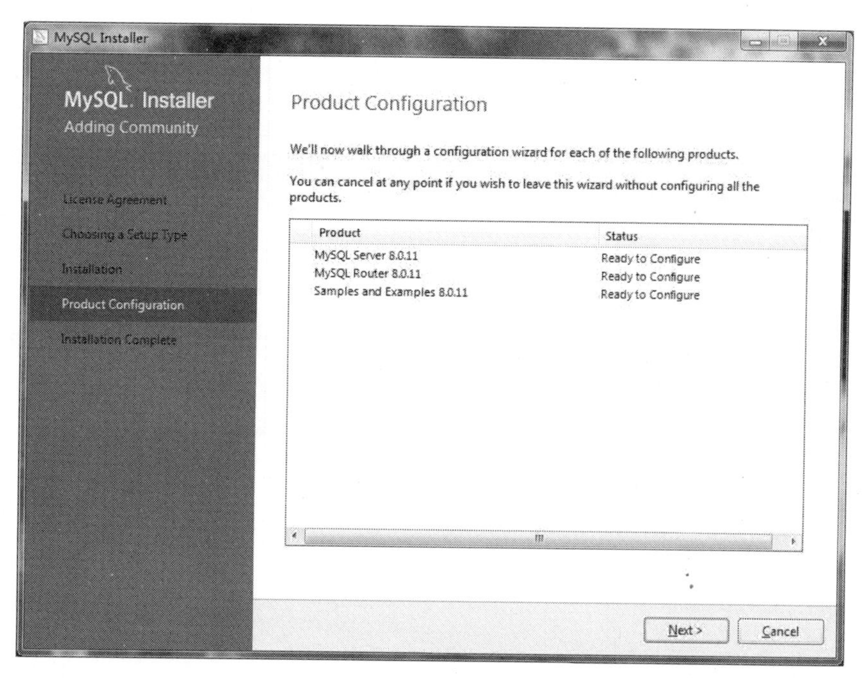

图 2.16　Product Configuration 界面

（8）单击 Next 按钮，将打开 Group Replication 界面，其中有两种 MySQL 服务的类型：Standalone MySQL Server/Classic MySQL Replication 为独立的 MySQL 服务器/经典的 MySQL 复制；Sandbox

InnoDB Cluster Setup(for testing only)为 InnoDB 集群沙箱设置（仅用于测试）。这里选择第一种，如图 2.17 所示。

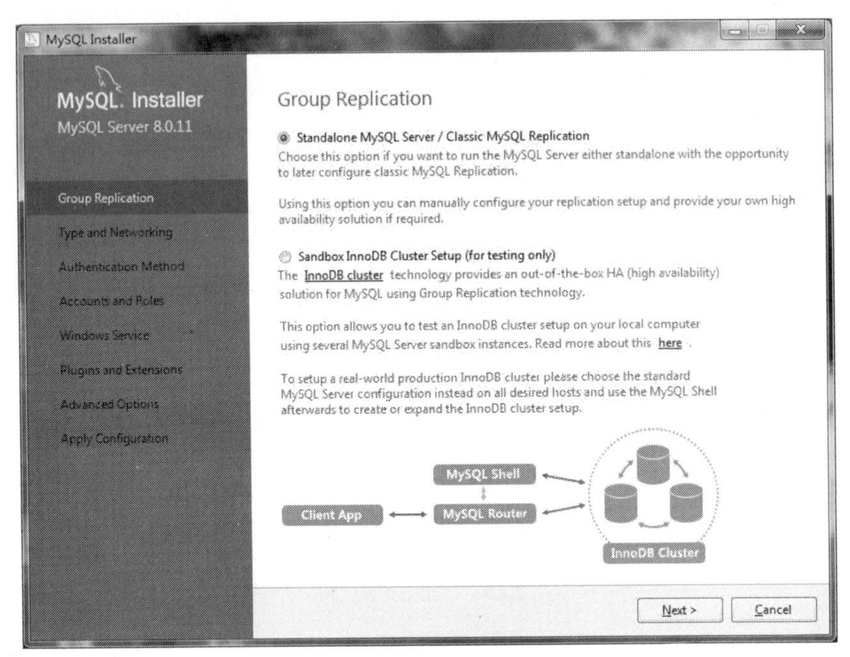

图 2.17　Group Replication 界面

（9）单击 Next 按钮，将打开 Type and Networking 界面，可以在其中设置服务器类型以及网络连接选项，最重要的是设置端口，这里保持默认的 3306 端口，如图 2.18 所示。单击 Next 按钮，将打开如图 2.19 所示的 Authentication Method 界面。

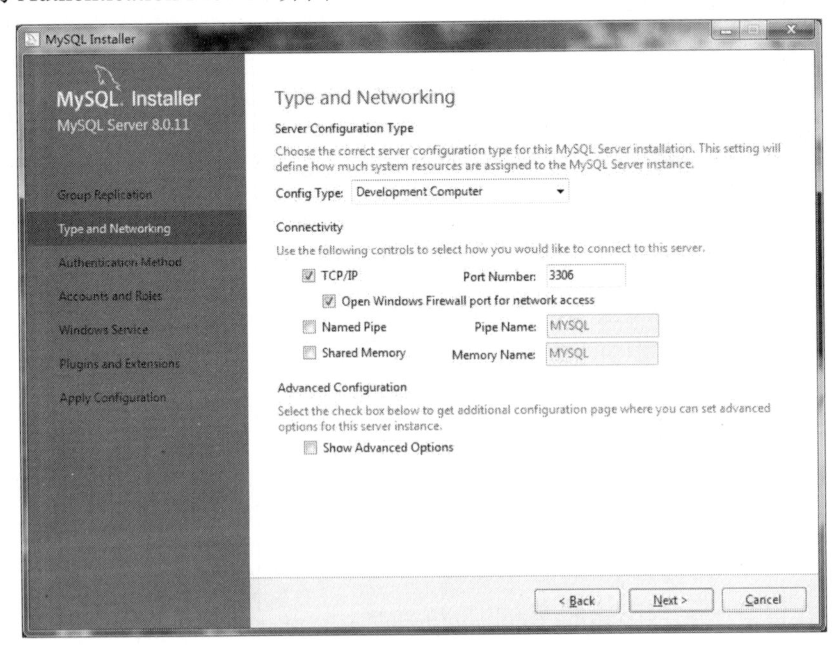

图 2.18　Type and Networking 界面

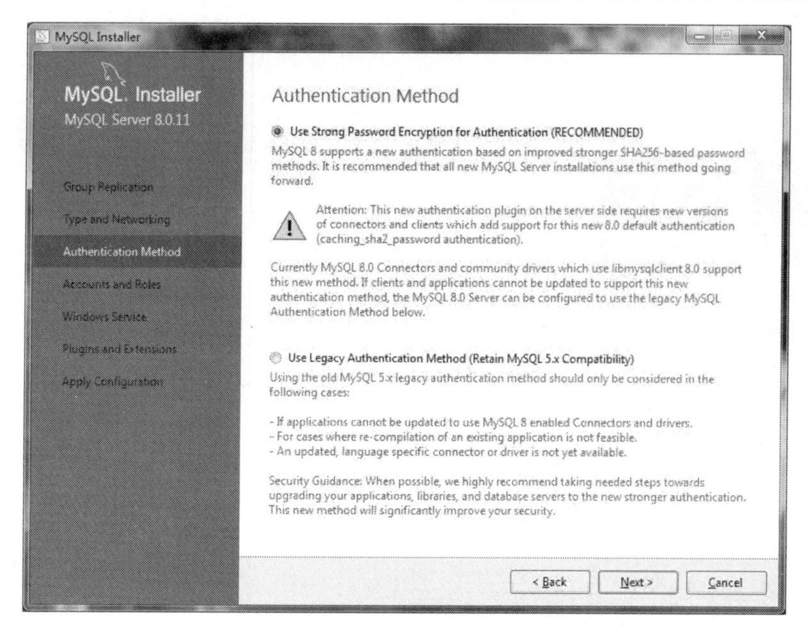

图 2.19　Authentication Method 界面

说明

MySQL 使用的默认端口是 3306，在安装时可以进行修改，如改为 3307。但是一般情况下，不要修改默认的端口号，除非 3306 端口已经被占用。

（10）单击 Next 按钮，将打开 Accounts and Roles 界面，在该界面中可以设置 root 用户的登录密码，也可以添加新用户，这里只设置 root 用户的登录密码为 root，其他采用默认设置，如图 2.20 所示。

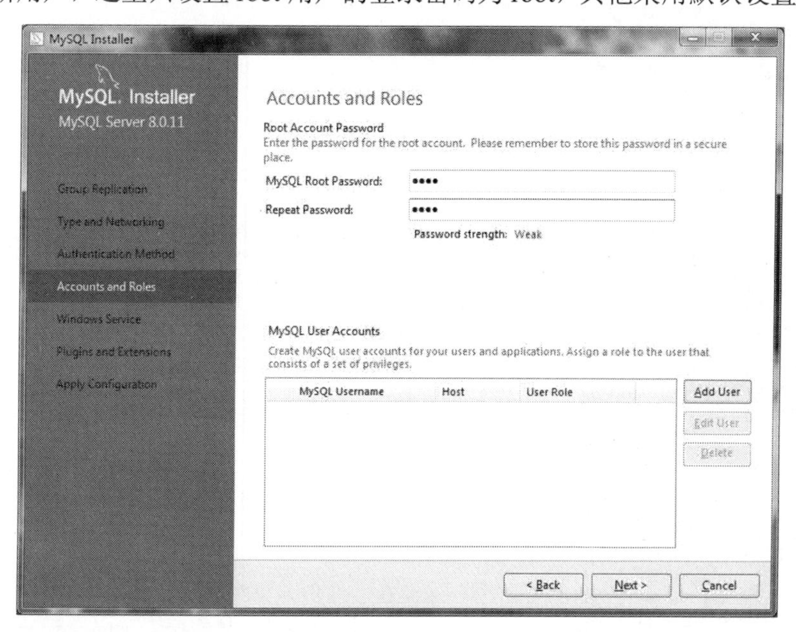

图 2.20　设置用户安全的账户和角色对话框

（11）单击 Next 按钮，将打开 Windows Service 界面，开始配置 MySQL 服务器，这里采用默认设置，如图 2.21 所示。

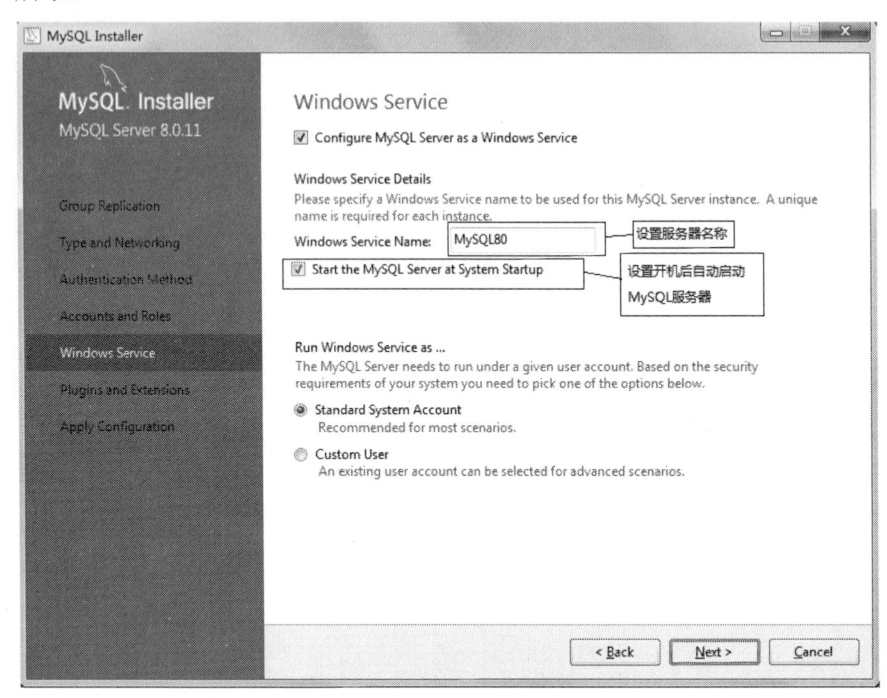

图 2.21　Windows Service 界面

（12）单击 Next 按钮，将显示如图 2.22 所示的 Plugins and Extensions（插件和扩展）界面。

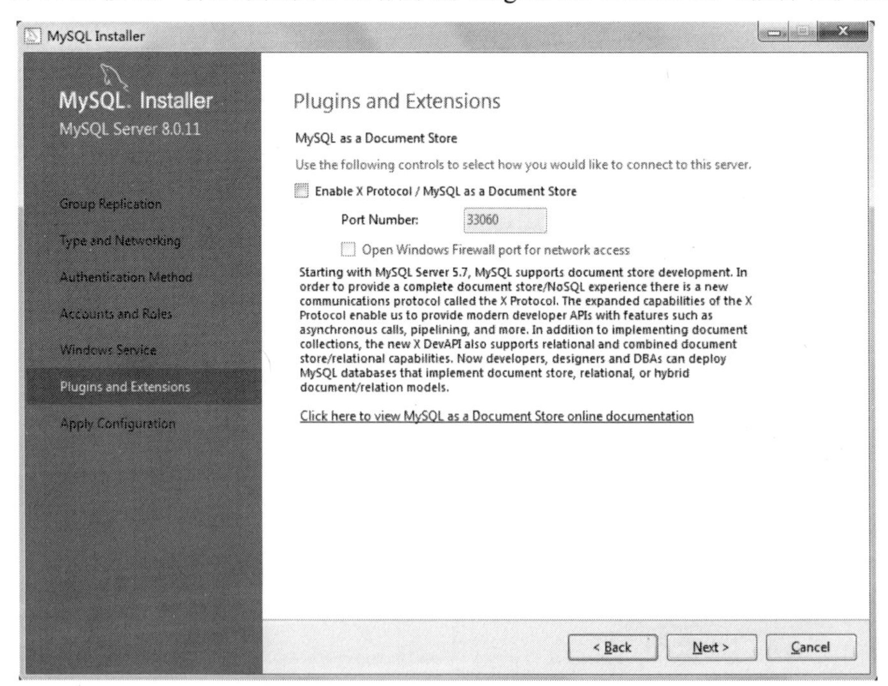

图 2.22　Plugins and Extensions 界面

（13）单击 Next 按钮，进入 Apply Configuration（应用配置）界面，如图 2.23 所示。单击 Execute 按钮，将打开 Apply Configuration 界面，进行应用配置，配置完成后的界面如图 2.24 所示。

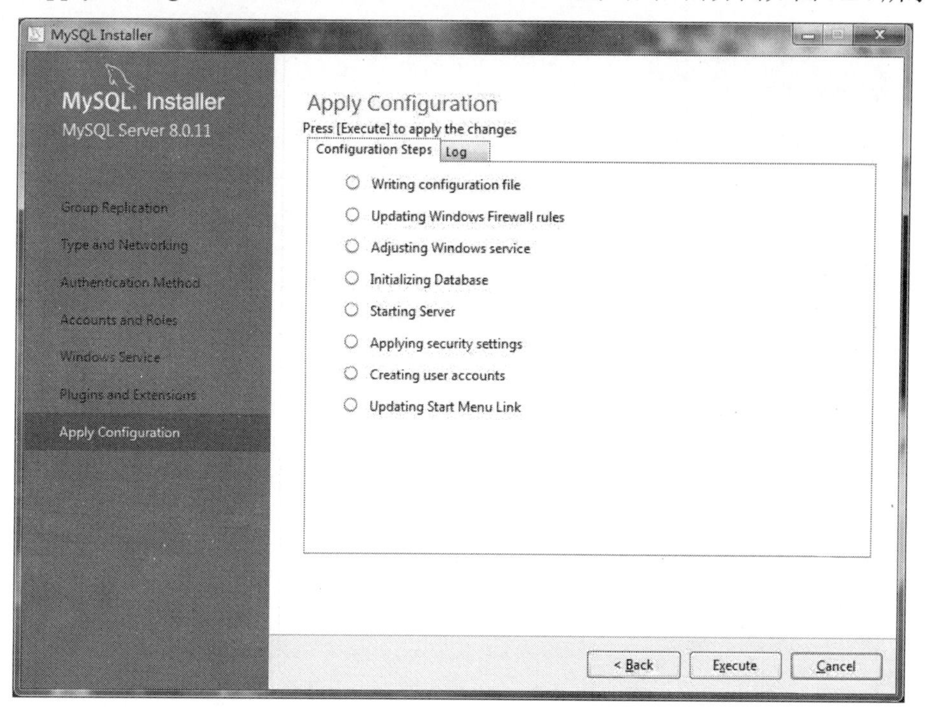

图 2.23　Apply Configuration 界面

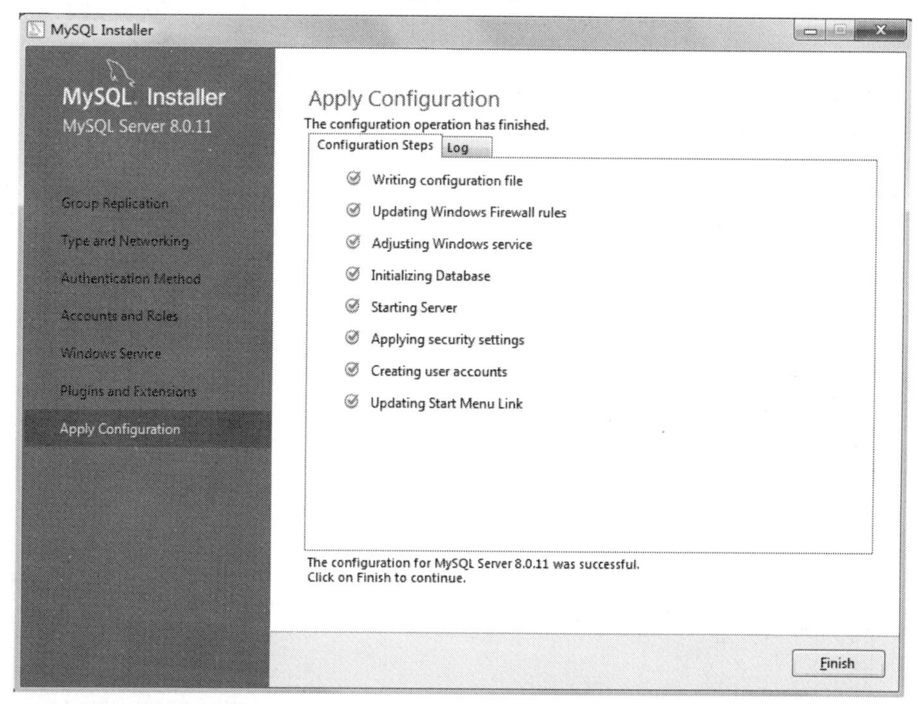

图 2.24　配置完成后的界面

（14）单击 Finish 按钮，安装程序又回到了如图 2.25 所示的 Product Configuration 界面，此时出现 MySQL Server 安装成功的提示。

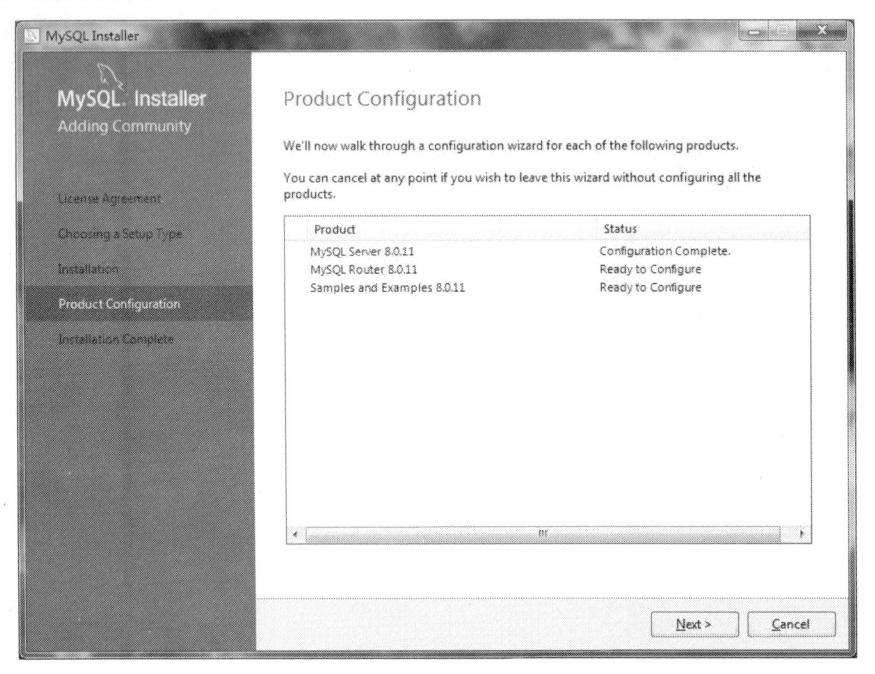

图 2.25　Product Configuration 界面

（15）单击 Next 按钮，打开如图 2.26 所示的 MySQL Router Configuration 界面，可以在其中配置路由。

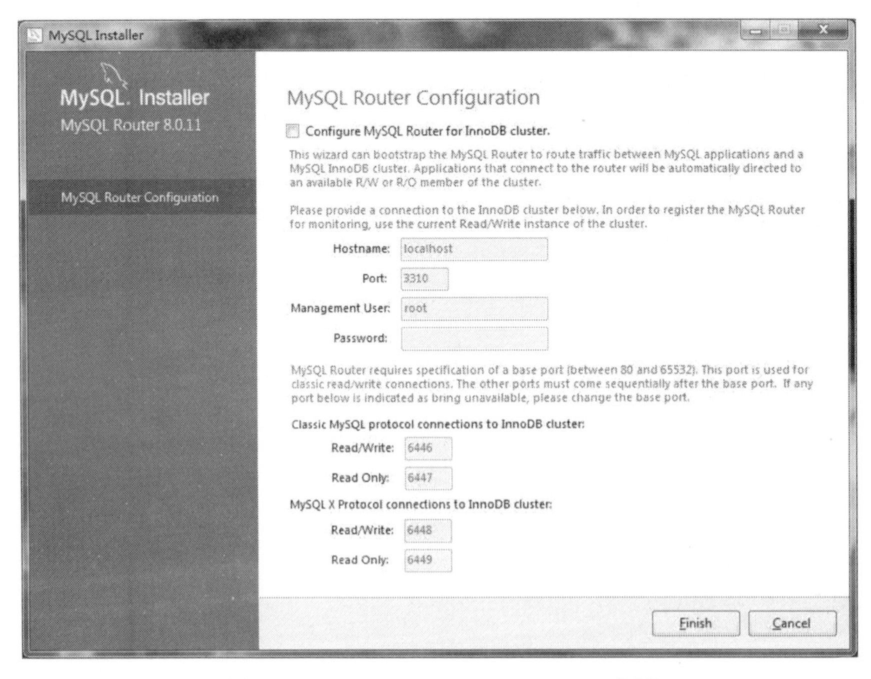

图 2.26　MySQL Router Configuration 界面

（16）单击 Finish 按钮，打开 Connect To Server 界面，输入数据库用户名和密码均为 root，单击 Check 按钮，进行 MySQL 连接测试，如图 2.27 所示，可以看到数据库测试连接成功。

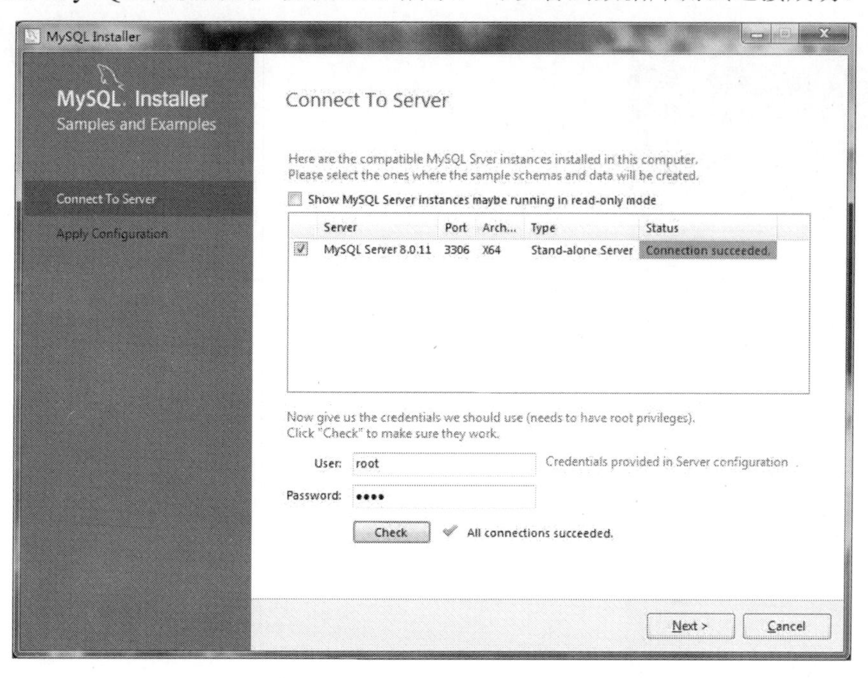

图 2.27　Connect To Server 界面

（17）单击 Next 按钮，进入如图 2.28 所示的 Apply Configuration 界面，单击 Execute 按钮进行配置，此过程需要等待几分钟。

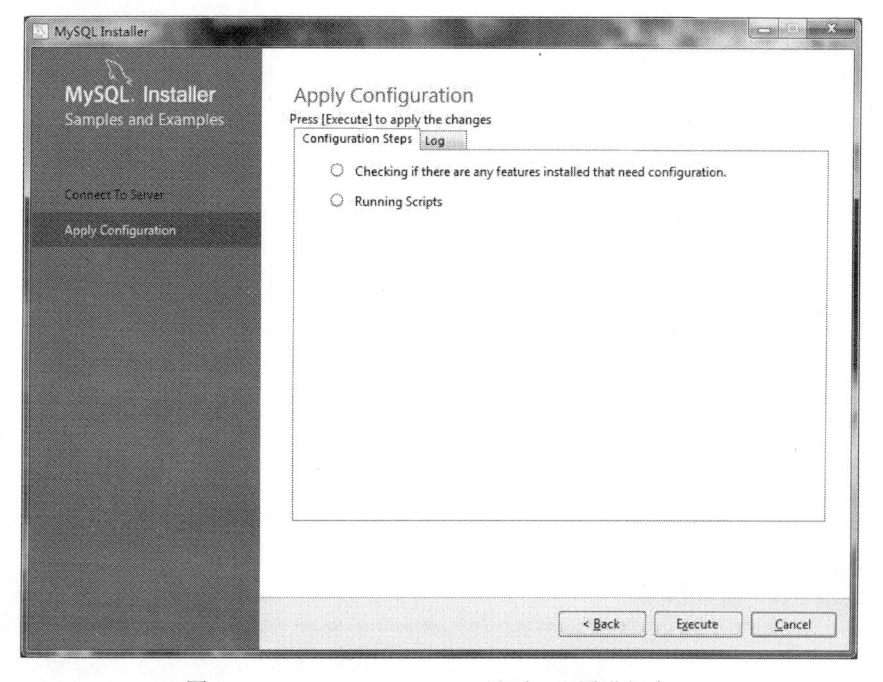

图 2.28　Apply Configuration 界面（配置进行中）

（18）运行完毕后，出现如图 2.29 所示的界面，单击 Finish 按钮，打开如图 2.30 所示的 Installation Complete 界面，单击 Finish 按钮，至此安装完毕。

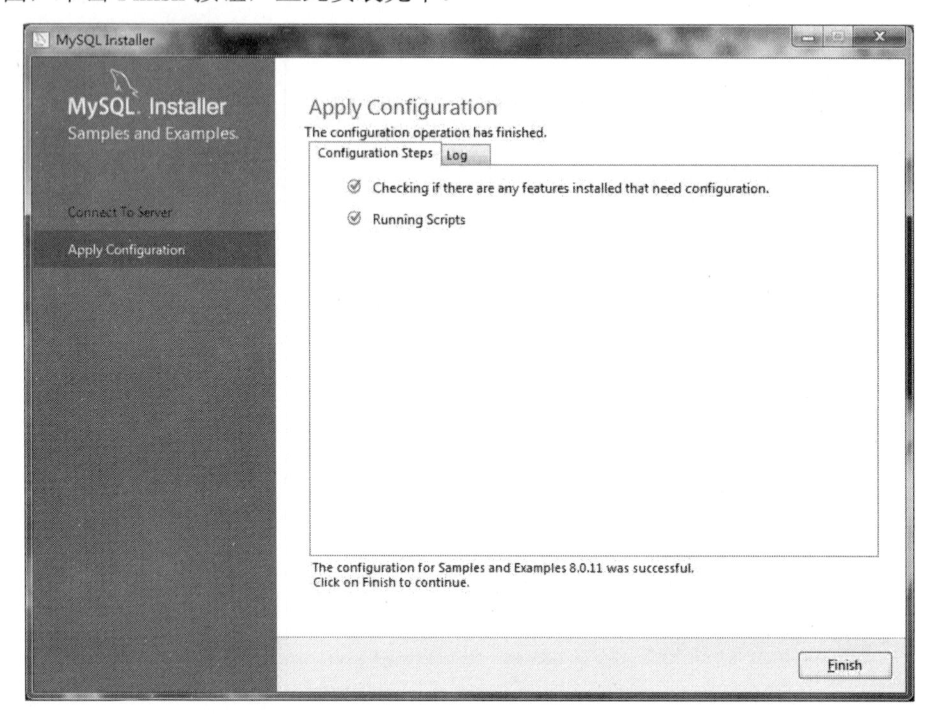

图 2.29　Apply Configuration 界面（配置完成）

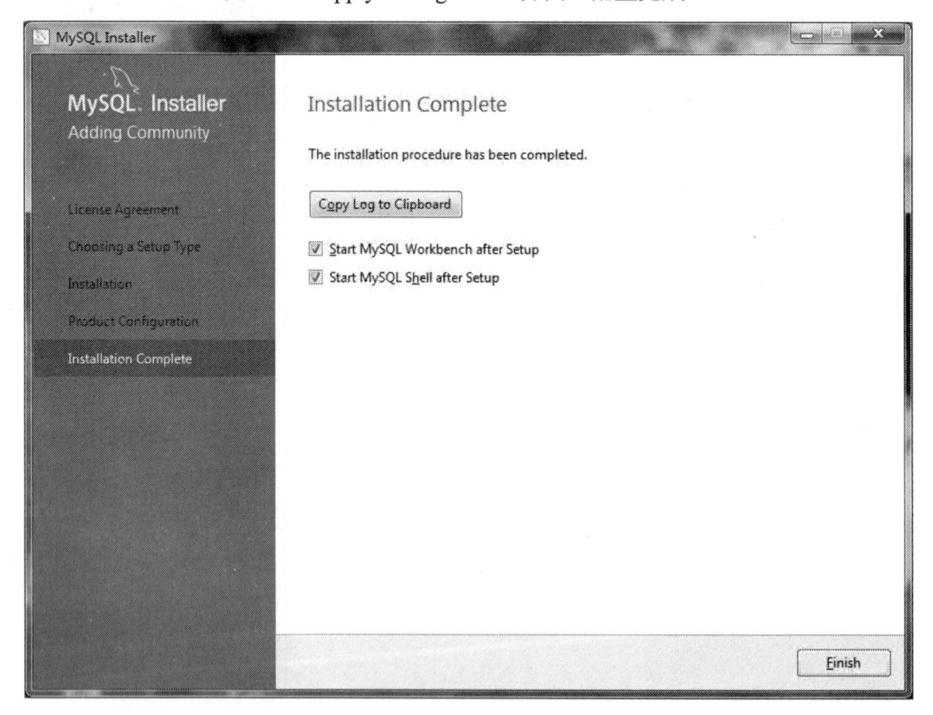

图 2.30　Installation Complete 界面

2.4.3　启动、连接、断开和停止 MySQL 服务器

MySQL 服务器可以通过系统服务器和命令提示符（DOS）启动、连接、断开和停止，该操作非常简单。下面以 Windows 7 操作系统为例，讲解其具体的操作流程。通常情况下，不要停止 MySQL 服务器，否则将导致数据库不可用。

1．启动和停止 MySQL 服务器

启动和停止 MySQL 服务器的方法有两种：系统服务和命令提示符。

（1）通过系统服务启动、停止 MySQL 服务器。

如果 MySQL 被设置为 Windows 服务，则可以通过选择“开始”→“控制面板”→“系统和安全”→“管理工具”→“服务”命令打开 Windows 服务管理器。在服务器的列表中找到 MySQL 服务并右击，在弹出的快捷菜单中完成 MySQL 服务的各种操作（启动、停止、暂停、恢复和重新启动），如图 2.31 所示。

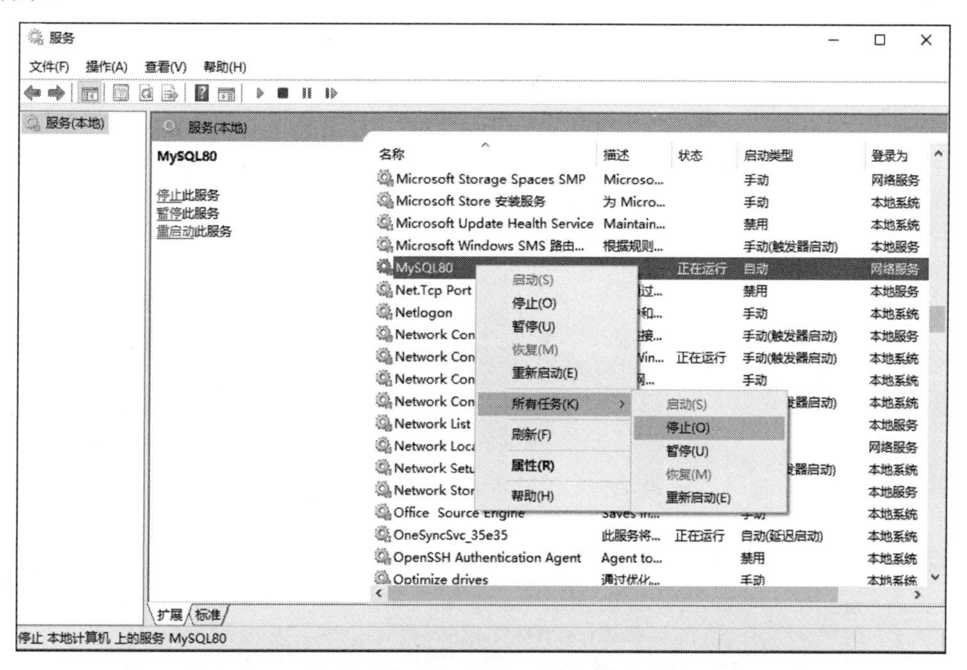

图 2.31　通过系统服务启动、停止 MySQL 服务器

（2）在命令提示符下启动、停止 MySQL 服务器。

单击“开始”按钮，在出现的文本输入框中输入 cmd 命令，按 Enter 键打开 DOS 窗口。在命令提示符下输入以下命令。

```
\> net start mysql
```

此时再按 Enter 键，即可启用 MySQL 服务器。

在命令提示符下输入以下命令。

```
\> net stop mysql
```

此时再按 Enter 键，即可停止 MySQL 服务器。

在命令提示符下启动、停止 MySQL 服务器的运行效果如图 2.32 所示。

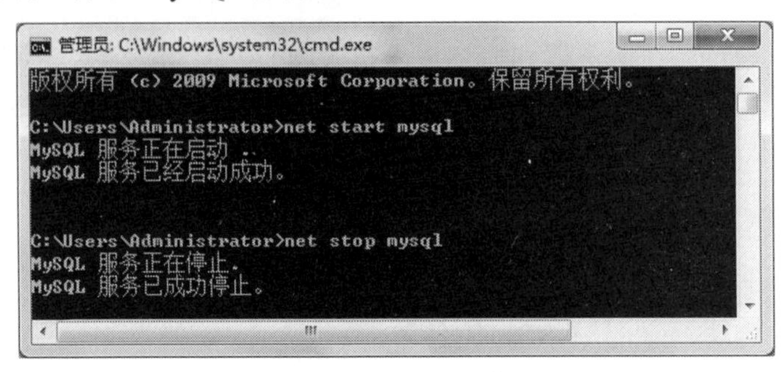

图 2.32　在命令提示符下启动、停止 MySQL 服务器

2．连接和断开 MySQL 服务器

下面分别介绍连接和断开 MySQL 服务器的方法。

（1）连接 MySQL 服务器。

连接 MySQL 服务器通过 mysql 命令予以实现。在 MySQL 服务器启动后，选择“开始”→“运行”命令，在弹出的“运行”窗口中输入 cmd 命令，按 Enter 键后进入 DOS 窗口，在命令提示符下输入下列命令。

注意

在连接 MySQL 服务器时，MySQL 服务器所在地址（如 - h127.0.0.1）可以省略不写。

输入完命令语句后，按 Enter 键即可连接 MySQL 服务器，如图 2.33 所示。

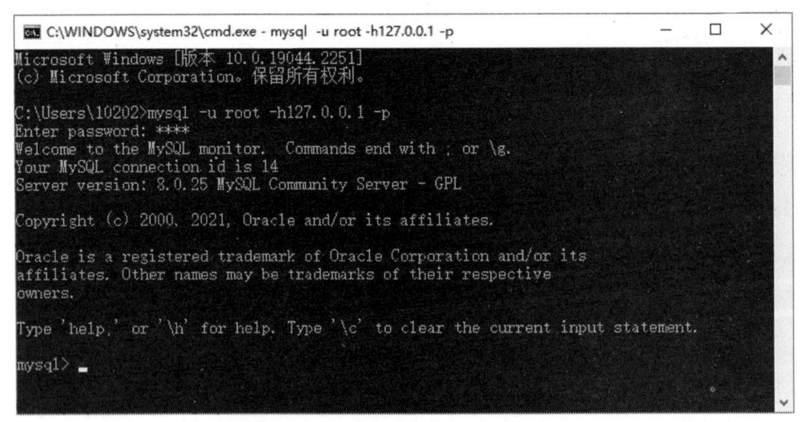

图 2.33　连接 MySQL 服务器

为了保护 MySQL 数据库的密码，可以采用如图 2.33 所示的加密密码输入方式。如果密码在-p 后直接给出，那么密码就以明文进行显示，例如：

mysql –u root –h127.0.0.1 –p root

如果用户在使用 mysql 命令连接 MySQL 服务器时弹出如图 2.34 所示的信息，那么说明该用户未设置系统的环境变量。

也就是说，MySQL 服务器的 bin 文件夹位置没有被添加到 Windows 的“环境变量”→“系统变量”→path 中，导致命令不能被执行。

下面介绍这个环境变量的设置方法，其步骤如下。

① 右击“计算机”图标，在弹出的快捷菜单中选择“属性”命令，在弹出的对话框中选择“高级系统设置”，弹出“系统属性”对话框，如图 2.35 所示。

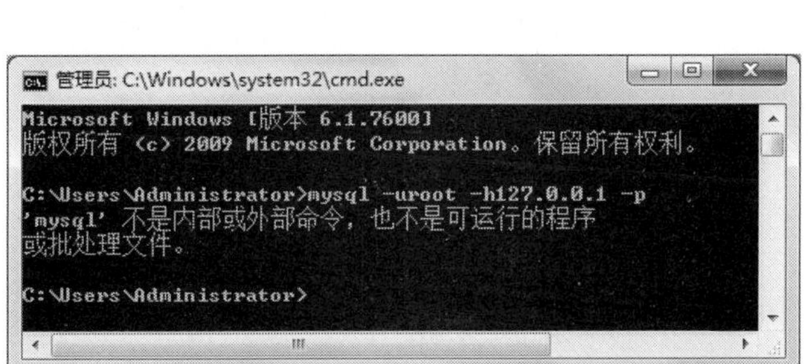

图 2.34　连接 MySQL 服务器时出错

图 2.35　“系统属性”对话框

② 在“系统属性”对话框中，选择“高级”选项卡，单击“环境变量”按钮，弹出“环境变量”对话框，如图 2.36 所示。

③ 在“环境变量”对话框中，选择“系统变量”中的 Path 选项，单击“编辑”按钮，弹出“编辑环境变量”对话框，如图 2.37 所示。

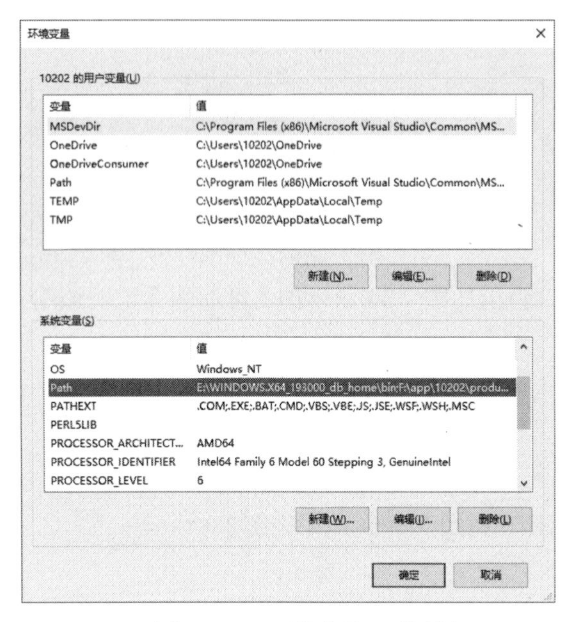

图 2.36　“环境变量”对话框

图 2.37　“编辑环境变量”对话框

④ 在“编辑环境变量”对话框中，将 MySQL 服务器的 bin 文件夹位置（C:\Program Files\MySQL\MySQL Server 8.0\bin）添加到“变量值”文本框中，注意要使用“;”与其他变量值进行分隔。最后，单击“确定”按钮，如图 2.38 所示。

图 2.38　添加 MySQL 系统变量

环境变量设置完成后，再使用 mysql 命令即可成功连接 MySQL 服务器。

（2）断开 MySQL 服务器。

连接到 MySQL 服务器后，可以通过在 MySQL 提示符下输入 exit 或者 quit 命令断开与 MySQL 服

务器的连接，格式如下。

```
mysql> exit;
```

或者

```
mysql> quit;
```

2.4.4　打开 MySQL 8.0 Command Line Client

MySQL 服务器的安装完成后，就可以通过其提供的 MySQL 8.0 Command Line Client 程序来操作 MySQL 数据了。这时，必须先打开 MySQL 8.0 Command Line Client 程序，并登录 MySQL 服务器。下面将介绍具体的步骤。

（1）在“开始”菜单中，选择/MySQL/MySQL 8.0 Command Line Client 命令，打开 MySQL 8.0 Command Line Client 窗口，如图 2.39 所示。

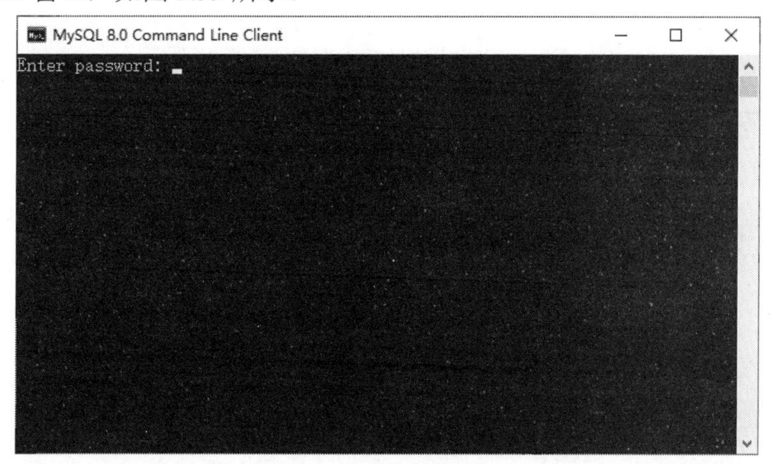

图 2.39　MySQL 8.0 Command Line Client 窗口

（2）在该窗口中，输入 root 用户的密码（这里为 root），登录 MySQL 服务器，如图 2.40 所示。

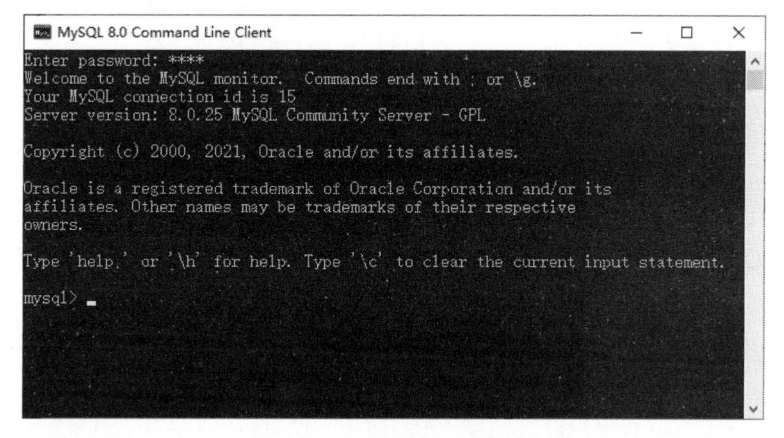

图 2.40　登录 MySQL 服务器

2.5　如何学好 MySQL

要想学好 MySQL，最重要的是多练习。笔者将自己学习数据库的方法总结如下。

1．多上机实践

要想熟练地掌握数据库，必须经常上机练习，只有在上机实践中才能深刻地体会数据库的使用。通常情况下，数据库管理员工作的时间越长，其工作经验就越丰富。很多复杂的问题都可以根据数据库管理员的经验来更好地解决。读者在上机实践的过程中，可以将学到的数据库理论知识理解得更加透彻。

2．多编写 SQL 语句

SQL 语句是数据库的灵魂，数据库中的很多操作都是通过 SQL 语句来实现的。只有经常使用 SQL 语句来操作数据库中的数据，才可以更加深刻地理解数据库。

3．数据库理论知识不能丢

掌握数据库理论知识是学好数据库的基础。虽然学习理论知识会有些枯燥，但这是使用数据库的前提。例如，数据库理论中会涉及 E-R 图、数据库设计原则等知识，如果不了解这些知识，就很难独立设计一个很好的数据库及表。读者可以将学习数据库理论知识与上机实践结合到一起，这样效率会提高。

2.6　小　　结

本章主要介绍了 MySQL 的基础知识和在 Windows 操作系统下安装和配置 MySQL 的方法。希望通过本章的学习，读者能对 MySQL 数据库的相关知识有所了解。此外，希望读者能够了解常用的数据库系统。

2.7　实践与练习

1．读者可以到 Oracle 的官网中下载最新版本的 MySQL 服务器并安装它。

2．读者可以尝试在命令提示符下启动、停止 MySQL 服务器。

第 3 章

使用 MySQL 图形化管理工具

MySQL 的管理维护工具非常多，除了系统自带的命令行管理工具，还有许多其他的图形化管理工具，常用的有 MySQL Workbench、phpMyAdmin、Navicat 等。这些第三方管理工具可以使 MySQL 的管理更加方便。本章将对 phpMyAdmin 图形化管理工具进行系统讲解。

本章知识架构及重难点如下：

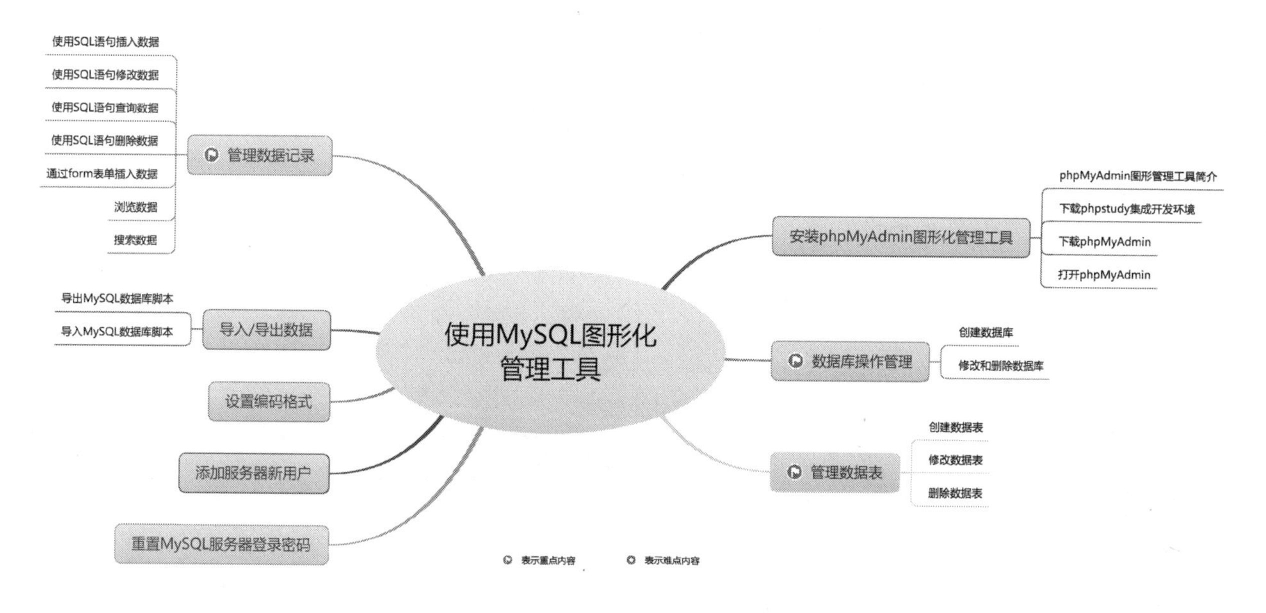

3.1 安装 phpMyAdmin 图形化管理工具

3.1.1 phpMyAdmin 图形化管理工具简介

phpMyAdmin 是众多 MySQL 图形化管理工具中应用最广泛的一种工具。它是一款使用 PHP 开发的 B/S 模式的 MySQL 客户端软件。此外，它还是基于 Web 跨平台的管理程序，并且支持简体中文。用户可以在其官方网站（www.phpmyadmin.net）上免费下载最新的版本，本书中使用 phpMyAdmin 4.8.5。phpMyAdmin 为 Web 开发人员提供了类似于 Access、SQL Server 的图形化数据库操作界面。通过该管理工具，开发工员可以完全对 MySQL 进行操作，如创建数据库和数据表、生成 MySQL 数据库脚本文件等。

3.1.2　下载 phpstudy 集成开发环境

应用 phpMyAdmin 图形化管理工具有一个前提条件，即必须在本机中搭建 PHP 运行环境，将其作为一个项目在 PHP 开发环境中运行应用。为了简单、快速地搭建 PHP 开发环境，推荐使用 PHP 集成开发环境——phpstudy——进行搭建。

phpstudy 的下载地址为 https://www.xp.cn/download.html，选择最新版的 phpstudy 进行下载和安装。安装完成后，页面如图 3.1 所示。

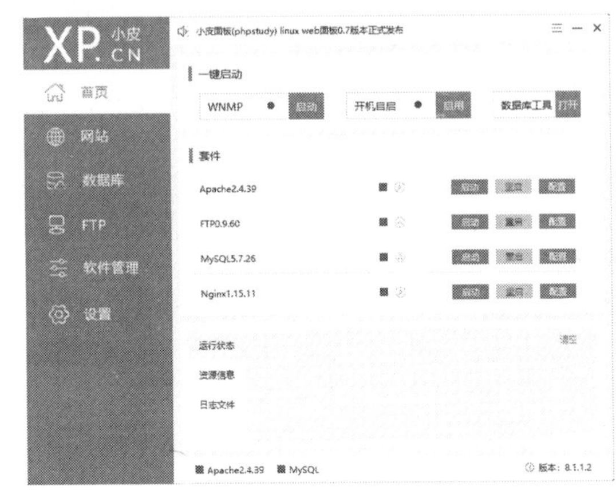

图 3.1　phpstudy 页面

3.1.3　下载 phpMyAdmin

单击 phpstudy 页面左侧的“软件管理”，找到 phpMyAdmin，如图 3.2 所示，单击其右侧的“安装”按钮，弹出一个如图 3.3 所示的“选择站点”提示框，选中“选择”复选框，选择默认站点，然后单击“确认”按钮，开始安装。

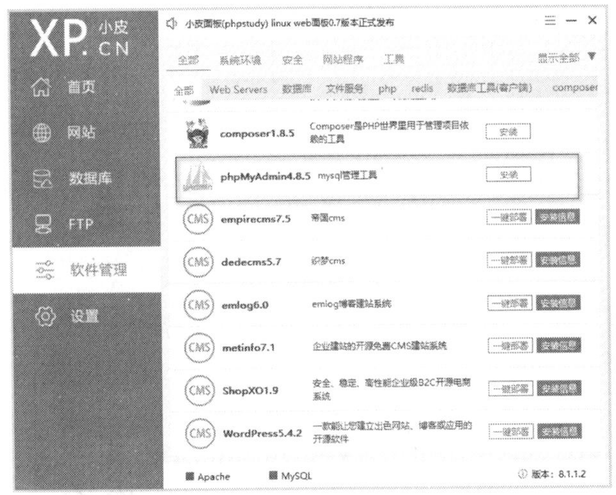

图 3.2　安装 phpMyAdmin

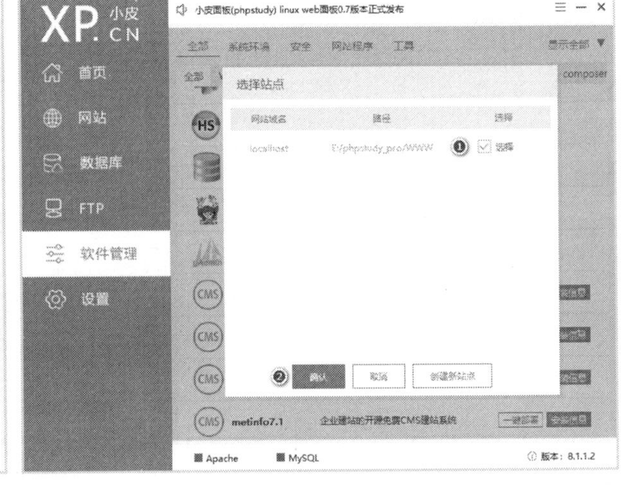

图 3.3　“选择站点”提示框

3.1.4　打开 phpMyAdmin

安装完 phpMyAdmin 以后，单击 phpstudy 页面左侧的“首页”，然后单击 Apache 右侧的“启动”按钮。Apache 启动后，单击“数据库工具打开”按钮，选择 phpMyAdmin，如图 3.4 所示。此时会在浏览器中显示 phpMyAdmin 的登录页面，如图 3.5 所示。输入正确的数据库用户名和密码即可进入 phpMyAdmin 主页面，如图 3.6 所示。

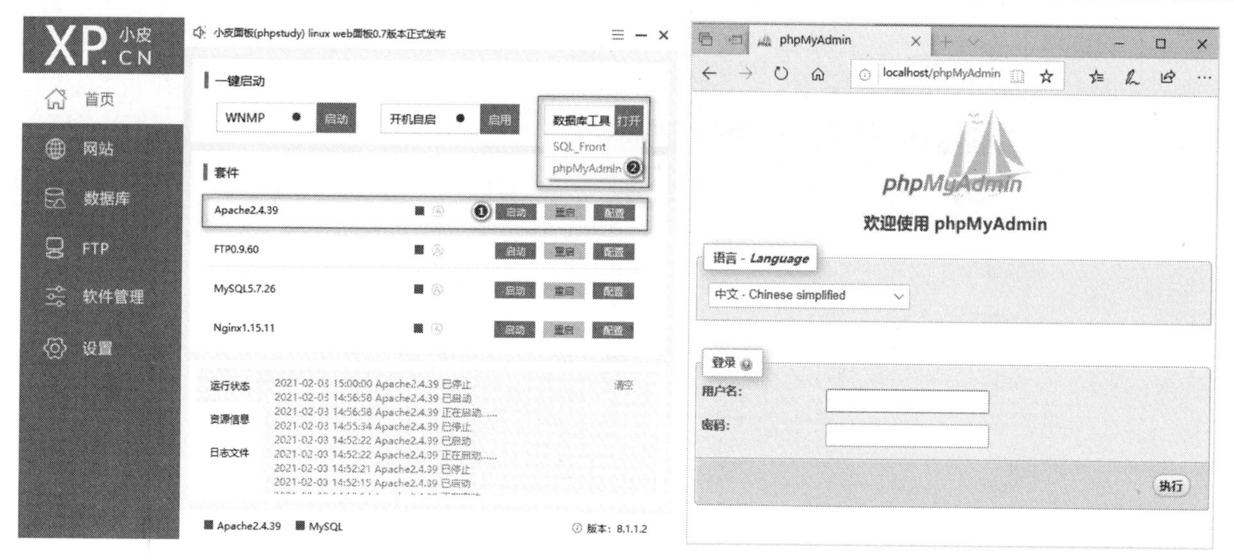

图 3.4　打开 phpMyAdmin　　　图 3.5　phpMyAdmin 登录页面

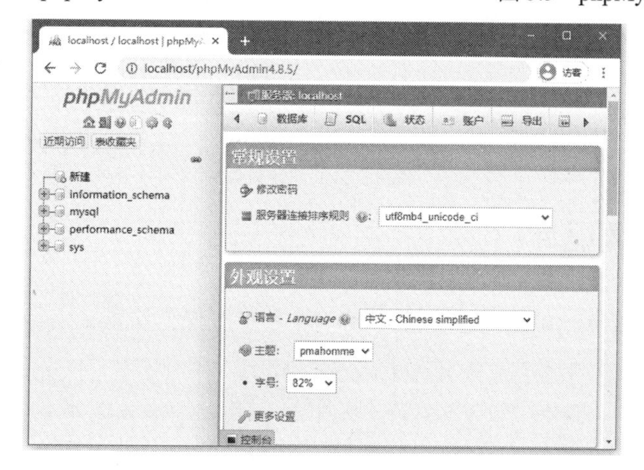

图 3.6　phpMyAdmin 主页面

3.2　数据库操作管理

在浏览器地址栏中输入 http://localhost/phpMyAdmin/，在弹出的对话框中输入用户名和密码，进入 phpMyAdmin 图形化管理主页面后，就可以进行 MySQL 数据库的操作。下面分别介绍如何创建、修改和删除数据库。

3.2.1　创建数据库

在 phpMyAdmin 主页面中单击“新建”按钮，然后在新建数据库页面中输入数据库的名称 db_study，

再在下拉列表框中选择要使用的编码，一般选择 utf8mb4_unicode_ci，单击“创建”按钮，即可创建数据库，如图 3.7 所示。成功创建数据库后，将显示如图 3.8 所示的页面。

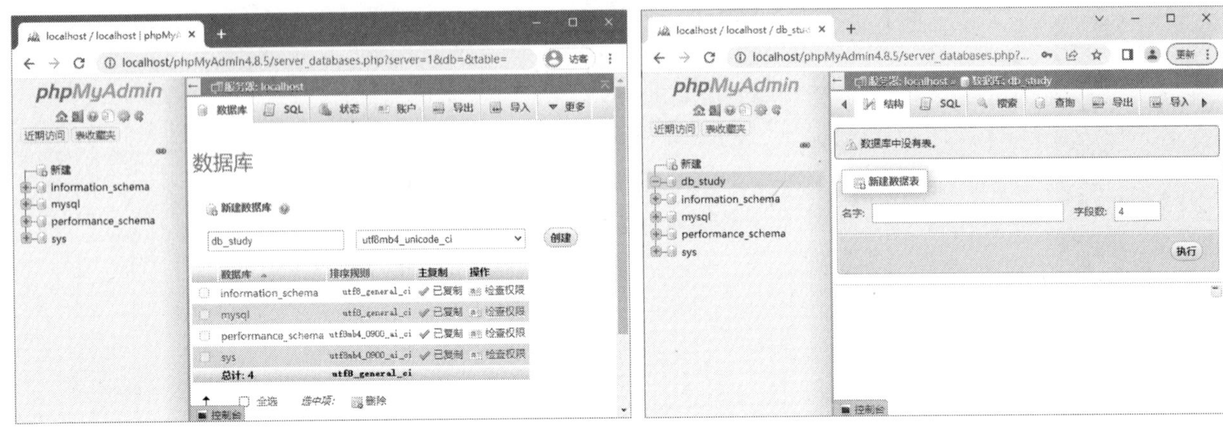

图 3.7　创建数据库　　　　图 3.8　数据库创建成功

说明

定义模式时不仅要定义数据的逻辑结构，而且要定义数据之间的联系，定义与数据有关的安全性、完整性要求。

3.2.2　修改和删除数据库

在如图 3.9 所示的界面中，单击 操作 超链接，进入修改操作页面。

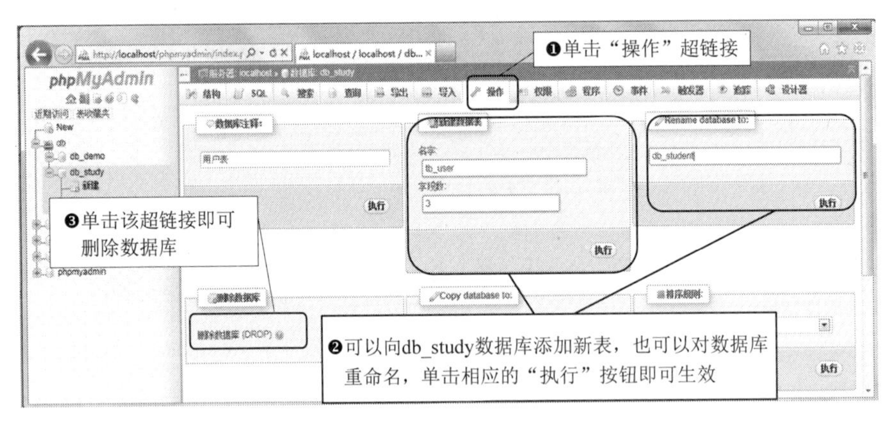

图 3.9　修改和删除数据库

（1）对当前数据库执行创建数据表的操作：在“新建数据表”下的两个文本框中分别输入要创建的数据表的名称和字段总数，然后单击“执行”按钮即可进入创建数据表结构页面。

（2）对当前的数据库重命名：在 Rename database to:下的文本框中输入新的数据库名称，单击“执行”按钮，即可成功修改数据库名称。

（3）删除数据库：单击“删除数据库”超链接可以删除该数据库。

3.3　管理数据表

管理数据表是以选择指定的数据库为前提，然后在该数据库中创建并管理数据表。下面介绍如何创建、修改和删除数据表。

3.3.1　创建数据表

创建数据库 db_study 后，选择该数据库并在其右侧的操作页面中输入数据表的名称和字段数，然后单击“执行”按钮，即可创建数据表，如图 3.10 所示。

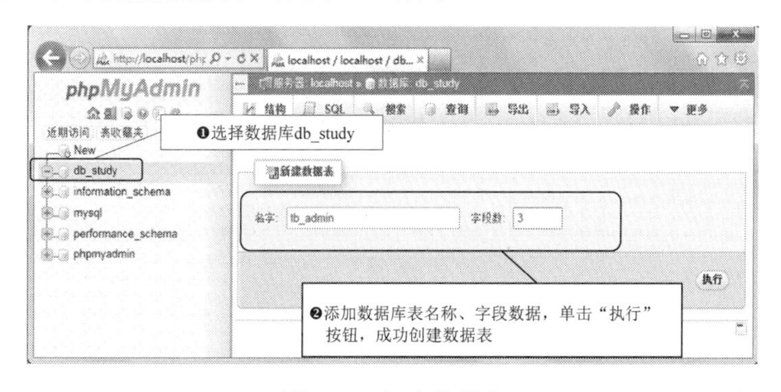

图 3.10　创建数据表

成功创建数据表 tb_admin 后，将显示数据表结构页面。在表单中输入各个字段的详细信息，包括字段名、类型、长度/值、是否为空、属性、是否自增等，以完成对表结构的详细设置。当把所有的信息都输入以后，单击“保存”按钮，创建数据表结构，如图 3.11 所示。成功创建数据表结构后，将显示如图 3.12 所示的页面。

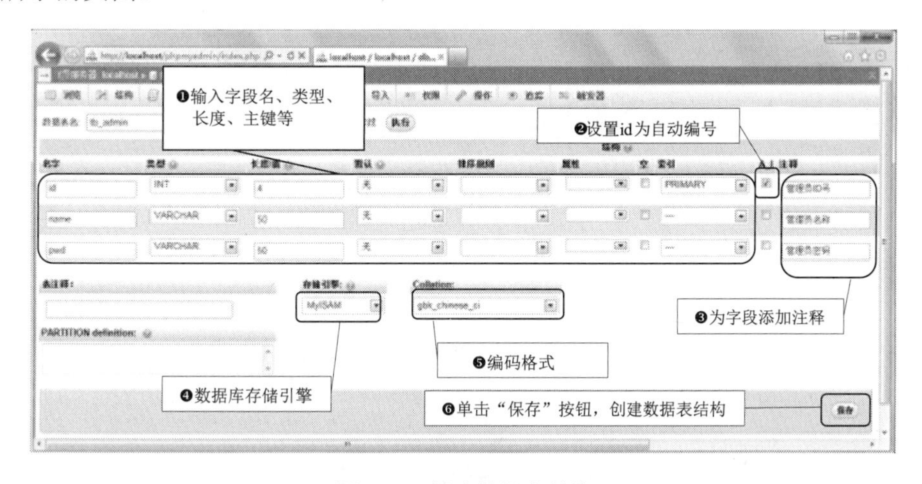

图 3.11　创建数据表结构

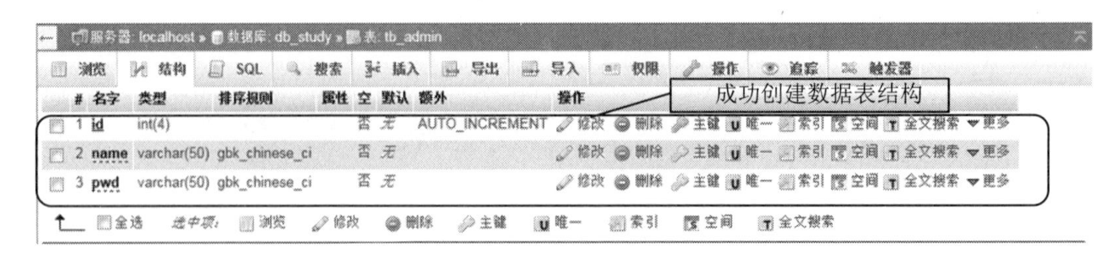

图 3.12　成功创建数据表结构

3.3.2　修改数据表

在数据表页面中，我们可以通过改变表的结构来修改表，执行添加新的列、删除列、索引列、修改列的数据类型或者字段的长度/值等操作，如图 3.13 所示。

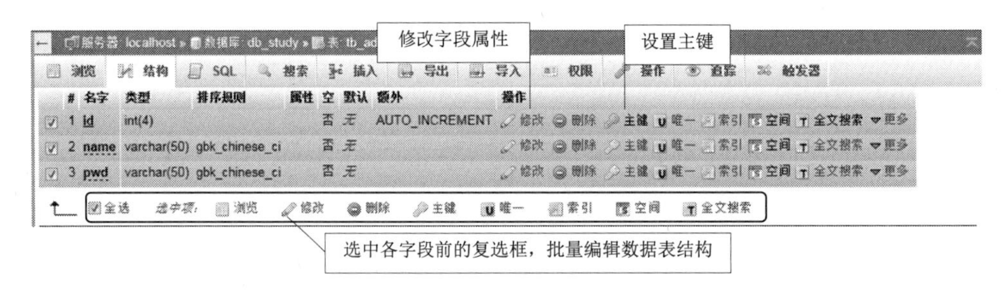

图 3.13　修改数据表结构

3.3.3　删除数据表

要删除某个数据表，需要单击页面中的 操作 超链接，然后单击页面右下角的“删除数据表”超链接，即可成功删除指定的数据表，如图 3.14 所示。

图 3.14　删除数据表结构

3.4　管理数据记录

单击 phpMyAdmin 主页面中的 SQL 超链接，打开 SQL 语句编辑区。在编辑区输入完整的 SQL 语句，实现数据的插入、修改、查询和删除等操作。另外，单击 插入、 浏览和 搜索超链接，也可实现对数据的相应操作。

3.4.1　使用 SQL 语句插入数据

在 SQL 语句编辑区中，可以应用 insert 语句向数据表中插入数据，如输入 SQL 语句“insert into tb_admin ('name','pwd')values('mr','mrsoft')”，然后单击“执行”按钮，可以向数据表 tb_admin 中插入一条数据，如图 3.15 所示。如果提交的 SQL 语句有错误，系统就会给出一个警告，提示用户修改；如果提交的 SQL 语句正确，系统就会弹出如图 3.16 所示的提示信息。

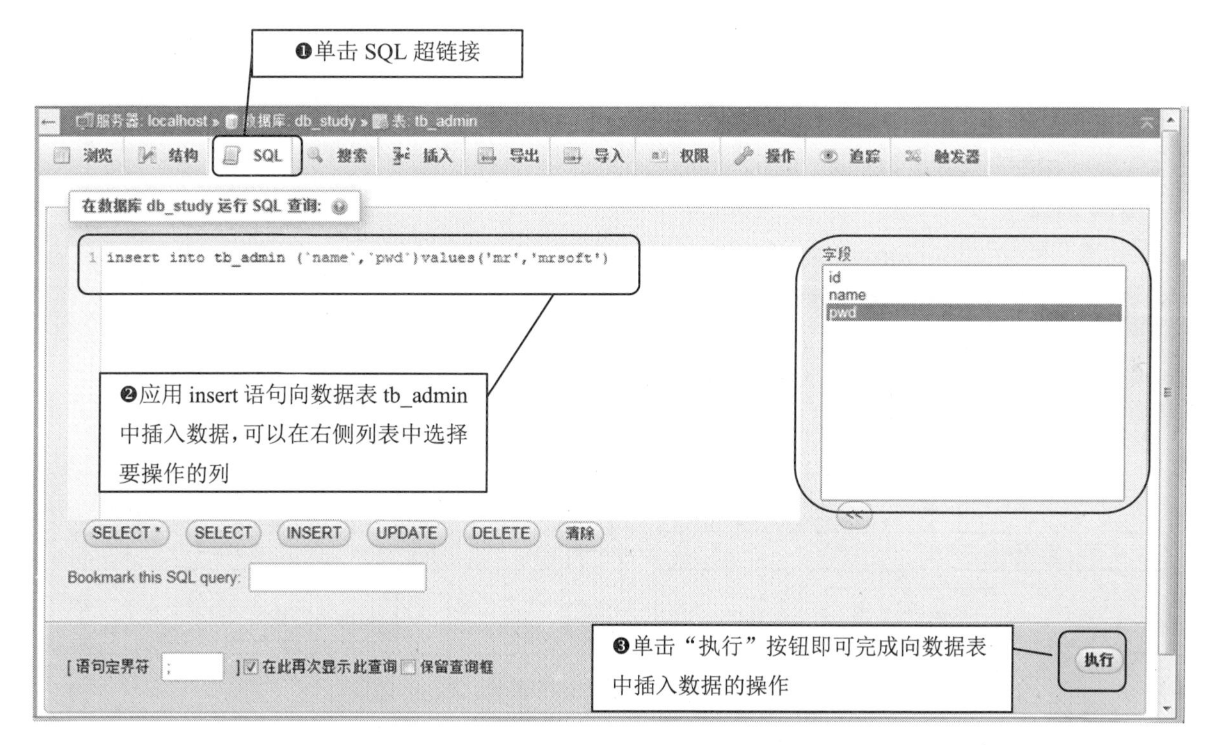

图 3.15　使用 SQL 语句向数据表中插入数据

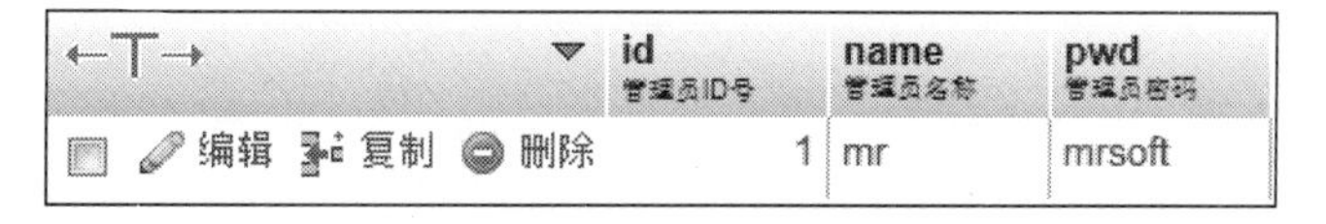

图 3.16　成功添加数据信息

为了编写方便，我们可以利用右侧的属性列表来选择要操作的列，只需选中要添加的列，然后双击或者单击“<<”按钮即可添加列名称。

3.4.2 使用 SQL 语句修改数据

在 SQL 语句编辑区应用 update 语句修改数据信息，将 id 为 1 的管理员的名称改为“明日科技”，密码改为 111，添加的 SQL 语句如图 3.17 所示。

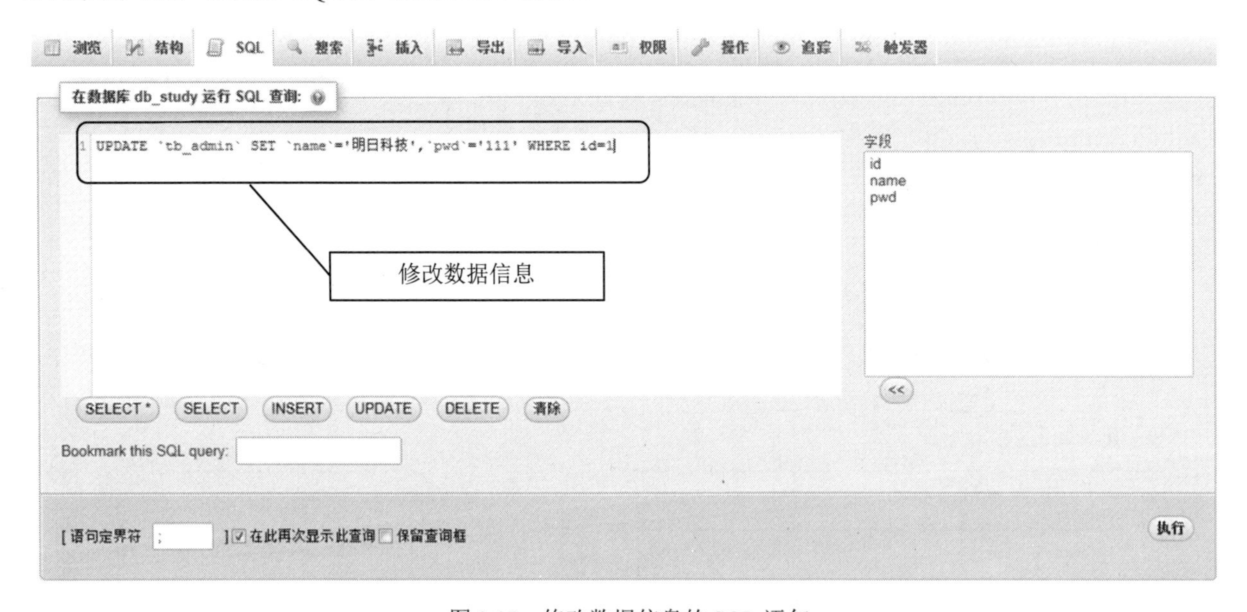

图 3.17　修改数据信息的 SQL 语句

单击“执行”按钮，完成数据的修改。修改前后的数据比较如图 3.18 所示。

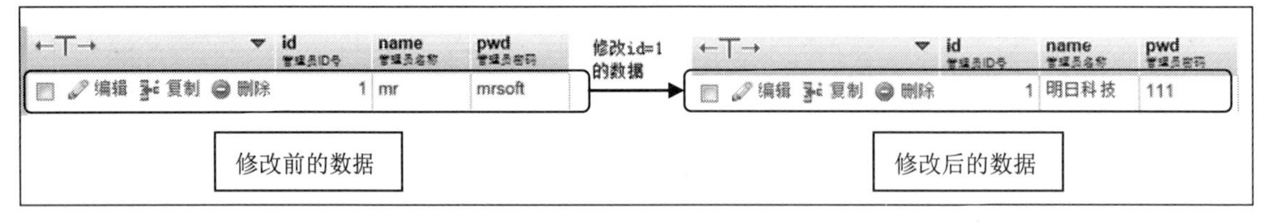

图 3.18　修改单条数据的实现过程

3.4.3 使用 SQL 语句查询数据

在 SQL 语句编辑区应用 select 语句检索指定条件的数据信息，将 id 小于 4 的管理员全部显示出来，添加的 SQL 语句如图 3.19 所示。

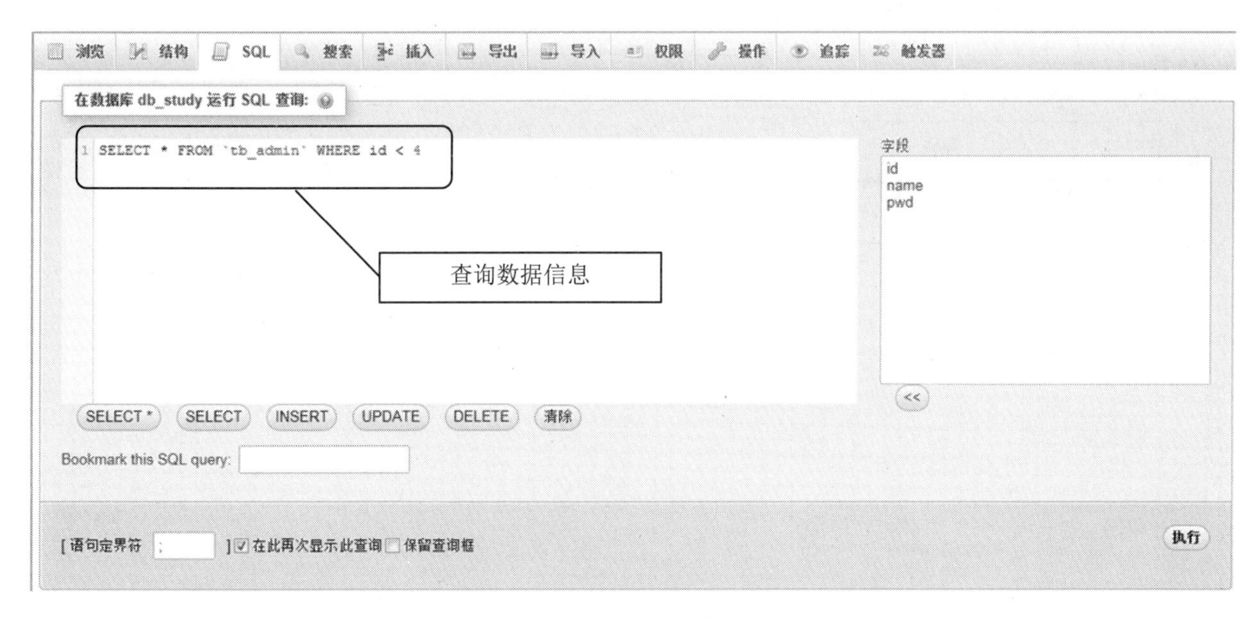

图 3.19　查询数据信息的 SQL 语句

单击“执行”按钮，该语句的实现过程如图 3.20 所示。

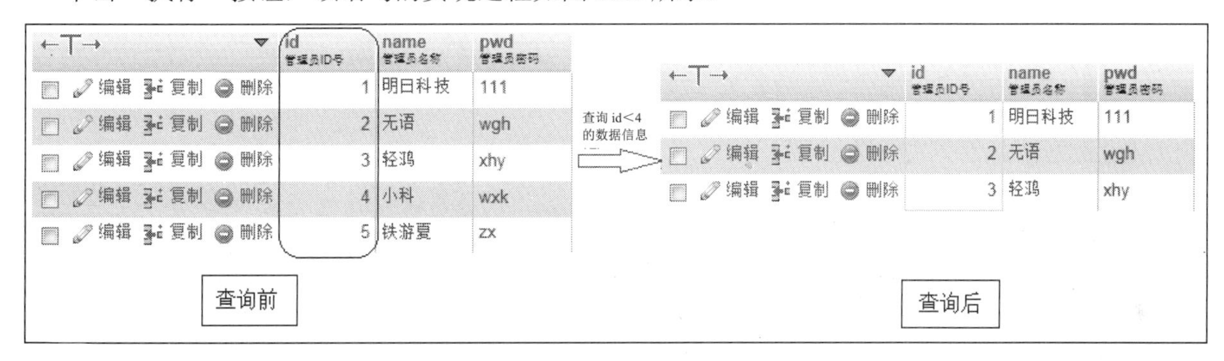

图 3.20　查询指定条件的数据信息的实现过程

除了对整个表的简单查询，还可以执行复杂的条件查询（使用 where 子句提交 LIKE、ORDER BY、GROUP BY 等条件查询语句）及多表查询，读者可通过上机实践，灵活运用 SQL 语句功能。

3.4.4　使用 SQL 语句删除数据

在 SQL 语句编辑区应用 delete 语句检索指定条件的数据或全部数据信息，删除名称为“小科”的管理员信息，添加的 SQL 语句如图 3.21 所示。

注意

如果 delete 语句后面没有 where 条件值，那么将删除指定数据表中的全部数据。

单击“执行”按钮，弹出确认删除操作对话框，单击“确定”按钮，执行数据表中指定条件的数据信息的删除操作。该语句的实现过程如图 3.22 所示。

图 3.21　删除指定数据信息的 SQL 语句

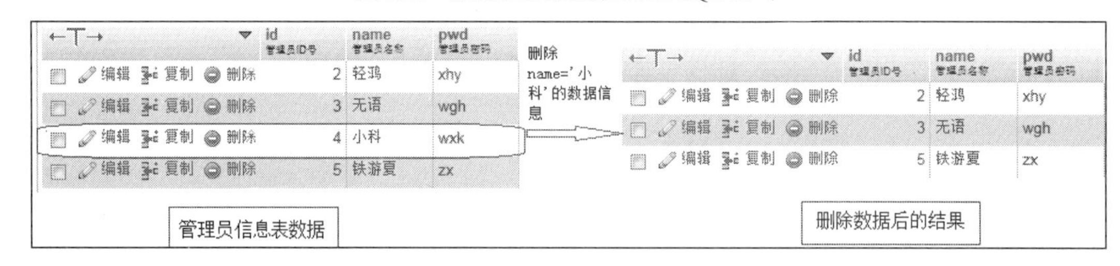

id	name	pwd
2	轻鸿	xhy
3	无语	wgh
4	小科	wxk
5	铁游夏	zx

id	name	pwd
2	轻鸿	xhy
3	无语	wgh
5	铁游夏	zx

图 3.22　删除指定条件的数据信息的实现过程

3.4.5　通过 form 表单插入数据

选择某个数据表后，单击 插入 超链接，进入插入数据页面，如图 3.23 所示。在页面中输入各字段值，单击“执行”按钮即可插入记录。默认情况下，一次可以插入两条记录。

图 3.23　插入数据

3.4.6　浏览数据

选择某个数据表后，单击[浏览]超链接，进入浏览页面，如图 3.24 所示。单击每行记录中的[编辑]超链接，可以对该记录进行编辑；单击每行记录中的[复制]超链接，可以复制该条记录；单击每行记录中的[删除]超链接，可以删除该条记录。

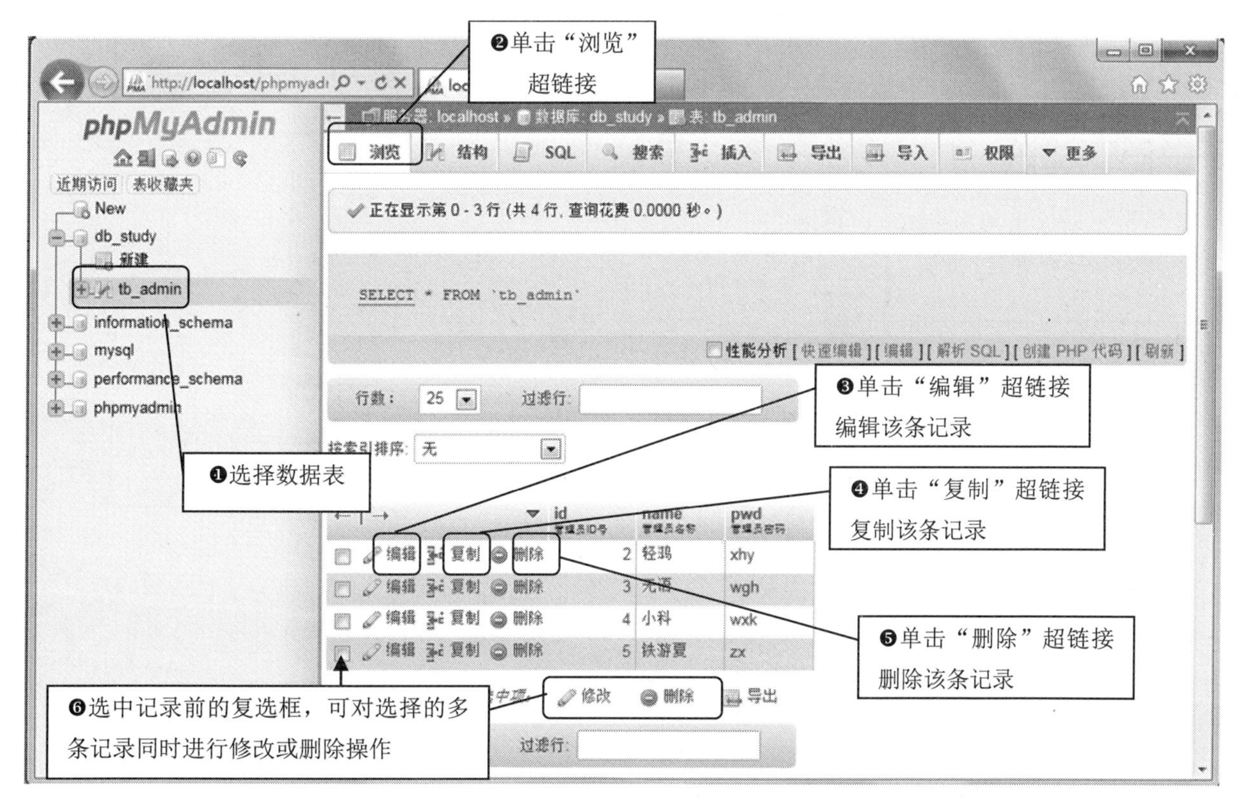

图 3.24　浏览页面

3.4.7　搜索数据

选择某个数据表后，单击[搜索]超链接，进入搜索页面，如图 3.25 所示。在这个页面中，可以在选择字段的列表框中选择一个或多个列，如果要选择多个列，可以在按住 Ctrl 键的同时单击要选择的字段名，查询结果将按照选择的字段名进行输出。

在该页面中可以按条件对记录进行查询。查询方式有两种：第一种方式是使用依例查询，选择查询的条件，并在文本框中输入要查询的值，单击“执行”按钮；第二种方式是使用 where 语句查询。直接在“‘where’从句的主体”文本框中输入查询语句，然后单击“执行”按钮。

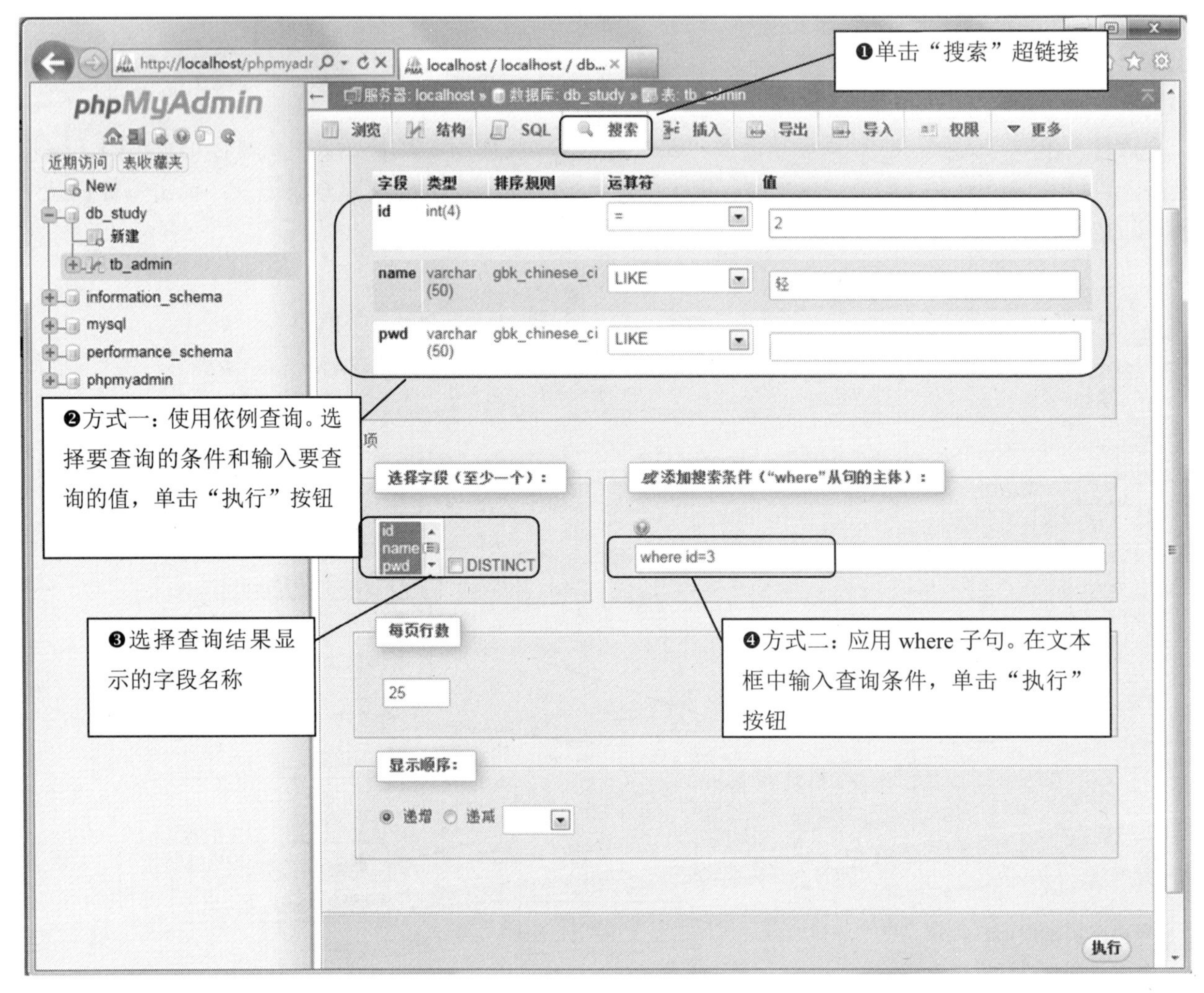

图 3.25　搜索查询

3.5　导入/导出数据

导入和导出 MySQL 数据库脚本是互逆的两个操作。导入是执行扩展名为.sql 的文件，将数据导入数据库中；导出是将数据表结构、表记录存储为扩展名为.sql 的脚本文件。通过导入和导出的操作实现数据库的备份和还原。

3.5.1　导出 MySQL 数据库脚本

单击 phpMyAdmin 主页面中的 导出 超链接，打开导出编辑区，如图 3.26 所示。选择导出文件的格式，这里默认使用选项 SQL，单击“执行”按钮，弹出如图 3.27 所示的“另存为”对话框，单击“保

存”按钮，将脚本文件以.sql 的格式存储在指定位置。

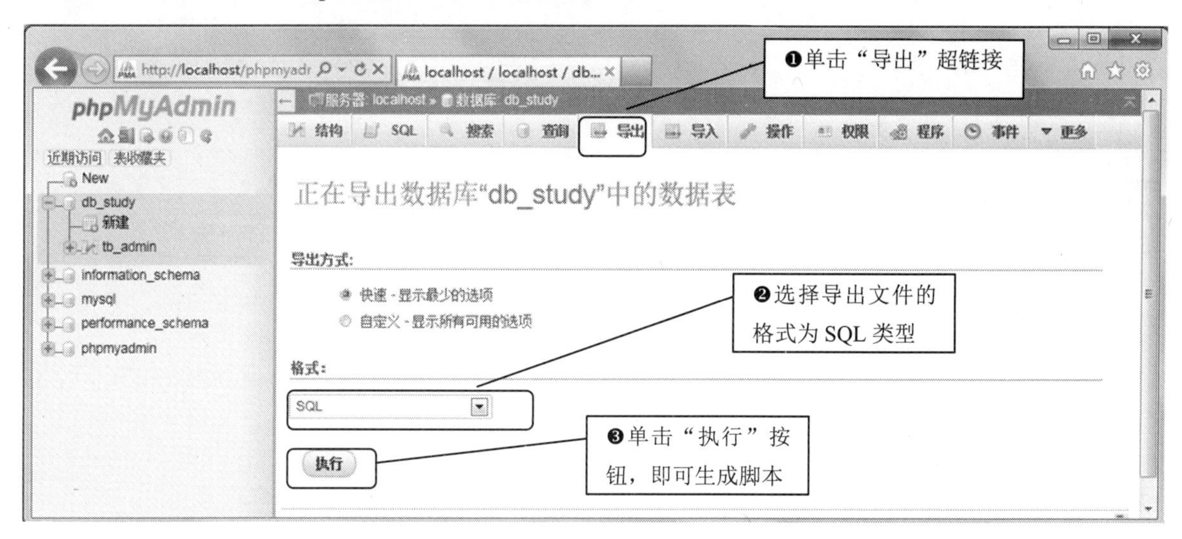

图 3.26　生成 MySQL 脚本文件设置界面

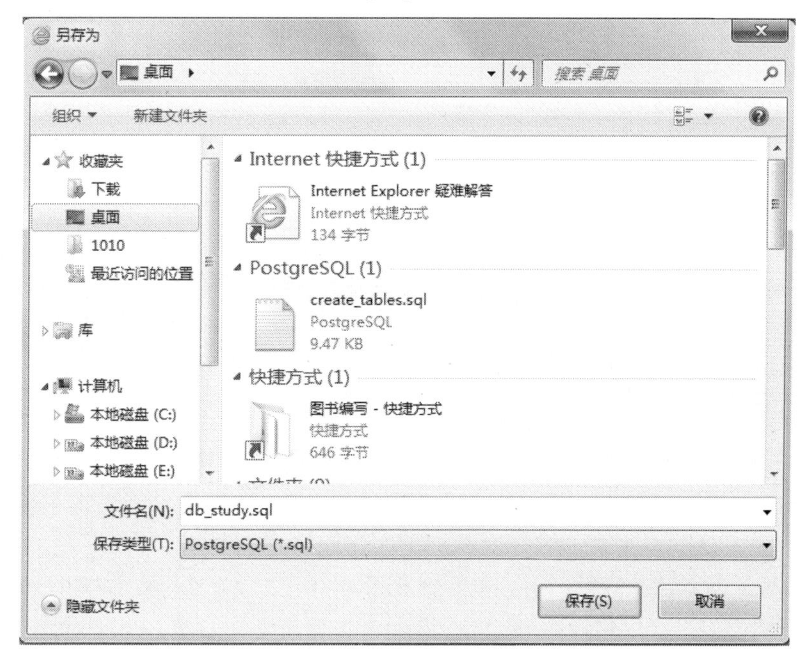

图 3.27　“另存为”对话框

3.5.2　导入 MySQL 数据库脚本

单击导入超链接，进入执行 MySQL 数据库脚本界面，单击“浏览”按钮查找脚本文件（如 db_study.sql）所在位置，如图 3.28 所示，单击“执行”按钮，即可执行 MySQL 数据库脚本文件。

结构　SQL　搜索　查询　导出　导入　操作　权限　程序　事件　触发器　▼ 更多

导入数据库“db__study”中

❶单击“导入”超链接

要导入的文件：

文件可能已压缩（gzip, zip）或未压缩。
压缩文件名必须以 .[格式].[压缩方式] 结尾。如：.sql.zip

从计算机中上传：C:\Users\pkh\Desktop\db 浏览... （最大限制：8,192 KB）

❷选择 MySQL 数据库脚本文件

文件的字符集：utf-8

部分导入：

☑ 在导入时脚本若检测到可能需要花费很长时间（接近PHP超时的限定）则允许中断。（尽管这会中断事务，但在导入大文件时是个很好的方法。）

从第一个开始跳过的查询数（SQL用）或行数（其他用）：0

格式：

SQL

❸选择 SQL 类型

格式特定选项：

SQL 兼容模式：NONE

☑ 不要给零值使用自增（AUTO_INCREMENT）

执行

❹单击“执行”按钮即可生效

图 3.28　执行 MySQL 数据库脚本文件

注意

（1）在执行 MySQL 脚本文件前，要检测是否有与所导入文件中数据库同名的数据库，如果没有，则首先要在数据库中创建一个名称与数据文件中的数据库名称相同的数据库，然后执行 MySQL 数据库脚本文件。另外，在当前数据库中，不能有与将要导入数据库中的数据表重名的数据表存在，否则导入文件就会失败，提示错误信息。

（2）读者也可通过单击 phpMyAdmin 图形化管理工具左侧区的查询窗口按钮，在打开的对话框中，单击“导入文件”超链接，然后选择脚本文件所在的位置，从而执行脚本文件。

3.6　设置编码格式

为页面、程序文件、数据库与数据表设置统一的编码格式可以避免程序运行时出现乱码。一般情

况下，设置页面的编码格式由 HTML 中的 meta 标签实现，设置程序文件的编码格式由具体的编程语言实现，设置数据库与数据表的编码格式可以通过使用 phpMyAdmin 实现。下面以实例详细讲解如何为新创建的数据库设置编码格式，具体步骤如下。

（1）登录 phpMyAdmin 图形化管理工具页面，创建数据库，并为新创建的数据库选择编码格式，如图 3.29 所示。

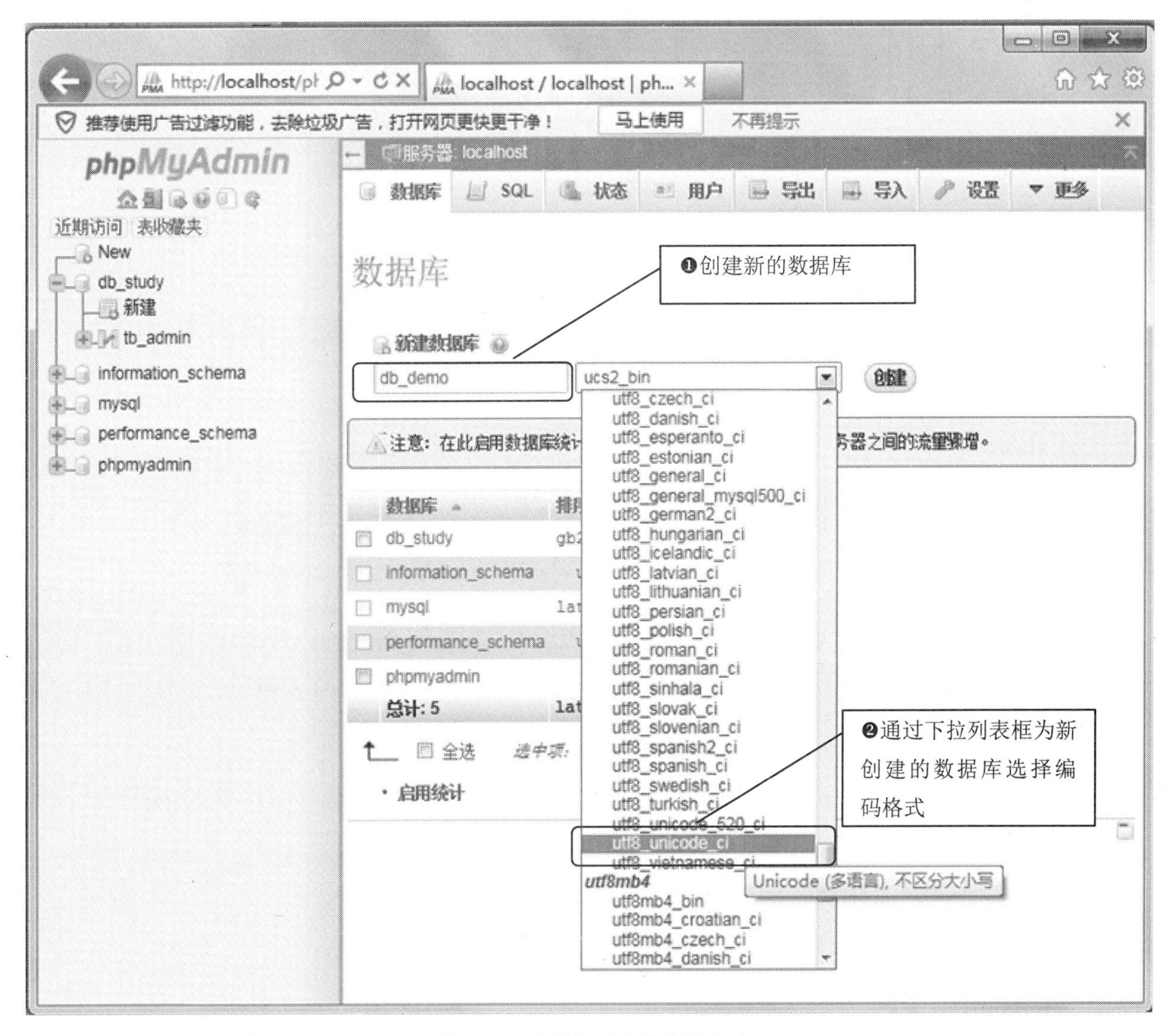

图 3.29　设置数据库的编码格式

（2）创建数据表，定义数据表字段，并为新创建的数据表设置编码格式，如图 3.30 所示。

图 3.30　设置字段编码格式

3.7　添加服务器新用户

在 phpMyAdmin 图形化管理工具中，不但可以对 MySQL 数据库进行各种操作，而且可以添加服务器的新用户，并对新添加的用户设置权限。

在 phpMyAdmin 中添加 MySQL 服务器新用户的步骤如下。

（1）单击 phpMyAdmin 主页面中的 账户 超链接，打开服务器用户操作界面，如图 3.31 所示。

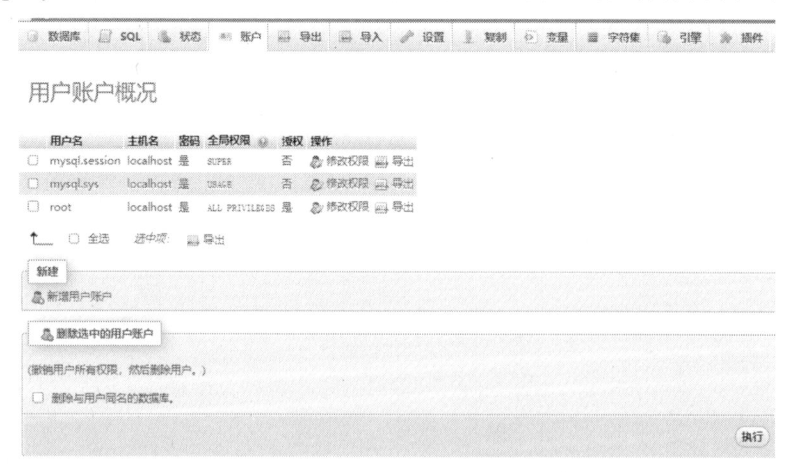

图 3.31　服务器用户一览表

（2）在该界面中，单击“新增用户账户”按钮，进入如图 3.32 所示的界面，设置用户名、主机、密码，以及权限。设置完成后，单击“执行”按钮，完成对新用户的添加操作，返回主页面，将提示新用户添加成功。

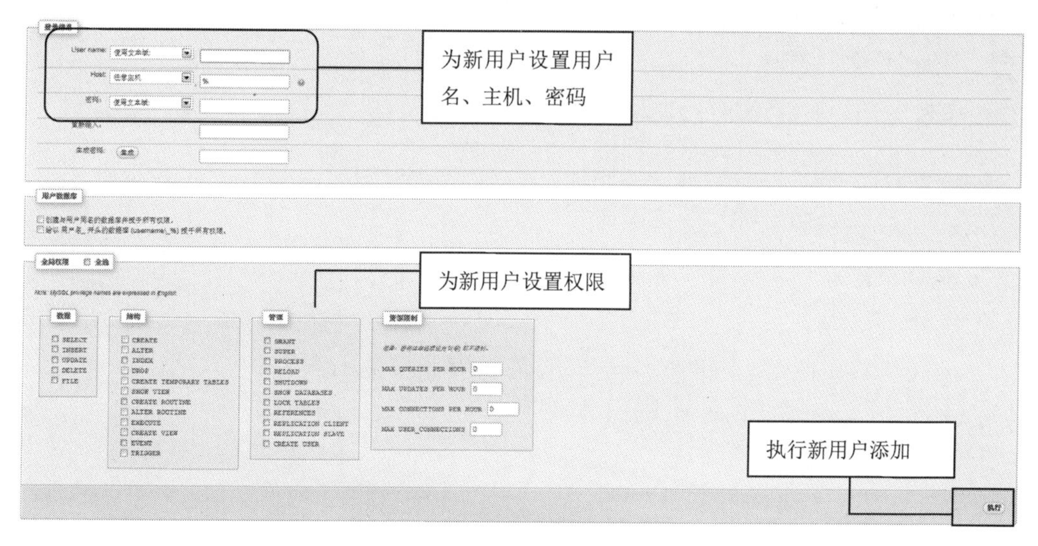

图 3.32　设置用户信息

3.8　重置 MySQL 服务器登录密码

在 phpMyAdmin 图形化管理工具中，还可以对 MySQL 服务器的登录密码进行重置。

在 phpMyAdmin 中重置 MySQL 服务器登录密码的步骤如下。

（1）打开服务器用户操作界面，如图 3.33 所示。

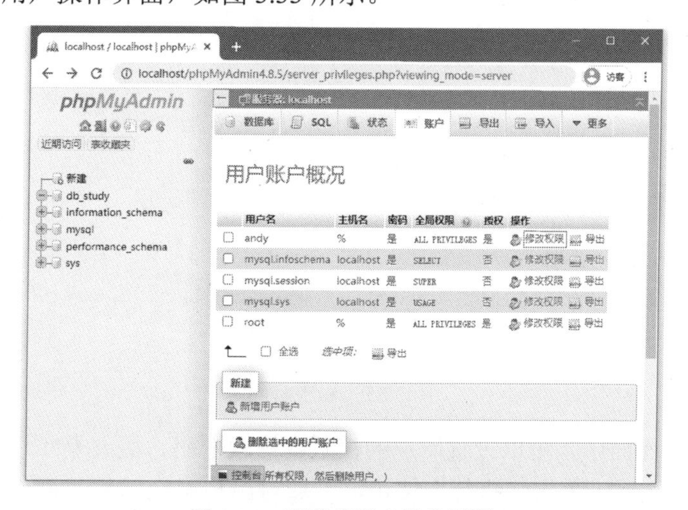

图 3.33　服务器用户操作界面

（2）在该界面中，可以对指定用户的权限进行编辑、添加新用户和删除指定的用户。这里选择指定的用户，单击修改权限超链接，对指定用户的权限进行设置，进入如图 3.34 所示的界面。

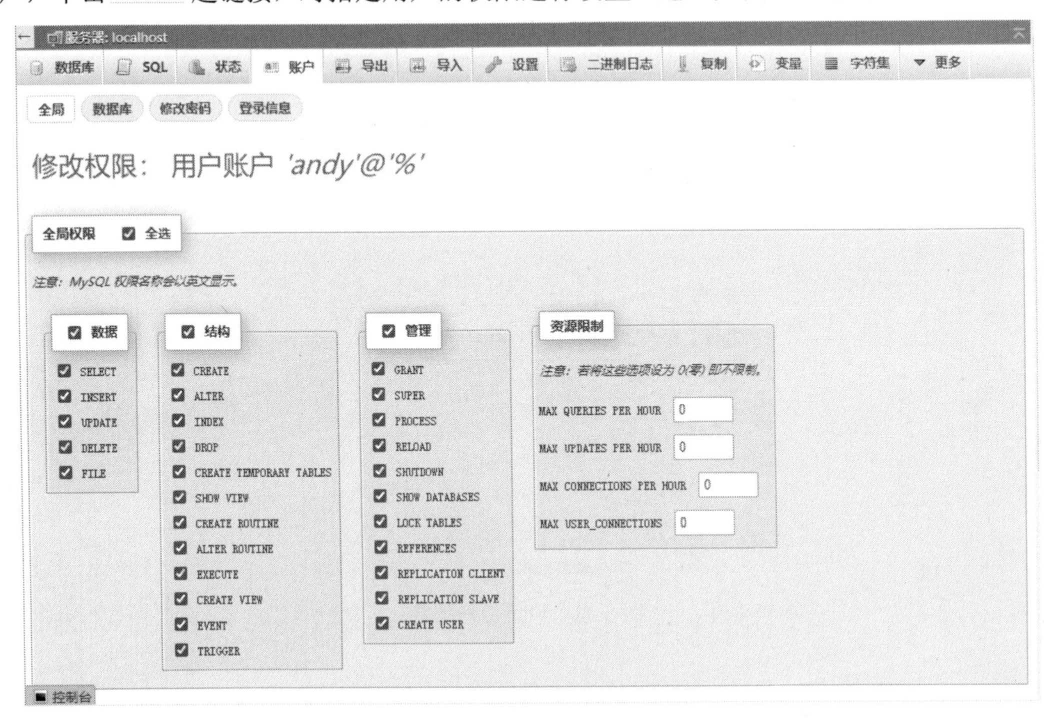

图 3.34　编辑用户权限

（3）单击“修改密码”按钮，进入如图 3.35 所示的界面。

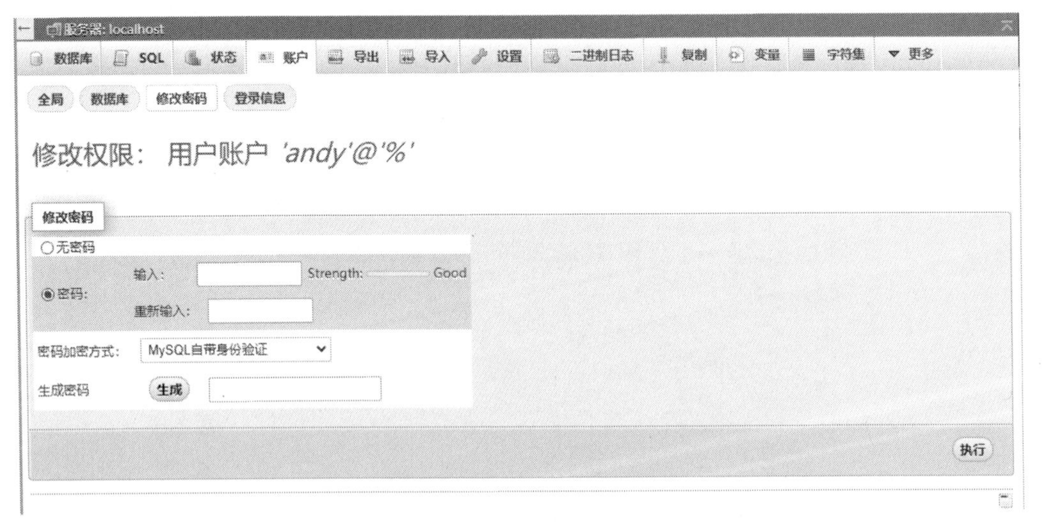

图 3.35　修改密码

在如图 3.35 所示的界面中，可以设置用户的权限、修改密码、更改登录用户信息和复制用户。在输入新密码和确认密码之后，单击“执行”按钮，完成对用户密码的修改操作，返回主页面，将提示密码修改成功。

3.9 小　　结

本章主要介绍了 MySQL 的图形化管理工具——使用 PHP 开发的 phpMyAdmin。通过图形化管理软件，读者可以很方便地操作 MySQL 数据库，其中包括创建数据库/数据表、管理数据库/数据表，以及数据的导入和导出等。

3.10 实践与练习

读者可以尝试使用 phpMyAdmin 图形化管理工具创建一个名为 db_mydatabase_1 的数据库，并在该数据库中添加一个名为 tb_user 的数据表。

第 4 章

数据库操作

启动并连接 MySQL 服务器后，即可对 MySQL 数据库进行操作。操作 MySQL 数据库的方法非常简单，本章将详细介绍如何创建数据库、查看数据库、选择数据库、修改数据库和删除数据库。

本章知识架构及重难点如下：

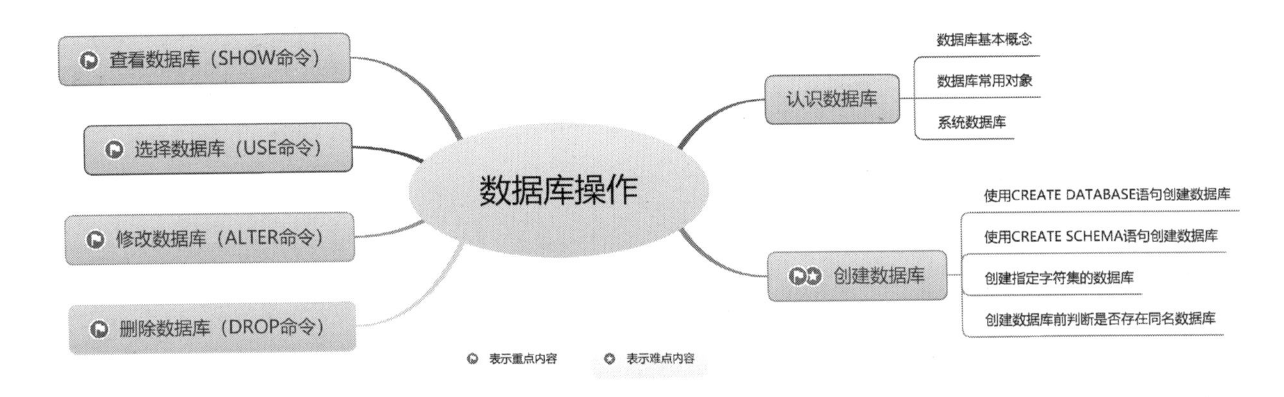

4.1 认识数据库

在进行数据库操作前，需要对其有一个基本的了解。本节将对数据库的基本概念、数据库常用对象和系统数据库进行详细介绍。

4.1.1 数据库基本概念

数据库是按照数据结构来组织、存储和管理数据的仓库。它是存储在一起的相关数据的集合。其优点主要体现在以下几个方面。

（1）减少数据的冗余度，节省数据的存储空间。

（2）具有较高的数据独立性和易扩充性。

（3）实现数据资源的充分共享。

下面介绍与数据库相关的几个概念。

1. 数据

描述事物的符号记录被称为数据，数据是数据库中存储的基本对象。除了基本的数字，像图书的名称、价格、作者等都可以被称为数据。

数据的表现形式还不能完全表达其内容，需要经过解释。例如，30 代表一个数字，它可以表示某个人的年龄，也可以表示某个人的编号，或者是一个班级的人数。因此，数据的解释是指对数据含义的说明，数据的含义被称为数据的定义，数据与其定义是不可分的。

2. 数据库

当人们收集到大量的信息后，就需要应用数据库对这些信息进行保存，以供进一步加工处理（统计销售量、总额等），这样可以避免手工处理数据所带来的困难。严格来讲，数据库是长期存储在计算机内，有组织的、可共享的大量数据的集合。数据库中的数据是按一定的数据模型进行组织、描述和存储的，具有较小的冗余度、较高的数据独立性和易扩展性，并可为各种用户共享，因此数据库具有以下 3 个基本特点。

☑ 永久存储。

☑ 有组织。

☑ 可共享。

3. 数据库系统

数据库系统（database system，DBS）是采用数据库技术的计算机系统。它是由数据库（数据）、数据库管理系统（软件）、数据库管理员（人员）、硬件平台（硬件）和软件平台（软件）5 个部分构成的运行实体。其中，数据库管理员（database administrator，DBA）是对数据库进行规划、设计、维护和监视等的专业管理人员，在数据库系统中起着非常重要的作用。

4. 数据库管理系统

数据库管理系统（database management system，DBMS）是数据库系统的一个重要组成部分。它是位于用户与操作之间的一层数据管理软件。此外，它还负责数据库中的数据组织、数据操纵、数据维护和数据服务等。它主要具有如下功能。

（1）数据存取的物理构建：为数据模式的物理存取与构建提供有效的存取方法与手段。

（2）数据操纵：为用户使用数据库的数据提供方便，如查询、插入、修改、删除等以及简单的算术运算和统计。

（3）数据定义：用户可以通过数据库管理系统提供的数据定义语言（data definition language，DDL）方便地对数据库中的对象进行定义。

（4）数据库的运行管理：数据库管理系统统一管理数据库的运行和维护，以保障数据的安全性、完整性、并发性和故障的系统恢复性。

（5）数据库的建立和维护：数据库管理系统能够完成初始数据的输入和转换、数据库的转储和恢复、数据库的性能监视和分析等任务。

5. 关系数据库

关系数据库是支持关系模型的数据库。关系模型由关系数据结构、关系操作集合和完整性约束 3 个部分组成。

（1）关系数据结构：在关系模型中数据结构单一，现实世界的实体以及实体间的联系均用关系来表示，实际上关系模型中数据结构就是一张二维表。

（2）关系操作集合：关系操作分为关系代数、关系演算、具有关系代数和关系演算双重特点的语言（SQL）。

（3）完整性约束：包括实体完整性、参照完整性和用户定义完整性。

4.1.2 数据库常用对象

在 MySQL 的数据库中，表、字段、索引、视图和存储过程等具体存储数据或对数据进行操作的实体都被称为数据库对象。下面介绍几种常用的数据库对象。

1. 表

表是包含数据库中所有数据的数据库对象。它由行和列组成，用于组织和存储数据。

2. 字段

表中的每列被称为一个字段，字段具有自己的属性，如字段类型、字段大小等。其中，字段类型是字段最重要的属性，它决定了字段能够存储哪种数据。

SQL 规范支持 5 种基本字段类型：字符型、文本型、数值型、逻辑型和日期时间型。

3. 索引

索引是一个单独的、物理的数据库结构。它是依赖于表建立的，有了它，数据库程序无须对整个表进行扫描，就可以在其中找到所需的数据。

4. 视图

视图是从一张或多张表中导出的表（也称虚拟表），是用户查看数据表中数据的一种方式。表中包括几个被定义的数据列与数据行，其结构和数据建立在对表的查询基础之上。

5. 存储过程

存储过程（stored procedure）是一组为了完成特定功能的 SQL 语句集合（包含查询、插入、删除和更新等操作），经编译后以名称的形式被存储在 MySQL 服务器端的数据库中，由用户通过指定存储过程的名字来执行。当这个存储过程被调用执行时，这些操作也会同时被执行。

4.1.3 系统数据库

系统数据库是指安装完 MySQL 服务器后，系统自动建立的一些数据库。例如，在默认安装的 MySQL 服务器中，系统会默认创建如图 4.1 所示的 4 个数据库，这些数据库就被称为系统数据库。系

统数据库记录一些必需的信息，用户不能直接修改这些信息。下面分别对图 4.1 中的 4 个系统数据库进行介绍。

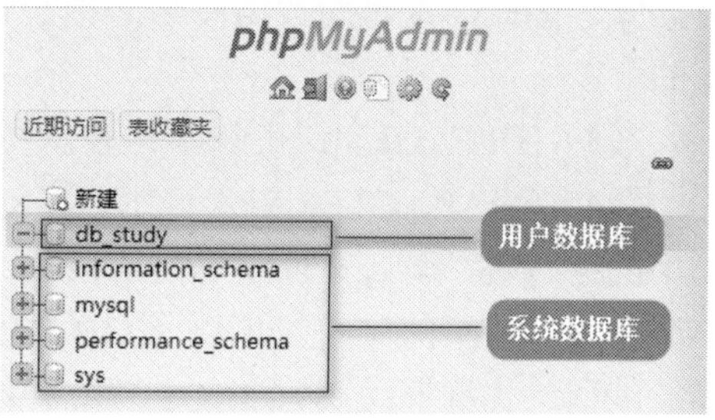

1. information_schema 数据库

information_schema 数据库主要用于存储 MySQL 服务器中所有数据库的信息，如数据库的名、数据库的表、访问权限、数据库表的数据类型、数据库索引的信息等。

图 4.1　系统数据库

2. mysql 数据库

mysql 数据库是 MySQL 的核心数据库，主要负责存储数据库的用户、权限设置、关键字等 MySQL 自己需要使用的控制和管理信息。

3. performance_schema 数据库

performance_schema 数据库主要用于收集数据库服务器性能参数，也可用于监控服务器在一个较低级别的运行过程中的资源消耗、资源等待等情况。

4. sys 数据库

sys 数据库中所有的数据源来自 performance_schema，目标是把 performance_schema 的复杂度降低，让 DBA 能更好地阅读这个库里的内容，让 DBA 更快地了解 DB 的运行情况。

4.2　创建数据库

在 MySQL 中，可以使用 CREATE DATABASE 语句和 CREATE SCHEMA 语句创建 MySQL 数据库，其语法如下。

```
CREATE  {DATABASE|SCHEMA}  [IF NOT EXISTS] 数据库名
[
[DEFAULT] CHARACTER SET [=] 字符集 |
[DEFAULT] COLLATE [=] 校对规则名称
];
```

说明

在语法中：花括号“{}”表示必选项；中括号“[]”表示可选项；竖线“|”表示分隔符两侧的内容为“或”的关系。在上面的语法中，{DATABASE|SCHEMA}表示使用关键字 DATABASE，或使用 SCHEMA，但不能全不使用。

参数说明如下。

（1）[IF NOT EXISTS]：可选项，表示在创建数据库前进行判断，只有该数据库目前尚未存在时才执行创建语句。

（2）数据库名：必须指定。在文件系统中，MySQL 的数据存储区将以目录的方式表示 MySQL 数据库。因此，这里的数据库名必须符合操作系统文件夹的命名规则，而在 MySQL 中是不区分大小写的。

（3）[DEFAULT]：可选项，表示指定默认值。

（4）CHARACTER SET [=] 字符集：可选项，用于指定数据库的字符集。如果不想指定数据库所使用的字符集，那么就可以不使用该项，这时 MySQL 会根据 MySQL 服务器默认使用的字符集来创建该数据库。这里的字符集可以是 GB2312 或者 GBK（简体中文）、UTF8（针对 Unicode 的可变长度的字符编码，也称万国码）、BIG5（繁体中文）、Latin1（拉丁文）等。其中最常用的就是 UTF8 和 GBK。

（5）COLLATE [=] 校对规则名称：可选项，用于指定字符集的校对规则。例如，utf8_bin 或者 gbk_chinese_ci。

在创建数据库时，数据库命名有以下几项规则。

（1）不能与其他数据库重名，否则将发生错误。

（2）名称可以由任意字母、阿拉伯数字、下画线（_）和“$”组成，可以使用上述的任意字符开头，但不能使用单独的数字，否则会与数值相混淆。

（3）名称最长可为 64 个字符，而别名可长达 256 个字符。

（4）不能使用 MySQL 关键字作为数据库名、表名。

（5）默认情况下，在 Windows 下数据库名、表名的大小写是不敏感的，而在 Linux 下数据库名、表名的大小写是敏感的。为了便于将数据库在平台间进行移植，建议读者采用小写字母来定义数据库名和表名。

4.2.1　使用 CREATE DATABASE 语句创建数据库

例 4.1　使用 CREATE DATABASE 语句创建一个名称为 db_admin 的数据库。（**实例位置：资源包\TM\sl\4\4.1**）

具体代码如下。

```
CREATE DATABASE DB_admin;
```

运行效果如图 4.2 所示。

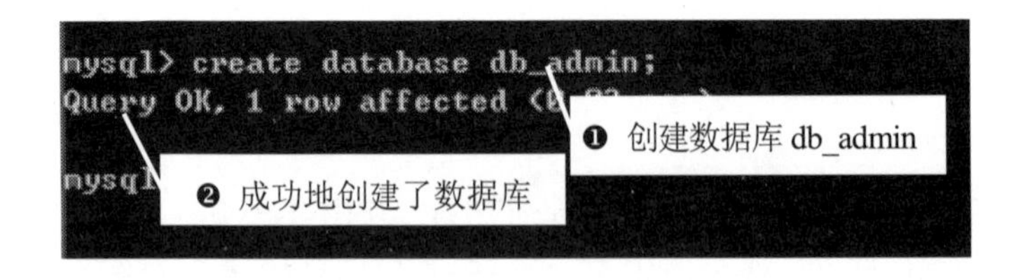

图 4.2　使用 CREATE DATABASE 语句创建 MySQL 数据库

4.2.2　使用 CREATE SCHEMA 语句创建数据库

使用 CREATE DATABASE 语句是创建数据库的最基本方法，实际上，还可以通过语法中给出的

CREATE SCHEMA 语句来创建数据库，二者的功能是一样的。在使用 MySQL 官网中提供的 MySQL Workbench 图形化工具创建数据库时，使用的就是这种方法。

例 4.2　使用 CREATE SCHEMA 语句创建一个名称为 db_admin1 的数据库。（**实例位置：资源包\TM\sl\4\4.2**）

具体代码如下。

```
CREATE SCHEMA db_admin1;
```

运行效果如图 4.3 所示。

```
mysql> create schema db_admin1;
Query OK, 1 row affected (0.12 sec)

mysql> _
```

图 4.3　使用 CREATE SCHEMA 语句创建 MySQL 数据库

4.2.3　创建指定字符集的数据库

在创建数据库时，如果不指定其使用的字符集或字符集的校对规则，那么将根据 my.ini 文件中指定的 default-character-set 变量的值来设置其使用的字符集。从创建数据库的基本语法中可以看出，在创建数据库时，还可以指定数据库所使用的字符集，下面将通过一个具体的例子来演示如何在创建数据库时指定字符集。

例 4.3　使用 CREATE DATABASE 语句创建一个名称为 db_test 的数据库，并指定其字符集为 UIF-8。（**实例位置：资源包\TM\sl\4\4.3**）

具体代码如下。

```
CREATE DATABASE db_test
CHARACTER SET = utf8mb4;
```

运行效果如图 4.4 所示。

```
mysql> CREATE DATABASE db_test
    -> CHARACTER SET = utf8mb4;
Query OK, 1 row affected (0.10 sec)
```

图 4.4　创建使用 UTF-8 字符集的 MySQL 数据库

误区警示

utf8mb4 是 utf8 的超集并完全兼容 utf8，它能够用 4 个字节存储更多的字符。标准的 UTF-8 字符集编码可以使用 1～4 个字节来编码 21 位字符，这几乎包含了世界上所有能看见的语言。MySQL 里面实现的 utf8 最长使用 3 个字符，包含了大多数字符但并不是所有。例如，emoji 表情和一些不常用的汉字（如“墅”）需要 utf8mb4 才能支持。

4.2.4 创建数据库前判断是否存在同名数据库

MySQL 不允许同一系统中存在两个名称相同的数据库，如果要创建的数据库名称已经存在，那么系统将给出以下错误信息。

```
ERROR 1007 (HY000): Can't create database 'db_test'; database exists
```

为了避免发生错误，在创建数据库前，需要使用 IF NOT EXISTS 选项来判断该数据库名称是否存在，只有不存在时才进行创建。

例 4.4 使用 CREATE DATABASE 语句创建一个名称为 db_test1 的数据库，并在创建前判断该数据库名称是否存在，只有不存在时才进行创建。（**实例位置：资源包\TM\sl\4\4.4**）

具体代码如下。

```
CREATE DATABASE IF NOT EXISTS db_test1;
```

运行效果如图 4.5 所示。

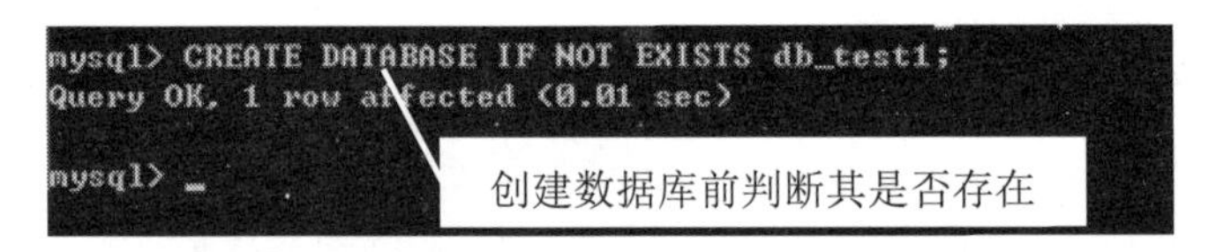

图 4.5　创建数据库前判断是否存在同名数据库

再次执行上面的语句，将不再创建数据库 db_test1，显示效果如图 4.6 所示。

图 4.6　创建已经存在的数据库的效果

4.3 查看数据库（SHOW 命令）

成功创建数据库后，使用 SHOW 命令查看 MySQL 服务器中的所有数据库信息，语法格式如下。

```
SHOW    {DATABASES|SCHEMAS}
[LIKE '模式' WHERE  条件]
;
```

参数说明如下。

（1）{DATABASES|SCHEMAS}：表示必须有一个是必选项，用于列出当前用户权限范围内所能查看到的所有数据库名称。这两个选项的结果是一样的，使用哪个都可以。

（2）LIKE：可选项，用于指定匹配模式。

（3）WHERE：可选项，用于指定数据库名称查询范围的条件。

例 4.5　在 4.2.1 节中创建了数据库 db_admin，下面使用 SHOW DATABASES 语句查看 MySQL 服务器中的所有数据库名称。（**实例位置：资源包\TM\sl\4\4.5**）

代码如下。

```
SHOW DATABASES;
```

运行结果如图 4.7 所示。

从图 4.7 中可以看出，执行 SHOW 命令查看 MySQL 服务器中的所有数据库，结果显示 MySQL 服务器中有 8 个数据库，其中包括系统数据库。

如果 MySQL 服务器中的数据库比较多，也可以通过指定匹配模式来筛选想要得到的数据库，下面将通过一个具体的实例来演示如何通过 LIKE 关键字筛选要查看的数据库。

例 4.6　筛选以 db_开头的数据库名称。（**实例位置：资源包\TM\sl\4\4.6**）

代码如下。

```
SHOW DATABASES LIKE 'db_%';
```

执行效果如图 4.8 所示。

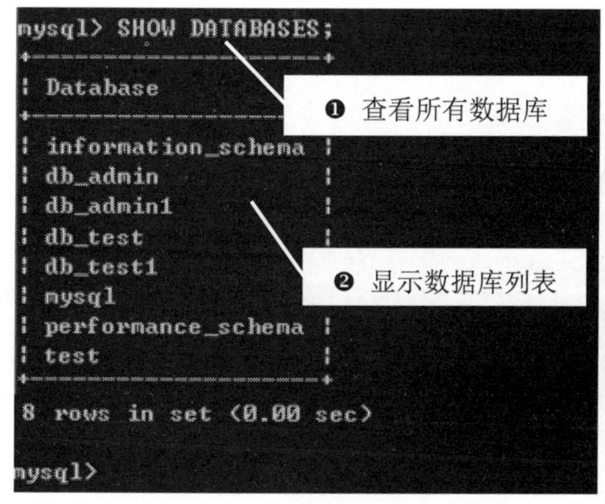

图 4.7　查看数据库

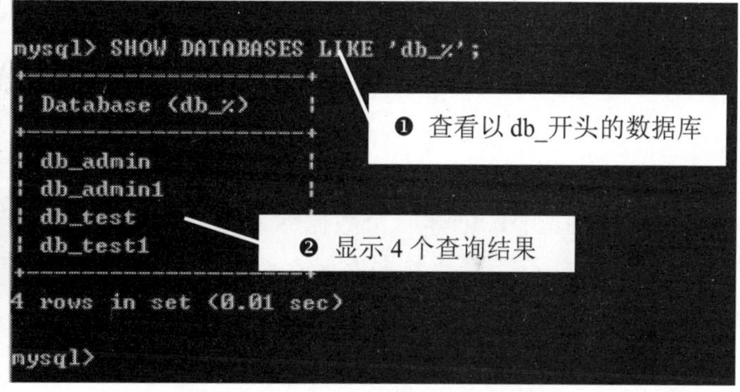

图 4.8　筛选以 db_开头的数据库名称

4.4　选择数据库（USE 命令）

在 MySQL 中，使用 CREATE DATABASE 语句创建数据库后，该数据库并不会自动成为当前数据库。如果想让它成为当前数据库，则需要使用 MySQL 提供的 USE 语句。USE 语句可以实现选择一个数据库，使其成为当前数据库。只有使用 USE 语句指定某个数据库为当前数据库后，才能对该数据库及其存储的数据对象执行操作。USE 语句的语法格式如下。

```
USE 数据库名;
```

说明

使用 USE 语句将数据库指定为当前数据库后，当前数据库在当前工作会话关闭（即断开与该数据库的连接）或再次使用 USE 语句指定数据库时，结束工作状态。

例 4.7 选择名称为 db_admin 的数据库，设置其为当前默认的数据库。（**实例位置：资源包\TM\sl\4\4.7**）

具体代码如下。

```
USE db_admin;
```

执行结果如图 4.9 所示。

图 4.9 选择数据库

4.5 修改数据库（ALTER 命令）

在 MySQL 中，创建一个数据库后，还可以对其进行修改，不过这里的修改是指可以修改数据库的相关参数，并不能修改数据库名。修改数据库可以使用 ALTER DATABASE 或者 ALTER SCHEMA 语句来实现，语法格式如下。

```
ALTER {DATABASE | SCHEMA} [数据库名]
  [DEFAULT] CHARACTER SET [=] 字符集
| [DEFAULT] COLLATE [=] 校对规则名称
```

参数说明如下。

（1）{DATABASE|SCHEMA}：表示必须有一个是必选项，这两个选项的结果是一样的，使用哪个都可以。

（2）[数据库名]：可选项，如果不指定要修改的数据库，那么将修改当前（默认）的数据库。

（3）[DEFAULT]：可选项，表示指定默认值。

（4）CHARACTER SET [=] 字符集：可选项，用于指定数据库的字符集。与 4.2 节创建数据库的语法中的该从句相同。

（5）COLLATE [=] 校对规则名称：可选项，用于指定字符集的校对规则。例如，utf8_bin 或者 gbk_chinese_ci。与 4.2 节创建数据库的语法中的该从句相同。

注意

在使用 ALTER DATABASE 或者 ALTER SCHEMA 语句时，用户必须具有对数据库进行修改的权限。

例 4.8　修改例 4.1 中创建的数据库 db_admin，设置默认字符集和校对规则。（**实例位置：资源包\TM\sl\4\4.8**）

具体代码如下。

```
ALTER DATABASE db_admin
        DEFAULT CHARACTER SET gbk
        DEFAULT COLLATE gbk_chinese_ci;
```

执行结果如图 4.10 所示。

图 4.10　设置默认字符集和校对规则

4.6　删除数据库（DROP 命令）

在 MySQL 中，可以使用 DROP DATABASE 或者 DROP SCHEMA 语句删除已经存在的数据库。使用该命令删除数据库的同时，该数据库中的表以及表中的数据也将被永久删除。因此，在使用该语句删除数据库时一定要小心，以免误删除有用的数据库。DROP DATABASE 或者 DROP SCHEMA 语句的语法格式如下。

```
DROP {DATABASE|SCHEMA} [IF EXISTS]  数据库名;
```

参数说明如下。

（1）{DATABASE|SCHEMA}：表示必须有一个是必选项，这两个选项的结果是一样的，使用哪个都可以。

（2）[IF EXISTS]：用于指定在删除数据前，先判断该数据库是否存在，只有存在时，才会执行删除操作，这样可以避免删除不存在的数据库时产生异常。

误区警示

（1）在使用 DROP DATABASE 或者 DROP SCHEMA 语句时，用户必须具有对数据库进行删除的权限。

（2）在删除数据库时，该数据库上的用户权限不会被自动删除。

（3）删除数据库时应谨慎。删除数据库后，数据库的所有结构和数据都会被删除，除非数据库有备份，否则无法恢复这些结构和数据。

例4.9 使用DROP DATABASE语句删除名为db_admin的数据库。（**实例位置：资源包\TM\sl\4\4.9**）

具体代码如下。

```
DROP DATABASE db_admin;
```

执行效果如图 4.11 所示。

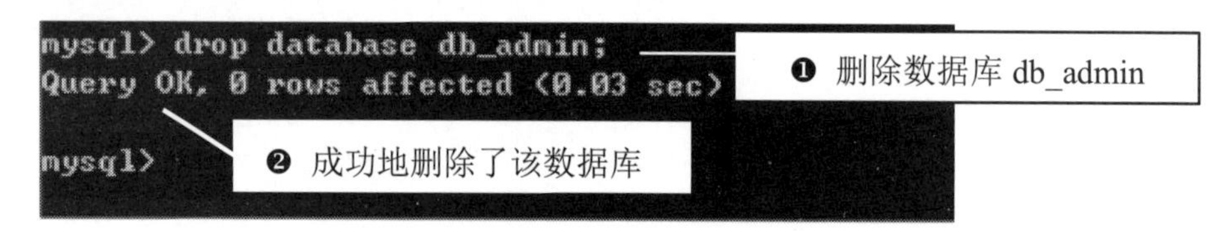

图 4.11 删除数据库 db_admin

当使用上面的命令删除数据库时，如果指定的数据库不存在，将出现如图 4.12 所示的异常信息。

```
mysql> DROP DATABASE db_111;
ERROR 1008 (HY000): Can't drop database 'db_111'; database doesn't exist
mysql> _
```

图 4.12 删除不存在的数据库时出错

为了解决这一问题，需要在 DROP DATABASE 语句中使用 IF EXISTS 从句来保证只有当数据库存在时才执行删除数据库的操作。下面通过一个具体的例子来演示这一功能。

例 4.10 使用 DROP DATABASE IF EXISTS 语句删除名称为 db_111 的数据库（该数据库不存在）。（**实例位置：资源包\TM\sl\4\4.10**）

具体代码如下。

```
SHOW DATABASES LIKE 'db_%';
DROP DATABASE IF EXISTS db_111;
```

执行效果如图 4.13 所示。

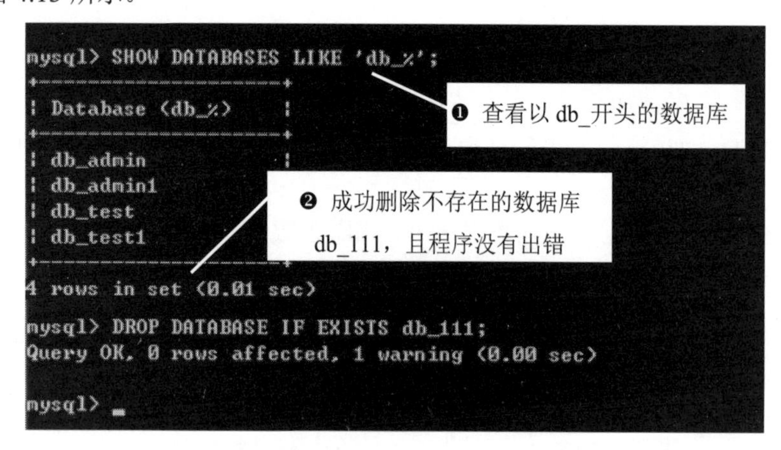

图 4.13 删除不存在的数据库时未出错

注意

安装 MySQL 后，系统会自动创建两个名称分别为 performance_schema 和 mysql 的系统数据库，MySQL 把与数据库相关的信息存储在这两个系统数据库中，如果删除了这两个数据库，那么 MySQL 将不能正常工作，所以一定不能删除这两个数据库。

4.7　小　　结

本章首先介绍了数据库的基本概念、数据库的常用对象，以及 MySQL 中的系统数据库，然后介绍了创建数据库、查看数据库、选择数据库、修改数据库和删除数据库的方法。其中，创建数据库、选择数据库和删除数据库在实际开发中经常被使用，读者可重点掌握它们。

4.8　实践与练习

（答案位置：资源包\TM\sl\4\实践与练习）

1．使用 CREATE SCHEMA 语句创建一个名称为 db_mr 的数据库，并指定其字符集为 UTF-8。

2．使用 DROP SCHEMA 语句删除第 1 题中创建的数据库 db_mr，并且指定只有该数据库存在时才删除该数据库。

3．使用 SHOW SCHEMAS 语句筛选以 db_开头的数据库名称。

第 5 章

存储引擎及数据类型

使用存储引擎可以加快查询的速度，并且每一种引擎都具有不同的含义。数据类型是数据的一种属性，其可以决定数据的存储格式、有效范围和相应的限制，读者应该了解如何选择合适的数据类型。本章将对 MySQL 的存储引擎和数据类型的使用进行详细讲解。

本章知识架构及重难点如下：

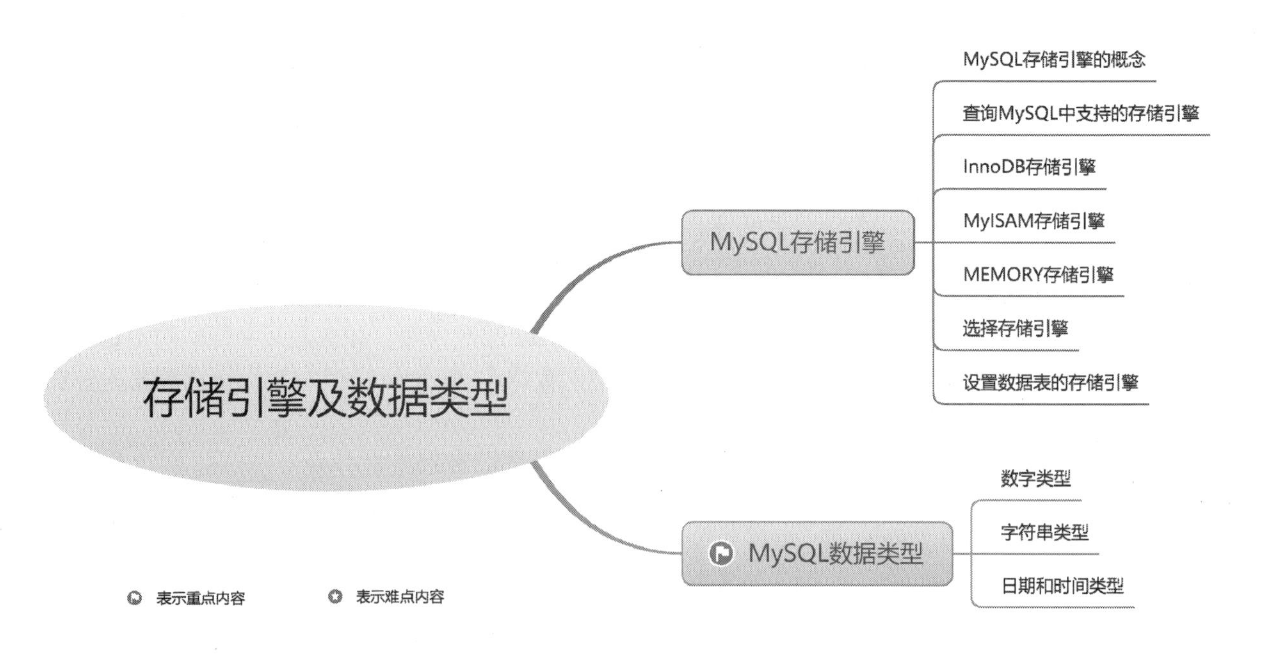

5.1 MySQL 存储引擎

存储引擎其实就是实现存储数据、为存储的数据建立索引和更新、查询数据等技术的方法。因为在关系数据库中数据是以表的形式存储的，所以存储引擎也可以被称为表类型（即存储和操作此表的类型）。在 Oracle 和 SQL Server 等数据库中只有一种存储引擎，所有数据存储管理机制都是一样的；而 MySQL 数据库提供了多种存储引擎，用户可以根据不同的需求为数据表选择不同的存储引擎，也可以根据需要编写自己的存储引擎。

5.1.1　MySQL 存储引擎的概念

MySQL 中的数据是用各种不同的技术存储在文件（或者内存）中的。每一种技术都使用不同的存储机制、索引技巧、锁定水平，并且最终提供广泛的、不同的功能。通过选择不同的技术，开发人员可以获得额外的速度或者功能，从而改善应用的整体功能。

这些不同的技术以及配套的相关功能在 MySQL 中被称作存储引擎（也被称为表类型）。MySQL 默认配置了许多不同的存储引擎，这些引擎可以预先设置或者在 MySQL 服务器中启用。开发人员可以选择适用于服务器、数据库和表格的存储引擎，以便在选择如何存储信息、如何检索信息以及需要的数据结合什么性能和功能时为其提供最大的灵活性。

5.1.2　查询 MySQL 中支持的存储引擎

1．查询支持的全部存储引擎

在 MySQL 中，可以使用 SHOW ENGINES 语句查询 MySQL 中支持的存储引擎。其查询语句如下。

```
SHOW ENGINES;
```

SHOW ENGINES 语句可以用“;”结束，也可以用“\g”或者“\G”结束。“\g”与“;”的作用是相同的，“\G”可以让结果显示得更加美观。

使用 SHOW ENGINES \g 语句查询的结果如图 5.1 所示。

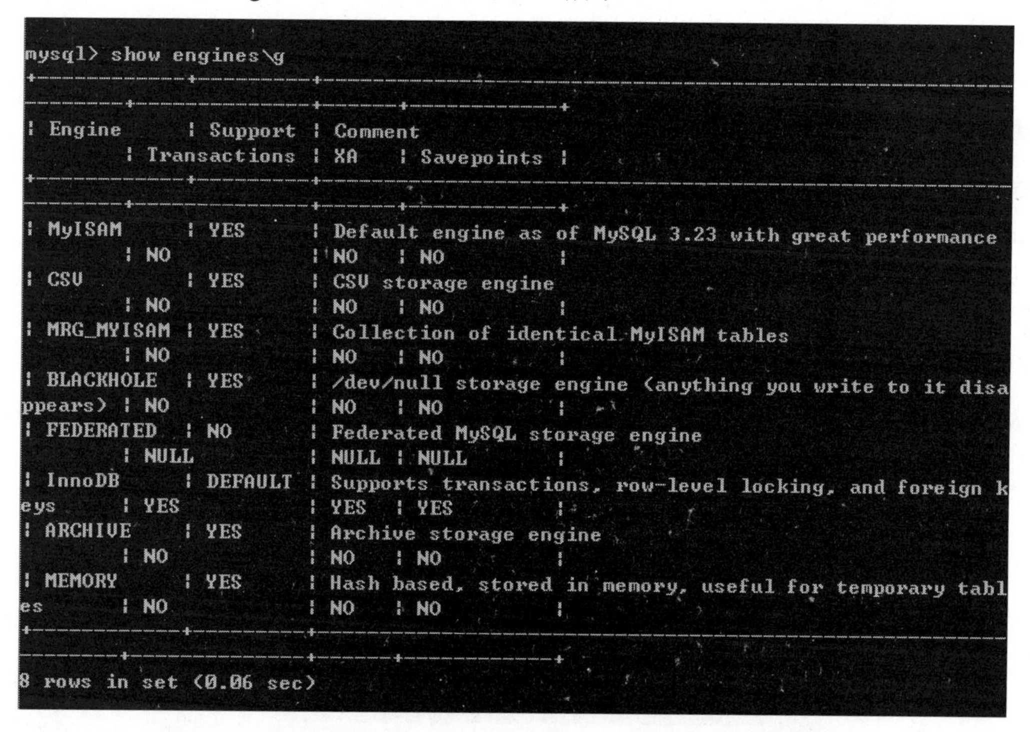

```
mysql> show engines\g
| Engine     | Support | Comment
       | Transactions | XA    | Savepoints |
| MyISAM     | YES     | Default engine as of MySQL 3.23 with great performance
       | NO           | NO    | NO         |
| CSV        | YES     | CSV storage engine
       | NO           | NO    | NO         |
| MRG_MYISAM | YES     | Collection of identical MyISAM tables
       | NO           | NO    | NO         |
| BLACKHOLE  | YES     | /dev/null storage engine (anything you write to it disa
ppears) | NO          | NO    | NO         |
| FEDERATED  | NO      | Federated MySQL storage engine
       | NULL         | NULL  | NULL       |
| InnoDB     | DEFAULT | Supports transactions, row-level locking, and foreign k
eys    | YES          | YES   | YES        |
| ARCHIVE    | YES     | Archive storage engine
       | NO           | NO    | NO         |
| MEMORY     | YES     | Hash based, stored in memory, useful for temporary tabl
es     | NO           | NO    | NO         |
8 rows in set (0.06 sec)
```

图 5.1　使用 SHOW ENGINES \g 语句查询 MySQL 中支持的存储引擎

使用 SHOW ENGINES \G 语句查询的结果如图 5.2 所示。

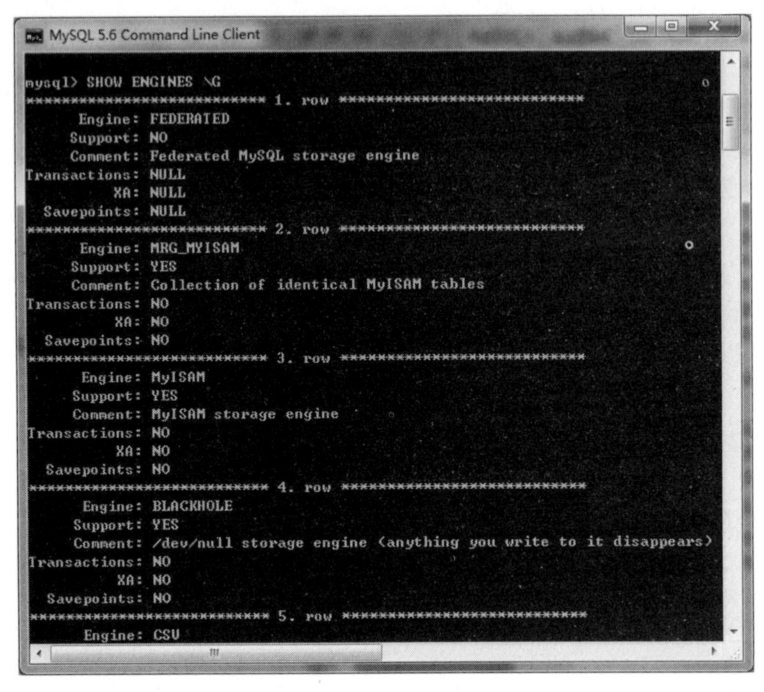

图 5.2　使用 SHOW ENGINES \G 语句查询 MySQL 中支持的存储引擎

查询结果中的 Engine 参数指的是存储引擎的名称；Support 参数指的是 MySQL 是否支持该类引擎，YES 表示支持，NO 表示不支持；Comment 参数指对该引擎的评论。

从查询结果中可以看出，MySQL 支持多个存储引擎，其中 InnoDB 为默认存储引擎。

2. 查询默认的存储引擎

如果想要查看当前 MySQL 服务器所采用的默认存储引擎，可以执行 SHOW VARIABLES 命令。查询默认的存储引擎的 SQL 语句如下。

```
SHOW VARIABLES LIKE 'storage_engine%';
```

例 5.1　查询默认的存储引擎。（**实例位置：资源包\TM\sl\5\5.1**）

具体代码如下。

```
SHOW VARIABLES LIKE 'storage_engine%';
```

执行效果如图 5.3 所示。

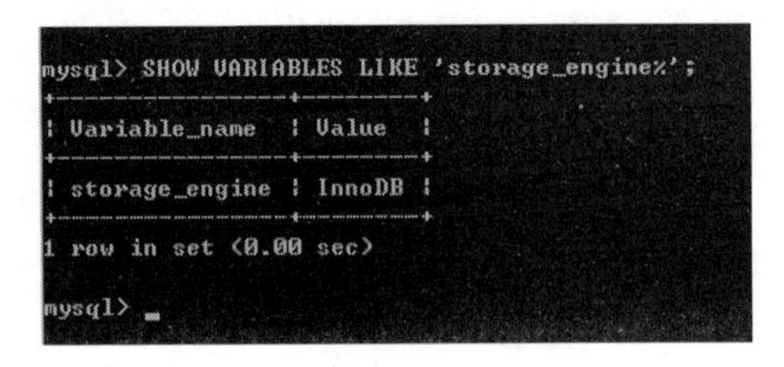

图 5.3　查询默认的存储引擎

从图 5.3 中可以看出，当前 MySQL 服务器采用的默认存储引擎是 InnoDB。

有些表根本不用于存储长期数据，实际上用户需要完全在服务器的 RAM 或特殊的临时文件中创建和维护这些数据，以确保高性能，但这样也存在很高的不稳定风险。还有一些表只是为了简化对一组相同表的维护和访问，为同时与所有这些表交互提供一个单一接口。另外，还有一些其他特别用途的表，但重点是，MySQL 支持很多类型的表，每种类型都有自己特定的作用、优点和缺点。MySQL 还相应地提供了很多不同的存储引擎，可以以最适合于应用需求的方式存储数据。MySQL 有多个可用的存储引擎，下面主要介绍 InnoDB、MyISAM 和 MEMORY 存储引擎。

5.1.3　InnoDB 存储引擎

InnoDB 已经被开发了十余年，遵循 CNU 通用公开许可（GPL）发行。InnoDB 已经被一些重量级 Internet 公司采用，如 Yahoo!、Slashdot 和 Google，为用户操作非常大的数据库提供了一种强大的解决方案。InnoDB 给 MySQL 的表提供了事务、回滚、崩溃修复能力和多版本并发控制的事务安全。自 MySQL3.23.34a 开始包含 InnoDB 存储引擎。InnoDB 是 MySQL 上第一个提供外键约束的表引擎，而且 InnoDB 对事务处理的能力也是 MySQL 的其他存储引擎不能比拟的。

InnoDB 存储引擎中支持自动增长列 AUTO_INCREMENT。自动增长列的值不能为空，且值必须唯一。MySQL 中规定自增列必须为主键。在插入值时，如果自动增长列中没有输入的值，则插入的值为自动增长后的值；如果输入的值为 0 或空（NULL），则插入的值也为自动增长后的值；如果要插入某个确定的值，且该值在前面没有出现过，则可以直接插入该值。

InnoDB 存储引擎中支持外键（FOREIGN KEY）。外键所在的表为子表，外键依赖的表为父表。父表中被子表外键关联的字段必须为主键。当删除、更新父表的某条信息时，子表也必须有相应的改变。在 InnoDB 存储引擎中，创建的表的表结构被存储在.frm 文件中，数据和索引被存储在 innodb_data_home_dir 和 innodb_data_file_path 表空间中。

InnoDB 存储引擎的优势在于提供了良好的事务管理、崩溃修复能力和并发控制，缺点是其读写效率稍差，占用的数据空间相对比较大。

InnoDB 表是如下情况的理想引擎。

（1）更新密集的表：InnoDB 存储引擎特别适合处理多重并发的更新请求。

（2）事务：InnoDB 存储引擎是唯一支持事务的标准 MySQL 存储引擎，这是管理敏感数据（如金融信息和用户注册信息）所必需的。

（3）自动灾难恢复：与其他存储引擎不同，InnoDB 表能够自动从灾难中恢复。虽然 MyISAM 表也能在灾难后修复，但其过程要长得多。

Oracle 的 InnoDB 存储引擎被广泛应用于基于 MySQL 的 Web、电子商务、金融系统、健康护理以及零售应用。因为 InnoDB 可提供高效的兼容 ACID——独立性（atomicity）、一致性（consistency）、隔离性（isolation）、持久性（durability）——的事务处理能力，以及独特的高性能和具有可扩展性的构架要素。

另外，InnoDB 设计用于事务处理应用，这些应用需要处理崩溃恢复、参照完整性、高级别的用户并发数，以及响应时间超时服务水平。在 MySQL 5.5 中，最显著的增强性能是将 InnoDB 作为默认的存储引擎。在 MyISAM 以及其他表类型依然可用的情况下，用户无须更改配置，就可构建基于 InnoDB 的应用程序。

5.1.4 MyISAM 存储引擎

MyISAM 存储引擎是 MySQL 中常见的存储引擎，它曾是 MySQL 的默认存储引擎。MyISAM 存储引擎是基于 ISAM 存储引擎发展起来的，它弥补了 ISAM 的很多不足，增加了很多有用的扩展。

1. MyISAM 存储引擎的文件类型

MyISAM 存储引擎的表被存储成 3 种文件。文件的名字与表名相同，扩展名包括.frm、.MYD 和.MYI。

（1）.frm：存储表的结构。

（2）.MYD：存储数据，是 MYData 的缩写。

（3）.MYI：存储索引，是 MYIndex 的缩写。

2. MyISAM 存储引擎的存储格式

基于 MyISAM 存储引擎的表支持 3 种不同的存储格式，包括静态、动态和压缩。

1）MyISAM 静态

如果所有表列的大小都是静态的（即不使用 xBLOB、xTEXT 或 VARCHAR 数据类型），MySQL 就会自动使用静态 MyISAM 格式。使用这种存储格式的表性能非常高，因为在维护和访问以预定义格式存储的数据时开销很低。但是，这项优点要以空间为代价，因为需要分配给每列最大空间，而无论该空间是否被真正地使用。

2）MyISAM 动态

如果有表列（即使只有一列）被定义为动态的（使用 xBLOB、xTEXT 或 VARCHAR），MySQL 就会自动使用动态格式。虽然 MyISAM 动态表占用的空间比静态格式占用的空间小，但空间的节省带来了性能的下降。如果某个字段的内容发生改变，则其位置很可能就需要被移动，这会导致碎片的产生。随着数据集中的碎片增加，数据访问性能就会相应降低。这个问题有以下两种修复方法。

（1）尽可能使用静态数据类型。

（2）经常使用 OPTIMIZE TABLE 语句，它会整理表的碎片，恢复由于表更新和删除而导致的空间丢失。

3）MyISAM 压缩

有时会创建在整个应用程序生命周期中都只读的表。如果是这种情况，就可以使用 myisampack 工具将其转换为 MyISAM 压缩表来节约空间。在给定硬件配置下（如快速的处理器和低速的硬盘驱动器），性能的提升将相当显著。

3. MyISAM 存储引擎的优缺点

MyISAM 存储引擎的优势在于占用空间小，处理速度快；缺点是不支持事务的完整性和并发性。

5.1.5 MEMORY 存储引擎

MEMORY 存储引擎是 MySQL 中的一类特殊的存储引擎，其使用存储在内存中的内容来创建表，

而且所有数据也都被放在内存中，这与 InnoDB 和 MyISAM 存储引擎不同。下面将对 MEMORY 存储引擎的文件存储形式、索引类型、存储周期和优缺点等进行讲解。

1．MEMORY 存储引擎的文件存储形式

每个基于 MEMORY 存储引擎的表实际对应一个磁盘文件。该文件的文件名与表名相同，类型为 frm。该文件中只存储表的结构，而其数据文件都被存储在内存中。这样有利于对数据的快速处理，提高整个表的处理效率。值得注意的是，服务器需要有足够的内存来维持 MEMORY 存储引擎的表的使用。如果不再使用，可以释放这些内容，甚至可以删除不需要的表。

2．MEMORY 存储引擎的索引类型

MEMORY 存储引擎默认使用哈希（HASH）索引，其速度要比使用 B 树（BTREE）索引快。读者如果希望使用 B 树索引，则可以在创建索引时选择它。

3．MEMORY 存储引擎的存储周期

MEMORY 存储引擎通常很少用到，因为 MEMORY 表的所有数据都是存储在内存上的，如果内存出现异常就会影响数据的完整性。如果重启机器或者关机，表中的所有数据都将消失。因此，基于 MEMORY 存储引擎的表生命周期很短，一般都是一次性的。

4．MEMORY 存储引擎的优缺点

MEMORY 表的大小是受到限制的。表的大小主要取决于两个参数，分别是 max_rows 和 max_heap_table_size。其中：max_rows 可以在创建表时指定；max_heap_table_size 的大小默认为 16 MB，可以按需要进行扩大。基于 MEMORY 表存在于内存中的特性，决定了这类表的处理速度非常快。但是，其数据易丢失，生命周期短。

创建 MySQL MEMORY 存储引擎的出发点是速度。为得到最快的响应速度，采用的逻辑存储介质是系统内存。虽然在内存中存储表数据确实会提高性能，但是当 mysqld 守护进程崩溃时，所有的 MEMORY 数据都会丢失。

MEMORY 表不支持 VARCHAR、BLOB 和 TEXT 数据类型，因为这种表类型按固定长度的记录格式进行存储。此外，MySQL 4.1.0 之前的版本不支持自动增加列（通过 AUTO_INCREMENT 属性）。当然，要记住 MEMORY 表只用于特殊的范围，不会用于长期存储数据。基于其这个缺陷，选择 MEMORY 存储引擎时要特别小心。

当数据有如下情况时，可以考虑使用 MEMORY 表。

（1）暂时：目标数据只是临时需要，在其生命周期中必须立即可用。

（2）相对无关：存储在 MEMORY 表中的数据如果突然丢失，不会对应用服务产生实质的负面影响，而且不会对数据完整性有长期影响。

如果使用 MySQL 4.1 及其之前版本，MEMORY 的搜索比 MyISAM 表的搜索效率要低，因为 MEMORY 表只支持散列索引，这需要使用整个键进行搜索。但是，MySQL 4.1 之后的版本同时支持散列索引和 B 树索引。B 树索引优于散列索引的是，可以使用部分查询和通配查询，也可以使用<、>和>=等运算符以方便数据挖掘。

5.1.6 选择存储引擎

每种存储引擎都有各自的优势，不能笼统地说哪种比哪种更好，只有适合与不适合。下面根据其不同的特性，给出选择存储引擎的建议。

（1）InnoDB 存储引擎：用于事务处理应用程序，具有众多特性，包括支持 ACID 事务、外键、崩溃修复能力和并发控制。如果对事务的完整性要求比较高，要求实现并发控制，那么选择 InnoDB 存储引擎有很大的优势。如果需要频繁地进行更新、删除数据库的操作，也可以选择 InnoDB 存储引擎，因为该类存储引擎可以实现事务的提交和回滚。

（2）MyISAM 存储引擎：管理非事务表，它提供高速存储和检索，以及全文搜索能力。MyISAM 存储引擎插入数据快，空间和内存使用比较低。如果表主要被用于插入新记录和读出记录，则选择 MyISAM 存储引擎能实现处理的高效率。如果应用的完整性、并发性要求很低，也可以选择 MyISAM 存储引擎。

（3）MEMORY 存储引擎：MEMORY 存储引擎提供“内存中”的表，其所有数据都在内存中，数据的处理速度快，但安全性不高。如果需要很快的读写速度，对数据的安全性要求较低，则可以选择 MEMORY 存储引擎。MEMORY 存储引擎对表的大小有要求，不能建太大的表。因为，这类数据库只使用相对较小的数据库表。

以上存储引擎的选择建议是根据不同存储引擎的特点提出的，并不是绝对的。实际应用中还需要根据实际情况进行分析。

5.1.7 设置数据表的存储引擎

下面创建 db_database03 数据库文件，在数据库中创建 3 张数据表，并分别为其设置不同的存储引擎，以此来诠释这 3 种不同存储引擎创建的数据表文件的区别。

（1）创建 tb_001 数据表，设置存储引擎为 MyISAM，生成 3 个数据表文件，其后缀分别为.frm、.MYD、.MYI，如图 5.4 所示。。

图 5.4　创建 tb_001 数据表及生成的数据表文件

（2）创建 tb_002 数据表，设置存储引擎为 MEMORY，生成一个数据表文件，其后缀为.frm，如图 5.5 所示。

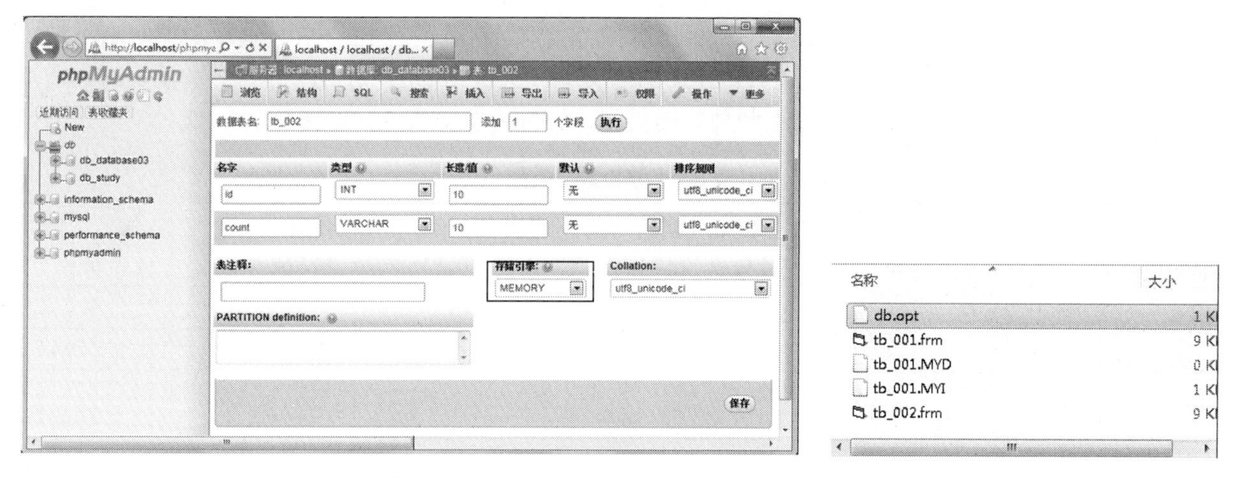

图 5.5　创建 tb_002 数据表及生成的数据表文件

（3）创建 tb_003 数据表，设置存储引擎为 InnoDB，生成一个数据表文件，其后缀为.frm，如图 5.6 所示。

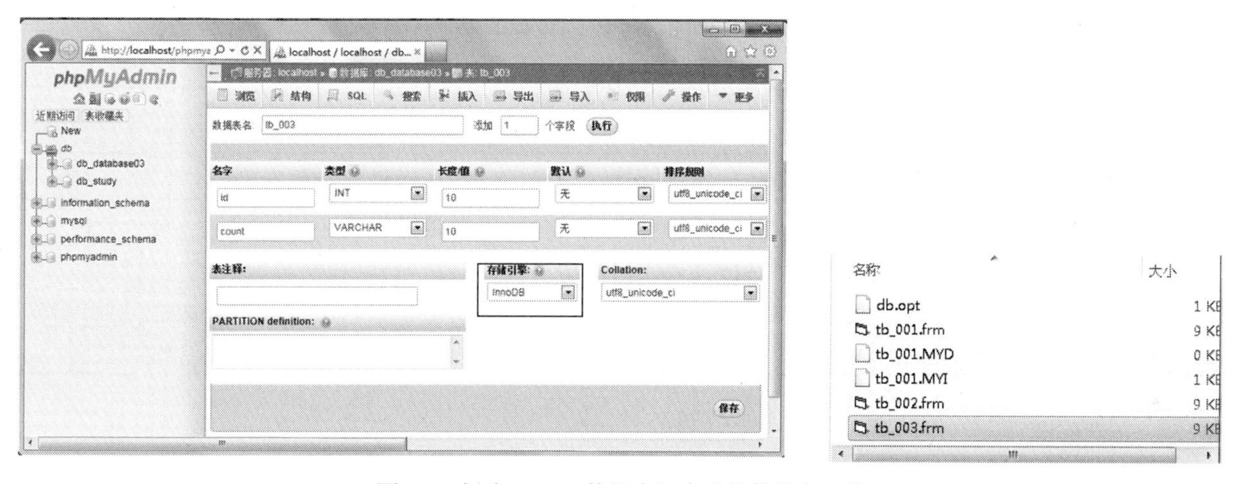

图 5.6　创建 tb_003 数据表及生成的数据表文件

5.2　MySQL 数据类型

在 MySQL 数据库中，每一条数据都有其类型。MySQL 支持的数据类型主要分成 3 类：数字类型、字符串（字符）类型、日期和时间类型。

5.2.1　数字类型

MySQL 支持所有的 ANSI/ISO SQL 92 数字类型，包括准确数字的数字类型（NUMERIC、

DECIMAL、INTEGER 和 SMALLINT）和近似数字的数字类型（FLOAT、REAL 和 DOUBLE PRECISION）。其中的关键词 INT 是 INTEGER 的同义词，关键词 DEC 是 DECIMAL 的同义词。

数字类型总体可以分成整数和浮点两种数据类型，详细内容如表 5.1 和表 5.2 所示。

表 5.1　整数数据类型

数据类型	取值范围	说　明	单　位
TINYINT	符号值：-128～127，无符号值：0～255	最小的整数	1 字节
BIT	符号值：-128～127，无符号值：0～255	最小的整数	1 字节
BOOL	符号值：-128～127，无符号值：0～255	最小的整数	1 字节
SMALLINT	符号值：-32 768～32 767 无符号值：0～65 535	小型整数	2 字节
MEDIUMINT	符号值：-8 388 608～8 388 607 无符号值：0～16 777 215	中型整数	3 字节
INT	符号值：-2 147 683 648～2 147 683 647 无符号值：0～4 294 967 295	标准整数	4 字节
BIGINT	符号值：- 9 223 372 036 854 775 808～9 223 372 036 854 775 807 无符号值：0~18 446 744 073 709 551 615	大型整数	8 字节

表 5.2　浮点数据类型

数据类型	取值范围	说　明	单　位
FLOAT	+（-）3.402 823 466E+38	单精度浮点数	8 或 4 字节
DOUBLE	+（-）1.797 693 134 862 315 7E+308 +（-）2.225 073 858 507 201 4E-308	双精度浮点数	8 字节
DECIMAL	可变	一般整数	自定义长度

（1）FLOAT 和 DOUBLE 存在误差问题，尽量避免进行浮点数比较。

（2）货币等对精度敏感的数据，应该使用 DECIMAL 类型。

5.2.2　字符串类型

字符串类型可以分为 3 类：普通的文本字符串类型（CHAR 和 VARCHAR）、可变类型（TEXT 和 BLOB）和特殊类型（SET 和 ENUM）。

（1）普通的文本字符串类型，即 CHAR 和 VARCHAR 类型。CHAR 列的长度被固定为创建表所声明的长度，取值为 1～255；VARCHAR 列的值是变长的字符串，取值也为 1～255。普通的文本字符串类型的介绍如表 5.3 所示。

表 5.3　普通的文本字符串类型

类　型	取值范围	说　明
[national] CHAR(M) [binary|ASCII|unicode]	0～255 个字符	固定长度为 M 的字符串，其中 M 的取值范围为 0～255。national 关键字指定了应该使用的默认字符集。binary 关键字指定了数据是否区分大小写（默认是区分大小写的）。ASCII 关键字指定了在列中使用 latin1 字符集。unicode 关键字指定了使用 UCS 字符集
CHAR	0～255 个字符	与 CHAR(M)类似
[national] VARCHAR(M) [binary]	0～255 个字符	长度可变，其他与 CHAR(M)类似

说明

长度相同的字符串，可采用 CHAR 类型进行存储；长度不相同的字符串，可采用 VARCHAR 类型进行存储，不预先分配存储空间，字符串的长度不要超过 255。

（2）可变类型的大小可以改变，TEXT 类型适合存储长文本，而 BLOB 类型适合存储二进制数据，支持任何数据，如文本、声音和图像等。TEXT 和 BLOB 类型的介绍如表 5.4 所示。

表 5.4　TEXT 和 BLOB 类型

类　型	最大长度（字节数）	说　明
TINYBLOB	2^8-1（255）	小 BLOB 字段
TINYTEXT	2^8-1（255）	小 TEXT 字段
BLOB	2^16-1（65 535）	常规 BLOB 字段
TEXT	2^16-1（65 535）	常规 TEXT 字段
MEDIUMBLOB	2^24-1（16 777 215）	中型 BLOB 字段
MEDIUMTEXT	2^24-1（16 777 215）	中型 TEXT 字段
LONGBLOB	2^32-1（4 294 967 295）	长 BLOB 字段
LONGTEXT	2^32-1（4 294 967 295）	长 TEXT 字段

（3）特殊类型的介绍如表 5.5 所示。

表 5.5　ENUM 和 SET 类型

类　型	最大值	说　明
ENUM (" value1", "value2", …)	65 535	该类型的列只可以容纳所列值之一或为 NULL
SET("value1", "value2", …)	64	该类型的列可以容纳一组值或为 NULL

误区警示

BLOB、TEXT、ENUM、SET 字段类型在 MySQL 数据库中的检索性能不高，很难使用索引对它们进行优化。如果必须使用这些类型，一般采取特殊的结构设计，或者与程序结合使用其他的字段类型替代它们。例如，SET 类型可以使用整型（0，1，2，3，…）、注释功能和程序的检查功能集合来替代。

5.2.3 日期和时间类型

日期和时间类型包括 DATE、DATETIME、TIME、TIMESTAMP 和 YEAR。其中的每种类型都有其取值范围，如赋予它一个不合法的值，将会被“0”代替。日期和时间类型的介绍如表 5.6 所示。

表 5.6 日期和时间类型

类　型	取 值 范 围	说　明
DATE	1000-01-01—9999-12-31	日期，格式为 YYYY-MM-DD
TIME	-838:58:59～835:59:59	时间，格式为 HH:MM:SS
DATETIME	1000-01-01 00:00:00—9999-12-31 23:59:59	日期和时间，格式为 YYYY-MM-DD HH:MM:SS
TIMESTAMP	1970-01-01 00:00:00—2037 年的某个时间	时间标签，在处理报告时使用显示格式取决于 M 的值
YEAR	1901—2155	年份可指定两位数字和四位数字的格式

在 MySQL 中，日期的顺序是按照标准的 ANSI SQL 格式进行输出的。

5.3 小　　结

本章对 MySQL 存储引擎和数据类型进行了详细的讲解，并通过举例说明，帮助读者更好地理解所学知识的用法。在阅读本章时，读者应该重点掌握选择存储引擎的方法，同时对 MySQL 中的数据类型也要有一定的了解，在以后设计数据表时，能够合理地选择使用的数据类型。

5.4 实践与练习

（答案位置：资源包\TM\sl\5\实践与练习）

1．查询 MySQL 中支持的存储引擎，并且以友好的效果进行显示。

2．查询默认的存储引擎，并且以友好的效果进行显示。

第 6 章

数据表操作

在对 MySQL 数据表进行操作之前，必须使用 USE 语句选择数据库，才可以在指定的数据库中对数据表进行操作，如创建数据表、查看表结构、修改表结构，以及重命名、复制或删除数据表等，否则无法对数据表进行操作。本章将对数据表的操作方法进行详细介绍。

本章知识架构及重难点如下：

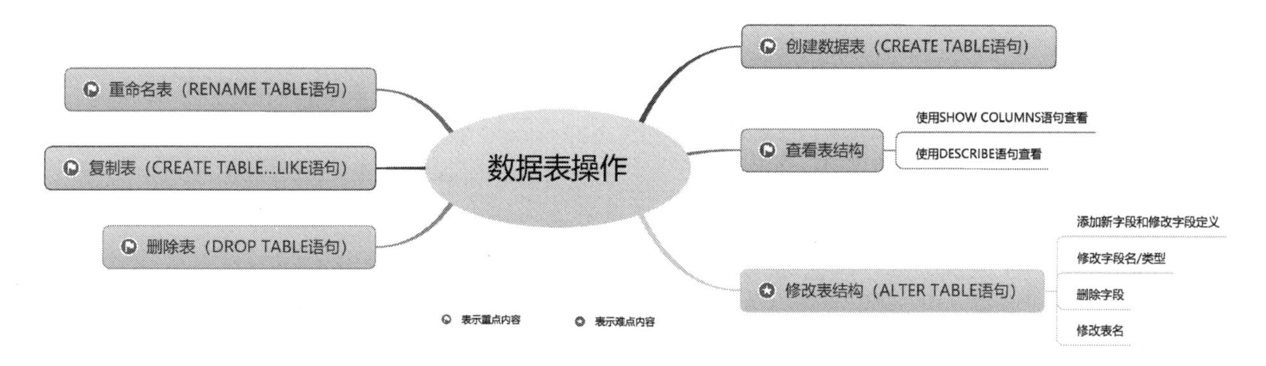

6.1 创建数据表（CREATE TABLE 语句）

创建数据表使用 CREATE TABLE 语句，语法如下。

```
CREATE [TEMPORARY] TABLE [IF NOT EXISTS] 数据表名
[(create_definition,…)][table_options] [select_statement]
```

CREATE TABLE 语句的参数说明如表 6.1 所示。

表 6.1　CREATE TABLE 语句的参数说明

关　键　字	说　　明
TEMPORARY	如果使用该关键字，表示创建一个临时表
IF NOT EXISTS	该关键字用于避免表存在时 MySQL 报告错误
create_definition	这是表的列属性部分。MySQL 要求在创建表时，表要至少包含一列
table_options	表的一些特性参数，其中大多数选项涉及的是表数据的存储方式和存储位置，如 ENGINE 选项用于定义表的存储引擎。多数情况下，用户不必指定表选项
select_statement	SELECT 语句描述部分，用于快速创建表

下面介绍列属性 create_definition 部分，每一列定义的具体格式如下。

```
col_name    type [NOT NULL | NULL] [DEFAULT default_value] [AUTO_INCREMENT]
            [PRIMARY KEY ] [reference_definition]
```

属性 create_definition 的参数说明如表 6.2 所示。

表 6.2　属性 create_definition 的参数说明

参　　数	说　　明
col_name	字段名
type	字段类型
NOT NULL | NULL	指出是否允许列为空值，系统一般默认允许为空值，所以当不允许为空值时，必须使用 NOT NULL
DEFAULT default_value	表示默认值
AUTO_INCREMENT	表示是否自动编号，每个表只能有一个 AUTO_INCREMENT 列，并且必须被索引
PRIMARY KEY	表示是否为主键。一个表只能有一个 PRIMARY KEY。如果表中没有 PRIMARY KEY，而某些应用程序需要 PRIMARY KEY，那么 MySQL 将返回第一个没有任何 NULL 列的 UNIQUE 键，作为 PRIMARY KEY
reference_definition	为字段添加注释

以上是创建一个数据表的一些基础知识，看起来十分复杂，但在实际的应用中使用最基本的格式创建数据表即可，具体格式如下。

```
CREATE TABLE 数据表名 (列名 1 属性,列名 2 属性…);
```

例 6.1　使用 CREATE TABLE 语句在 MySQL 数据库 db_admin 中创建一个名为 tb_admin 的数据表，该表包括 id、user、password 和 createtime 等字段。（**实例位置：资源包\TM\sl\6\6.1**）

具体代码如下。

```
USE db_admin;
CREATE TABLE tb_admin(
id int auto_increment primary key,
user varchar(30) not null,
password varchar(30) not null,
createtime datetime);
```

执行结果如图 6.1 所示。

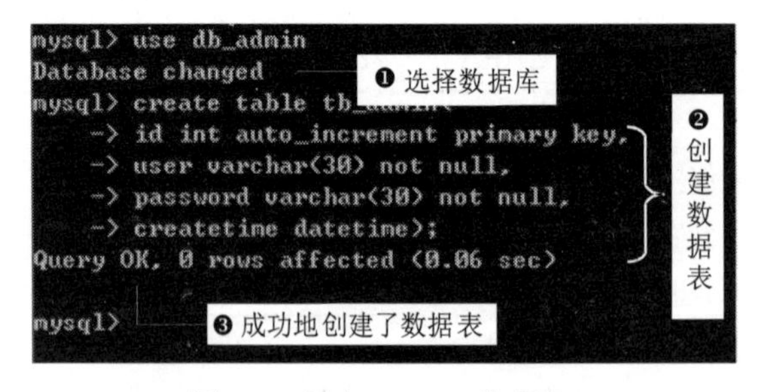

图 6.1　创建 MySQL 数据表

说明

在完成本实例前，如果不存在名称为 db_admin 的数据库，那么需要先创建该数据库，创建数据库 db_admin 的具体代码如下。

```
CREATE DATABASE db_admin;
```

6.2　查看表结构

对于一个创建成功的数据表，可以使用 SHOW COLUMNS 或 DESCRIBE 语句查看指定数据表的结构。下面分别对这两个语句进行介绍。

6.2.1　使用 SHOW COLUMNS 语句查看

在 MySQL 中，可以使用 SHOW COLUMNS 语句查看数据表结构。SHOW COLUMNS 语句的基本语法格式如下。

```
SHOW   [FULL] COLUMNS   FROM  数据表名  [FROM  数据库名];
```

或

```
SHOW   [FULL] COLUMNS   FROM  数据表名.数据库名;
```

例 6.2　使用 SHOW COLUMNS 语句查看数据表 tb_admin 的结构。（**实例位置：资源包\TM\sl\6\6.2**）具体代码如下。

```
SHOW COLUMNS FROM tb_admin FROM db_admin;
```

执行效果如图 6.2 所示。

```
mysql> SHOW COLUMNS FROM tb_admin FROM db_admin;
+------------+-------------+------+-----+---------+----------------+
| Field      | Type        | Null | Key | Default | Extra          |
+------------+-------------+------+-----+---------+----------------+
| id         | int(11)     | NO   | PRI | NULL    | auto_increment |
| user       | varchar(30) | NO   |     | NULL    |                |
| password   | varchar(30) | NO   |     | NULL    |                |
| createtime | datetime    | YES  |     | NULL    |                |
+------------+-------------+------+-----+---------+----------------+
4 rows in set (0.17 sec)

mysql>
```

❶ 查看数据表结构

❷ 数据表结构

图 6.2　查看数据表 tb_admin 的结构

6.2.2 使用 DESCRIBE 语句查看

在 MySQL 中，还可以使用 DESCRIBE 语句查看数据表结构。DESCRIBE 语句的基本语法格式如下。

```
DESCRIBE 数据表名;
```

其中，DESCRIBE 可以简写成 DESC。在查看数据表结构时，也可以只列出某一列的信息。其语法格式如下。

```
DESCRIBE 数据表名 列名;
```

例 6.3 使用 DESCRIBE 语句的简写形式查看数据表 tb_admin 中的某一列信息。（**实例位置：资源包\TM\sl\6\6.3**）

（1）编写 SQL 语句，选择要查看数据表所在的数据库，具体代码如下。

```
USE db_admin;
```

（2）应用简写的 DESC 命令查看数据表 tb_admin 中的 user 字段的信息，具体代码如下。

```
DESC tb_admin user;
```

执行结果如图 6.3 所示。

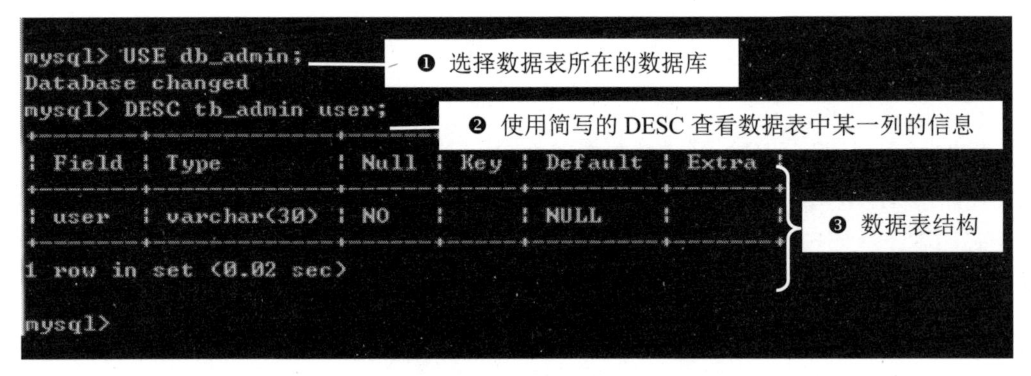

图 6.3 查看数据表 tb_admin 的某一列信息

6.3 修改表结构（ALTER TABLE 语句）

修改表结构是指增加或者删除字段、修改字段名/类型以及修改表名等，这可以使用 ALTER TABLE 语句来实现，语法格式如下。

```
ALTER [IGNORE] TABLE 数据表名 alter_spec[,alter_spec]...|  table_options
```

参数说明如下。

（1）[IGNORE]：可选项，表示如果出现重复关键的行，则只执行一行，其他重复的行被删除。

（2）数据表名：用于指定要修改的数据表的名称。

（3）alter_spec 子句：用于定义要修改的内容，其语法格式如下。

```
ADD [COLUMN] create_definition [FIRST | AFTER column_name ]          //添加新字段
  | ADD INDEX [index_name] (index_col_name,...)                      //添加索引名称
  | ADD PRIMARY KEY (index_col_name,...)                             //添加主键名称
  | ADD UNIQUE [index_name] (index_col_name,...)                     //添加唯一索引
  | ALTER [COLUMN] col_name {SET DEFAULT literal | DROP DEFAULT}     //修改字段默认值
  | CHANGE [COLUMN] old_col_name create_definition                   //修改字段名/类型
  | MODIFY [COLUMN] create_definition                                //修改子句定义字段
  | DROP [COLUMN] col_name                                           //删除字段名称
  | DROP PRIMARY KEY                                                 //删除主键名称
  | DROP INDEX index_name                                            //删除索引名称
  | RENAME [AS] new_tbl_name                                         //更改表名
```

在上面的语法中，各参数说明如下。

① create_definition：用于定义列的数据类型和属性，与 6.1 节 CREATE TABLE 语句中的语法相同。

② [FIRST | AFTER column_name]：用于指定位于哪个字段的前面或者后面。使用 FIRST 关键字时，表示位于指定字段的前面；使用 AFTER 关键字时，表示位于指定字段的后面。其中的 column_name 表示字段名。

③ [index_name]：可选项，用于指定索引名。

④ (index_col_name,...)：用于指定索引列名。

⑤ {SET DEFAULT literal | DROP DEFAULT}子句：为字段设置或者删除默认值。其中，literal 参数为要设置的默认值。

⑥ old_col_name：用于指定要修改的字段名。

⑦ new_tbl_name：用于指定新的表名。

（4）table_options：用于指定表的一些特性参数，其中大多数选项涉及的是表数据的存储方式及存储位置，如 ENGINE 选项用于定义表的存储引擎。多数情况下，用户不必指定表选项。

说明

ALTER TABLE 语句允许指定多个动作，其动作间使用逗号分隔，每个动作表示对表的修改。

6.3.1　添加新字段和修改字段定义

在 MySQL 的 ALTER TABLE 语句中，可以使用 ADD [COLUMN] create_definition [FIRST | AFTER column_name]子句添加新字段，使用 MODIFY [COLUMN] create_definition 子句修改已定义字段的定义。下面将通过一个具体实例演示如何为一个已有表添加新字段，并修改已有字段的定义。

例 6.4　添加一个新的字段 email，类型为 varchar(50) not null，并将字段 user 的类型由 varchar(30)改为 varchar(40)。（**实例位置：资源包\TM\sl\6\6.4**）

（1）选择数据库 db_admin，具体代码如下。

```
USE db_admin;
```

（2）编写 SQL 语句，实现向数据表 tb_admin 中添加一个新字段，并且修改字段 user 的类型，具

体代码如下。

```
ALTER TABLE tb_admin ADD email varchar(50) not null ,
MODIFY user varchar(40);
```

在命令行模式下的运行情况如图 6.4 所示。

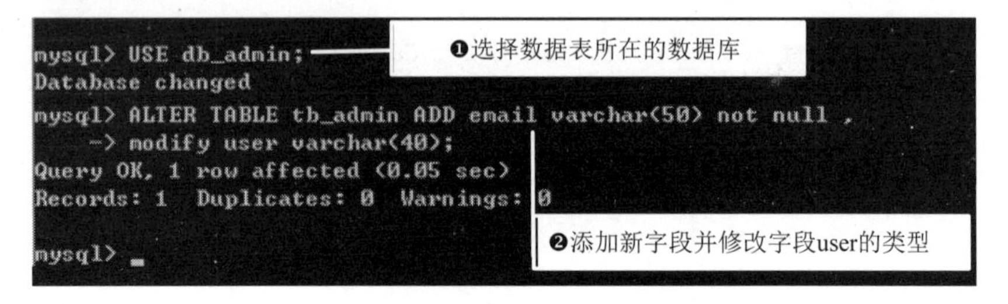

图 6.4　添加新字段、修改字段类型

（3）执行 DESC 命令查看数据表 tb_admin 的结构，以查看是否成功修改，具体代码如下。

```
DESC tb_admin;
```

执行效果如图 6.5 所示。

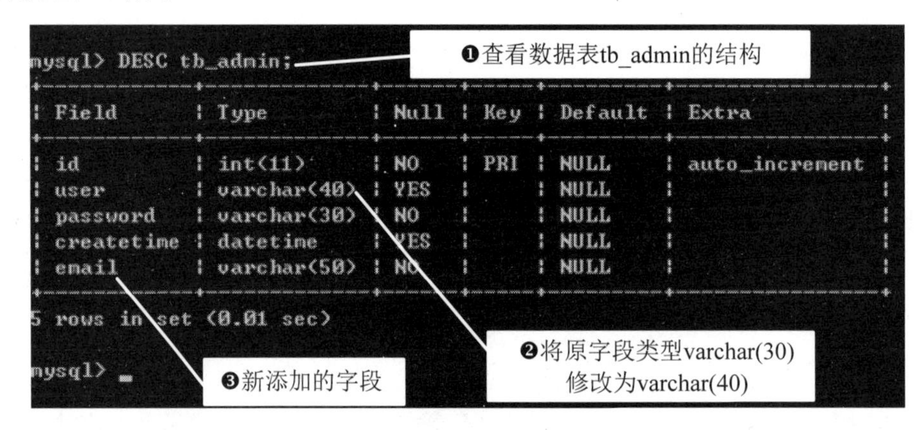

图 6.5　修改后的数据表 tb_admin 的结构

说明

使用 ALTER 语句修改表列，其前提是必须删除表中的所有数据，然后才可以修改表列。

6.3.2　修改字段名/类型

在 MySQL 的 ALTER TABLE 语句中，可以使用 CHANGE [COLUMN] old_col_name create_definition 子句修改字段名或者字段类型。下面将通过一个具体实例演示如何修改字段名。

例 6.5　将数据表 tb_usernew1 的字段名 user 修改为 username。（**实例位置：资源包\TM\sl\6\6.5**）

具体代码如下。

```
ALTER TABLE db_admin.tb_usernew1
```

```
CHANGE COLUMN user username VARCHAR(30) NULL DEFAULT NULL ;
```

执行效果如图 6.6 所示。

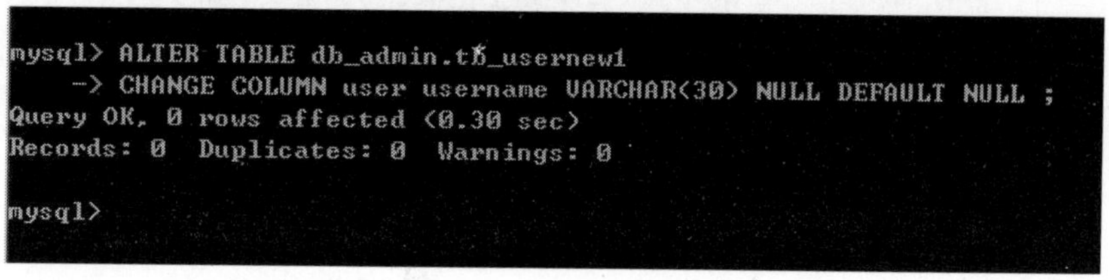

```
mysql> ALTER TABLE db_admin.tb_usernew1
    -> CHANGE COLUMN user username VARCHAR(30) NULL DEFAULT NULL ;
Query OK, 0 rows affected (0.30 sec)
Records: 0  Duplicates: 0  Warnings: 0

mysql>
```

图 6.6　修改字段名

6.3.3　删除字段

在 MySQL 的 ALTER TABLE 语句中，使用 DROP [COLUMN] col_name 子句可以删除指定字段。下面将通过一个具体实例演示如何删除字段。

例 6.6　删除数据库 db_admin 的数据表 tb_admin 中的字段 email。（**实例位置：资源包\TM\sl\6\6.6**）

（1）选择数据库 db_admin，具体代码如下。

```
USE db_admin;
```

（2）编写 SQL 语句，实现从数据表 tb_admin 中删除字段 email，具体代码如下。

```
ALTER TABLE tb_admin DROP email;
```

在命令行模式下的运行情况如图 6.7 所示。

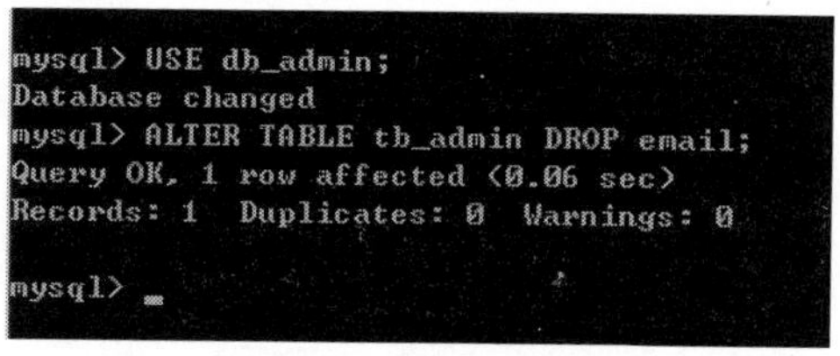

```
mysql> USE db_admin;
Database changed
mysql> ALTER TABLE tb_admin DROP email;
Query OK, 1 row affected (0.06 sec)
Records: 1  Duplicates: 0  Warnings: 0

mysql> _
```

图 6.7　删除字段

6.3.4　修改表名

在 MySQL 的 ALTER TABLE 语句中，可以使用 ALTER TABLE table name RENAME AS new_table_name 子句修改表名。下面将通过一个具体实例演示如何修改表名。

例 6.7　将数据库 db_admin 中的数据表 tb_usernew1 更名为 tb_userOld。（**实例位置：资源包\TM\sl\6\6.7**）

（1）选择数据库 db_admin，具体代码如下。

```
USE db_admin;
```

（2）编写 SQL 语句，实现将数据表 tb_usernew1 更名为 tb_userOld，具体代码如下。

```
ALTER TABLE tb_usernew1 RENAME AS tb_userOld;
```

在命令行模式下的运行情况如图 6.8 所示。

```
mysql> USE db_admin;
Database changed
mysql> ALTER TABLE tb_usernew1 RENAME AS tb_userOld;
Query OK, 0 rows affected (0.26 sec)

mysql>
```

图 6.8　修改表名

6.4　重命名表（RENAME TABLE 语句）

在 MySQL 中，重命名数据表可以使用 RENAME TABLE 语句来实现。RENAME TABLE 语句的基本语法格式如下。

```
RENAME TABLE 数据表名 1 To 数据表名 2
```

说明

该语句可以同时对多个数据表进行重命名，多个表之间以逗号“,”分隔。

例 6.8　对数据表 tb_admin 进行重命名，更名后的数据表为 tb_user。（**实例位置：资源包\TM\sl\6\6.8**）

（1）使用 RENAME 语句将数据表 tb_admin 重命名为 tb_user，具体代码如下。

```
RENAME TABLE tb_admin TO tb_user;
```

（2）重命名后，应用 DESC 语句查看数据表 tb_user 的结构，具体代码如下。

```
DESC tb_user;
```

执行效果如图 6.9 所示。

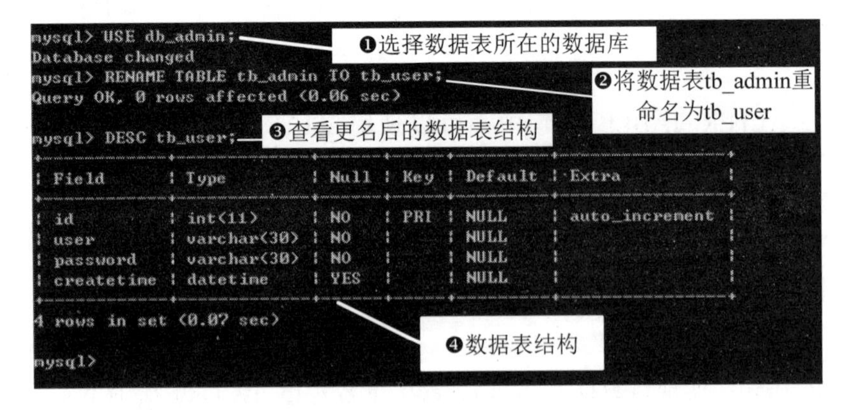

图 6.9　重命名数据表

6.5　复制表（CREATE TABLE…LIKE 语句）

创建表的 CREATE TABLE 语句还有另一种语法结构：在一个已经存在的数据表的基础上创建该表的备份，也就是复制表。这种用法的语法格式如下。

```
CREATE TABLE [IF NOT EXISTS] 数据表名
    {LIKE 源数据表名 | (LIKE 源数据表名)}
```

参数说明如下。

（1）[IF NOT EXISTS]：可选项。如果使用该子句，则仅当要创建的数据表名不存在时，才会创建该表；如果不使用该子句，则当要创建的数据表名存在时将出现错误。

（2）数据表名：表示新创建的数据表的名称，该数据表名必须是在当前数据库中不存在的表名。

（3）{LIKE 源数据表名 | (LIKE 源数据表名)}：必选项，用于指定依照哪个数据表来创建新表，也就是要为哪个数据表创建副本。

说明

使用该语法复制数据表时，将创建一个与源数据表结构相同的新表，源数据表的列名、数据类型和索引都将被复制，但是表的内容不会被复制。因此，新创建的表是一个空表。如果想要复制表中的内容，可以通过使用 AS(查询表达式)子句来实现。

例 6.9　在数据库 db_admin 中创建数据表 tb_user 的备份 tb_userNew。（**实例位置：资源包\TM\sl\6\6.9**）

（1）选择数据表所在的数据库 db_admin，具体代码如下。

```
USE db_admin;
```

（2）创建数据表 tb_user 的备份 tb_userNew，具体代码如下。

```
CREATE TABLE tb_userNew
    LIKE tb_user;
```

执行效果如图 6.10 所示。

```
mysql> USE db_admin;
Database changed
mysql> CREATE TABLE tb_userNew
    -> LIKE tb_user;
Query OK, 0 rows affected (0.11 sec)

mysql>
```

图 6.10　创建数据表 tb_user 的备份 tb_userNew

（3）查看数据表 tb_user 和 tb_userNew 的结构，具体代码如下。

```
DESC tb_user;
DESC tb_userNew;
```

执行结果如图 6.11 所示。

```
mysql> DESC tb_user;          ❶查看源数据表的结构
+------------+-------------+------+-----+---------+----------------+
| Field      | Type        | Null | Key | Default | Extra          |
+------------+-------------+------+-----+---------+----------------+
| id         | int(11)     | NO   | PRI | NULL    | auto_increment |
| user       | varchar(30) | NO   |     | NULL    |                |
| password   | varchar(30) | NO   |     | NULL    |                |
| createtime | datetime    | YES  |     | NULL    |                |
+------------+-------------+------+-----+---------+----------------+
4 rows in set (0.02 sec)

mysql> DESC tb_userNew;       ❷查看新复制的数据表的结构
+------------+-------------+------+-----+---------+----------------+
| Field      | Type        | Null | Key | Default | Extra          |
+------------+-------------+------+-----+---------+----------------+
| id         | int(11)     | NO   | PRI | NULL    | auto_increment |
| user       | varchar(30) | NO   |     | NULL    |                |
| password   | varchar(30) | NO   |     | NULL    |                |
| createtime | datetime    | YES  |     | NULL    |                |
+------------+-------------+------+-----+---------+----------------+
4 rows in set (0.01 sec)

mysql>
```

图 6.11　查看数据表 tb_user 和 tb_userNew 的结构

从图 6.11 中可以看出，数据表 tb_user 和 tb_userNew 的结构是一样的。

（4）分别查看数据表 tb_user 和 tb_userNew 的内容，具体代码如下。

```
SELECT * FROM tb_user;
SELECT * FROM tb_userNew;
```

执行效果如图 6.12 所示。

```
mysql> SELECT * FROM tb_user;
+----+------+----------+---------------------+
| id | user | password | createtime          |
+----+------+----------+---------------------+
|  1 | mr   | 111      | 2014-09-11 10:12:13 |
+----+------+----------+---------------------+
1 row in set (0.00 sec)

mysql> SELECT * FROM tb_userNew;
Empty set (0.00 sec)

mysql>
```

图 6.12　查看数据表 tb_user 和 tb_userNew 的内容

从图 6.12 中可以看出，在复制表时并没有复制表中的数据。

（5）如果在复制数据表时，想要同时复制其中的内容，那么需要使用下面的代码来实现。

```
CREATE TABLE tb_userNew1
    AS SELECT * FROM tb_user;
```

执行结果如图 6.13 所示。

（6）查看数据表 tb_userNew1 中的数据，具体代码如下。

```
SELECT * FROM tb_userNew1;
```

执行效果如图 6.14 所示。

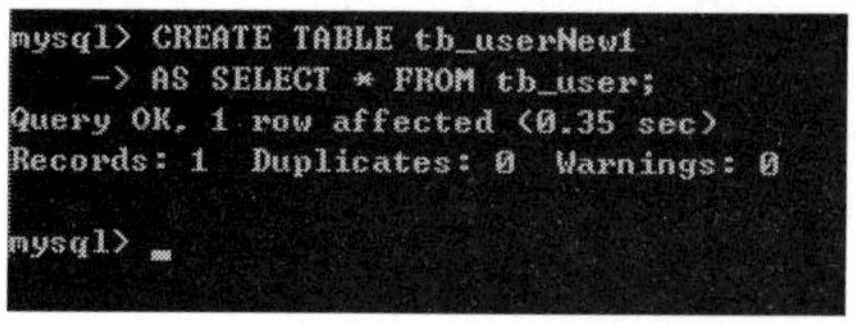

```
mysql> CREATE TABLE tb_userNew1
    -> AS SELECT * FROM tb_user;
Query OK, 1 row affected (0.35 sec)
Records: 1  Duplicates: 0  Warnings: 0

mysql>
```

图 6.13　复制数据表的同时复制其中的数据

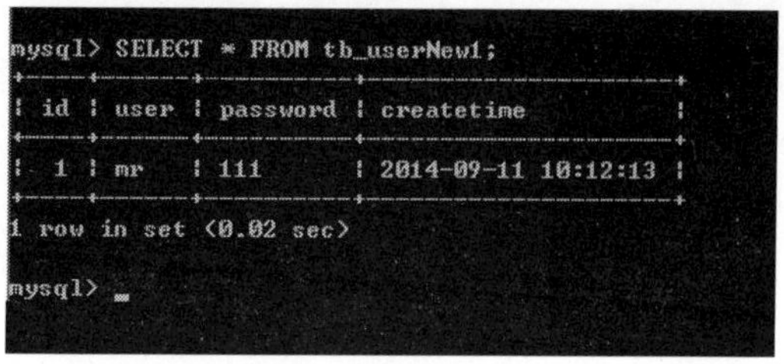

```
mysql> SELECT * FROM tb_userNew1;
+----+------+----------+---------------------+
| id | user | password | createtime          |
+----+------+----------+---------------------+
|  1 | mr   | 111      | 2014-09-11 10:12:13 |
+----+------+----------+---------------------+
1 row in set (0.02 sec)

mysql>
```

图 6.14　查看新复制的数据表 tb_userNew1 的数据

从图 6.14 中可以看出，在复制表的同时还复制了表中的数据。

6.6　删除表（DROP TABLE 语句）

删除数据表的操作很简单，同删除数据库的操作类似，使用 DROP TABLE 语句即可实现。DROP TABLE 语句的基本语法格式如下。

```
DROP TABLE [IF EXISTS] 数据表名;
```

参数说明如下。

（1）[IF EXISTS]：可选项，用于在删除表前判断是否存在要删除的表。只有要删除的表已经存在时，才执行删除操作，这样可以避免要删除的表不存在时出现错误信息。

（2）数据表名：用于指定要删除的数据表名，可以同时删除多个数据表，多个数据表名之间用英文半角的逗号“,”分隔。

例 6.10　删除数据表 tb_user。（**实例位置：资源包\TM\sl\6\6.10**）

（1）选择数据表所在的数据库 db_admin，具体代码如下。

```
USE db_admin;
```

（2）应用 DROP TABLE 语句删除数据表 tb_user，具体代码如下。

```
DROP TABLE tb_user;
```

执行效果如图 6.15 所示。

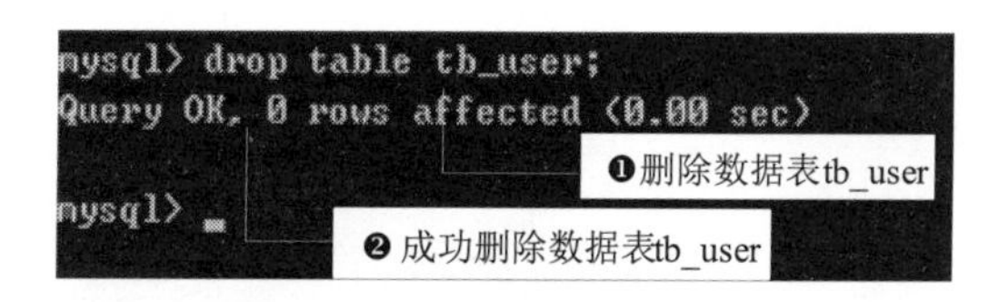

图 6.15　删除数据表

注意

删除数据表的操作应该谨慎使用。一旦删除了数据表，那么表中的所有数据都将会被清除，并且在没有备份的情况下无法恢复。

在删除数据表的过程中，删除一个不存在的表将会产生错误，如果在删除语句中加入 IF EXISTS 关键字就不会出错了，格式如下。

```
DROP TABLE IF EXISTS 数据表名;
```

6.7 小　　结

本章主要介绍了创建数据表、查看表结构、修改表结构、重命名表、复制表和删除表等内容。其中，创建和修改表这两部分内容比较重要，读者需要不断地练习才会对这两部分内容理解得更加透彻。而且，这两部分内容很容易出现语法错误，读者必须在练习中掌握正确的语法规则。创建表和修改表后一定要查看表的结构，这样可以确认操作是否正确。删除表时一定要特别小心，因为删除表的同时会删除表中的所有数据。

6.8 实践与练习

（**答案位置：资源包\TM\sl\6\实践与练习**）

1．编写 SQL 语句，实现查看数据表 tb_admin 的结构。

2．编写 SQL 语句，实现为数据表 tb_userNew 的 user 字段设置默认值 mr。

3．编写 SQL 语句，实现当数据表 tb_user 存在的情况下删除该数据表。

第 2 篇

核心技术

本篇主要介绍MySQL基础，表数据的增、删、改操作，数据查询，常用函数，索引，视图等内容。学习完这一部分，读者能够了解和熟悉MySQL及其常用函数，掌握使用SQL操作MySQL数据库中的视图，SQL查询、子查询、嵌套查询、连接查询的用法等。

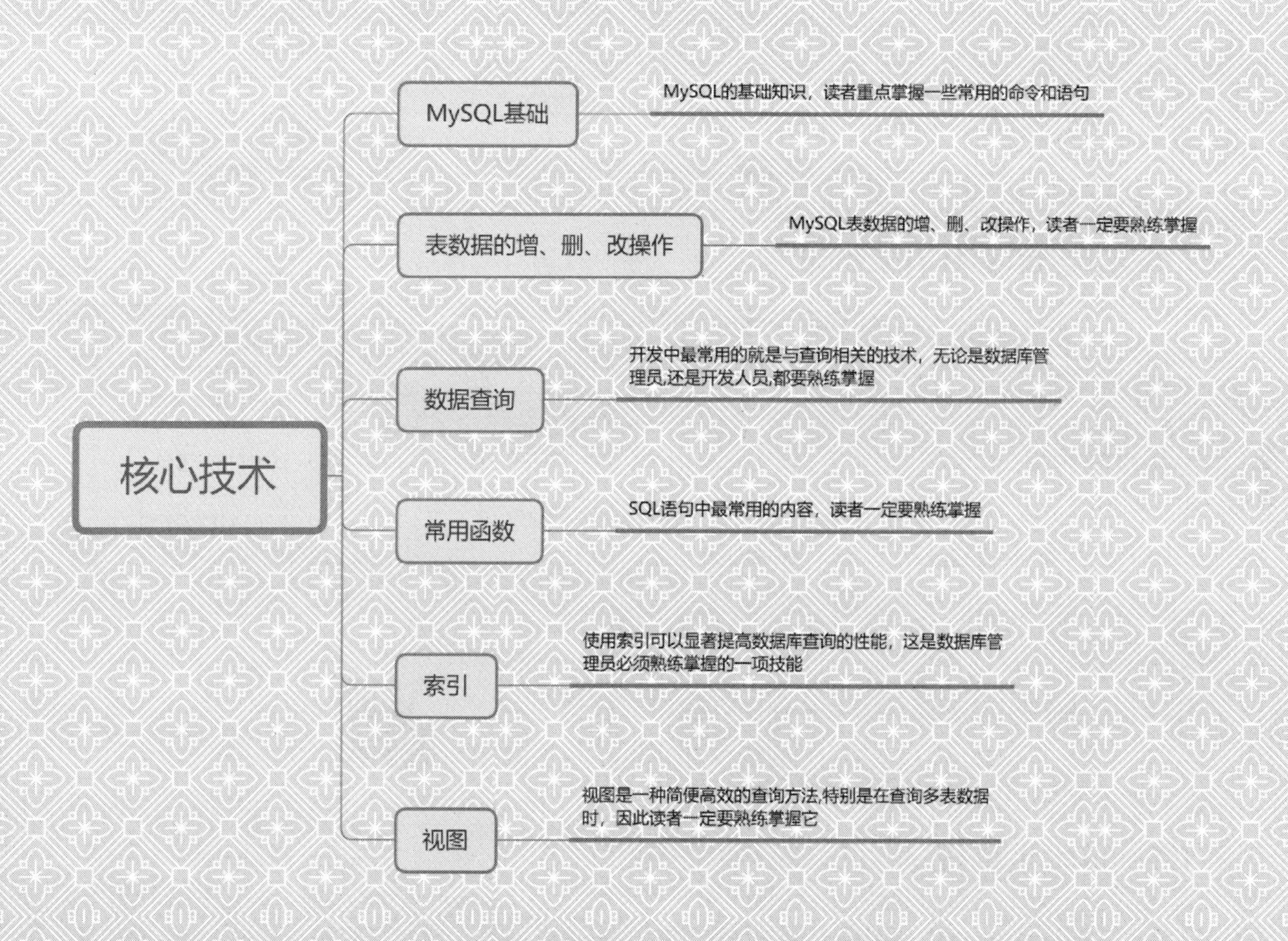
核心技术
MySQL基础
MySQL的基础知识，读者重点掌握一些常用的命令和语句
表数据的增、删、改操作
MySQL表数据的增、删、改操作，读者一定要熟练掌握
数据查询
开发中最常用的就是与查询相关的技术，无论是数据库管理员,还是开发人员,都要熟练掌握
常用函数
SQL语句中最常用的内容，读者一定要熟练掌握
索引
使用索引可以显著提高数据库查询的性能，这是数据库管理员必须熟练掌握的一项技能
视图
视图是一种简便高效的查询方法,特别是在查询多表数据时，因此读者一定要熟练掌握它

第 7 章

MySQL 基础

同其他语言一样，MySQL 数据库也有自己的运算符和流程控制语句。本章将对 MySQL 的运算符和流程控制语句进行详细介绍。

本章知识架构及重难点如下：

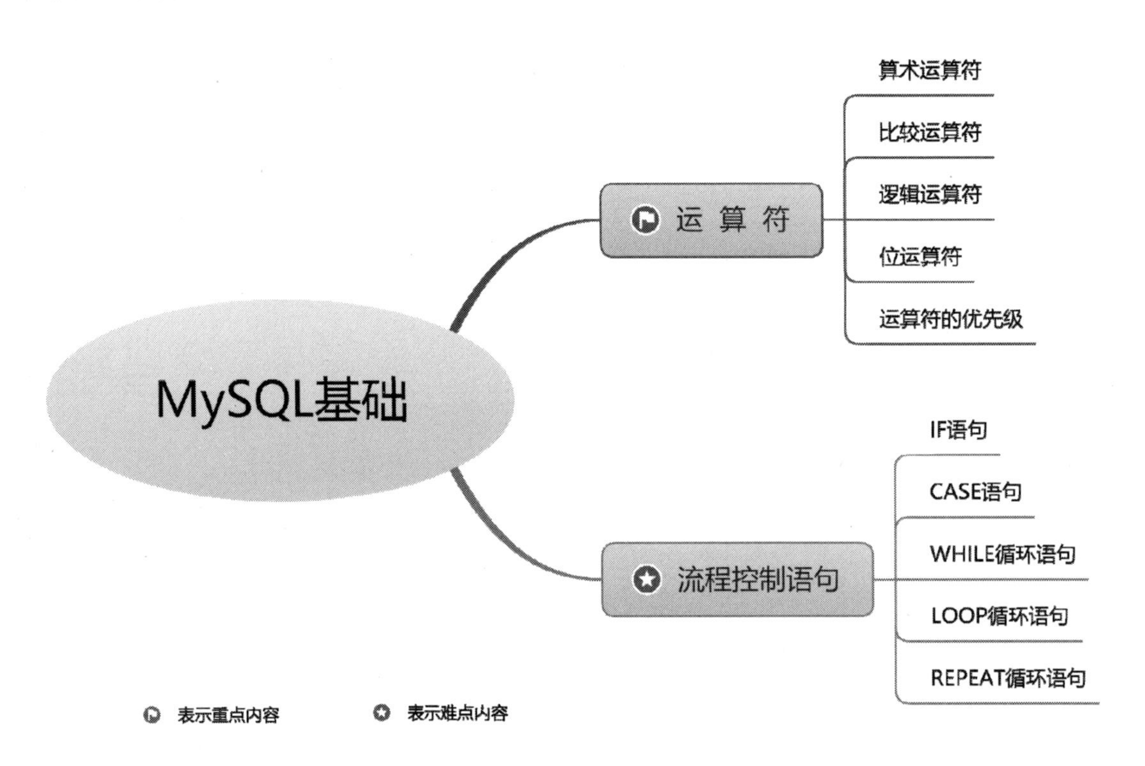

7.1 运 算 符

7.1.1 算术运算符

算术运算符是 MySQL 中最常用的一类运算符。MySQL 支持的算术运算符包括加、减、乘、除、求余。表 7.1 列出了算术运算符的符号和作用。

表 7.1　算术运算符

符　　号	作　　用	符　　号	作　　用
+	加法运算	%	求余运算
−	减法运算	DIV	除法运算，返回商。同“/”
*	乘法运算	MOD	求余运算，返回余数。同“%”
/	除法运算		

说明

加（+）、减（-）和乘（*）可以同时运算多个操作数。除号（/）和求余运算符（%）也可以同时计算多个操作数，但不建议使用。DIV 和 MOD 这两个运算符只有两个参数。进行除法和求余的运算时，如果 x2 参数是 0，计算结果将是空值（NULL）。

例 7.1　使用算术运算符对数据表 tb_book1 中的 row 字段值进行加、减、乘、除运算，计算结果如图 7.1 所示。（**实例位置：资源包\TM\sl\7\7.1**）

```
mysql> select row,row+row,row-row,row*row,row/row from tb_book1;
+------+---------+---------+---------+---------+
| row  | row+row | row-row | row*row | row/row |
+------+---------+---------+---------+---------+
| 12   |      24 |       0 |     144 |       1 |
| 95   |     190 |       0 |    9025 |       1 |
| NULL |       0 |       0 |       0 |    NULL |
| 1    |       2 |       0 |       1 |       1 |
| 8    |      16 |       0 |      64 |       1 |
| NULL |       0 |       0 |       0 |    NULL |
+------+---------+---------+---------+---------+
6 rows in set, 16 warnings (0.00 sec)
```

图 7.1　使用算术运算符计算数据

结果输出了 row 字段的原值，以及执行算术运算符后得到的值。

7.1.2　比较运算符

比较运算符是查询数据时最常用的一类运算符。SELECT 语句中的条件语句经常使用比较运算符。比较运算符可以用于判断表中的哪些记录是符合条件的。比较运算符的符号、名称和应用示例如表 7.2 所示。

表 7.2　比较运算符

符　　号	名　　称	示　　例	符　　号	名　　称	示　　例
=	等于	id=5	is not null	n/a	id is not null
>	大于	id>5	between and	n/a	id between1 and 15
<	小于	id<5	in	n/a	id in (3,4,5)
>=	大于或等于	id>=5	not in	n/a	name not in (shi,li)

续表

符　号	名　称	示　例	符　号	名　称	示　例
<=	小于或等于	id<=5	like	模式匹配	name like ('shi%')
!=或<>	不等于	id!=5	not like	模式匹配	name not like ('shi%')
is null	n/a	id IS NULL	regexp	常规表达式	name 正则表达式

下面对几种较常用的比较运算符进行详解。

1．运算符“=”

“=”用来判断数字、字符串和表达式等是否相等。如果相等，返回 1；否则，返回 0。

说明

在使用运算符“=”判断两个字符是否相同时，数据库系统是根据字符的 ASCII 码进行判断的。如果 ASCII 码相等，则表示这两个字符相同；如果 ASCII 码不相等，则表示两个字符不同。切记空值（NULL）不能使用“=”来判断。

例 7.2　使用运算符“=”查询出 id 等于 27 的记录，查询结果如图 7.2 所示。（**实例位置：资源包\TM\sl\7\7.2**）

从结果中可以看出，id 等于 27 的记录返回值为 1，id 不等于 27 的记录，返回值则为 0。

2．运算符“<>”和“!=”

“<>”和“!=”用来判断数字、字符串、表达式等是否不相等。如果不相等，则返回 1；否则，返回 0。这两个符号也不能用来判断空值（NULL）。

例 7.3　使用运算符“<>”和“!=”判断数据表 tb_book 中的 row 字段值是否等于 1、41 或 24。运算结果如图 7.3 所示。（**实例位置：资源包\TM\sl\7\7.3**）

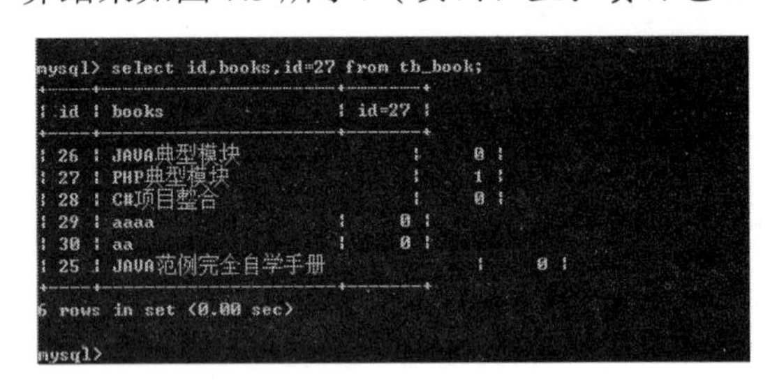

图 7.2　使用“=”查询记录

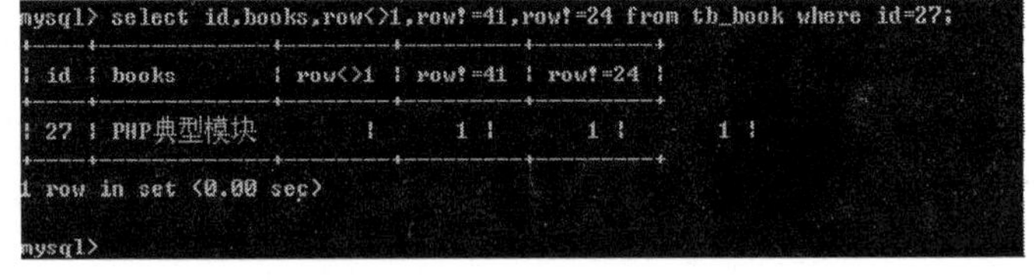

图 7.3　使用运算符“<>”和“!=”判断数据

结果显示返回值都为 1，这表示记录中的 row 字段值不等于 1、41 或 24。

3．运算符“>”

“>”用来判断左边的操作数是否大于右边的操作数。如果大于，返回 1；否则，返回 0。同样，空值（NULL）不能使用“>”来判断。

例 7.4　使用运算符“>”来判断数据表 tb_book 中的 row 字段值是否大于 90。如果是，则返回 1；

否则，返回 0。空值返回 NULL。运算结果如图 7.4 所示。（**实例位置：资源包\TM\sl\7\7.4**）

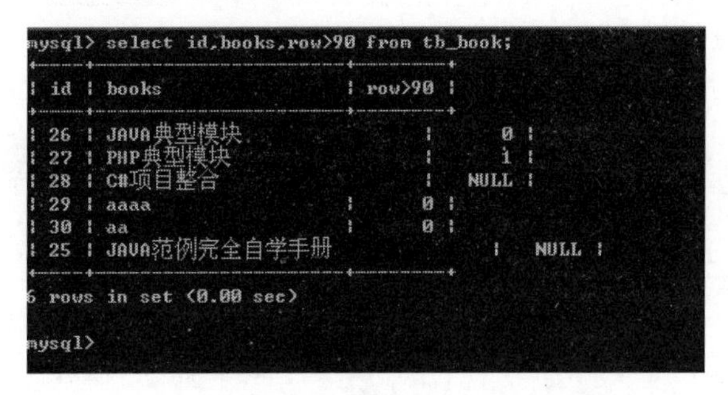

图 7.4　使用运算符“>”查询数据

说明

运算符“<”“<=”和“>=”的使用方法与“>”基本相同，这里不再赘述。

4．运算符 IS NULL

IS NULL 用来判断操作数是否为空值（NULL）。操作数为 NULL 时，结果返回 1；否则，返回 0。IS NOT NULL 刚好与 IS NULL 相反。

例 7.5　使用运算符 IS NULL 判断数据表 tb_book 中的 row 字段值是否为空值，查询结果如图 7.5 所示。（**实例位置：资源包\TM\sl\7\7.5**）

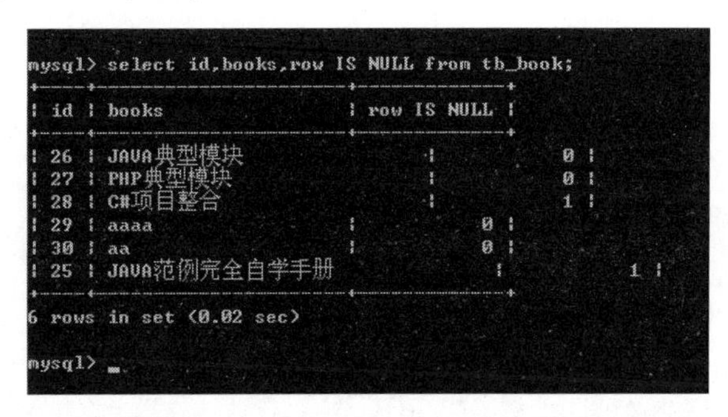

图 7.5　使用运算符 IS NULL 判断字段值是否为空值

结果显示：row 字段值为空，返回值为 1；不为空，返回值为 0。

说明

“=”“<>”“!=”“>”“>=”“<”“<=”等运算符都不能用来判断空值（NULL）。一旦使用，结果就会返回 NULL。如果要判断一个值是否为空值，可以使用“<=>”、IS NULL 和 IS NOT NULL。注意：NULL 和' NULL'是不同的，前者表示为空值，后者表示一个由 4 个字母组成的字符串。

5．运算符 BETWEEN AND

BETWEEN AND 用于判断数据是否在某个取值范围内，其表达式如下。

```
x1 BETWEEN m AND n
```

如果 x1 大于或等于 m，且小于或等于 n，结果将返回 1；否则，将返回 0。

例 7.6 使用运算符 BETWEEN AND 判断数据表 tb_book 中的 row 字段值范围是否为 10～50 及 25～28，查询结果如图 7.6 所示。（**实例位置：资源包\TM\sl\7\7.6**）

```
mysql> select row,row BETWEEN 10 AND 50,row BETWEEN 25 AND 28 from tb_book;
+------+-----------------------+-----------------------+
| row  | row BETWEEN 10 AND 50 | row BETWEEN 25 AND 28 |
+------+-----------------------+-----------------------+
| 12   |                     1 |                     0 |
| 95   |                     0 |                     0 |
| NULL |                  NULL |                  NULL |
| 1    |                     0 |                     0 |
| 8    |                     0 |                     0 |
| NULL |                  NULL |                  NULL |
+------+-----------------------+-----------------------+
6 rows in set (0.00 sec)

mysql>
```

图 7.6　使用运算符 BETWEEN AND 判断 row 字段值的范围

从查询结果中可以看出：row 字段值在范围内，则返回 1，否则返回 0，空值返回 NULL。

6．运算符 IN

IN 用于判断数据是否存在于某个集合中，其表达式如下。

```
x1 IN(值 1,值 2,…,值 n)
```

如果 x1 等于值 1 到值 n 中的任何一个值，则结果将返回 1；否则，结果将返回 0。

例 7.7 使用运算符 IN 判断数据表 tb_book 中的 row 字段值是否在指定的范围内，查询结果如图 7.7 所示。（**实例位置：资源包\TM\sl\7\7.7**）

```
mysql> select row,row IN(10,95,30) FROM TB_BOOK;
+------+------------------+
| row  | row IN(10,95,30) |
+------+------------------+
| 12   |                0 |
| 95   |                1 |
| NULL |             NULL |
| 1    |                0 |
| 8    |                0 |
| NULL |             NULL |
+------+------------------+
6 rows in set (0.00 sec)
```

图 7.7　使用运算符 IN 判断 row 字段值的范围

从查询结果中可以看出：row 字段值在范围内，则返回 1；否则返回 0；空值返回 NULL。

7．运算符 LIKE

LIKE 用来匹配字符串，其表达式如下。

```
x1 LIKE s1
```

如果 x1 与字符串 s1 匹配，结果将返回 1；否则，返回 0。

例 7.8 使用运算符 LIKE 判断数据表 tb_book 中的 user 字段值是否与指定的字符串匹配，查询结果如图 7.8 所示。（**实例位置：资源包\TM\sl\7\7.8**）

```
mysql> select user,user like'mr',user like'%l%' FROM TB_BOOK;
+------+----------------+-----------------+
| user | user like'mr'  | user like'%l%'  |
+------+----------------+-----------------+
| mr   |              1 |               0 |
| mr   |              1 |               0 |
| mr   |              1 |               0 |
| lx   |              0 |               1 |
| lx   |              0 |               1 |
| mr   |              1 |               0 |
+------+----------------+-----------------+
6 rows in set (0.02 sec)
```

图 7.8　使用运算符 LIKE 判断 user 字段值是否匹配某字符

从查询结果中可以看出：user 字段值为 mr 字符的记录，结果返回 1，否则返回 0；user 字段值中包含 l 字符的记录，匹配返回 1，否则返回 0。

8．运算符 REGEXP

REGEXP 同样用于匹配字符串，但其使用的是正则表达式进行匹配，其表达式如下。

```
x1 REGEXP '匹配方式'
```

如果 x1 满足匹配方式，则结果返回 1；否则，返回 0。

例 7.9　使用运算符 REGEXP 判断 user 字段的值是否以指定字符开头、结尾，同时是否包含指定的字符串，执行结果如图 7.9 所示。（**实例位置：资源包\TM\sl\7\7.9**）

```
mysql> select user,user REGEXP'm',user regexp'g$',user regexp'^m' FROM TB_BOOK;
+------+-----------------+-----------------+-----------------+
| user | user REGEXP'm'  | user regexp'g$' | user regexp'^m' |
+------+-----------------+-----------------+-----------------+
| mr   |               1 |               0 |               1 |
| mr   |               1 |               0 |               1 |
| mr   |               1 |               0 |               1 |
| lx   |               0 |               0 |               0 |
| lx   |               0 |               0 |               0 |
| mr   |               1 |               0 |               1 |
+------+-----------------+-----------------+-----------------+
6 rows in set (0.00 sec)

mysql> _
```

图 7.9　使用 REGEXP 运算符匹配字符串

本例使用运算符 REGEXP 判断数据表 tb_book 中的 user 字段值是否以 m 字符开头、以 g 字符结尾，在 user 字段值中是否包含 m 字符，如果满足条件则返回 1，否则返回 0。

说明

使用运算符 REGEXP 匹配字符串非常简单。REGEXP 运算符经常与“^”“$”和“.”一起使用。“^”用来匹配字符串的开始部分；“$”用来匹配字符串的结尾部分；“.”用来代表字符串中的一个字符。

7.1.3　逻辑运算符

逻辑运算符用来判断表达式的真假。如果表达式是真，则结果返回 1；如果表达式是假，则结果返回 0。逻辑运算符又称为布尔运算符。MySQL 中支持 4 种逻辑运算符，分别是与、或、非和异或。表 7.3 列出了 4 种逻辑运算符的符号及作用。

表7.3　逻辑运算符

符　　号	作　　用	符　　号	作　　用
&&或AND	与	!或NOT	非
||或OR	或	XOR	异或

1．与运算

“&&”或者AND是与运算的两种表达方式。如果所有数据不为0且不为空值（NULL），则结果返回1；如果存在任何一个数据为0，则结果返回0；如果存在一个数据为NULL且没有数据为0，则结果返回NULL。与运算符支持多个数据同时进行运算。

例7.10　使用运算符“&&”判断row字段的值是否存在0或者NULL，如果存在则返回1，否则返回0，空值返回NULL。执行结果如图7.10所示。（**实例位置：资源包\TM\sl\7\7.10**）

其中，row&&1表示row字段值与1，row&&0表示字段值与0。

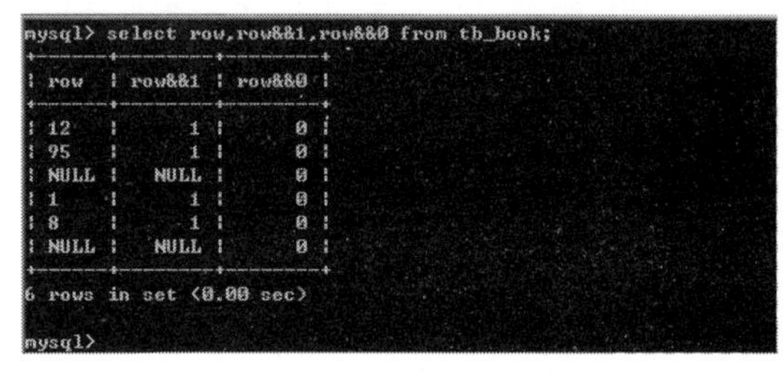

图7.10　使用运算符&&判断数据

2．或运算

“||”或者OR表示或运算。如果数据中存在任何一个数据为非0的数字，则结果返回1；如果数据中不包含非0的数字，但包含NULL，则结果返回NULL；如果操作数中有0，则结果返回0。或运算符也可以同时操作多个数据。

例7.11　使用运算符OR判断数据表tb_book的row字段中是否包含NULL或者非0数字（row OR 1和row OR 0）。执行结果如图7.11所示。（**实例位置：资源包\TM\sl\7\7.11**）

结果显示：row OR 1中包含NULL和1，因此返回结果为1；row OR 0中包含非0的数字、NULL和0，因此返回NULL和1。

3．非运算

“!”或者NOT表示非运算。非运算对操作数据进行按位取反，并返回与操作数据相反的结果。如果操作数据是非0的数字，则结果返回0；如果操作数据是0，则结果返回1；如果操作数据是NULL，则结果返回NULL。

例7.12　使用运算符“!”判断tb_book表中row字段的值是否为0或者NULL。执行结果如图7.12所示。（**实例位置：资源包\TM\sl\7\7.12**）

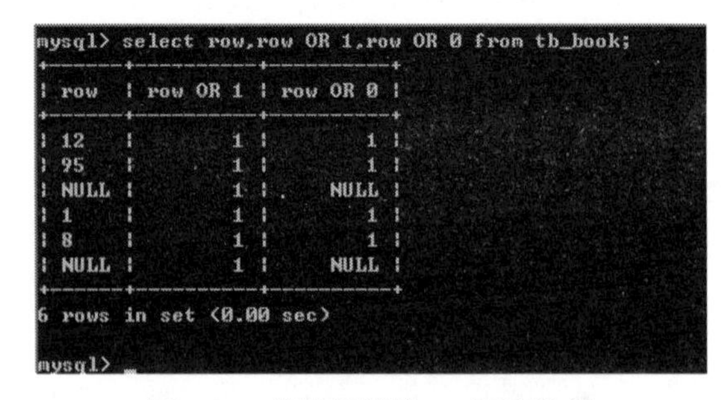

图7.11　使用运算符OR匹配数据

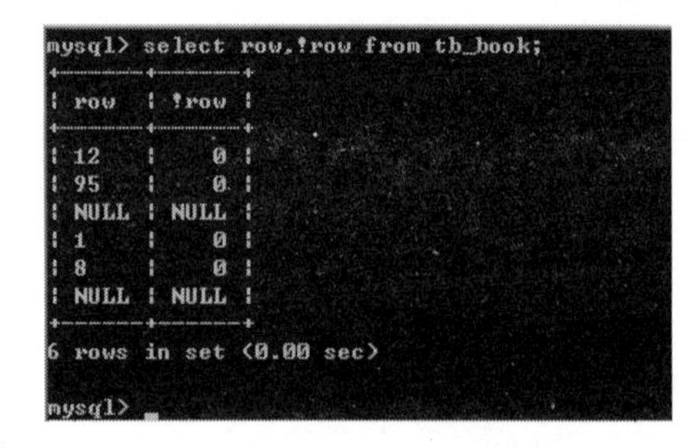

图7.12　使用运算符“!”判断数据

结果显示：row 字段中值为 NULL 的记录，返回值为 NULL；不为 0 的记录，返回值为 0。

4．异或运算

XOR 表示异或运算。只要其中任何一个操作数据为 NULL，结果就返回 NULL；如果两个操作数都是非 0 值，或者都是 0，则结果返回 0；如果一个为 0，另一个为非 0 值，则结果返回 1。

例 7.13　使用运算符 XOR 判断数据表 tb_book 中 row 字段值是否为 NULL（row XOR 1 和 row XOR 0）。执行结果如图 7.13 所示。（**实例位置：资源包\TM\sl\7\7.13**）

结果显示：row XOR 1 中 row 字段中的值为非 0 数字和 NULL 值，因此返回值为 0 和 NULL；row XOR 0 中包含 0，因此返回值为 1；而 row 字段值为 NULL 的记录，因此返回值则为 NULL。

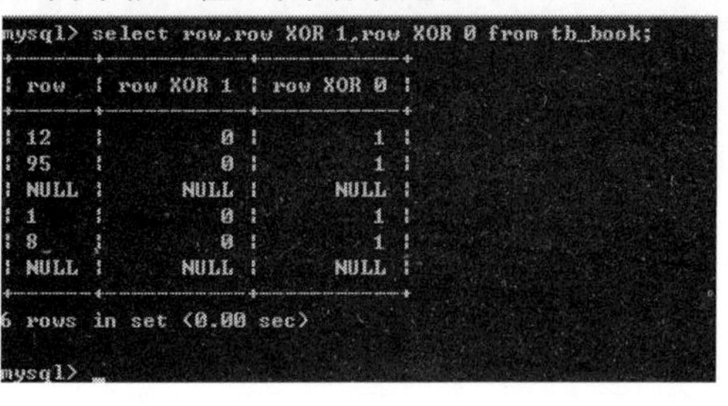

图 7.13　使用运算符 XOR 判断数据

7.1.4　位运算符

位运算符是在二进制数上进行计算的运算符。位运算会先将操作数变成二进制数再进行运算，然后将计算结果从二进制数变回十进制数。MySQL 中支持 6 种位运算符，分别是按位与、按位或、按位取反、按位异或、按位左移和按位右移。6 种位运算符的符号及作用如表 7.4 所示。

表 7.4　位运算符

符　　号	作　　用
&	按位与。进行该运算时，数据库系统会先将十进制数转换为二进制数，然后在对应操作数的每个二进制位上进行与运算。1 和 1 相与得 1，与 0 相与得 0。运算完成后再将二进制数变回十进制数
|	按位或。将操作数化为二进制数后，每位都进行或运算。1 和任何数或运算的结果都是 1，0 与 0 或运算的结果为 0
~	按位取反。将操作数化为二进制数后，每位都进行取反运算。1 取反后变成 0，0 取反后变成 1
^	按位异或。将操作数化为二进制数后，每位都进行异或运算。相同的数异或的结果是 0，不同的数异或的结果为 1
<<	按位左移。m<<n 表示 m 的二进制数向左移 n 位，右边补上 n 个 0。例如，二进制数 001 左移 1 位后将变成 010
>>	按位右移。m>>n 表示 m 的二进制数向右移 n 位，左边补上 n 个 0。例如，二进制数 011 右移 1 位后变成 001，最后一个 1 直接被移出

例 7.14　将数字 4 和 6 进行按位与、按位或，并将 4 按位取反。执行结果如图 7.14 所示。（**实例位置：资源包\TM\sl\7\7.14**）

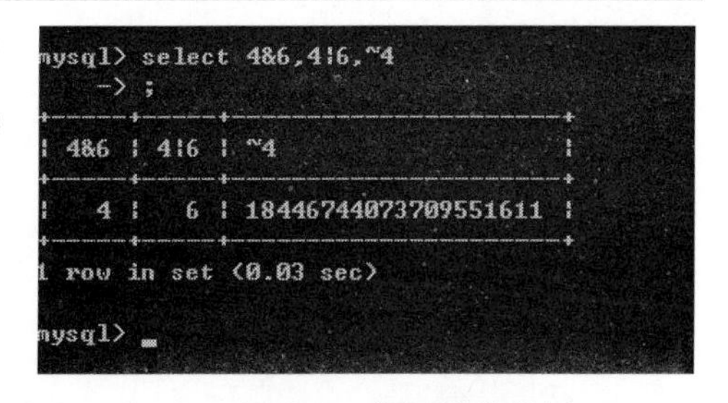

图 7.14　位运算的实例

7.1.5　运算符的优先级

由于在实际应用中可能需要同时使用多个运算符，因此

必须考虑运算符的运算顺序。

本节将具体阐述 MySQL 运算符使用的优先级，如表 7.5 所示。按照从高到低、从左到右的级别进行运算操作。如果优先级相同，则表达式左边的运算符先运算。

表 7.5　MySQL 运算符的优先级

优　先　级	运　算　符
1	!
2	~
3	^
4	*,/,DIV,%,MOD
5	+,-
6	>>,<<
7	&
8	|
9	=,<=>,<,<=,>,>=,!=,<>,IN,IS,NULL,LIKE,REGEXP
10	BETWEEN AND,CASE,WHEN,THEN,ELSE
11	NOT
12	&&,AND
13	||,OR,XOR
14	:=

7.2　流程控制语句

在 MySQL 中，常见的过程式 SQL 语句可以用在一个存储过程体中。其中包括 IF 语句、CASE 语句、WHILE 语句、LOOP 语句、REPEAT 语句、LEAVE 语句和 ITERATE 语句，它们可以进行流程控制。

7.2.1　IF 语句

IF 语句用来进行条件判断，根据不同的条件执行不同的操作。该语句在执行时首先判断 IF 后的条件是否为真。如果为真，则执行 THEN 后的语句；如果为假，则继续判断 IF 语句，直到它为真。当以上条件都不满足时，则执行 ELSE 语句后的内容。IF 语句表示形式如下。

```
IF condition THEN
        …
[ELSE condition THEN]
   …
[ELSE]
…
ENDIF
```

例 7.15　使用 if…then…else 结构首先判断传入参数的值是否为 1，如果是，则输出 1；如果不是，

则再判断该传入参数的值是否为 2，如果是，则输出 2；当以上条件都不满足时输出 3。(**实例位置：资源包\TM\sl\7\7.15**)

代码如下。

```
delimiter //
create procedure example_if(in x int)
begin
if x=1 then
select 1;
elseif x=2 then
select 2;
else
select 3;
end if;
end
//
```

以上代码的运行结果如图 7.15 所示。

MySQL 通过 CALL 语句调用该存储过程。其运行结果如图 7.16 所示。

```
mysql> delimiter //
mysql> create procedure example_if(in x int)
    -> begin
    -> if x=1 then
    -> select 1;
    -> elseif x=2 then
    -> select 2;
    -> else
    -> select 3;
    -> end if;
    -> end
    -> //
Query OK, 0 rows affected (0.00 sec)
```

图 7.15　应用 IF 语句的存储过程

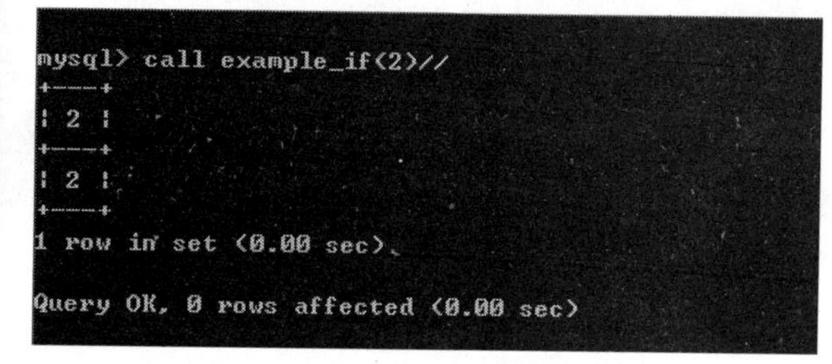

图 7.16　调用 example_if()存储过程

7.2.2　CASE 语句

CASE 语句为多分支语句结构，该语句首先从 WHEN 后的 VALUE 中查找与 CASE 后的 VALUE 相等的值，如果查找到则执行该分支的内容，否则执行 ELSE 后的内容。CASE 语句表示形式如下。

```
CASE value
        WHEN value THEN …
        [WHEN valueTHEN…]
        [ELSE…]
END CASE
```

其中，value 参数表示条件判断的变量，WHEN...THEN 中的 value 参数表示变量的取值。

CASE 语句另一种语法表示形式如下。

```
CASE
        WHEN value THEN…
        [WHEN valueTHEN…]
        [ELSE…]
END CASE
```

例 7.16　使用 CASE 语句首先判断传入参数的值是否为 1，如果条件成立，则输出 1；如果条件不成立则再判断该传入参数的值是否为 2，如果成立，则输出 2；当以上条件都不满足时输出 3。（**实例位置：资源包\TM\sl\7\7.16**）

代码如下。

```
delimiter //
create procedure example_case(in x int)
begin
case x
when 1 then select 1;
when 2 then select 2;
else select 3;
end case;
end
//
```

运行该示例的结果如图 7.17 所示。

MySQL 通过 CALL 语句调用该存储过程，其运行结果如图 7.18 所示。

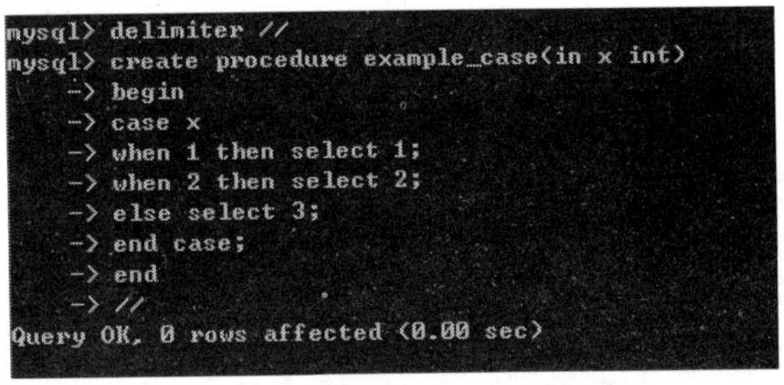

```
mysql> delimiter //
mysql> create procedure example_case(in x int)
    -> begin
    -> case x
    -> when 1 then select 1;
    -> when 2 then select 2;
    -> else select 3;
    -> end case;
    -> end
    -> //
Query OK, 0 rows affected (0.00 sec)
```

图 7.17　应用 CASE 语句的存储过程

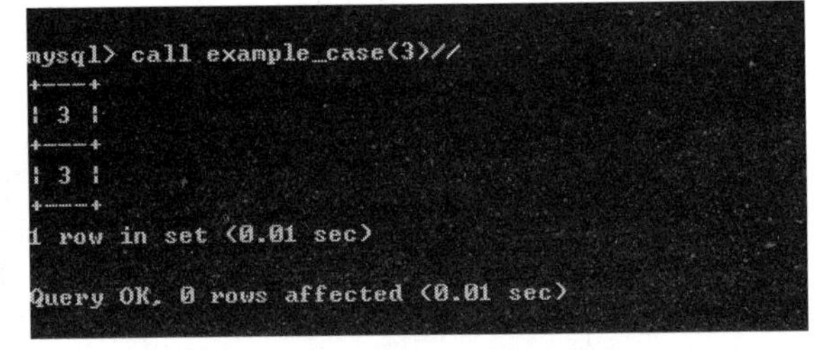

图 7.18　调用 example_case()存储过程

7.2.3　WHILE 循环语句

WHILE 循环语句执行时首先判断 condition 条件是否为真，如果为真，则执行循环体，否则退出循环。该语句表示形式如下。

```
WHILE condition DO
…
end while;
```

例 7.17　应用 WHILE 语句求前 100 项的和。首先定义变量 i 和 s，分别用来控制循环的次数和保存前 100 项的和，当变量 i 的值小于或等于 100 时，使 s 的值加 i，并同时使 i 的值增 1。直到 i 大于 100 时退出循环并输出结果。（**实例位置：资源包\TM\sl\7\7.17**）

代码如下。

```
delimiter //
create procedure example_while (out sum int)
begin
declare i int default 1;
declare s int default 0;
while i<=100 do
set s=s+i;
set i=i+1;
end while;
set sum=s;
```

```
end
//
```

运行以上代码的结果如图 7.19 所示。

调用该存储过程，调用语句如下。

```
call example_while(@s)
mysql>select @s
```

调用该存储过程的结果如图 7.20 所示。

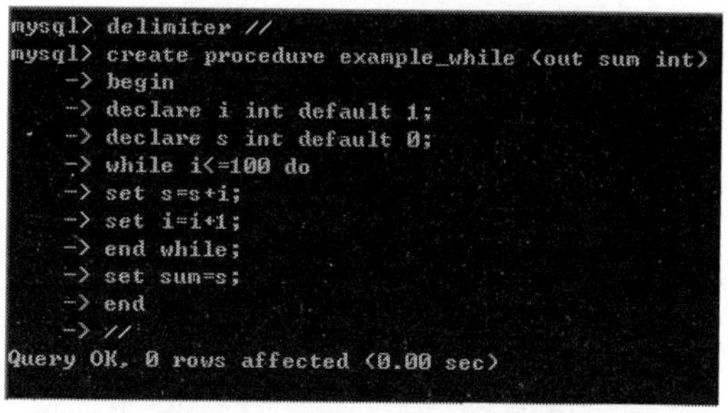

```
mysql> delimiter //
mysql> create procedure example_while (out sum int)
    -> begin
    -> declare i int default 1;
    -> declare s int default 0;
    -> while i<=100 do
    -> set s=s+i;
    -> set i=i+1;
    -> end while;
    -> set sum=s;
    -> end
    -> //
Query OK, 0 rows affected (0.00 sec)
```

图 7.19　应用 WHILE 语句的存储过程

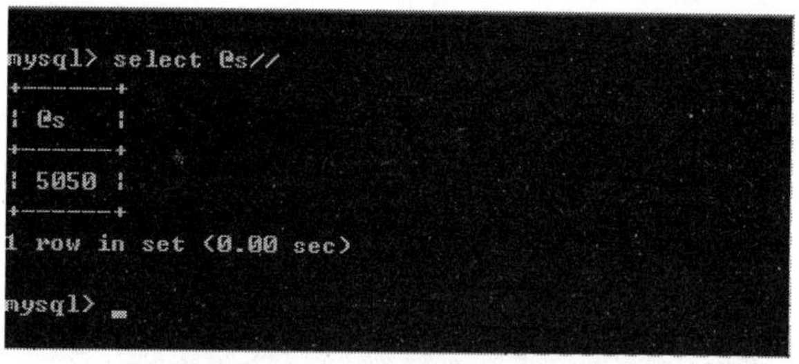

```
mysql> select @s//
+------+
| @s   |
+------+
| 5050 |
+------+
1 row in set (0.00 sec)

mysql>
```

图 7.20　调用 example_while()存储过程

7.2.4　LOOP 循环语句

LOOP 循环语句没有内置的循环条件，但可以通过 LEAVE 语句退出循环。LOOP 语句表示形式如下。

```
loop
…
end loop
```

LOOP 允许某特定语句或语句群的重复执行，实现一个简单的循环构造，中间省略的部分是需要重复执行的语句。在循环内的语句一直重复，直至循环被退出，退出循环应用 LEAVE 语句。

LEAVE 语句经常和 BEGIN…END 或循环一起使用，其表示形式如下。

```
LEAVE label
```

label 是语句中标注的名字，这个名字是自定义的。加上 LEAVE 关键字就可以用来退出被标注的循环语句。

例 7.18　应用 LOOP 语句求前 100 项的和。首先定义变量 i 和 s，分别用来控制循环的次数和保存前 100 项的和，进入该循环体后首先使 s 的值加 i，之后使 i 加 1 并进入下次循环，直到 i 大于 100，通过 LEAVE 语句退出循环并输出结果。（**实例位置：资源包\TM\sl\7\7.18**）

代码如下。

```
delimiter //
create procedure example_loop (out sum int)
begin
declare i int default 1;
declare s int default 0;
loop_label:loop
set s=s+i;
set i=i+1;
if i>100 then
```

```
leave loop_label;
end if;
end loop;
set sum=s;
end
//
```

上述代码的运行结果如图 7.21 所示。

调用名称为 example_loop 的存储过程，其代码如下。

```
call example_loop(@s)
select @s
```

运行结果如图 7.22 所示。

```
mysql> delimiter //
mysql> create procedure example_loop (out sum int)
    -> begin
    -> declare i int default 1;
    -> declare s int default 0;
    -> loop_label:loop
    -> set s=s+i;
    -> set i=i+1;
    -> if i>100 then
    -> leave loop_label;
    -> end if;
    -> end loop;
    -> set sum=s;
    -> end
    -> //
Query OK, 0 rows affected (0.00 sec)
```

图 7.21　应用 LOOP 语句创建存储过程

```
mysql> call example_loop(@s)//
Query OK, 0 rows affected (0.00 sec)

mysql> select @s//
+------+
| @s   |
+------+
| 5050 |
+------+
1 row in set (0.00 sec)
```

图 7.22　调用 example_loop()存储过程

7.2.5　REPEAT 循环语句

REPEAT 语句先执行一次循环体，然后判断 condition 条件是否为真，若为真，则退出循环，否则继续执行循环。REPEAT 语句表示形式如下。

```
REPEAT
  …
UNTIL condition
END REPEAT
```

例 7.19　应用 REPEAT 语句求前 100 项的和。首先定义变量 i 和 s，分别用来控制循环的次数和保存前 100 项的和，进入循环体后首先使 s 的值加 i，然后使 i 的值加 1，直到 i 大于 100 时退出循环并输出结果。（**实例位置：资源包\TM\sl\7\7.19**）

代码如下。

```
delimiter //
create procedure example_repeat (out sum int)
begin
declare i int default 1;
declare s int default 0;
repeat
set s=s+i;
set i=i+1;
until i>100
end repeat;
set sum=s;
end
//
```

以上代码的运行结果如图 7.23 所示。

调用该存储过程，相关代码如下。

```
call example_repeat(@s)
select @s
```

调用存储过程的运行结果如图 7.24 所示。

```
mysql> delimiter //
mysql> create procedure example_repeat (out sum int)
    -> begin
    -> declare i int default 1;
    -> declare s int default 0;
    -> repeat
    -> set s=s+i;
    -> set i=i+1;
    -> until i>100
    -> end repeat;
    -> set sum=s;
    -> end
    -> //
Query OK, 0 rows affected (0.00 sec)
```

图 7.23　应用 REPEAT 语句创建存储过程

```
mysql> call example_repeat(@s)//
Query OK, 0 rows affected (0.02 sec)

mysql> select @s//
+------+
| @s   |
+------+
| 5050 |
+------+
1 row in set (0.00 sec)
```

图 7.24　调用 example_repeat()存储过程

循环语句中还有一个 ITERATE 语句，它可以出现在 LOOP、REPEAT 和 WHILE 语句内，其意为“再次循环”。该语句格式如下。

```
ITERATE label
```

该语句的格式与 LEAVE 大同小异，区别在于：LEAVE 语句是离开一个循环，而 ITERATE 语句是重新开始一个循环。

注意

与一般程序设计流程控制不同的是，存储过程并不支持 FOR 循环。

7.3　小　　结

本章对 MySQL 的运算符和流程控制语句进行了详细讲解，并通过举例说明，帮助读者更好地理解所学知识的用法。在阅读本章时，读者应该重点掌握各种运算符和流程控制语句的使用，其中，位运算符是本章的难点。因为，位运算符需要将操作数转换为二进制数，然后进行位运算。这要求读者掌握二进制运算的相关知识。

7.4　实践与练习

（答案位置：资源包\TM\sl\7\实践与练习）

1．编写 SQL 语句，将数字 2、0 和 NULL 之间的任意两个进行逻辑运算。

2．应用 WHILE 语句求前 10 项的和。

第 8 章

表数据的增、删、改操作

成功创建数据库和数据表以后，就可以针对表中的数据进行各种交互操作了。这些操作可以有效地使用、维护和管理数据库中的表数据，其中最常用的就是添加、修改和删除操作。本章将详细介绍如何通过 SQL 语句来实现表数据的增、删、改操作。

本章知识架构及重难点如下：

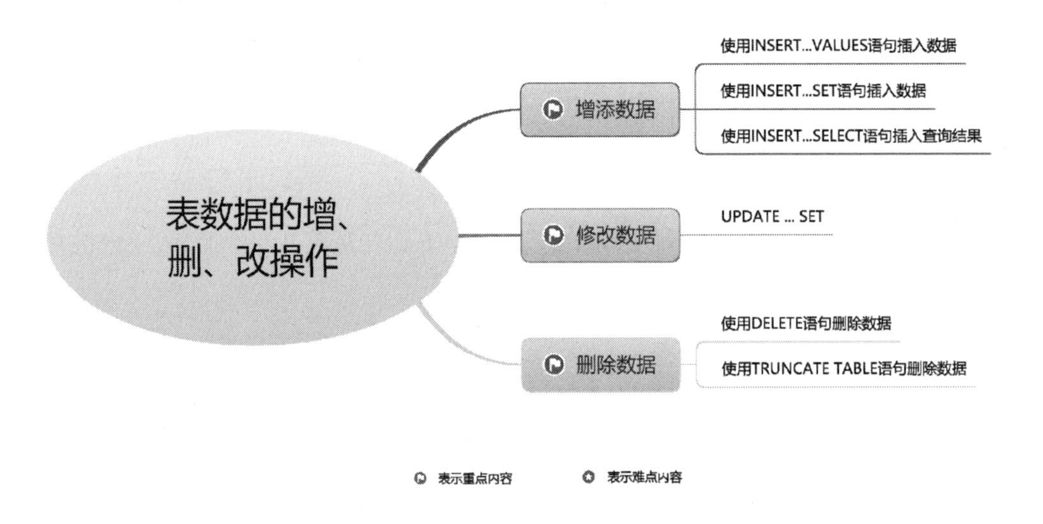

8.1 增 添 数 据

在建立一个空的数据库和数据表时，首先需要考虑如何向数据表中添加数据，该操作可以使用 INSERT 语句来完成。使用 INSERT 语句可以向一个已有数据表中插入一个新行，也就是插入一行新记录。在 MySQL 中，INSERT 语句有 3 种语法格式，分别是 INSERT…VALUES、INSERT…SET 和 INSERT…SELECT 语句。下面将分别对其进行介绍。

8.1.1 使用 INSERT…VALUES 语句插入数据

INSERT…VALUES 语句是 INSERT 语句最常用的语法格式。使用 INSERT 语句插入数据，语法格式如下。

```
INSERT [LOW_PRIORITY | DELAYED | HIGH_PRIORITY] [IGNORE]
    [INTO] 数据表名 [(字段名,...)]
    VALUES ({值 | DEFAULT},...),(...),...
    [ ON DUPLICATE KEY UPDATE 字段名=表达式,...]
```

参数说明如下。

（1）[LOW_PRIORITY|DELAYED|HIGH_PRIORITY]：可选项。其中：LOW_PRIORITY 是 INSERT、UPDATE 和 DELETE 语句都支持的一种可选修饰符，通常应用在多用户访问数据库的情况下，用于指示 MySQL 降低 INSERT、DELETE 或 UPDATE 操作执行的优先级；DELAYED 是 INSERT 语句支持的一种可选修饰符，用于指定 MySQL 服务器把待插入的行数据放到一个缓冲器中，直到待插数据的表空闲时，才真正在表中插入数据行；HIGH_PRIORITY 是 INSERT 和 SELECT 语句支持的一种可选修饰符，用于指定 INSERT 和 SELECT 操作优先执行。

（2）[IGNORE]：可选项，表示在执行 INSERT 语句时，所出现的错误都会被当作警告处理。

（3）[INTO] 数据表名：可选项，用于指定被操作的数据表。

（4）[(字段名,...)]：可选项，当不指定该选项时，表示要向表的所有列中插入数据，否则表示向数据表的指定列中插入数据。

（5）VALUES ({值 | DEFAULT},...),(...),...：必选项，用于指定需要插入的数据清单，其顺序必须与字段的顺序相对应。其中，每一列的数据可以是一个常量、变量、表达式或者 NULL，但是其数据类型要与对应的字段类型相匹配；也可以直接使用 DEFAULT 关键字，表示向该列中插入默认值，但是使用的前提是已经明确指定了默认值，否则会出错。

（6）ON DUPLICATE KEY UPDATE 子句：可选项，用于指定向表中插入行时，如果导致 UNIQUE KEY 或 PRIMARY KEY 出现重复值，系统会根据 UPDATE 后的语句修改表中原有行数据。

INSERT...VALUES 语句在使用时，通常有以下 3 种方式。

1．插入完整数据

例 8.1　使用 INSERT...VALUES 语句向数据表 tb_admin 中插入一条完整的数据。（**实例位置：资源包\TM\sl\8\8.1**）

（1）在编写 SQL 语句之前，先查看数据表 tb_admin 的结构，具体代码如下。

```
DESC db_database08.tb_admin;
```

运行效果如图 8.1 所示。

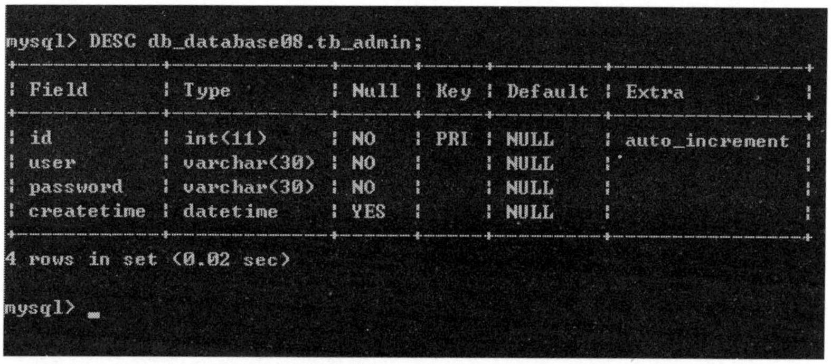

```
mysql> DESC db_database08.tb_admin;
+------------+-------------+------+-----+---------+----------------+
| Field      | Type        | Null | Key | Default | Extra          |
+------------+-------------+------+-----+---------+----------------+
| id         | int(11)     | NO   | PRI | NULL    | auto_increment |
| user       | varchar(30) | NO   |     | NULL    |                |
| password   | varchar(30) | NO   |     | NULL    |                |
| createtime | datetime    | YES  |     | NULL    |                |
+------------+-------------+------+-----+---------+----------------+
4 rows in set (0.02 sec)

mysql>
```

图 8.1　查看数据表 tb_admin 的结构

（2）编写 SQL 语句，先选择数据表所在的数据库，然后应用 INSERT...VALUES 语句实现向数据表 tb_admin 中插入一条完整的数据，具体代码如下。

```
USE db_database08;
INSERT INTO tb_admin VALUES(1,'mr','mrsoft','2014-09-05 10:25:20');
```

运行效果如图 8.2 所示。

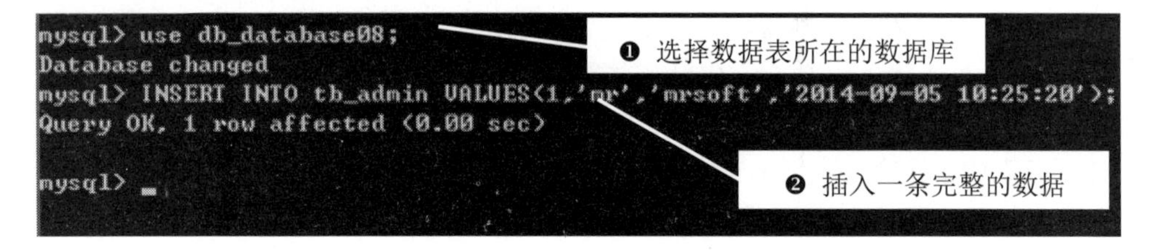

图 8.2　向数据表 tb_admin 中插入一条完整的数据

（3）使用 SELECT * FROM tb_admin 语句来查看数据表 tb_admin 中的数据，具体代码如下。

```
SELECT * FROM tb_admin;
```

执行效果如图 8.3 所示。

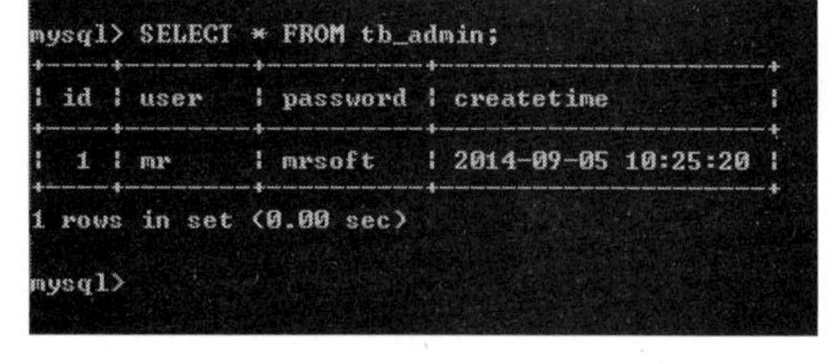

图 8.3　查看新插入的数据

2. 插入数据记录的一部分

INSERT…VALUES 语句还可以用于向数据表中插入数据记录的一部分，即只插入表的一行中的某几个字段的值，下面通过一个具体的实例来演示如何向数据表中插入数据记录的一部分。

例 8.2　使用 INSERT…VALUES 语句向数据表 tb_admin 中插入数据记录的一部分。（**实例位置：资源包\TM\sl\8\8.2**）

（1）编写 SQL 语句，先选择数据表所在的数据库，然后应用 INSERT…VALUES 语句实现向数据表 tb_admin 中插入一条记录，只包括 user 和 password 字段的值，具体代码如下。

```
USE db_database08;
INSERT INTO tb_admin (user,password)
VALUES('rjkflm','111');
```

运行效果如图 8.4 所示。

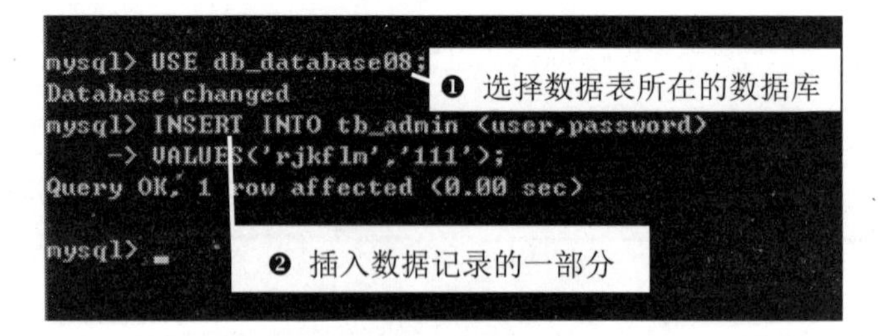

图 8.4　向数据表 tb_admin 中插入数据记录的一部分

（2）使用 SELECT * FROM tb_admin 语句来查看数据表 tb_admin 中的数据，具体代码如下。

```
SELECT * FROM tb_admin;
```

执行效果如图 8.5 所示。

```
mysql> SELECT * FROM tb_admin;
+----+--------+----------+---------------------+
| id | user   | password | createtime          |
+----+--------+----------+---------------------+
|  1 | mr     | mrsoft   | 2014-09-05 10:25:20 |
|  2 | rjkflm | 111      | NULL                |
+----+--------+----------+---------------------+
2 rows in set (0.00 sec)

mysql>
```

id 为 2 的行是新插入的数据

图 8.5　查看新插入的数据

说明

因为在设计数据表时，将 id 字段设置为自动编号，所以即使没有指定 id 的值，MySQL 也会自动为它填上相应的编号。

3. 插入多条记录

使用 INSERT…VALUES 语句还可以实现一次性地插入多条数据记录。使用该方法批量插入数据，比使用多条单行的 INSERT 语句效率要高。下面将通过一个具体的实例演示如何一次插入多条记录。

例 8.3　使用 INSERT…VALUES 语句向数据表 tb_admin 中一次插入多条记录。（**实例位置：资源包\TM\sl\8\8.3**）

（1）编写 SQL 语句，先选择数据表所在的数据库，然后应用 INSERT…VALUES 语句实现向数据表 tb_admin 中插入 3 条记录，每条记录都只包括 user、password 和 createtime 字段的值，具体代码如下。

```
USE db_database08;
INSERT INTO tb_admin (user,password,createtime)
VALUES('mrbccd','111', '2014-09-05 10:35:26')
,( 'mingri','111', '2014-09-05 10:45:27')
,( 'mingrisoft','111', '2014-09-05 10:55:28');
```

运行效果如图 8.6 所示。

```
mysql> USE db_database08;
Database changed
mysql> INSERT INTO tb_admin (user,password,createtime)
    -> VALUES('mrbccd','111', '2014-09-05 10:35:26')
    -> ,( 'mingri','111', '2014-09-05 10:45:27')
    -> ,( 'mingrisoft','111', '2014-09-05 10:55:28');
Query OK, 3 rows affected (0.00 sec)
Records: 3  Duplicates: 0  Warnings: 0

mysql> _
```

❶ 选择数据表所在的数据库

❷ 一次性插入 3 条记录

图 8.6　向数据表 tb_admin 中插入 3 条记录

（2）使用 SELECT * FROM tb_admin 语句来查看数据表 tb_admin 中的数据，具体代码如下。

```
SELECT * FROM tb_admin;
```

执行效果如图 8.7 所示。

```
mysql> SELECT * FROM tb_admin;
+----+-------------+----------+---------------------+
| id | user        | password | createtime          |
+----+-------------+----------+---------------------+
|  1 | mr          | mrsoft   | 2014-09-05 10:25:20 |
|  2 | rjkflm      | 111      | NULL                |
|  3 | mrbccd      | 111      | 2014-09-05 10:35:26 |
|  4 | mingri      | 111      | 2014-09-05 10:45:27 |
|  5 | mingrisoft  | 111      | 2014-09-05 10:55:28 |
+----+-------------+----------+---------------------+
5 rows in set (0.00 sec)

mysql>
```

新插入的 3 行数据

图 8.7　查看新插入的 3 行数据

8.1.2　使用 INSERT…SET 语句插入数据

在 MySQL 中，除了可以使用 INSERT…VALUES 语句插入数据，还可以使用 INSERT…SET 语句。这种语法格式用于通过直接给表中的某些字段指定对应的值来实现插入指定的数据，未指定值的字段将采用默认值进行添加。INSERT...SET 语句的语法格式如下。

```
INSERT [LOW_PRIORITY | DELAYED | HIGH_PRIORITY] [IGNORE]
    [INTO] 数据表名
    SET 字段名={值 | DEFAULT}, …
    [ ON DUPLICATE KEY UPDATE 字段名=表达式,…]
```

参数说明如下。

（1）[LOW_PRIORITY | DELAYED | HIGH_PRIORITY] [IGNORE]：可选项，其作用与 INSERT…VALUES 语句相同，这里不再赘述。

（2）[INTO] 数据表名：用于指定被操作的数据表，其中[INTO]为可选项，可以省略。

（3）SET 字段名={值 | DEFAULT}：用于给数据表中的某些字段设置要插入的值。

（4）ON DUPLICATE KEY UPDATE 子句：可选项，其作用与 INSERT…VALUES 语句相同，这里不再赘述。

例 8.4　使用 INSERT…SET 语句向数据表 tb_admin 中插入一条记录。（**实例位置：资源包\TM\sl\8\8.4**）

（1）编写 SQL 语句，先选择数据表所在的数据库，然后应用 INSERT…SET 语句实现向数据表 tb_admin 中插入一条记录，该条记录中包括 user、password 和 createtime 字段的值，具体代码如下。

```
USE db_database08;
INSERT INTO tb_admin
SET user='mrbccd',password='111',createtime= '2014-09-06 10:35:26';
```

运行效果如图 8.8 所示。

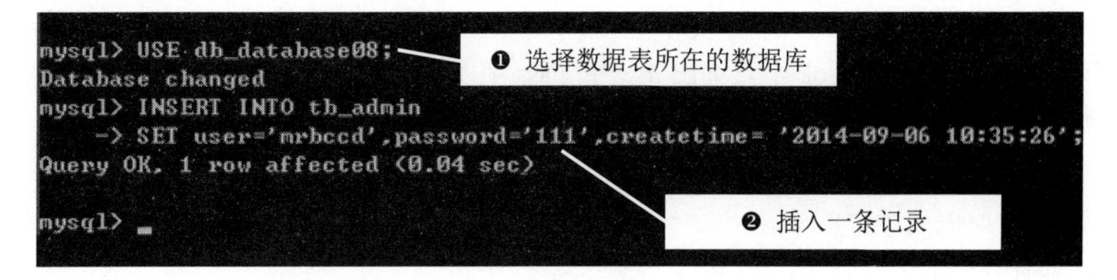

图 8.8　向数据表 tb_admin 中插入一条记录

（2）使用 SELECT * FROM tb_admin 语句来查看数据表 tb_admin 中的数据，具体代码如下。

```
SELECT * FROM tb_admin;
```

执行效果如图 8.9 所示。

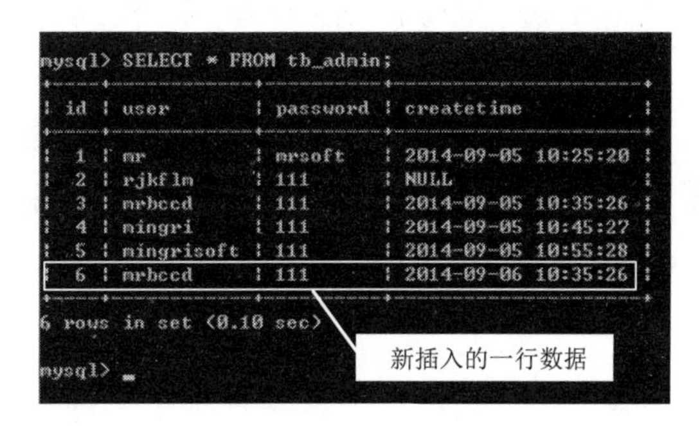

图 8.9　查看新插入的一行数据

8.1.3　使用 INSERT...SELECT 语句插入查询结果

在 MySQL 中，支持将查询结果插入指定的数据表中，这可以通过 INSERT...SELECT 语句来实现，其语法格式如下。

```
INSERT [LOW_PRIORITY | DELAYED | HIGH_PRIORITY] [IGNORE]
    [INTO] 数据表名 [(字段名, …)]
    SELECT …
    [ ON DUPLICATE KEY UPDATE 字段名=表达式, …]
```

参数说明如下。

（1）[LOW_PRIORITY|DELAYED|HIGH_PRIORITY] [IGNORE]：可选项，其作用与 INSERT...VALUES 语句相同，这里不再赘述。

（2）[INTO] 数据表名：用于指定被操作的数据表，其中[INTO]为可选项，可以省略。

（3）[(字段名,…)]：可选项，当不指定该选项时，表示要向表的所有列中插入数据，否则表示向数据表的指定列中插入数据。

（4）SELECT 子句：用于快速地从一个或者多个表中取出数据，并将这些数据作为行数据插入目标数据表中。需要注意的是，SELECT 子句返回的结果集中的字段数、字段类型必须与目标数据表中的字段数和字段类型完全一致。

（5）ON DUPLICATE KEY UPDATE 子句：可选项，其作用与 INSERT…VALUES 语句相同，这

里不再赘述。

例 8.5 从数据表 tb_mrbook 中查询出 user 和 pass 字段的值，并将其插入数据表 tb_admin 中。（**实例位置：资源包\TM\sl\8\8.5**）

（1）查看数据表 tb_mrbook 的结构，具体代码如下。

```
DESC db_database08.tb_mrbook;
```

执行效果如图 8.10 所示。

（2）查询数据表 tb_mrbook 中的数据，具体代码如下。

```
SELECT * FROM tb_mrbook;
```

执行效果如图 8.11 所示。

```
mysql> DESC db_database08.tb_mrbook;
+----------+-------------+------+-----+---------+----------------+
| Field    | Type        | Null | Key | Default | Extra          |
+----------+-------------+------+-----+---------+----------------+
| id       | int(11)     | NO   | PRI | NULL    | auto_increment |
| user     | varchar(40) | YES  |     | NULL    |                |
| pass     | varchar(20) | YES  |     | NULL    |                |
| bookname | varchar(50) | YES  |     | NULL    |                |
| type     | varchar(20) | YES  |     | NULL    |                |
| price    | varchar(20) | YES  |     | NULL    |                |
+----------+-------------+------+-----+---------+----------------+
6 rows in set (0.02 sec)

mysql>
```

图 8.10　查看数据表 tb_mrbook 的结构

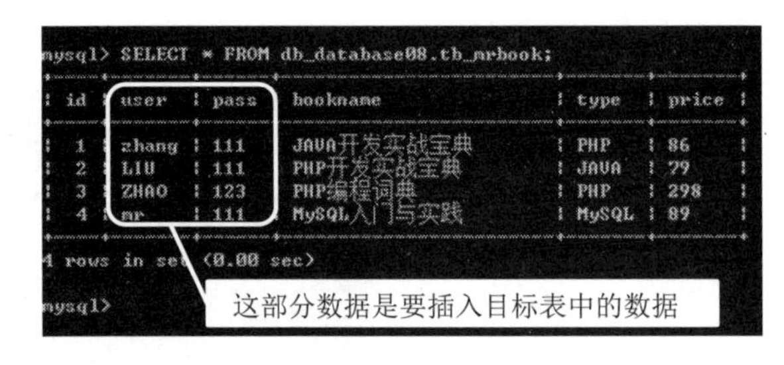

```
mysql> SELECT * FROM db_database08.tb_mrbook;
+----+-------+------+----------------+-------+-------+
| id | user  | pass | bookname       | type  | price |
+----+-------+------+----------------+-------+-------+
|  1 | zhang | 111  | JAVA开发实战宝典 | PHP   | 86    |
|  2 | LIU   | 111  | PHP开发实战宝典  | JAVA  | 79    |
|  3 | ZHAO  | 123  | PHP编程词典      | PHP   | 298   |
|  4 | mr    | 111  | MySQL入门与实践  | MySQL | 89    |
+----+-------+------+----------------+-------+-------+
4 rows in set (0.00 sec)

mysql>
```


图 8.11　查询数据表 tb_mrbook 中的数据

（3）编写 SQL 语句，实现从数据表 tb_mrbook 中查询 user 和 pass 字段的值，并将其插入数据表 tb_admin 中，具体代码如下。

```
INSERT INTO db_database08.tb_admin
        (user,password)
        SELECT user,pass FROM tb_mrbook;
```

执行效果如图 8.12 所示。

（4）使用 SELECT 语句来查看数据表 tb_admin 中的数据，具体代码如下。

```
SELECT * FROM db_database08.tb_admin;
```

执行效果如图 8.13 所示。

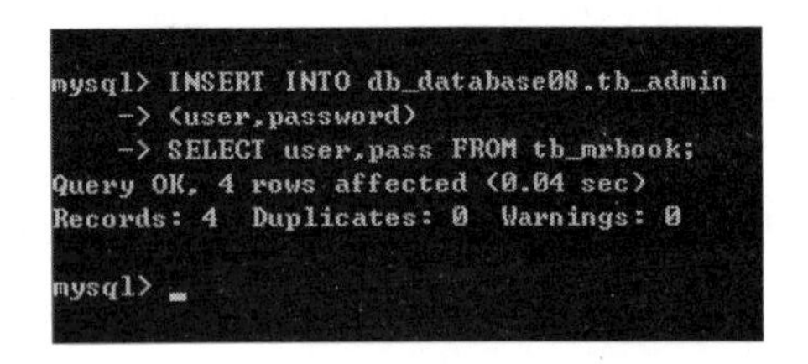

```
mysql> INSERT INTO db_database08.tb_admin
    -> (user,password)
    -> SELECT user,pass FROM tb_mrbook;
Query OK, 4 rows affected (0.04 sec)
Records: 4  Duplicates: 0  Warnings: 0

mysql>
```

图 8.12　将查询结果插入数据表中

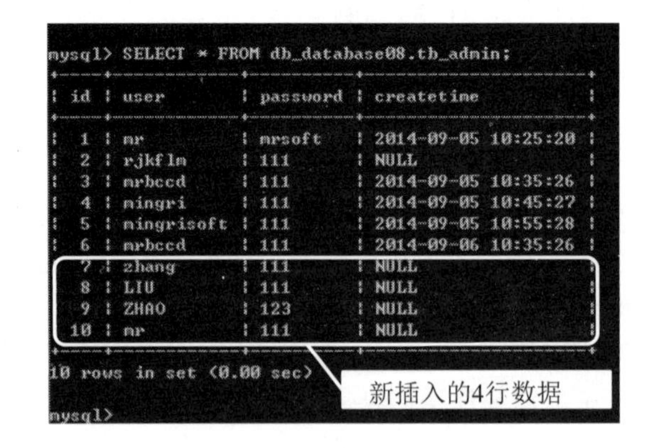

```
mysql> SELECT * FROM db_database08.tb_admin;
+----+-----------+----------+---------------------+
| id | user      | password | createtime          |
+----+-----------+----------+---------------------+
|  1 | mr        | mrsoft   | 2014-09-05 10:25:20 |
|  2 | rjkflm    | 111      | NULL                |
|  3 | mrbccd    | 111      | 2014-09-05 10:35:26 |
|  4 | mingri    | 111      | 2014-09-05 10:45:27 |
|  5 | mingrisoft| 111      | 2014-09-05 10:55:28 |
|  6 | mrbccd    | 111      | 2014-09-06 10:35:26 |
|  7 | zhang     | 111      | NULL                |
|  8 | LIU       | 111      | NULL                |
|  9 | ZHAO      | 123      | NULL                |
| 10 | mr        | 111      | NULL                |
+----+-----------+----------+---------------------+
10 rows in set (0.00 sec)

mysql>
```


图 8.13　查看新插入的 4 行数据

8.2　修 改 数 据

要执行修改的操作可以使用 UPDATE 语句，其语法格式如下。

```
UPDATE [LOW_PRIORITY] [IGNORE] 数据表名
    SET 字段 1=值 1 [, 字段 2=值 2...]
    [WHERE 条件表达式]
    [ORDER BY...]
[LIMIT 行数]
```

参数说明如下。

（1）[LOW_PRIORITY]：可选项，表示在多用户访问数据库的情况下可用于延迟 UPDATE 操作，直到没有别的用户再从表中读取数据。这个过程仅适用于表级锁的存储引擎（如 MyISAM、MEMORY 和 MERGE）。

（2）[IGNORE]：在 MySQL 中，当使用 UPDATE 语句更新表中多行数据时，如果出现错误，那么整个 UPDATE 语句操作都会被取消，错误发生前更新的所有行将被恢复到它们原来的值。因此，为了在发生错误时也要继续进行更新，可以在 UPDATE 语句中使用 IGNORE 关键字。

（3）SET 子句：必选项，用于指定表中要修改的字段名及其字段值。其中的值可以是表达式，也可以是该字段所对应的默认值。如果要指定默认值，可使用关键字 DEFAULT。

（4）WHERE 子句：可选项，用于限定表中要修改的行，如果不指定该子句，那么 UPDATE 语句会更新表中的所有行。

（5）ORDER BY 子句：可选项，用于限定表中的行被修改的次序。

（6）LIMIT 子句：可选项，用于限定被修改的行数。

例 8.6　将管理员信息表 tb_admin 中用户名为 mrbccd 的管理员密码 111 修改为 123。（**实例位置：资源包\TM\sl\8\8.6**）

（1）编写 SQL 语句修改用户名为 mrbccd 的管理员密码为 123，具体代码如下。

```
UPDATE db_database08.tb_admin SET password='123' WHERE user='mrbccd';
```

运行效果如图 8.14 所示。

```
mysql> UPDATE db_database08.tb_admin SET password='123' WHERE user='mrbccd';
Query OK, 2 rows affected (0.02 sec)
Rows matched: 2  Changed: 2  Warnings: 0

mysql> _
```

将 mrbccd 用户的密码更改为 123

图 8.14　将 mrbccd 用户的密码更改为 123

注意

更新时一定要保证 WHERE 子句的正确性，一旦 WHERE 子句出错，就会破坏所有改变的数据。

（2）查看修改后的数据库中的内容，代码如下。

```
SELECT * FROM db_database08.tb_admin WHERE user='mrbccd';
```

执行结果如图 8.15 所示。

```
mysql> SELECT * FROM db_database08.tb_admin WHERE user='mrbccd';
+----+--------+----------+---------------------+
| id | user   | password | createtime          |
+----+--------+----------+---------------------+
|  3 | mrbccd | 123      | 2014-09-05 10:35:26 |
|  6 | mrbccd | 123      | 2014-09-06 10:35:26 |
+----+--------+----------+---------------------+
2 rows in set (0.00 sec)

mysql>
```

图 8.15　查看修改后的结果

8.3　删除数据

在数据库中，有些数据已经失去意义或者发生错误，此时需要删除它们。在 MySQL 中，可以使用 DELETE 或者 TRUNCATE TABLE 语句删除表中的一行或多行数据，下面将分别对其进行介绍。

8.3.1　使用 DELETE 语句删除数据

使用 DELETE 语句删除数据的基本语法格式如下。

```
DELETE [LOW_PRIORITY] [QUICK] [IGNORE] FROM 数据表名
    [WHERE 条件表达式]
    [ORDER BY...]
[LIMIT 行数]
```

参数说明如下。

（1）[LOW_PRIORITY]：可选项，表示在多用户访问数据库的情况下可用于延迟 DELETE 操作，直到没有别的用户再从表中读取数据。这个过程仅适用于表级锁的存储引擎（如 MyISAM、MEMORY 和 MERGE）。

（2）[QUICK]：可选项，用于加快部分种类的删除操作速度。

（3）[IGNORE]：在 MySQL 中，通过 DELETE 语句删除表中多行数据时，如果出现错误，那么整个 DELETE 语句操作都会被取消，错误发生前更新的所有行将被恢复到它们原来的值。因此，为了在发生错误时继续进行删除，可以在 DELETE 语句中使用 IGNORE 关键字。

（4）数据表名：用于指定要删除的数据表的名称。

（5）WHERE 子句：可选项，用于限定表中要删除的行，如果不指定该子句，那么 DELETE 语句会删除表中的所有行。

（6）ORDER BY 子句：可选项，用于限定表中的行被删除的次序。

（7）LIMIT 子句：可选项，用于限定被删除的行数。

注意

该语句在执行过程中，如果没有指定 WHERE 条件，将删除所有的记录；如果指定了 WHERE 条件，将按照指定的条件进行删除。

例 8.7　删除管理员数据表 tb_admin 中用户名为 mr 的记录信息。（**实例位置：资源包\TM\sl\8\8.7**）

（1）编写 SQL 语句删除管理员数据表 tb_admin 中用户名为 mr 的记录信息，具体代码如下。

```
USE db_database08;
DELETE FROM tb_admin WHERE user='mr';
```

运行效果如图 8.16 所示。

（2）使用 SELECT 语句来查看删除记录后数据表 tb_admin 中的数据，具体代码如下。

```
SELECT * FROM tb_admin;
```

执行结果如图 8.17 所示。

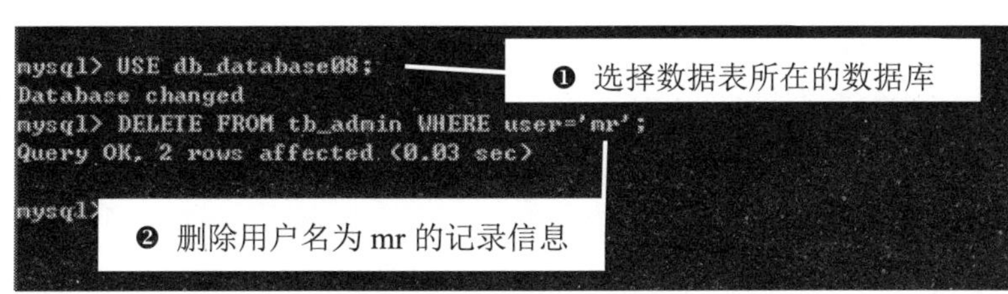

图 8.16　删除数据表中用户名为 mr 的记录信息

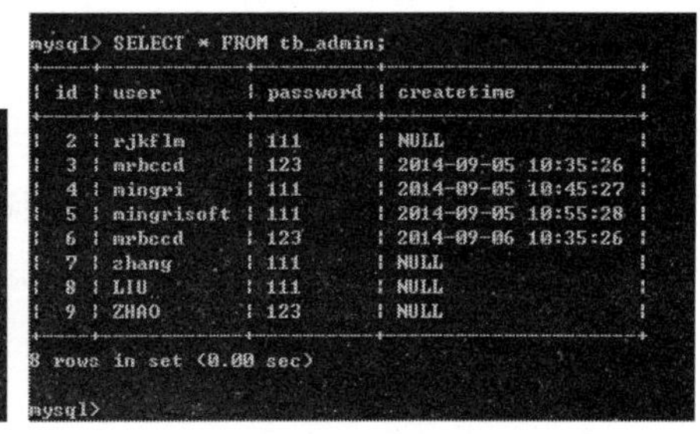

```
mysql> SELECT * FROM tb_admin;
+----+------------+----------+---------------------+
| id | user       | password | createtime          |
+----+------------+----------+---------------------+
|  2 | rjkflm     | 111      | NULL                |
|  3 | mrbccd     | 123      | 2014-09-05 10:35:26 |
|  4 | mingri     | 111      | 2014-09-05 10:45:27 |
|  5 | mingrisoft | 111      | 2014-09-05 10:55:28 |
|  6 | mrbccd     | 123      | 2014-09-06 10:35:26 |
|  7 | zhang      | 111      | NULL                |
|  8 | LIU        | 111      | NULL                |
|  9 | ZHAO       | 123      | NULL                |
+----+------------+----------+---------------------+
8 rows in set (0.00 sec)

mysql>
```

图 8.17　查看删除后的结果

注意

在实际的应用中，执行删除的条件一般应该为数据的 id，而不是具体某个字段值，这样可以避免一些错误发生。

8.3.2　使用 TRUNCATE TABLE 语句删除数据

如果要删除表中的所有行，可使用 TRUNCATE TABLE 语句删除它们，其基本语法格式如下。

```
TRUNCATE [TABLE] 数据表名
```

在上面的语法中，数据表名表示要删除的数据表的名称，也可以使用“数据库名.数据表名”来指定该数据表隶属于哪个数据库。

注意

由于 TRUNCATE TABLE 语句会删除数据表中的所有数据，并且无法恢复，因此使用 TRUNCATE TABLE 语句时一定要十分小心。

例 8.8 使用 TRUNCATE TABLE 语句清空管理员数据表 tb_admin。（**实例位置：资源包\TM\sl\8\8.8**）

具体代码如下。

```
TRUNCATE TABLE db_database08.tb_admin;
```

运行效果如图 8.18 所示。

```
mysql> TRUNCATE TABLE db_database08.tb_admin;
Query OK, 0 rows affected (0.03 sec)

mysql> _
```

图 8.18　清空管理员数据表 tb_admin

DELETE 语句和 TRUNCATE TABLE 语句的区别如下。

（1）使用 TRUNCATE TABLE 语句后，表中的 AUTO_INCREMENT 计数器将被重新设置为该列的初始值。

（2）对于参与了索引和视图的表， TRUNCATE TABLE 语句不能用于删除数据，而应该使用 DELETE 语句。

（3）TRUNCATE TABLE 操作比 DELETE 操作使用的系统和事务日志资源少。DELETE 语句每删除一行都会在事务日志中添加一行记录，而 TRUNCATE TABLE 语句是通过释放存储表数据所用的数据页来删除数据的，因此只在事务日志中记录页的释放。

8.4　小　　结

本章介绍了在 MySQL 中添加、修改和删除表数据的具体方法，也就是对表数据的增、删和改操作。这 3 种操作在实际开发中经常被应用。因此，读者需要认真学习本章的内容，争取做到举一反三、灵活应用。

8.5　实践与练习

（**答案位置：资源包\TM\sl\8\实践与练习**）

1．编写 SQL 语句，先选择数据表所在的数据库，然后应用 INSERT...VALUES 语句实现向数据表 tb_admin 中插入一条记录，该记录只包括 user、password 和 createtime 字段的值。

2．编写 SQL 语句，使用 DELETE 语句清空管理员数据表 tb_admin。

第 9 章

数 据 查 询

数据查询是指从数据库中获取所需要的数据。它是数据库操作中最常用也是最重要的操作。不同的查询方式可以获得不同的数据，用户可以根据自己对数据的需求使用不同的查询方式。在 MySQL 中使用 SELECT 语句来查询数据。本章将对查询语句的基本语法、在单表上查询数据、使用聚合函数查询数据、合并查询结果等内容进行详细讲解，帮助读者了解查询数据的语句。

本章知识架构及重难点如下：

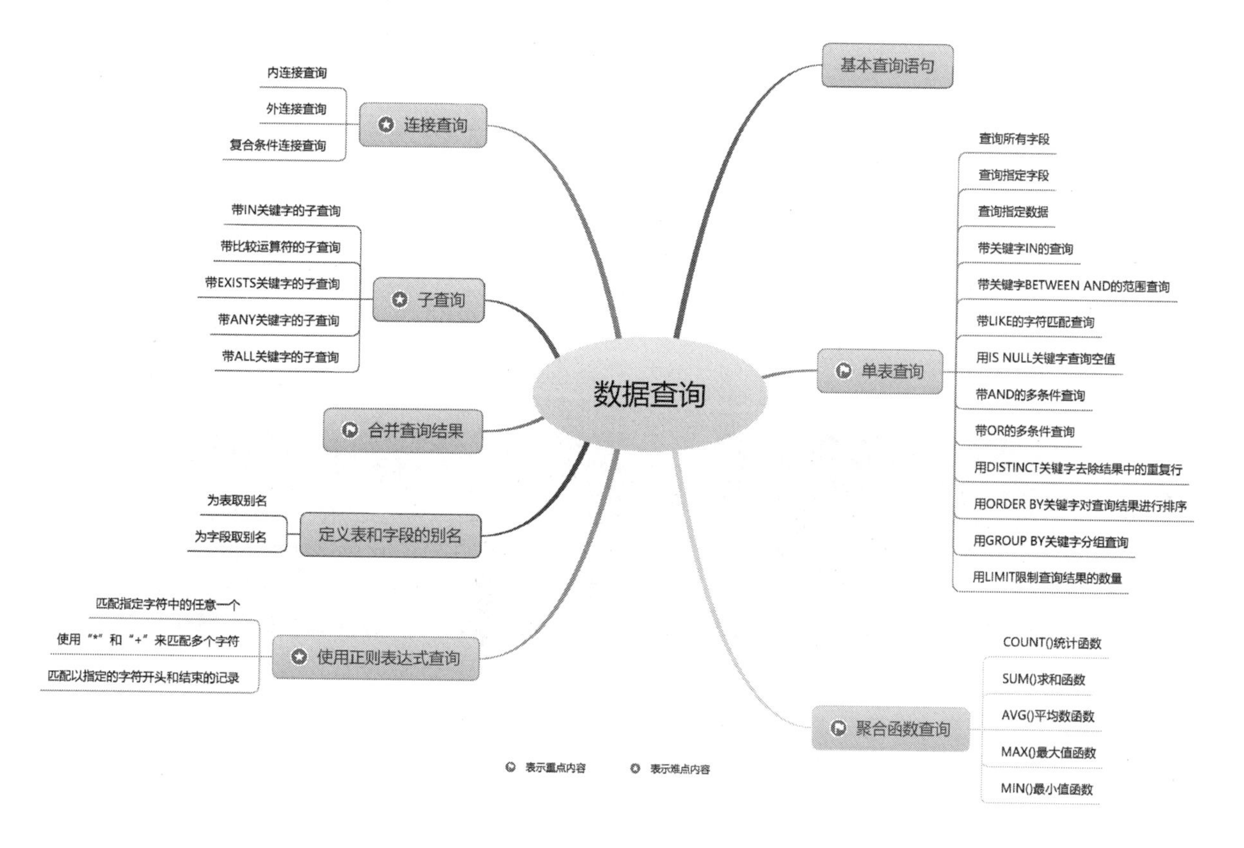

9.1 基本查询语句

SELECT 语句是最常用的查询语句，它的使用方式有些复杂，但功能相当强大。SELECT 语句的

基本语法如下。

```
select selection_list                    //要查询的内容，选择哪些列
from 数据表名                             //指定数据表
where primary_constraint                 //查询时需要满足的条件，行必须满足的条件
group by grouping_columns                //如何对结果进行分组
order by sorting_cloumns                 //如何对结果进行排序
having secondary_constraint              //查询时满足的第二条件
limit count                              //限定输出的查询结果
```

其中使用的子句将在后面逐个予以介绍。下面先介绍 SELECT 语句的简单应用。

1. 使用 SELECT 语句查询一个数据表

使用 SELECT 语句时，首先要确定要查询的列。“*”代表所有的列。例如，查询 db_database09 数据库的 tb_manager 表中的所有数据，代码如下。

```
mysql> use db_database09;
Database changed
mysql> SELECT * FROM tb_manager;
```

查询结果如图 9.1 所示。

这是查询整个表中所有列的操作，还可以针对表中的某一列或多列进行查询。

2. 查询表中的一列或多列

针对表中的多列进行查询，只要在 SELECT 后面指定要查询的列名即可，多列之间用“,”分隔。例如，查询 tb_manager 表中的 id 和 name 列数据，代码如下。

```
mysql> SELECT id , name FROM tb_manager;
```

查询结果如图 9.2 所示。

```
mysql> SELECT * FROM tb_manager;
+----+------------+------------+
| id | name       | PWD        |
+----+------------+------------+
|  1 | mr         | mrsoft     |
|  2 | mingrisoft | mingrisoft |
|  3 | admin      | 111        |
+----+------------+------------+
3 rows in set (0.00 sec)
```

图 9.1　查询一个数据表

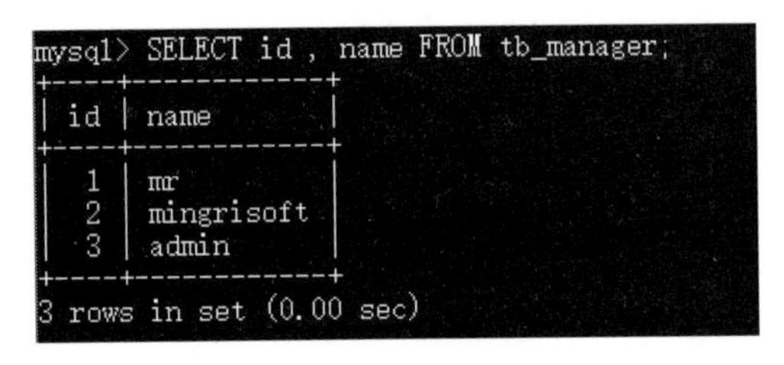

```
mysql> SELECT id , name FROM tb_manager;
+----+------------+
| id | name       |
+----+------------+
|  1 | mr         |
|  2 | mingrisoft |
|  3 | admin      |
+----+------------+
3 rows in set (0.00 sec)
```

图 9.2　查询表中的多列

3. 从一个或多个表中获取数据

使用 SELECT 语句进行多表查询，需要确定所要查询的数据在哪个表中，在对多个表进行查询时，同样使用“,”对多个表进行分隔。

例如，从 tb_bookinfo 表和 tb_booktype 表中查询出 tb_bookinfo.id、tb_bookinfo.bookname、tb_booktype.typename 和 tb_bookinfo.price 字段的值，代码如下。

```
mysql> SELECT tb_bookinfo.id,tb_bookinfo.bookname,tb_booktype.typename,
       tb_bookinfo.price from  tb_booktype,tb_bookinfo;
```

查询结果如图 9.3 所示。

从查询结果中可以看出，每一本图书都有两条记录（只是图书类型不同），如果不想要这样的结

果，还可以在 WHERE 子句中使用连接运算来确定表之间的联系，然后根据这个条件返回查询结果。

```
mysql> SELECT tb_bookinfo.id,tb_bookinfo.bookname,tb_booktype.typename,tb_bookinfo.price from  tb_booktype,tb_bookinfo;
+----+-----------------------------+----------+-------+
| id | bookname                    | typename | price |
+----+-----------------------------+----------+-------+
|  7 | Java Web开发实战宝典         | 网络编程  | 89.00 |
|  7 | Java Web开发实战宝典         | 数据库开发 | 89.00 |
|  8 | Java Web开发典型模块大全      | 网络编程  | 89.00 |
|  8 | Java Web开发典型模块大全      | 数据库开发 | 89.00 |
|  9 | Java Web程序设计慕课版        | 网络编程  | 11.00 |
|  9 | Java Web程序设计慕课版        | 数据库开发 | 11.00 |
| 10 | Android程序设计慕课版         | 网络编程  | 26.00 |
| 10 | Android程序设计慕课版         | 数据库开发 | 26.00 |
+----+-----------------------------+----------+-------+
8 rows in set (0.00 sec)
```

图 9.3　从多个表中获取数据

例如，从 tb_bookinfo 表和 tb_booktype 表中查询出 tb_bookinfo.id、tb_bookinfo.bookname、tb_booktype.typename 和 tb_bookinfo.price 字段的值，其代码如下。

```
mysql> SELECT tb_bookinfo.id,tb_bookinfo.bookname,tb_booktype.typename,
    tb_bookinfo.price from   tb_booktype,tb_bookinfo
    WHERE tb_bookinfo.typeid=tb_booktype.id;
```

查询结果如图 9.4 所示。

```
mysql> SELECT tb_bookinfo.id,tb_bookinfo.bookname,tb_booktype.typename,
    -> tb_bookinfo.price from  tb_booktype,tb_bookinfo
    -> WHERE tb_bookinfo.typeid=tb_booktype.id;
+----+-----------------------------+----------+-------+
| id | bookname                    | typename | price |
+----+-----------------------------+----------+-------+
|  7 | Java Web开发实战宝典         | 网络编程  | 89.00 |
|  8 | Java Web开发典型模块大全      | 网络编程  | 89.00 |
|  9 | Java Web程序设计慕课版        | 数据库开发 | 11.00 |
| 10 | Android程序设计慕课版         | 网络编程  | 26.00 |
+----+-----------------------------+----------+-------+
4 rows in set (0.00 sec)
```

图 9.4　确定表之间联系后的查询结果

其中：使用 tb_bookinfo.typeid=tb_booktype.id 将表 tb_bookinfo 和 tb_booktype 连接起来，叫作等同连接；如果不使用 tb_bookinfo.typeid=tb_booktype.id，那么产生的结果将是两个表的笛卡儿积，叫作全连接。

9.2　单 表 查 询

单表查询是指从一个表中查询需要的数据，所有查询操作都比较简单。

9.2.1　查询所有字段

查询所有字段是指查询表中所有字段的数据。这种方式可以将表中所有字段的数据都查询出来。在 MySQL 中可以使用“*”代表所有的列，语法格式如下。

```
SELECT * FROM 表名;
```

例 9.1 查询图书信息表 tb_bookinfo 中的全部数据。（**实例位置：资源包\TM\sl\9\9.1**）

查询图书馆管理系统 db_database09 的图书信息表 tb_bookinfo 中的全部数据，代码如下。

```
SELECT * FROM tb_bookinfo;
```

查询结果如图 9.5 所示。

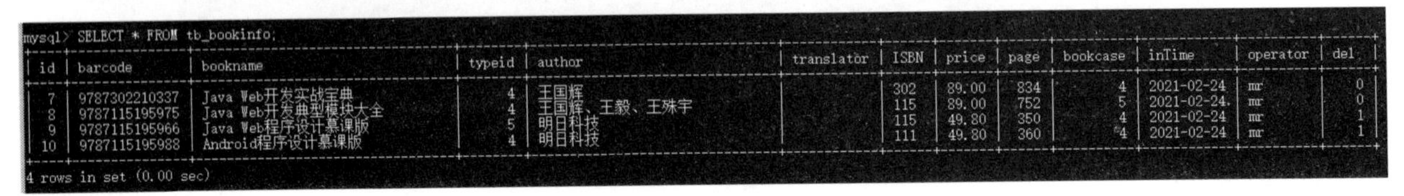

mysql> SELECT * FROM tb_bookinfo;

id	barcode	bookname	typeid	author	translator	ISBN	price	page	bookcase	inTime	operator	del
7	9787302210337	Java Web开发实战宝典	4	王国辉		302	89.00	834	4	2021-02-24	mr	0
8	9787115195975	Java Web开发典型模块大全	4	王国辉、王毅、王殊宇		115	89.00	752	5	2021-02-24	mr	0
9	9787115195966	Java Web程序设计慕课版	5	明日科技		115	49.80	350	4	2021-02-24	mr	1
10	9787115195988	Android程序设计慕课版	4	明日科技		111	49.80	360	4	2021-02-24	mr	1

4 rows in set (0.00 sec)

图 9.5 查询图书信息表中的全部数据

9.2.2 查询指定字段

查询指定字段的数据可以使用下面的语法格式。

```
SELECT 字段名 FROM 表名;
```

如果是查询多个字段，可以使用“,”对字段进行分隔。

例 9.2 查询图书信息表 tb_bookinfo 中图书的名称和作者。（**实例位置：资源包\TM\sl\9\9.2**）

从图书馆管理系统 db_database09 的图书信息表 tb_bookinfo 中查询图书的名称(对应字段为 bookname）和作者（对应字段为 author），代码如下。

```
SELECT bookname,author FROM tb_bookinfo;
```

查询结果如图 9.6 所示。

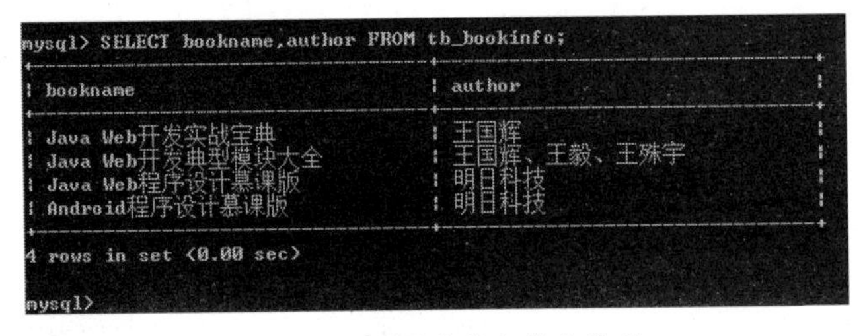

mysql> SELECT bookname,author FROM tb_bookinfo;

bookname	author
Java Web开发实战宝典	王国辉
Java Web开发典型模块大全	王国辉、王毅、王殊宇
Java Web程序设计慕课版	明日科技
Android程序设计慕课版	明日科技

4 rows in set (0.00 sec)

mysql>

图 9.6 查询图书的名称和作者

9.2.3 查询指定数据

如果要从很多记录中查询出指定的记录，则需要设定查询的条件。设定查询条件应用的是 WHERE 子句，该子句可以实现很多复杂的条件查询。在使用 WHERE 子句时，需要使用一些比较运算符来确定查询的条件。常用的比较运算符可参见表 7.2。

例 9.3 查询名称为 mr 的管理员。（**实例位置：资源包\TM\sl\9\9.3**）

从图书馆管理系统 db_database09 的管理表 tb_manager 中查询名称为 mr 的管理员，主要是通过 WHERE 子句实现的。具体代码如下。

```
SELECT * FROM tb_manager WHERE name='mr';
```

查询结果如图 9.7 所示。

```
mysql> SELECT * FROM tb_manager WHERE name='mr';
+----+------+--------+
| id | name | PWD    |
+----+------+--------+
|  1 | mr   | mrsoft |
+----+------+--------+
1 row in set (0.00 sec)

mysql>
```

图 9.7　查询指定数据

9.2.4　带关键字 IN 的查询

关键字 IN 可以判断某个字段的值是否在指定的集合中。如果字段的值在集合中，则满足查询条件，该记录将被查询出来；如果不在集合中，则不满足查询条件。其语法格式如下。

```
SELECT * FROM 表名 WHERE 条件 [NOT] IN(元素 1,元素 2,…,元素 n);
```

参数说明如下。

（1）[NOT]：可选项，加上 NOT 表示不在集合内满足条件。

（2）元素：表示集合中的元素，各元素之间用逗号隔开，字符型元素需要加上单引号。

例 9.4　从图书信息表 tb_bookinfo 中查询位于书架特定位置的图书信息。（**实例位置：资源包\TM\sl\9\9.4**）

从图书馆管理系统 db_database09 的图书信息表 tb_bookinfo 中查询位于左 A-1（对应的书架编号为 4）或右 A-1（对应的书架编号为 6）的图书信息。查询语句如下。

```
SELECT bookname,author,price,page,bookcase FROM tb_bookinfo WHERE bookcase IN(4,6);
```

查询结果如图 9.8 所示。

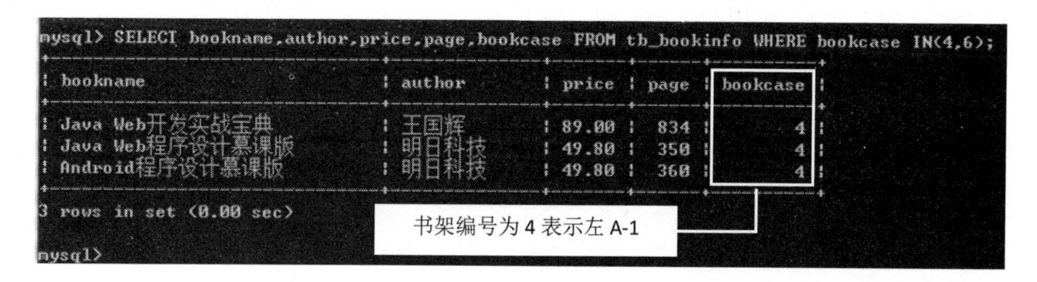

图 9.8　使用 IN 关键字查询

9.2.5　带关键字 BETWEEN AND 的范围查询

关键字 BETWEEN AND 可以判断某个字段的值是否在指定的范围内。如果字段的值在指定范围内，则满足查询条件，该记录将被查询出来；如果不在指定范围内，则不满足查询条件。其语法如下。

```
SELECT * FROM 表名 WHERE 条件 [NOT] BETWEEN 取值 1 AND 取值 2;
```

参数说明如下。

（1）[NOT]：可选项，表示不在指定范围内满足条件。

（2）取值 1：表示范围的起始值。

（3）取值 2：表示范围的终止值。

例 9.5 查询特定日期之间的借阅信息。（**实例位置：资源包\TM\sl\9\9.5**）

从图书馆管理系统 db_database09 的借阅表 tb_borrow 中查询 borrowTime 值在 2021-02-01 和 2021-02-28 之间的借阅信息。查询语句如下。

```
SELECT * FROM tb_borrow WHERE borrowtime BETWEEN '2021-02-01' AND '2021-02-28';
```

查询结果如图 9.9 所示。

```
mysql> SELECT * FROM tb_borrow WHERE borrowtime BETWEEN '2021-02-01' AND '2021-02-28';
+----+----------+--------+------------+------------+----------+--------+
| id | readerid | bookid | borrowTime | backTime   | operator | ifback |
+----+----------+--------+------------+------------+----------+--------+
|  7 |        4 |      7 | 2021-02-24 | 2021-03-16 | mr       |      1 |
|  8 |        4 |      7 | 2021-02-24 | 2021-03-16 | mr       |      0 |
|  9 |        5 |      8 | 2021-02-24 | 2021-04-05 | mr       |      0 |
+----+----------+--------+------------+------------+----------+--------+
3 rows in set (0.00 sec)
```

图 9.9　使用 BETWEEN AND 关键字查询

如果要查询借阅表 tb_borrow 中 borrowTime 值不在 2021-02-01 和 2021-02-28 之间的数据，则可以通过添加 NOT BETWEEN AND 来完成。查询语句如下。

```
SELECT * FROM tb_borrow WHERE borrowtime NOT BETWEEN '2021-02-01' AND '2021-02-28';
```

9.2.6　带 LIKE 的字符匹配查询

LIKE 属于较常用的比较运算符，可用于实现模糊查询。它有两种通配符："%"和下画线"_"。

"%"可以匹配一个或多个字符，可以代表任意长度的字符串，长度可以为 0。例如，"明%技"表示以"明"开头、以"技"结尾的任意长度的字符串。该字符串可以代表明日科技、明日编程科技、明日图书科技等字符串。

"_"只匹配一个字符。例如，m_n 表示以 m 开头、以 n 结尾的 3 个字符。中间的"_"可以是任意一个字符。

说明

字符串"m"和"明"都算作一个字符，在这一点上英文字母和中文是没有区别的。

例 9.6 对图书信息进行模糊查询。（**实例位置：资源包\TM\sl\9\9.6**）

对图书馆管理系统 db_database09 的图书信息进行模糊查询，如查询 tb_bookinfo 表的 bookname 字段中包含 Java Web 字符的数据。查询语句如下。

```
SELECT * FROM tb_bookinfo WHERE bookname like '%Java Web%';
```

查询结果如图 9.10 所示。

```
mysql> SELECT * FROM tb_bookinfo WHERE bookname like '%Java Web%';
+----+---------------+---------------------------+--------+------------------------+------------+------+-------+------+----------+------------+----------+-----+
| id | barcode       | bookname                  | typeid | author                 | translator | ISBN | price | page | bookcase | inTime     | operator | del |
+----+---------------+---------------------------+--------+------------------------+------------+------+-------+------+----------+------------+----------+-----+
|  7 | 9787302210337 | Java Web开发实战宝典      |      4 | 王国辉                 |            | 302  | 89.00 | 834  |        4 | 2021-02-24 | mr       |   0 |
|  8 | 9787115195975 | Java Web开发典型模块大全  |      4 | 王国辉、王毅、王殊宇   |            | 115  | 89.00 | 752  |        5 | 2021-02-24 | mr       |   0 |
|  9 | 9787115195966 | Java Web程序设计慕课版    |      5 | 明日科技               |            | 115  | 49.80 | 350  |        4 | 2021-02-24 | mr       |   1 |
+----+---------------+---------------------------+--------+------------------------+------------+------+-------+------+----------+------------+----------+-----+
3 rows in set (0.00 sec)
```

图 9.10　模糊查询

9.2.7　用 IS NULL 关键字查询空值

IS NULL 关键字可以用来判断字段的值是否为空值（NULL）。如果字段的值是空值，则满足查询条件，该记录将被查询出来；如果字段的值不是空值，则不满足查询条件。其语法格式如下。

```
IS [NOT] NULL
```

其中，[NOT]是可选参数，加上 NOT 表示字段不是空值时满足条件。

例 9.7　查询字段的值不为空的记录。（**实例位置：资源包\TM\sl\9\9.7**）

使用 IS NOT NULL 关键字查询 tb_readertype 表中 name 字段的值不为空的记录。查询语句如下。

```
SELECT * FROM tb_readertype WHERE name IS NOT NULL;
```

查询结果如图 9.11 所示。

```
mysql> SELECT * FROM tb_readertype WHERE name IS NOT NULL;
+----+--------+--------+
| id | name   | number |
+----+--------+--------+
|  4 | 学生   |      1 |
+----+--------+--------+
1 row in set (0.00 sec)
```

图 9.11　查询 name 字段值不为空的记录

9.2.8　带 AND 的多条件查询

AND 关键字可以用来联合多个条件进行查询。使用 AND 关键字时，只有同时满足所有查询条件的记录才会被查询出来；如果不满足查询条件中的一个，那么这样的记录将被排除。AND 关键字的语法格式如下。

```
SELECT * FROM 数据表名 WHERE 条件1 AND 条件2 [...AND 条件表达式n];
```

AND 关键字连接两个条件表达式，可以同时使用多个 AND 关键字来连接多个条件表达式。

例 9.8　判断输入的管理员账号和密码是否存在。（**实例位置：资源包\TM\sl\9\9.8**）

判断输入的管理员账号和密码是否存在，即要求查询 tb_manager 表中 name 字段值为 mr，并且 PWD 字段值为 mrsoft 的记录。查询语句如下。

```
SELECT * FROM tb_manager WHERE name='mr' AND PWD='mrsoft';
```

查询结果如图 9.12 所示。

```
mysql> SELECT * FROM tb_manager WHERE name='mr' AND PWD='mrsoft';
+----+------+--------+
| id | name | PWD    |
+----+------+--------+
|  1 | mr   | mrsoft |
+----+------+--------+
1 row in set (0.00 sec)

mysql>
```

图 9.12　使用 AND 关键字实现多条件查询

9.2.9　带 OR 的多条件查询

OR 关键字也可以用来联合多个条件进行查询，但是与 AND 关键字不同：使用 OR 关键字时，只要满足查询条件中的一个，那么此记录就会被查询出来；如果不满足查询条件中的任何一个，那么这样的记录将被排除。OR 关键字的语法格式如下。

```
SELECT * FROM 数据表名 WHERE 条件 1 OR 条件 2 [...OR 条件表达式 n];
```

OR 可以用来连接两个条件表达式，可以同时使用多个 OR 关键字连接多个条件表达式。

例 9.9　根据用户名查询多个管理员信息。（**实例位置：资源包\TM\sl\9\9.9**）

从图书馆管理系统查询 tb_manager 表中 name 字段值为 mr 或者 mingrisoft 的记录。查询语句如下。

```
SELECT * FROM tb_manager WHERE name='mr' OR name='mingrisoft';
```

查询结果如图 9.13 所示。

```
mysql> SELECT * FROM tb_manager WHERE name='mr' OR name='mingrisoft';
+----+------------+------------+
| id | name       | PWD        |
+----+------------+------------+
|  1 | mr         | mrsoft     |
|  2 | mingrisoft | mingrisoft |
+----+------------+------------+
2 rows in set (0.00 sec)

mysql>
```

图 9.13　使用 OR 关键字实现多条件查询

9.2.10　用 DISTINCT 关键字去除结果中的重复行

使用 DISTINCT 关键字可以去除查询结果中的重复记录，语法格式如下。

```
SELECT DISTINCT 字段名 FROM 表名;
```

例 9.10　从读者信息表中获取职业并去除重复值。（**实例位置：资源包\TM\sl\9\9.10**）

使用 DISTINCT 关键字去除 tb_reader 表中 vocation 字段中的重复记录。查询语句如下。

```
SELECT DISTINCT vocation FROM tb_reader;
```

查询结果如图 9.14 所示。去除重复记录前的 vocation 字段值如图 9.15 所示。

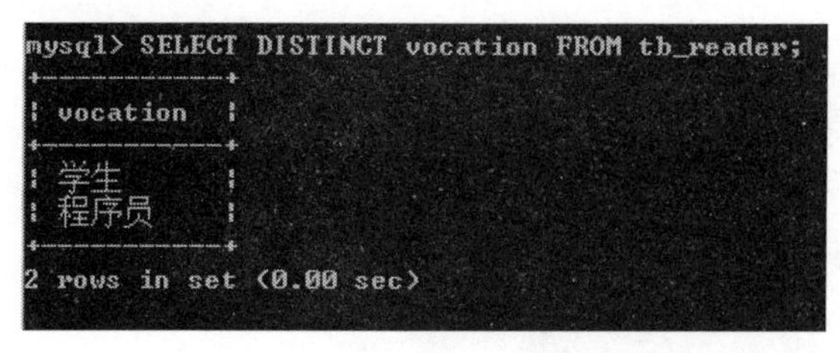

```
mysql> SELECT DISTINCT vocation FROM tb_reader;
+----------+
| vocation |
+----------+
| 学生     |
| 程序员   |
+----------+
2 rows in set (0.00 sec)
```

图 9.14　使用 DISTINCT 关键字去除结果中的重复行

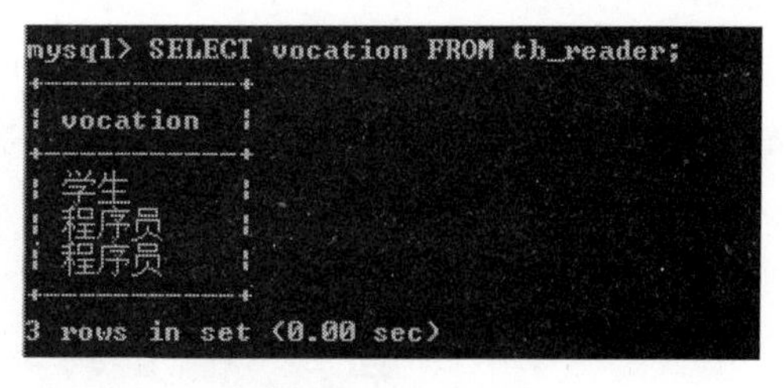

```
mysql> SELECT vocation FROM tb_reader;
+----------+
| vocation |
+----------+
| 学生     |
| 程序员   |
| 程序员   |
+----------+
3 rows in set (0.00 sec)
```

图 9.15　去除重复记录前的 vocation 字段值

9.2.11　用 ORDER BY 关键字对查询结果进行排序

使用 ORDER BY 关键字可以对查询的结果进行升序（ASC）或降序（DESC）排列。在默认情况下，ORDER BY 按升序输出结果。如果要按降序排列，可以使用 DESC 来实现。语法格式如下。

```
ORDER BY 字段名 [ASC|DESC];
```

其中，ASC 表示按升序排列，DESC 表示按降序排列。

说明

对含有 NULL 值的列进行排序时：如果按升序排列，那么 NULL 值将出现在最前面；如果按降序排列，那么 NULL 值将出现在最后。

例 9.11　对图书借阅信息排序。（**实例位置：资源包\TM\sl\9\9.11**）

查询 tb_borrow 表中的所有信息，并按照 borrowTime 进行降序排列。查询语句如下。

```
SELECT * FROM tb_borrow ORDER BY borrowTime DESC;
```

查询结果如图 9.16 所示。

```
mysql> SELECT * FROM tb_borrow ORDER BY borrowTime DESC;
+----+----------+--------+------------+------------+----------+--------+
| id | readerid | bookid | borrowTime | backTime   | operator | ifback |
+----+----------+--------+------------+------------+----------+--------+
|  7 |        4 |      7 | 2021-02-24 | 2021-03-16 | mr       |      1 |
|  8 |        4 |      7 | 2021-02-24 | 2021-03-16 | mr       |      0 |
|  9 |        5 |      8 | 2021-02-24 | 2021-04-05 | mr       |      0 |
+----+----------+--------+------------+------------+----------+--------+
3 rows in set (0.00 sec)
```

图 9.16　按借阅时间进行降序排列

9.2.12　用 GROUP BY 关键字分组查询

GROUP BY 子句可以将数据划分到不同的组中，实现对记录进行分组查询。在查询时，所查询的列必须包含在分组的列中，目的是使查询到的数据没有矛盾。

1．使用 GROUP BY 关键字分组

单独使用 GROUP BY 关键字，查询结果只显示每组的一条记录。

例 9.12　实现分组统计每本图书的借阅次数。（**实例位置：资源包\TM\sl\9\9.12**）

使用 GROUP BY 关键字对 tb_borrow 表中 bookid 字段进行分组查询。查询语句如下。

```
SELECT bookid,COUNT(*) FROM tb_borrow GROUP BY bookid;
```

查询结果如图 9.17 所示。

```
mysql> SELECT bookid,COUNT(*) FROM tb_borrow GROUP BY bookid;
+--------+----------+
| bookid | COUNT(*) |
+--------+----------+
|      7 |        2 |
|      8 |        1 |
+--------+----------+
2 rows in set (0.00 sec)

mysql>
```

图 9.17　使用 GROUP BY 关键字进行分组查询

2. GROUP BY 关键字与 GROUP_CONCAT()函数一起使用

通常情况下，GROUP BY 关键字会与聚合函数一起使用。

例 9.13　对图书借阅表进行分组统计。（**实例位置：资源包\TM\sl\9\9.13**）

使用 GROUP BY 关键字和 GROUP_CONCAT()函数对表中的 bookid 字段进行分组查询。查询语句如下。

```
SELECT bookid, GROUP_CONCAT(readerid) FROM tb_borrow GROUP BY bookid;
```

查询结果如图 9.18 所示。

```
mysql> SELECT bookid, GROUP_CONCAT(readerid) FROM tb_borrow GROUP BY bookid;
+--------+------------------------+
| bookid | GROUP_CONCAT(readerid) |
+--------+------------------------+
|      7 | 4,4                    |
|      8 | 5                      |
+--------+------------------------+
2 rows in set (0.00 sec)

mysql>
```

图 9.18　使用 GROUP BY 关键字与 GROUP_CONCAT()函数进行分组查询

从图 9.18 中可以看出，图书 ID 为 7 的图书被编号为 4 的读者借阅了两次。

3. 按多个字段分组

使用 GROUP BY 关键字也可以按多个字段进行分组。在分组过程中，先按照第一个字段进行分组，当第一个字段有相同值时，再按第二个字段进行分组，以此类推。

例 9.14　按多个字段进行分组。（**实例位置：资源包\TM\sl\9\9.14**）

按 tb_borrow 表中的 bookid 字段和 readerid 字段进行分组，分组过程中，先按照 bookid 字段进行分组。当 bookid 字段的值相等时，再按照 readerid 字段进行分组。查询语句如下。

```
SELECT bookid,readerid FROM tb_borrow GROUP BY bookid,readerid;
```

查询结果如图 9.19 所示。

```
mysql> SELECT bookid,readerid FROM tb_borrow GROUP BY bookid,readerid;
+--------+----------+
| bookid | readerid |
+--------+----------+
|      7 |        4 |
|      8 |        5 |
+--------+----------+
2 rows in set (0.00 sec)
```

图 9.19　使用 GROUP BY 关键字按多个字段进行分组

9.2.13　用 LIMIT 限制查询结果的数量

查询数据时，可能会查询出很多记录，而用户只需要很少的一部分。这样就需要限制查询结果的数量。LIMIT 是 MySQL 中的一个特殊关键字。LIMIT 子句可以对查询结果的记录条数进行限定，控制输出的行数。下面通过具体实例来了解 LIMIT 的使用方法。

例 9.15　查询最后被借阅的 3 本图书。（**实例位置：资源包\TM\sl\9\9.15**）

具体方法是在 tb_borrow1 表中，按照借阅时间进行降序排列，显示前 3 条记录。查询语句如下。

```
SELECT * FROM tb_borrow ORDER BY borrowTime DESC LIMIT 3;
```

查询结果如图 9.20 所示。

```
mysql> SELECT * FROM tb_borrow ORDER BY borrowTime DESC LIMIT 3;
+----+----------+--------+------------+------------+----------+--------+
| id | readerid | bookid | borrowTime | backTime   | operator | ifback |
+----+----------+--------+------------+------------+----------+--------+
|  7 |        4 |      7 | 2021-02-24 | 2021-03-16 | mr       |      1 |
|  8 |        4 |      7 | 2021-02-24 | 2021-03-16 | mr       |      0 |
|  9 |        5 |      8 | 2021-02-24 | 2021-04-05 | mr       |      0 |
+----+----------+--------+------------+------------+----------+--------+
3 rows in set (0.00 sec)
```

图 9.20　使用 LIMIT 关键字查询指定记录数

使用 LIMIT 关键字还可以从查询结果的中间部分取值。首先要定义两个参数：参数 1 是开始读取的第一条记录的编号（在查询结果中，第一个结果的记录编号是 0，而不是 1），参数 2 是要查询记录的个数。

例 9.16　查询指定范围的记录。（**实例位置：资源包\TM\sl\9\9.16**）

对 tb_borrow 表按照借阅时间进行降序排列，并从编号 2 开始，查询 3 条记录。查询语句如下。

```
SELECT * FROM tb_borrow ORDER BY borrowTime DESC LIMIT 2,3;
```

查询结果如图 9.21 所示。

```
mysql> SELECT * FROM tb_borrow ORDER BY borrowTime DESC LIMIT 2,3;
+----+----------+--------+------------+------------+----------+--------+
| id | readerid | bookid | borrowTime | backTime   | operator | ifback |
+----+----------+--------+------------+------------+----------+--------+
|  9 |        5 |      8 | 2021-02-24 | 2021-04-05 | mr       |      0 |
+----+----------+--------+------------+------------+----------+--------+
1 row in set (0.00 sec)
```

图 9.21　使用 LIMIT 关键字查询指定范围的记录

9.3 聚合函数查询

聚合函数的最大特点是它能根据一组数据求出一个值。聚合函数的结果值只根据选定行中非NULL 的值进行计算，NULL 值被忽略。

9.3.1 COUNT()统计函数

COUNT()函数用于对除“*”以外的任何参数，返回所选择集合中非 NULL 值的行的数目；对于参数“*”，返回选择集合中所有行的数目，包含 NULL 值的行。没有 WHERE 子句的 COUNT(*)是经过内部优化的，能够快速地返回表中所有的记录总数。

例 9.17 统计图书馆管理系统中的读者人数。（**实例位置：资源包\TM\sl\9\9.17**）

使用 COUNT()函数统计 tb_reader 表中的记录数。查询语句如下。

```
SELECT COUNT(*) FROM tb_reader;
```

查询结果如图 9.22 所示。结果显示，tb_reader 表中共有 3 条记录，表示有 3 位读者。

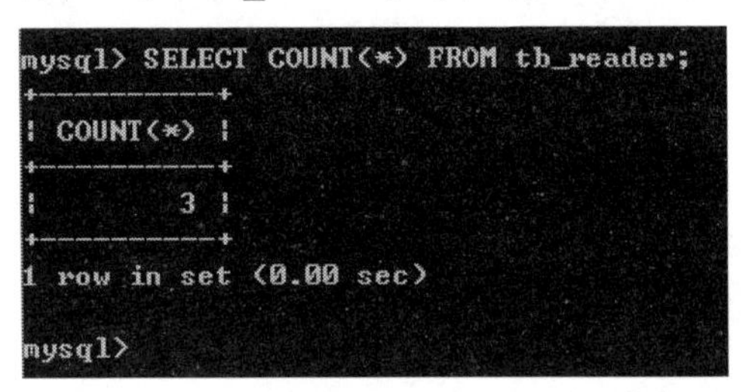

图 9.22 使用 COUNT()函数统计记录数

9.3.2 SUM()求和函数

SUM()函数可以求出表中某个数值类型字段取值的总和。

例 9.18 统计图书的总价格。（**实例位置：资源包\TM\sl\9\9.18**）

使用 SUM()函数统计 tb_bookinfo 表中金额字段（price）的总和。在统计前，先来查询 tb_bookinfo 表中 price 字段的值，代码如下。

```
SELECT price FROM tb_bookinfo;
```

结果如图 9.23 所示。

下面使用 SUM()函数来统计 price 字段值的总和，查询语句如下。

```
SELECT SUM(price) FROM tb_bookinfo;
```

查询结果如图 9.24 所示。

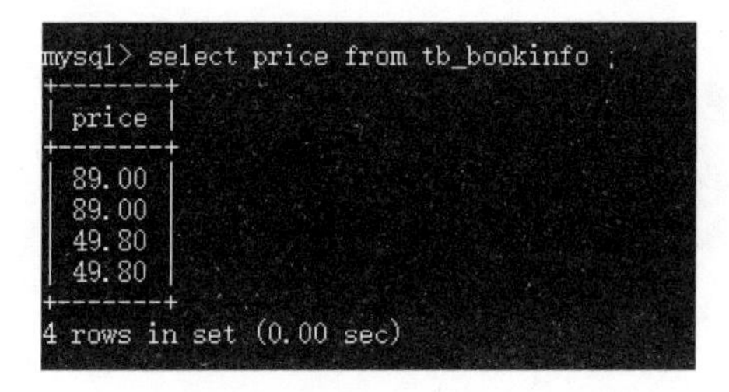

图 9.23　查询 tb_bookinfo 表中 price 字段的值

```
mysql> SELECT SUM(price) FROM tb_bookinfo;
+------------+
| SUM(price) |
+------------+
|     277.60 |
+------------+
1 row in set (0.00 sec)
```

图 9.24　使用 SUM()函数统计 price 字段值的总和

9.3.3　AVG()平均数函数

AVG()函数可以求出表中某个数值类型字段取值的平均值。

例 9.19　计算图书的平均价格。(**实例位置：资源包\TM\sl\9\9.19**)

使用 AVG()函数求 tb_bookinof 表中图书价格（price）字段值的平均值。查询语句如下。

```
SELECT AVG(price) FROM tb_bookinfo;
```

查询结果如图 9.25 所示。

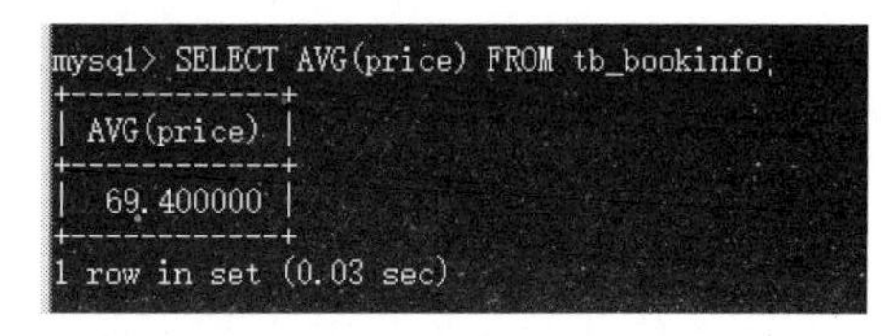

图 9.25　使用 AVG()函数求 price 字段值的平均值

9.3.4　MAX()最大值函数

MAX()函数可以求出表中某个数值类型字段取值的最大值。

例 9.20　获取价格最高的图书信息。(**实例位置：资源包\TM\sl\9\9.20**)

使用 MAX()函数查询 tb_bookinfo 表中 price 字段值的最大值。查询语句如下。

```
SELECT MAX(price) FROM tb_bookinfo;
```

查询结果如图 9.26 所示。

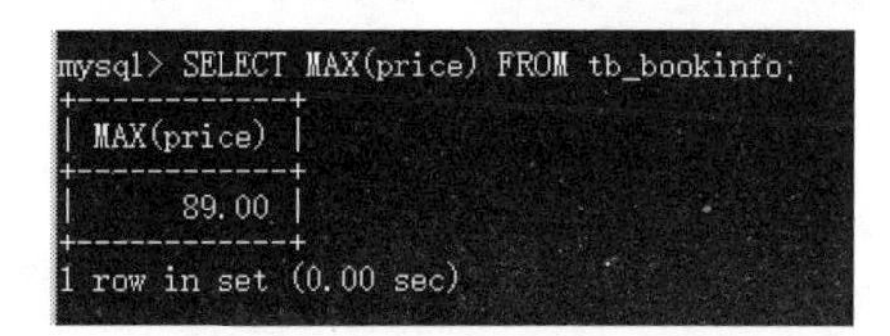

图 9.26　使用 MAX()函数求 price 字段值的最大值

9.3.5　MIN()最小值函数

MIN()函数的用法与 MAX()函数基本相同，它可以求出表中某个数值类型字段取值的最小值。

例 9.21　获取价格最低的图书信息。(**实例位置：资源包\TM\sl\9\9.21**)

使用 MIN ()函数查询 tb_bookinfo 表中 price 字段值的最小值。查询语句如下。

```
SELECT MIN(price) FROM tb_bookinfo;
```

查询结果如图 9.27 所示。

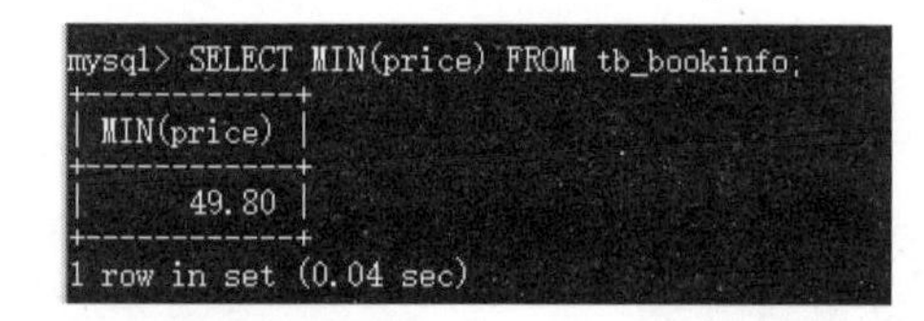

```
mysql> SELECT MIN(price) FROM tb_bookinfo;
+------------+
| MIN(price) |
+------------+
|      49.80 |
+------------+
1 row in set (0.04 sec)
```

图 9.27　使用 MIN()函数求 price 字段值的最小值

9.4　连 接 查 询

连接是指把不同表的记录连到一起。MySQL 从一开始就能够很好地支持连接操作。

9.4.1　内连接查询

内连接是最普遍的连接类型，而且是最匀称的，因为它们要求构成连接每一部分的每个表都匹配，不匹配的行将被排除。

内连接包括相等连接和自然连接，最常见的例子是相等连接，也就是使用等号运算符，根据每个表共有列的值匹配两个表中的行。这种情况下，最后的结果集只包含参加连接的表中与指定字段相符的行。

内连接的执行过程示例如图 9.28 所示。

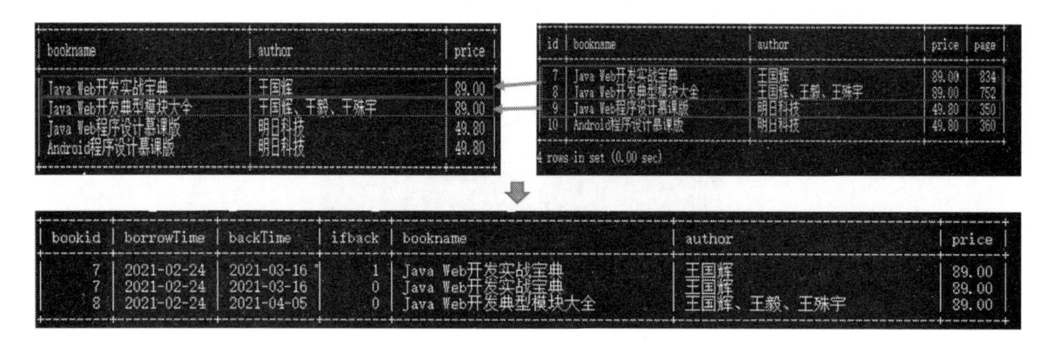

bookname	author	price
Java Web开发实战宝典	王国辉	89.00
Java Web开发典型模块大全	王国辉、王毅、王殊宇	89.00
Java Web程序设计慕课版	明日科技	49.80
Android程序设计慕课版	明日科技	49.80

id	bookname	author	price	page
7	Java Web开发实战宝典	王国辉	89.00	834
8	Java Web开发典型模块大全	王国辉、王毅、王殊宇	89.00	752
9	Java Web程序设计慕课版	明日科技	49.80	350
10	Android程序设计慕课版	明日科技	49.80	360

4 rows in set (0.00 sec)

bookid	borrowTime	backTime	ifback	bookname	author	price
7	2021-02-24	2021-03-16	1	Java Web开发实战宝典	王国辉	89.00
7	2021-02-24	2021-03-16	0	Java Web开发实战宝典	王国辉	89.00
8	2021-02-24	2021-04-05	0	Java Web开发典型模块大全	王国辉、王毅、王殊宇	89.00

图 9.28　内连接的执行过程示例

例 9.22　使用内连接查询图书的借阅信息。（**实例位置：资源包\TM\sl\9\9.22**）

本实例主要涉及图书信息表 tb_bookinfo 和借阅表 tb_borrow，这两个表通过图书 ID 进行关联。具体步骤如下。

（1）查询图书信息表关键数据，包括 id、bookname、author、price 和 page 字段，代码如下。

```
SELECT id,bookname,author,price,page FROM tb_bookinfo;
```

查询结果如图 9.29 所示。

（2）查询借阅表关键数据，包括 bookid、borrowTime、backTime 和 ifback 字段，代码如下。

```
SELECT bookid,borrowTime,backTime,ifback FROM tb_borrow;
```

查询结果如图 9.30 所示。

mysql> SELECT id,bookname,author,price,page FROM tb_bookinfo;

id	bookname	author	price	page
7	Java Web开发实战宝典	王国辉	89.00	834
8	Java Web开发典型模块大全	王国辉、王毅、王殊宇	89.00	752
9	Java Web程序设计慕课版	明日科技	49.80	350
10	Android程序设计慕课版	明日科技	49.80	360

4 rows in set (0.00 sec)

图 9.29　图书信息表关键数据

mysql> SELECT bookid,borrowTime,backTime,ifback FROM tb_borrow;

bookid	borrowTime	backTime	ifback
7	2021-02-24	2021-03-16	1
7	2021-02-24	2021-03-16	0
8	2021-02-24	2021-04-05	0

3 rows in set (0.00 sec)

图 9.30　借阅表关键数据

（3）从图 9.29 和图 9.30 中可以看出，两个表中都存在图书编号字段，它在两个表中是等同的，即 tb_bookinfo 表的 id 字段与 tb_borrow 表的 bookid 字段相等，因此可以使用它们创建两个表的连接关系。代码如下。

```
SELECT bookid,borrowTime,backTime,ifback,bookname,author,price
FROM tb_borrow,tb_bookinfo WHERE tb_borrow.bookid=tb_bookinfo.id;
```

查询结果如图 9.31 所示。

mysql> SELECT bookid,borrowTime,backTime,ifback,bookname,author,price
    -> FROM tb_borrow,tb_bookinfo WHERE tb_borrow.bookid=tb_bookinfo.id;

bookid	borrowTime	backTime	ifback	bookname	author	price
7	2021-02-24	2021-03-16	1	Java Web开发实战宝典	王国辉	89.00
7	2021-02-24	2021-03-16	0	Java Web开发实战宝典	王国辉	89.00
8	2021-02-24	2021-04-05	0	Java Web开发典型模块大全	王国辉、王毅、王殊宇	89.00

3 rows in set (0.00 sec)

图 9.31　内连接查询

9.4.2　外连接查询

与内连接不同，外连接是指使用 OUTER JOIN 关键字将两个表连接起来。外连接生成的结果集不仅包含符合连接条件的行数据，而且包括左表（左外连接时的表）、右表（右外连接时的表）或两边连接表（全外连接时的表）中所有的数据行。外连接语法格式如下。

```
SELECT 字段名称 FROM 表名 1 LEFT|RIGHT JOIN 表名 2 ON 表名 1.字段名 1=表名 2.属性名 2;
```

外连接分为左外连接（LEFT JOIN）、右外连接（RIGHT JOIN）和全外连接 3 种类型。

1．左外连接

左外连接（LEFT　JOIN）是指将左表中的所有数据分别与右表中的每条数据进行连接组合，返回的结果除了内连接的数据，还包括左表中不符合条件的数据，并在右表的相应列中添加 NULL 值。

例如，使用左外连接查询图书信息表和借阅表，代码如下。

```
SELECT bookid,borrowTime,backTime,ifback,bookname,author,price
 FROM tb_borrow LEFT JOIN tb_bookinfo ON tb_borrow.bookid=tb_bookinfo.id;
```

执行结果如图 9.32 所示。

```
mysql> SELECT bookid,borrowTime,backTime,ifback,bookname,author,price
    -> FROM tb_borrow LEFT JOIN tb_bookinfo ON tb_borrow.bookid=tb_bookinfo.id;
+--------+------------+------------+--------+------------------------+--------------------+-------+
| bookid | borrowTime | backTime   | ifback | bookname               | author             | price |
+--------+------------+------------+--------+------------------------+--------------------+-------+
|      7 | 2017-02-16 | 2017-02-26 |      1 | Java Web开发实战宝典   | 王国辉             | 89.00 |
|      7 | 2017-02-24 | 2017-03-16 |      0 | Java Web开发实战宝典   | 王国辉             | 89.00 |
|      8 | 2017-03-05 | 2017-04-05 |      0 | Java Web开发典型模块大全 | 王国辉、王毅、王殊宇 | 89.00 |
+--------+------------+------------+--------+------------------------+--------------------+-------+
3 rows in set (0.00 sec)
```

图 9.32　左外连接查询图书借阅信息（1）

针对这里的图书信息表和借阅表，内连接和左外连接得到的结果一样。这是因为左表（借阅表）中的数据在右表（图书信息表）中一定有与之相对应的数据。如果将图书信息表作为左表，借阅表作为右表，则将得到如图 9.33 所示的结果。

```
mysql> SELECT bookname,author,price,bookid,borrowTime,backTime,ifback
    -> FROM tb_bookinfo LEFT JOIN tb_borrow ON tb_borrow.bookid=tb_bookinfo.id;
+------------------------+--------------------+-------+--------+------------+------------+--------+
| bookname               | author             | price | bookid | borrowTime | backTime   | ifback |
+------------------------+--------------------+-------+--------+------------+------------+--------+
| Java Web开发实战宝典   | 王国辉             | 89.00 |      7 | 2017-02-16 | 2017-02-26 |      1 |
| Java Web开发实战宝典   | 王国辉             | 89.00 |      7 | 2017-02-24 | 2017-03-16 |      0 |
| Java Web开发典型模块大全 | 王国辉、王毅、王殊宇 | 89.00 |      8 | 2017-03-05 | 2017-04-05 |      0 |
| Java Web程序设计慕课版 | 明日科技           | 49.80 |   NULL | NULL       | NULL       |   NULL |
| Android程序设计慕课版  | 明日科技           | 49.80 |   NULL | NULL       | NULL       |   NULL |
+------------------------+--------------------+-------+--------+------------+------------+--------+
5 rows in set (0.00 sec)
```

图 9.33　左外连接查询图书借阅信息（2）

例 9.23　获取图书的最多借阅天数。（**实例位置：资源包\TM\sl\9\9.23**）

在图书馆管理系统中，图书信息表（tb_bookinfo）和图书类型表（tb_booktype）之间通过类型 ID 字段进行关联，并且图书的可借阅天数被存储在图书类型表中。因此，要获取图书的最多借阅天数，需要使用左外连接来实现。具体代码如下。

```
SELECT bookname,author,price,typeid,days
FROM tb_bookinfo LEFT JOIN tb_bookTYPE ON tb_bookinfo.typeid=tb_booktype.id;
```

查询结果如图 9.34 所示。

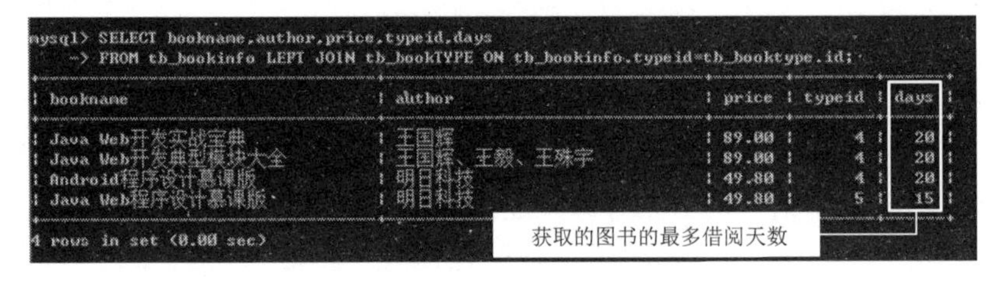

```
mysql> SELECT bookname,author,price,typeid,days
    -> FROM tb_bookinfo LEFT JOIN tb_bookTYPE ON tb_bookinfo.typeid=tb_booktype.id;
+------------------------+--------------------+-------+--------+------+
| bookname               | author             | price | typeid | days |
+------------------------+--------------------+-------+--------+------+
| Java Web开发实战宝典   | 王国辉             | 89.00 |      4 |   20 |
| Java Web开发典型模块大全 | 王国辉、王毅、王殊宇 | 89.00 |      4 |   20 |
| Android程序设计慕课版  | 明日科技           | 49.80 |      4 |   20 |
| Java Web程序设计慕课版 | 明日科技           | 49.80 |      5 |   15 |
+------------------------+--------------------+-------+--------+------+
4 rows in set (0.00 sec)
```


图 9.34　左外连接查询

2．右外连接

右外连接（RIGHT JOIN）是指将右表中的所有数据分别与左表中的每条数据进行连接组合，返回的结果除了内连接的数据，还包括右表中不符合条件的数据，并在左表的相应列中添加 NULL。

例 9.24　对两个数据表进行右外连接。（**实例位置：资源包\TM\sl\9\9.24**）

对例 9.23 中的两个数据表进行右外连接，其中图书类型表（tb_bookTYPE）作为右表，图书信息表（tb_bookinfo）作为左表，两表通过图书类型 ID 字段进行关联，代码如下。

```
SELECT tb_booktype.id,days,bookname,author,price
FROM tb_bookinfo RIGHT JOIN tb_bookTYPE ON tb_booktype.id = tb_bookinfo.typeid;
```

查询结果如图 9.35 所示。

```
mysql> SELECT tb_booktype.id,days,bookname,author,price
    -> FROM tb_bookinfo RIGHT JOIN tb_bookTYPE ON tb_booktype.id = tb_bookinfo.typeid;
+----+------+--------------------------------+--------------------------+-------+
| id | days | bookname                       | author                   | price |
+----+------+--------------------------------+--------------------------+-------+
|  4 |   20 | Java Web开发实战宝典           | 王国辉                   | 89.00 |
|  4 |   20 | Java Web开发典型模块大全       | 王国辉、王毅、王殊宇     | 89.00 |
|  5 |   15 | Java Web程序设计慕课版         | 明日科技                 | 49.80 |
|  4 |   20 | Android程序设计慕课版          | 明日科技                 | 49.80 |
|  7 |   30 | NULL                           | NULL                     |  NULL |
|  8 |   25 | NULL                           | NULL                     |  NULL |
+----+------+--------------------------------+--------------------------+-------+
6 rows in set (0.00 sec)

mysql>
```

图 9.35　右外连接查询

9.4.3　复合条件连接查询

在连接查询时，也可以增加其他的限制条件。多个条件的复合查询可以使查询结果更加准确。

例 9.25　应用复合条件连接查询实现查询未归还图书的借阅信息。（**实例位置：资源包\TM\sl\9\9.25**）

在例 9.22 的基础上加上判断归还字段的值是否等于 0 的条件，具体代码如下。

```
SELECT bookid,borrowTime,backTime,ifback,bookname,author,price
FROM tb_borrow,tb_bookinfo WHERE tb_borrow.bookid=tb_bookinfo.id AND ifback=0;
```

查询结果如图 9.36 所示。

```
mysql> SELECT bookid,borrowTime,backTime,ifback,bookname,author,price
    -> FROM tb_borrow,tb_bookinfo WHERE tb_borrow.bookid=tb_bookinfo.id AND ifback=0;
+--------+------------+------------+--------+--------------------------+----------------------+-------+
| bookid | borrowTime | backTime   | ifback | bookname                 | author               | price |
+--------+------------+------------+--------+--------------------------+----------------------+-------+
|      7 | 2017-02-24 | 2017-03-16 |      0 | Java Web开发实战宝典     | 王国辉               | 89.00 |
|      8 | 2017-03-05 | 2017-04-05 |      0 | Java Web开发典型模块大全 | 王国辉、王毅、王殊宇 | 89.00 |
+--------+------------+------------+--------+--------------------------+----------------------+-------+
2 rows in set (0.00 sec)
```

图 9.36　复合条件连接查询

9.5　子　查　询

子查询就是 SELECT 查询是另一个查询的附属。MySQL 可以嵌套多个查询，在外面一层的查询中使用里面一层查询产生的结果集。这样就不是执行两个（或者多个）独立的查询，而是执行包含一个（或者多个）子查询的单独查询。

当遇到这样的多层查询时，MySQL 从最内层的查询开始，然后向外向上移动到外层（主）查询，在这个过程中，每个查询产生的结果集都被赋给包围它的父查询，接着这个父查询被执行，其结果也被指定给它的父查询。

除了结果集经常由包含一个或多个值的一列组成，子查询和常规 SELECT 查询的执行方式一样。子查询可以用在任何可以使用表达式的地方，它必须由父查询包围，而且如同常规的 SELECT 查询，它必须包含一个字段列表（这是一个单列列表）、一个具有一个或者多个表名字的 FROM 子句以及可选的 WHERE、HAVING 和 GROUP BY 子句。

9.5.1 带 IN 关键字的子查询

只有子查询返回的结果列包含一个值时，比较运算符才适用。假如一个子查询返回的结果集是值的列表，这时比较运算符就必须用 IN 运算符代替。

IN 运算符可以检测结果集中是否存在某个特定的值，如果检测成功，则执行外部的查询。

例 9.26 应用带 IN 关键字的子查询实现查询被借阅过的图书信息。（**实例位置：资源包\TM\sl\9\9.26**）

在查询前，先分别看图书信息表（tb_bookinfo）和借阅表（tb_borrow）中的图书编号字段的值，以便进行对比。tb_bookinfo 表中的 id 字段值如图 9.37 所示。tb_borrow 表中的 bookid 字段值如图 9.38 所示。

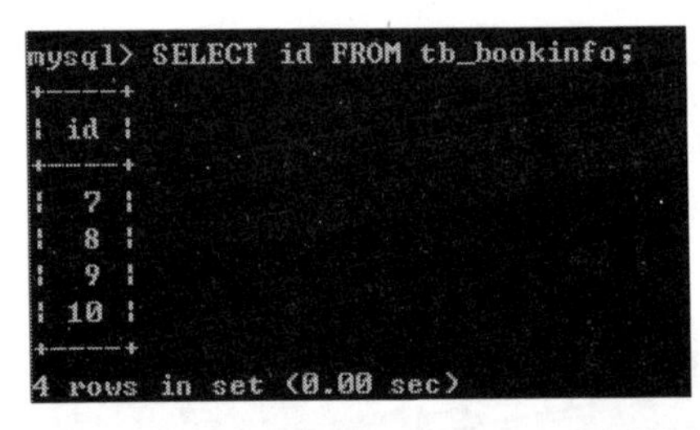

```
mysql> SELECT id FROM tb_bookinfo;
+----+
| id |
+----+
|  7 |
|  8 |
|  9 |
| 10 |
+----+
4 rows in set (0.00 sec)
```

图 9.37　tb_bookinfo 表中的 id 字段值

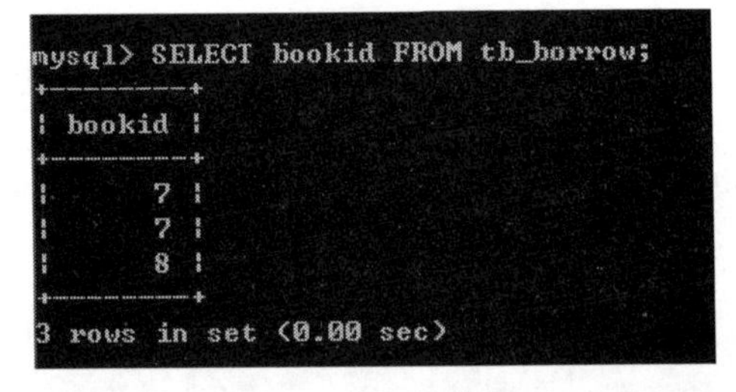

```
mysql> SELECT bookid FROM tb_borrow;
+--------+
| bookid |
+--------+
|      7 |
|      7 |
|      8 |
+--------+
3 rows in set (0.00 sec)
```

图 9.38　tb_borrow 表中的 bookid 字段值

从上面的查询结果中可以看出，在 tb_borrow 表的 bookid 字段中没有出现 9 和 10。编写以下带 IN 关键字的子查询语句。

```
SELECT id,bookname,author,price
FROM tb_bookinfo WHERE id IN(SELECT bookid FROM tb_borrow);
```

查询结果如图 9.39 所示。

```
mysql> SELECT id,bookname,author,price
    -> FROM tb_bookinfo WHERE id in(SELECT bookid FROM tb_borrow);
+----+------------------------+--------------------+-------+
| id | bookname               | author             | price |
+----+------------------------+--------------------+-------+
|  7 | Java Web开发实战宝典   | 王国辉             | 89.00 |
|  8 | Java Web开发典型模块大全 | 王国辉、王毅、王殊宇 | 89.00 |
+----+------------------------+--------------------+-------+
2 rows in set (0.00 sec)
```

图 9.39　使用 IN 关键字实现子查询

结果只查询了图书编号为 7 和 8 的记录，因为在 tb_borrow 表的 bookid 字段中没有出现 9 和 10 的记录。

说明

NOT IN 关键字的作用与 IN 关键字刚好相反。在本例中，如果将 IN 换为 NOT IN，则查询结果将会显示图书编号为 9 和 10 的记录。

9.5.2　带比较运算符的子查询

子查询可以使用比较运算符，包括=、!=、>、>=、<、<=等。比较运算符在子查询时使用非常广泛。

例 9.27　查询执行某本书借阅操作的管理员信息。（**实例位置：资源包\TM\sl\9\9.27**）

从归还表（tb_giveback）中查询图书 ID（bookid）等于 7 的管理员（operator），然后查询 tb_manager 表中姓名（name）为该管理员的信息，代码如下。

```
SELECT * FROM tb_manager
WHERE name = ( SELECT operator FROM tb_giveback WHERE bookid=7);
```

查询结果如图 9.40 所示。

```
mysql> SELECT * FROM tb_manager
    -> WHERE name = ( SELECT operator FROM tb_giveback WHERE bookid=7);
+----+------+--------+
| id | name | PWD    |
+----+------+--------+
|  1 | mr   | mrsoft |
+----+------+--------+
1 row in set (0.00 sec)
```

图 9.40　使用比较运算符的子查询方式来查询管理员信息

9.5.3　带 EXISTS 关键字的子查询

使用 EXISTS 关键字时，内层查询语句不返回查询的记录，而是返回一个真假值。如果内层查询语句查询到满足条件的记录，就返回一个真值（true），否则将返回一个假值（false）。当返回的值为 true 时，外层查询语句将进行查询；当返回的值为 false 时，外层查询语句不进行查询或者查询不出任何记录。

例 9.28　查询已经被借阅的图书的信息。（**实例位置：资源包\TM\sl\9\9.28**）

应用带 EXISTS 关键字的子查询实现查询已经被借阅的图书的信息，具体代码如下。

```
SELECT id,bookname,author,price FROM tb_bookinfo
 WHERE EXISTS (SELECT * FROM tb_borrow WHERE tb_borrow.bookid=tb_bookinfo.id);
```

查询结果如图 9.41 所示。

```
mysql> SELECT id,bookname,author,price FROM tb_bookinfo
    -> WHERE EXISTS (SELECT * FROM tb_borrow WHERE tb_borrow.bookid=tb_bookinfo.id);
+----+------------------------------+----------------------+-------+
| id | bookname                     | author               | price |
+----+------------------------------+----------------------+-------+
|  7 | Java Web开发实战宝典         | 王国辉               | 89.00 |
|  8 | Java Web开发典型模块大全     | 王国辉、王毅、王殊宇 | 89.00 |
+----+------------------------------+----------------------+-------+
2 rows in set (0.00 sec)
```

图 9.41　使用 EXISTS 关键字的子查询

当把 EXISTS 关键字与其他查询条件一起使用时，需要使用 AND 或者 OR 来连接表达式与 EXISTS 关键字。

说明

NOT EXISTS 与 EXISTS 刚好相反，使用 NOT EXISTS 关键字时：当返回值是 true 时，外层查询语句不执行查询；当返回值是 false 时，外层查询语句将执行查询。

例如，将上面实例中的 EXISTS 关键字修改为 NOT EXISTS 关键字，代码如下。

```
SELECT id,bookname,author,price FROM tb_bookinfo
 WHERE NOT EXISTS (SELECT * FROM tb_borrow WHERE tb_borrow.bookid=tb_bookinfo.id);
```

执行结果为查询尚未被借阅的图书的信息，如图 9.42 所示。

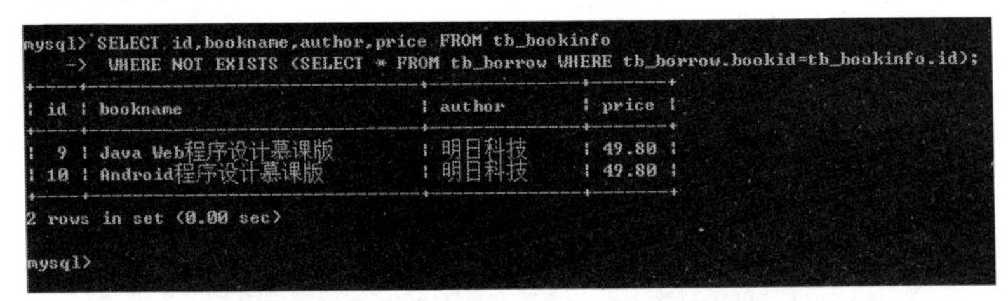

图 9.42　使用 NOT EXISTS 关键字的子查询

9.5.4　带 ANY 关键字的子查询

ANY 关键字表示满足其中任意一个条件，通常与比较运算符一起使用。使用 ANY 关键字时，只要满足内层查询语句返回的结果中的任意一个，就可以通过该条件来执行外层查询语句。语法格式如下。

```
列名 比较运算符 ANY(子查询)
```

如果比较运算符是“<”，则表示小于子查询结果集中某一个值；如果是“>”，则表示至少大于子查询结果集中的某一个值（或者说大于子查询结果集中的最小值）。

例如，查询比一年级三班最低分高的全部学生信息，主要是通过带 ANY 关键字的子查询实现查询成绩高于一年级三班的任何一名同学的学生信息，示例代码如下。

```
SELECT * FROM tb_student
WHERE score > ANY(SELECT score FROM tb_student WHERE classid=13);
```

9.5.5　带 ALL 关键字的子查询

ALL 关键字表示满足所有条件，通常与比较运算符一起使用。使用 ALL 关键字时，只有满足内层查询语句返回的所有结果，才可以执行外层查询语句。语法格式如下。

```
列名 比较运算符 ALL(子查询)
```

如果比较运算符是“<”，则表示小于子查询结果集中的任何一个值（或者说小于子查询结果集中的最小值）；如果是“>”，则表示大于子查询结果集中的任何一个值（或者说大于子查询结果集中的最

大值)。

例如，查询比一年级三班最高分高的全部学生信息，主要是通过带 ALL 关键字的子查询实现查询成绩高于一年级三班的所有同学的学生信息，示例代码如下。

```
SELECT * FROM tb_student1
WHERE score > ALL(SELECT score FROM tb_student1 WHERE classid=13);
```

ANY 关键字和 ALL 关键字的使用方式是一样的，但是二者有很大的区别：使用 ANY 关键字时，只要满足内层查询语句返回的结果中的任何一个，就可以通过该条件来执行外层查询语句；而 ALL 关键字则需要满足内层查询语句返回的所有结果，才可以执行外层查询语句。

9.6　合并查询结果

合并查询结果是将多个 SELECT 语句的查询结果合并到一起。因为某些情况下，需要将几个 SELECT 语句查询出来的结果合并起来进行显示。合并查询结果使用 UNION 和 UNION ALL 关键字。UNION 关键字是将所有的查询结果合并到一起，然后去除相同记录；而 UNION ALL 关键字则只是简单地将结果合并到一起。下面分别介绍这两种合并方法。

1. 使用 UNION 关键字

使用 UNION 关键字可以将多个结果集合并到一起，并且会去除相同记录。下面举例说明具体的使用方法。

例 9.29　将图书信息表 1（tb_bookinfo）和图书信息表 2（tb_bookinfo1）进行合并。（**实例位置：资源包\TM\sl\9\9.29**）

先来看 tb_bookinfo 表和 tb_bookinfo1 表中 bookname 字段的值，查询结果如图 9.43 和图 9.44 所示。

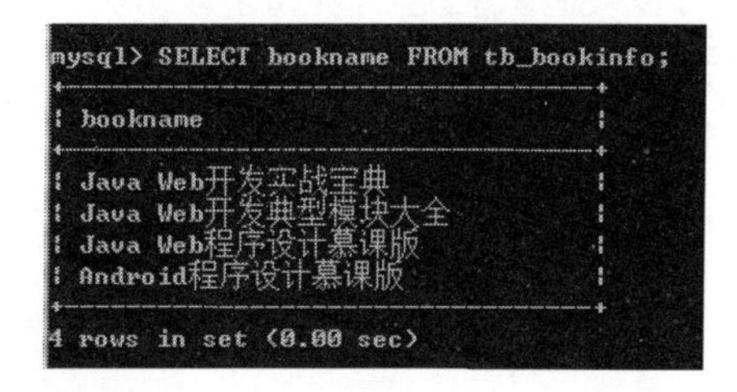

图 9.43　tb_bookinfo 表中 bookname 字段的值

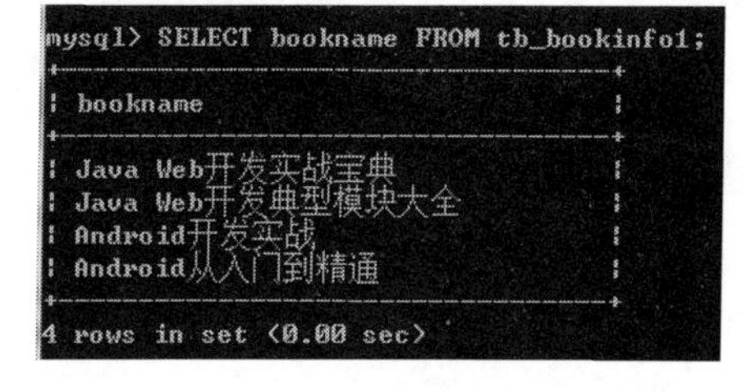

图 9.44　tb_bookinfo1 表中 bookname 字段的值

结果显示，在 tb_bookinfo 表中 bookname 字段的值有 4 个，而 tb_bookinfo1 表中 bookname 字段的值也有 4 个，其中前两个值是相同的。下面使用 UNION 关键字合并两个表的查询结果，查询语句如下。

```
SELECT bookname FROM tb_bookinfo
UNION
SELECT bookname FROM tb_bookinfo1;
```

查询结果如图 9.45 所示。结果显示，所有结果被合并，重复值被去除。

2. 使用 UNION ALL 关键字

UNION ALL 关键字的使用方法类似于 UNION 关键字，也是将多个结果集合并到一起，但是该关键字不会去除相同记录。

下面修改例 9.29，实现查询 tb_bookinfo 表和 tb_bookinfo1 表中的 bookname 字段，并使用 UNION ALL 关键字合并查询结果，但是不去除重复值，具体代码如下。

```
SELECT bookname FROM tb_bookinfo
UNION ALL
SELECT bookname FROM tb_bookinfo1;
```

查询结果如图 9.46 所示。

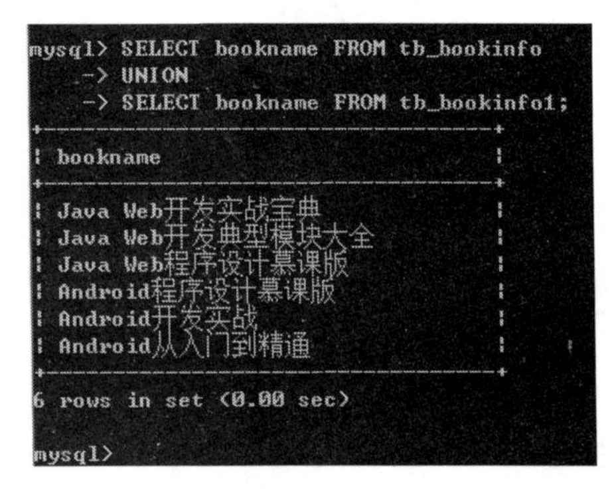

图 9.45　使用 UNION 关键字合并查询结果

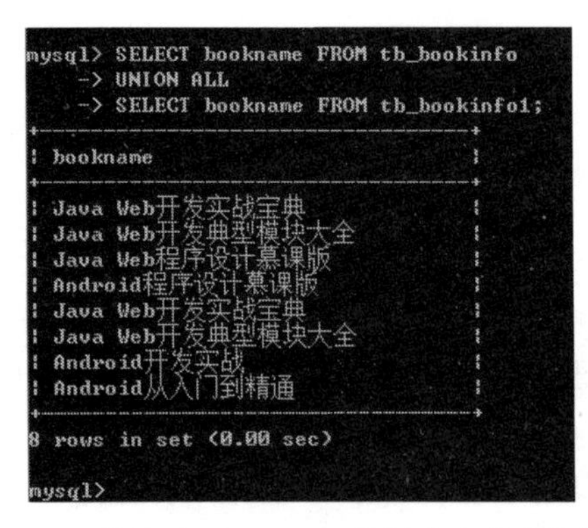

图 9.46　使用 UNION ALL 关键字合并查询结果

9.7　定义表和字段的别名

在查询时，可以为表和字段取一个别名，这个别名可以代替其指定的表和字段。为表和字段取别名，能够使查询更加方便，而且可以使查询结果以更加合理的方式显示。

9.7.1　为表取别名

当表的名称特别长，或者进行连接查询时，在查询语句中直接使用表名很不方便，这时可以为表取一个贴切的别名。

例 9.30　使用左连接查询实现查询图书的完整信息，并为图书信息表（tb_bookinfo）指定别名为 book，为图书类别表（tb_booktype）指定别名为 type。（**实例位置：资源包\TM\sl\9\9.30**）

具体代码如下。

```
SELECT bookname,author,price,page,typename,days
FROM tb_bookinfo AS book
LEFT JOIN tb_booktype AS type ON book.typeid= type.id;
```

其中，tb_bookinfo AS book 表示 tb_bookinfo 表的别名为 book，book.typeid 表示 tb_bookinfo 表中的 typeid 字段。查询结果如图 9.47 所示。

```
mysql> SELECT bookname,author,price,page,typename,days
    -> FROM tb_bookinfo AS book
    -> LEFT JOIN tb_bookTYPE AS type ON book.typeid= type.id;
+-----------------------------+----------------------+-------+------+------------+------+
| bookname                    | author               | price | page | typename   | days |
+-----------------------------+----------------------+-------+------+------------+------+
| Java Web开发实战宝典        | 王国辉               | 89.00 |  834 | 网络编程   |   20 |
| Java Web开发典型模块大全    | 王国辉、王毅、王殊宇 | 89.00 |  752 | 网络编程   |   20 |
| Java Web程序设计慕课版      | 明日科技             | 49.80 |  350 | 数据库开发 |   15 |
| Android程序设计慕课版       | 明日科技             | 49.80 |  360 | 网络编程   |   20 |
+-----------------------------+----------------------+-------+------+------------+------+
4 rows in set (0.00 sec)

mysql>
```

图 9.47　为表取别名

9.7.2　为字段取别名

当查询数据时，MySQL 会显示每个输出列的名称。默认情况下，显示的列名是创建表时定义的列名。同样可以为这个列取一个别名。另外，在使用聚合函数进行查询时，也可以为统计结果列设置一个别名。

MySQL 中为字段取别名的基本形式如下。

```
字段名 [AS] 别名
```

例 9.31　实现统计每本图书的借阅次数，并取别名为 degree。（**实例位置：资源包\TM\sl\9\9.31**）

在 COUNT(*)后面接上 AS 关键字和别名 degree 即可，修改后的代码如下。

```
SELECT bookid,COUNT(*) AS borrow_numbers FROM tb_borrow GROUP BY bookid;
```

查询结果如图 9.48 所示。

```
mysql> SELECT bookid,COUNT(*) AS borrow_numbers FROM tb_borrow GROUP BY bookid;
+--------+----------------+
| bookid | borrow_numbers |
+--------+----------------+
|      7 |              2 |
|      8 |              1 |
+--------+----------------+
2 rows in set (0.00 sec)
```

图 9.48　为字段取别名

9.8　使用正则表达式查询

正则表达式是用某种模式匹配一类字符串的一种方式。正则表达式的查询能力比通配字符的查询能力更强大，而且更加灵活。下面详细讲解如何使用正则表达式来查询。

在 MySQL 中，使用关键字 REGEXP 来匹配查询正则表达式，其基本形式如下。

```
字段名 REGEXP '匹配方式'
```

参数说明如下。

（1）字段名：表示需要查询的字段名称。

（2）匹配方式：表示以哪种方式来进行匹配查询。其支持的模式匹配字符如表 9.1 所示。

表 9.1　正则表达式的模式字符

<table>
<tr><th>模式字符</th><th>含　义</th><th>应用举例</th></tr>
<tr><td>^</td><td>匹配以特定字符或字符串开头的记录</td><td>使用“^”表达式查询 tb_book 表中 books 字段以字母 php 开头的记录，语句如下：
select books from tb_book where books REGEXP '^php';</td></tr>
<tr><td>$</td><td>匹配以特定字符或字符串结尾的记录</td><td>使用“$”表达式查询 tb_book 表中 books 字段以“模块”结尾的记录，语句如下：
select books from tb_book where books REGEXP '模块$';</td></tr>
<tr><td>.</td><td>匹配字符串的任意一个字符，包括回车和换行符</td><td>使用“.”表达式查询 tb_book 表的 books 字段中包含 P 字符的记录，语句如下：
select books from tb_book where books REGEXP 'P.';</td></tr>
<tr><td>[字符集合]</td><td>匹配“字符集合”中的任意一个字符</td><td>使用“[]”表达式查询 tb_book 表的 books 字段中包含 PCA 字符的记录，语句如下：
select books from tb_book where books REGEXP '[PCA]';</td></tr>
<tr><td>[^字符集合]</td><td>匹配除“字符集合”以外的任意一个字符</td><td>查询 tb_program 表的 talk 字段值中包含 c~z 字母以外的记录，语句如下：
select talk from tb_program where talk regexp '[^c-z]';</td></tr>
<tr><td>S1|S2|S3</td><td>匹配 S1、S2 和 S3 中的任意一个字符串</td><td>查询 tb_books 表的 books 字段中包含 php、c 或者 java 字符中任意一个字符的记录，语句如下：
select books from tb_books where books regexp 'php|c|java';</td></tr>
<tr><td>*</td><td>匹配多个该符号之前的字符，包括 0 和 1 个</td><td>使用“*”表达式查询 tb_book 表的 books 字段中 A 字符前出现过 J 字符的记录，语句如下：
select books from tb_book where books regexp 'J*A';</td></tr>
<tr><td>+</td><td>匹配多个该符号之前的字符，包括 1 个</td><td>使用“+”表达式查询 tb_book 表的 books 字段中 A 字符前面至少出现过一个 J 字符的记录，语句如下：
select books from tb_book where books regexp 'J+A';</td></tr>
<tr><td>字符串{N}</td><td>匹配字符串出现 N 次</td><td>使用{N}表达式查询 tb_book 表的 books 字段中连续出现 3 次 a 字符的记录，语句如下：
select books from tb_book where books regexp 'a{3}';</td></tr>
<tr><td>字符串{M,N}</td><td>匹配字符串出现至少 M 次，最多 N 次</td><td>使用{M,N}表达式查询 tb_book 表的 books 字段中最少出现两次，最多出现 4 次 a 字符的记录，语句如下：
select books from tb_book where books regexp 'a{2,4}';</td></tr>
</table>

这里的正则表达式与 Java、PHP 等编程语言中的正则表达式基本一致。

9.8.1　匹配指定字符中的任意一个

使用方括号（[]）可以将需要查询字符组成一个字符集。只要记录中包含方括号中的任意字符，该

记录就会被查询出来。例如，通过[abc]可以查询包含 a、b 和 c 3 个字母中任何一个的记录。

例 9.32　从 tb_manager 表 name 字段中查询包含 a、e、i、o 和 u 5 个字母中任意一个的记录。（**实例位置：资源包\TM\sl\9\9.32**）

下面从 tb_manager 表的 name 字段中查询包含 a、e、i、o 和 u 5 个字母中任意一个的记录，SQL 代码如下。

```
SELECT * FROM tb_manager WHERE name REGEXP '[aeiou]'
```

代码执行结果如图 9.49 所示。

```
mysql> SELECT * FROM tb_manager WHERE name REGEXP '[aeiou]';
+----+------------+------------+
| id | name       | PWD        |
+----+------------+------------+
|  2 | mingrisoft | mingrisoft |
|  3 | admin      | 111        |
+----+------------+------------+
2 rows in set (0.00 sec)
```

图 9.49　匹配指定字符中的任意一个

9.8.2　使用“*”和“+”来匹配多个字符

在正则表达式中，“*”和“+”都可以匹配多个该符号之前的字符。但是，“+”至少表示一个字符，而“*”可以表示 0 个字符。

例 9.33　从 tb_manager 表的 name 字段中查询字母 r 之前出现过 m 的记录。（**实例位置：资源包\TM\sl\9\9.33**）

SQL 代码如下。

```
SELECT * FROM tb_manager WHERE name REGEXP 'm*r';
```

代码执行结果如图 9.50 所示。

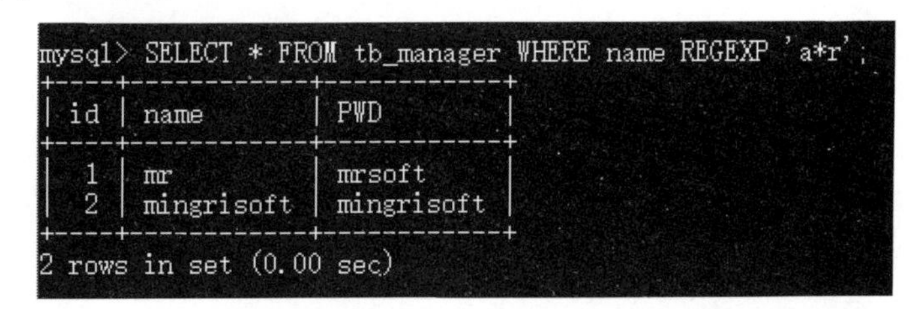

```
mysql> SELECT * FROM tb_manager WHERE name REGEXP 'a*r';
+----+------------+------------+
| id | name       | PWD        |
+----+------------+------------+
|  1 | mr         | mrsoft     |
|  2 | mingrisoft | mingrisoft |
+----+------------+------------+
2 rows in set (0.00 sec)
```

图 9.50　使用“*”来匹配多个字符

“*”可以表示 0 个，所以 m*r 表示字母 r 之前有 0 个或者多个 m 出现，而 m+r 表示字母 r 前面至少有一个字母 m。

9.8.3　匹配以指定的字符开头和结束的记录

在正则表达式中，“^”表示字符串的开始位置，“$”表示字符串的结束位置。下面将通过一个具体的实例演示如何匹配以指定的字符开头和结束的记录。

例 9.34 查询以 m 开头、以 t 结束的管理员信息。（**实例位置：资源包\TM\sl\9\9.34**）

在 tb_manager 表中查找姓名（name）字段中以 m 开头、以 t 结束的管理员信息，可以通过正则表达式查询来实现。在正则表达式中，“^”表示字符串的开始位置，“$”表示字符串的结束位置，“*”表示任意字符，具体代码如下。

```
SELECT * FROM tb_manager WHERE name REGEXP '^m.*t$';
```

代码执行结果如图 9.51 所示。

```
mysql> SELECT * FROM tb_manager WHERE name REGEXP '^m.*t$';
+----+------------+------------+
| id | name       | PWD        |
+----+------------+------------+
|  2 | mingrisoft | mingrisoft |
+----+------------+------------+
1 row in set (0.00 sec)
```

图 9.51 使用正则表达式查询管理员信息

9.9 小　　结

本章对 MySQL 数据库常见的查询方法进行了详细讲解，并通过大量的举例说明，帮助读者更好地理解所学知识的用法。在阅读本章时，读者应该重点掌握单表查询、连接查询、子查询和合并查询结果。本章学习的难点是使用正则表达式来查询。正则表达式的功能很强大，使用起来很灵活。希望读者能够查阅正则表达式的相关资料，以更加透彻地理解正则表达式。

9.10 实践与练习

（**答案位置：资源包\TM\sl\9\实践与练习**）

1．实现从 computer_stu 表中查询获得一等奖学金的学生的学号、姓名和分数。各个等级的奖学金的最低分被存储在 score 表中。

2．实现匹配 computer_stu 表的姓名字段中以 J 开头的记录。

第 10 章

常 用 函 数

MySQL 数据库中提供了丰富的函数，包括数学函数、字符串函数、日期和时间函数、条件判断函数、系统信息函数、格式化函数等。函数的执行速度非常快，可以提高 MySQL 的处理速度，简化用户的操作。本章将详细介绍 MySQL 函数的相关知识。

本章知识架构及重难点如下：

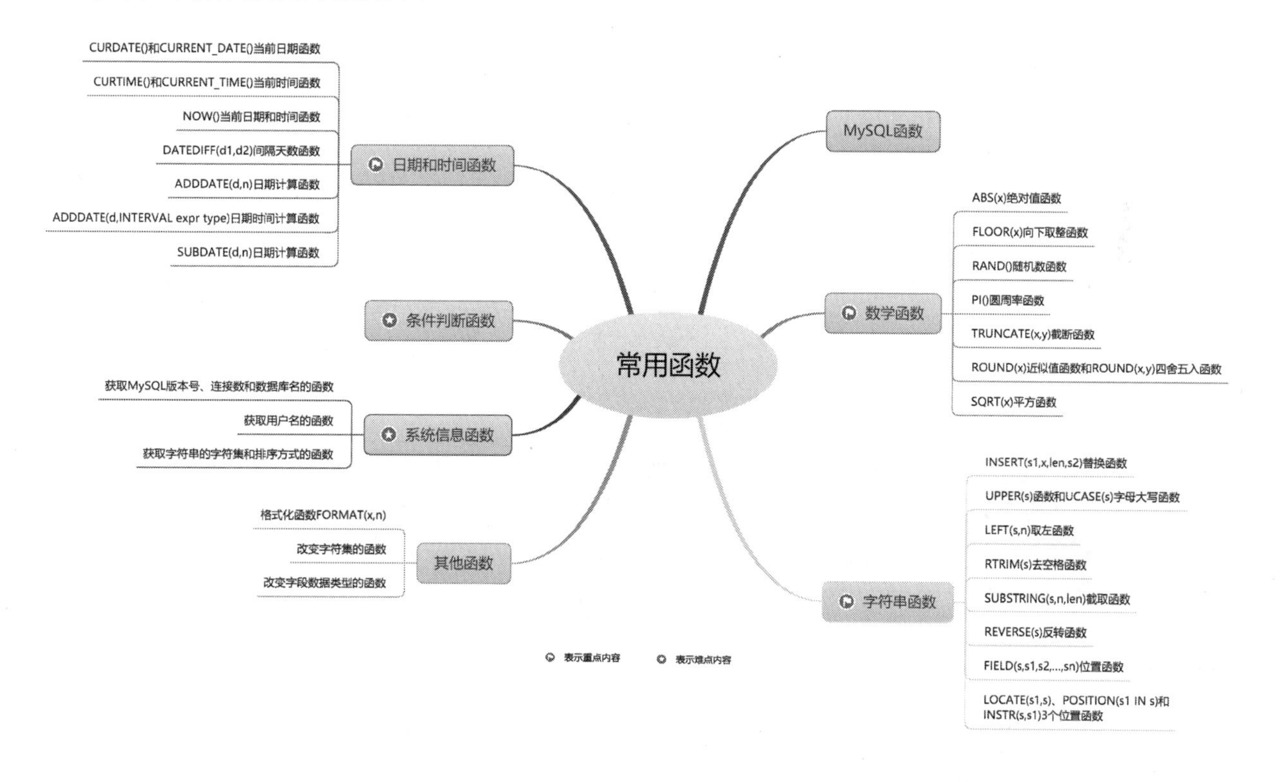

10.1 MySQL 函数

MySQL 函数是 MySQL 数据库提供的内置函数，可以帮助用户更加方便地处理表中的数据。本节将简单地介绍 MySQL 内置函数的类别，以及这些函数的使用范围和作用，如表 10.1 所示。

表10.1　MySQL内置函数类别及作用

函　　数	作　　用
数学函数	用于处理数字。其中包括绝对值函数、正弦函数、余弦函数和获取随机数函数等
字符串函数	用于处理字符串。其中包括字符串连接函数、字符串比较函数、字符串中字母大小写转换函数等
日期和时间函数	用于处理日期和时间。其中包括获取当前时间的函数、获取当前日期的函数、返回年份的函数和返回日期的函数等
条件判断函数	用于在SQL语句中控制条件选择。其中包括IF、CASE和WHEN语句等
系统信息函数	用于获取MySQL数据库的系统信息。其中包括获取数据库名的函数、获取当前用户的函数和获取数据库版本的函数等
加密函数	用于对字符串进行加密解密。其中包括字符串加密函数和字符串解密函数等
其他函数	包括格式化函数和锁函数等

MySQL的内置函数不但可以在SELECT查询语句中应用，也可以在INSERT、UPDATE和DELECT等语句中应用。例如，在INSERT语句中，应用日期和时间函数获取系统的当前时间，并且将其添加到数据表中。MySQL内置函数可以对表中数据进行相应处理，以便得到用户希望得到的数据。有了这些内置函数，MySQL数据库的功能更加强大。下面将对MySQL的内置函数进行详细介绍。

10.2　数学函数

数学函数是MySQL中常用的一类函数，主要用于处理数字，包括整型和浮点数等。MySQL中内置的数学函数及其作用如表10.2所示。

表10.2　MySQL中内置的数学函数及其作用

函　　数	作　　用
ABS(x)	返回x的绝对值
CEIL(x),CEILIN(x)	返回不小于x的最小整数值
FLOOR(x)	返回不大于x的最大整数值
RAND()	返回0~1的随机数
RAND(x)	返回0~1的随机数，x值相同时返回的随机数相同
SIGN(x)	返回参数的符号，x的值为负、零和正时，返回结果分别为-1，0和1
PI()	返回圆周率的值。默认显示的小数位数是7位，然而MySQL内部会使用完全双精度值
TRUNCATE(x,y)	返回数值x保留到小数点后y位的值
ROUND(x)	返回离x最近的整数

续表

函　数	作　用
ROUND(x,y)	保留 x 小数点后 y 位的值，但截断时要进行四舍五入
POW(x,y),POWER(x,y)	返回 x 的 y 乘方的结果值
SQRT(x)	返回非负数 x 的二次方根
EXP(x)	返回 e 的 x 乘方后的值（自然对数的底）
MOD(x,y)	返回 x 除以 y 的余数
LOG(x)	返回 x 的基数为 2 的对数
LOG10(x)	返回 x 的基数为 10 的对数
RADIANS(x)	将角度转换为弧度
DEGREES(x)	返回参数 x，该参数由弧度转化为度
SIN(x)	返回 x 的正弦，其中 x 在弧度中被给定
ASIN(x)	返回 x 的反正弦，即正弦为 x 的值。若 x 不为-1～1，则返回 NULL
COS(x)	返回 x 的余弦，其中 x 在弧度上已知
ACOS(x)	返回 x 的反余弦，即余弦是 x 的值。若 x 不为-1～1，则返回 NULL
TAN(x)	返回 x 的反正切，即正切为 x 的值
ATAN(x),ATAN2(x,y)	返回两个变量 x 及 y 的反正切。它类似于 x 或 y 的反正切计算，除非两个参数的符号均用于确定结果所在象限
COT(x)	返回 x 的余切

下面对其中的常用函数进行讲解，并且配合实例做详细说明。

10.2.1　ABS(x)绝对值函数

ABS(x)函数用于求绝对值。

例 10.1　使用 ABS(x)函数求 5 和-5 的绝对值。（**实例位置：资源包\TM\sl\10\10.1**）

语句如下。

```
select ABS(5),ABS(-5);
```

查询结果如图 10.1 所示。

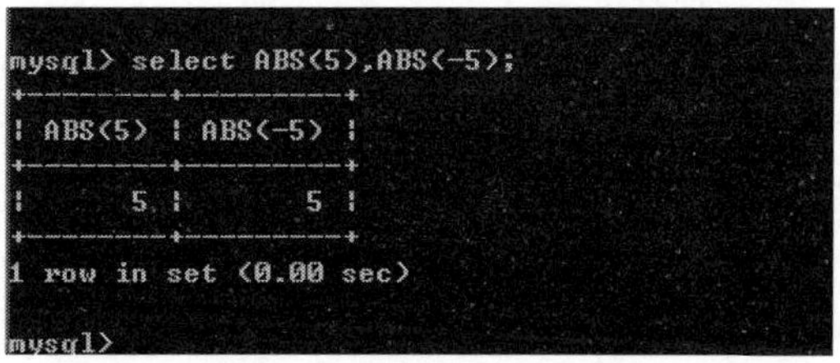

```
mysql> select ABS(5),ABS(-5);
+--------+---------+
| ABS(5) | ABS(-5) |
+--------+---------+
|      5 |       5 |
+--------+---------+
1 row in set (0.00 sec)

mysql>
```

图 10.1　使用 ABS(x)函数求数据的绝对值

10.2.2　FLOOR(x)向下取整函数

FLOOR(x)函数的功能是向下取整，可以返回小于或等于 x 的最大整数。

例 10.2　应用 FLOOR(x)函数求小于或等于 1.5 及-2 的最大整数。（**实例位置：资源包\TM\sl\10\10.2**）

其语句如下。

```
select FLOOR(1.5),FLOOR(-2);
```

查询结果如图 10.2 所示。

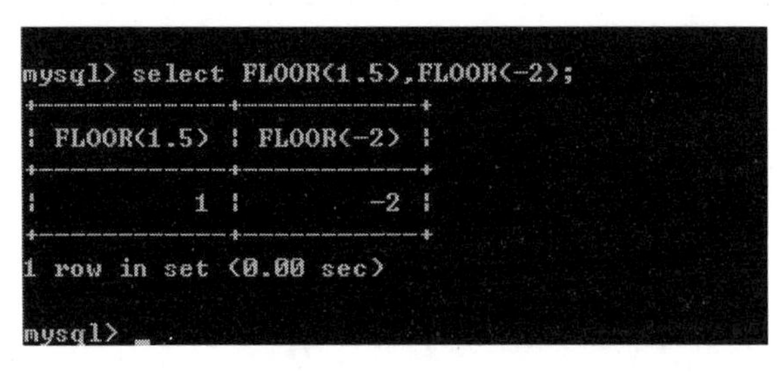

图 10.2　使用 FLOOR(x)函数求小于或等于数据的最大整数

10.2.3　RAND()随机数函数

RAND()函数返回 0～1 的随机数。

例 10.3　运用 RAND()函数，获取两个随机数。（**实例位置：资源包\TM\sl\10\10.3**）

其语句如下。

```
Select RAND(),RAND();
```

查询结果如图 10.3 所示。

例 10.4　生成 1～100 的 3 个随机整数。（**实例位置：资源包\TM\sl\4\10.4**）

使用 ROUND(x)生成一个与数 x 最接近的整数，当然，也可以使用 FLOOR(x)来生成一个小于或等于 x 的最大整数。RAND()产生的是随机数，因此每次执行的结果都是不一样的，具体代码如下。

```
SELECT ROUND(RAND()*100),FLOOR(RAND()*100),CEILING(RAND()*100);
```

执行结果如图 10.4 所示。

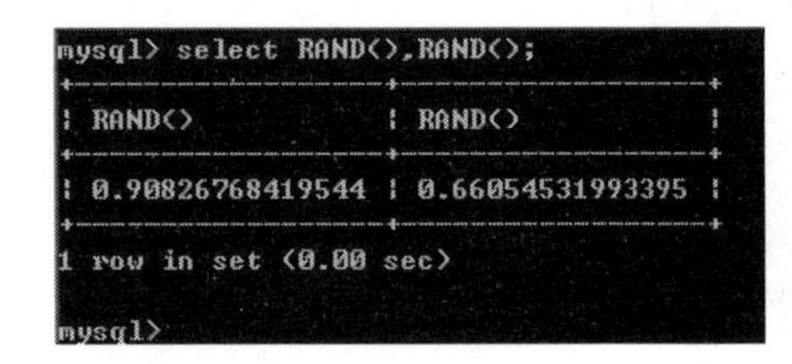

图 10.3　使用 RAND()函数获取随机数

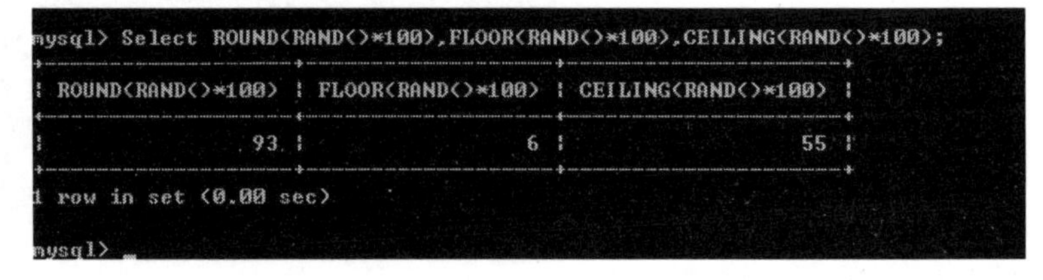

图 10.4　生成 3 个 1～100 的随机整数

10.2.4　PI()圆周率函数

PI()函数用于返回圆周率。

例 10.5　使用 PI()函数获取圆周率。（**实例位置：资源包\TM\sl\10\10.5**）

语句如下。

```
SELECT PI();
```

查询结果如图 10.5 所示。

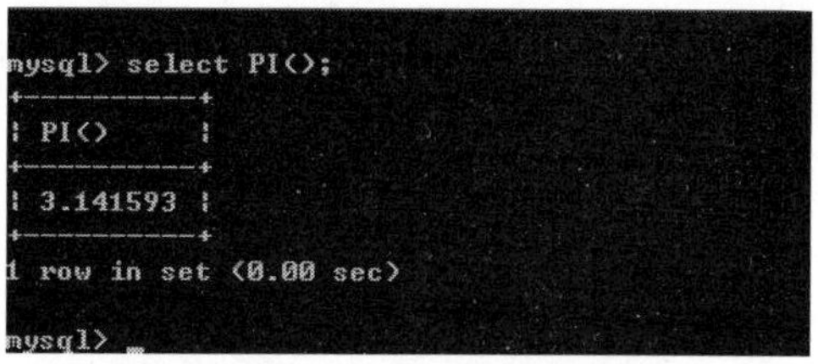

```
mysql> select PI();
+----------+
| PI()     |
+----------+
| 3.141593 |
+----------+
1 row in set (0.00 sec)

mysql> _
```

图 10.5　使用 PI()函数获取圆周率

10.2.5　TRUNCATE(x,y)截断函数

TRUNCATE(x,y)函数返回 x 保留到小数点后 y 位的值。

例 10.6　使用 TRUNCATE(x,y)函数返回 2.123 456 7 小数点后 3 位的值。（**实例位置：资源包\TM\sl\10\10.6**）

语句如下。

```
SELECT TRUNCATE(2.1234567,3);
```

查询结果如图 10.6 所示。

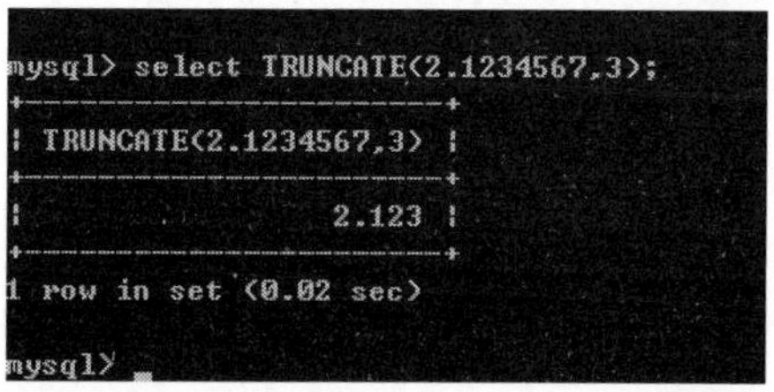

```
mysql> select TRUNCATE(2.1234567,3);
+-----------------------+
| TRUNCATE(2.1234567,3) |
+-----------------------+
|                 2.123 |
+-----------------------+
1 row in set (0.02 sec)

mysql> _
```

图 10.6　使用 TRUNCATE(x,y)函数获取数据

10.2.6　ROUND(x)近似值函数和 ROUND(x,y)四舍五入函数

ROUND(x)函数返回离 x 最近的整数，也就是对 x 进行四舍五入处理；ROUND(x,y)函数返回 x 被保留到小数点后 y 位的值，截断时需要进行四舍五入处理。

例 10.7　使用 ROUND(x)函数获取离 1.6 和 1.2 最近的整数，使用 ROUND(x,y)函数获取 1.123 456 小数点后 3 位的值。（**实例位置：资源包\TM\sl\10\10.7**）

语句如下。

```
SELECT ROUND(1.6),ROUND(1.2),ROUND(1.123456,3);
```

查询结果如图 10.7 所示。

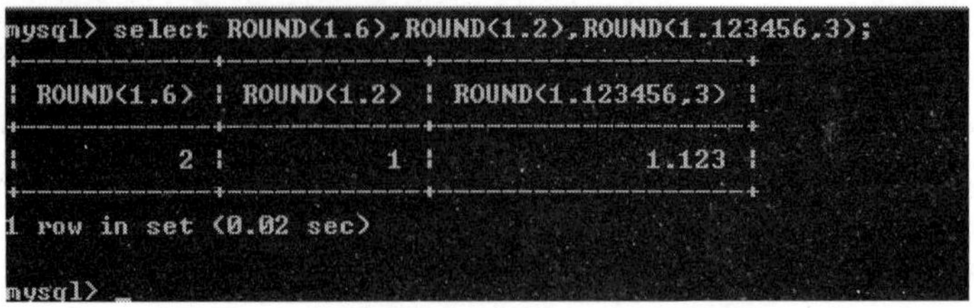

```
mysql> select ROUND(1.6),ROUND(1.2),ROUND(1.123456,3);
+------------+------------+-------------------+
| ROUND(1.6) | ROUND(1.2) | ROUND(1.123456,3) |
+------------+------------+-------------------+
|          2 |          1 |             1.123 |
+------------+------------+-------------------+
1 row in set (0.02 sec)

mysql> _
```

图 10.7　使用 ROUND(x)函数和 ROUND(x,y)函数获取数据

10.2.7　SQRT(x)平方函数

SQRT(x)函数用于求平方根。

例 10.8　使用 SQRT(x)函数求 16 和 25 的平方根。（**实例位置：资源包\TM\sl\10\10.8**）

语句如下。

```
SELECT SQRT(16),SQRT(25);
```

查询结果如图 10.8 所示。

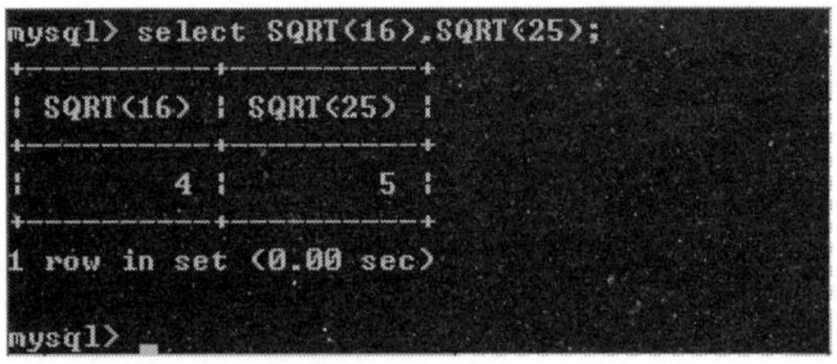

```
mysql> select SQRT(16),SQRT(25);
+----------+----------+
| SQRT(16) | SQRT(25) |
+----------+----------+
|        4 |        5 |
+----------+----------+
1 row in set (0.00 sec)

mysql> _
```

图 10.8　使用 SQRT(x)函数求 16 和 25 的平方根

10.3　字符串函数

字符串函数是 MySQL 中最常用的一类函数，主要用于处理表中的字符串，其作用如表 10.3 所示。

表 10.3　MySQL 的字符串函数及其作用

函　　数	作　　用
CHAR_LENGTH(s)	返回字符串 s 的字符数
LENGTH(s)	返回值为字符串 s 的长度，单位为字节。一个多字节字符算作多字节。这意味着对于一个包含 5 个 2 字节字符的字符串， LENGTH() 的返回值为 10，而 CHAR_LENGTH()的返回值则为 5

续表

函　　数	作　　用
CONCAT(s1,s2,…,sn)	返回结果为连接参数产生的字符串。如有任何一个参数为 NULL，则返回值为 NULL。或许有一个或多个参数。如果所有参数均为非二进制字符串，则结果为非二进制字符串。如果自变量中含有任一二进制字符串，则结果为一个二进制字符串。一个数字参数被转化为与之相等的二进制字符串格式，若要避免这种情况，可使用显式类型 cast，如 SELECT CONCAT(CAST(int_col AS CHAR), char_col)
CONCAT_WS(x,s1,s2, …,sn)	同 CONCAT(s1,s2,…,sn)函数，但是每个字符串要加上 x
INSERT(s1,x,len,s2)	将字符串 s1 中从 x 位置开始的长度为 len 的字符串替换为 s2
UPPER(s),UCASE(s)	将字符串 s 的所有字母都变成大写字母
LOWER(s),LCASE(s)	将字符串 s 的所有字母都变成小写字母
LEFT(s,n)	返回从字符串 s 开始的最左 n 个字符
RIGHT(s,n)	返回从字符串 s 开始的最右 n 个字符
LPAD(s1,len,s2)	返回字符串 s1，其左边由字符串 s2 填补到 len 字符长度。假如 s1 的长度大于 len，则返回值被缩短至 len 字符
RPAD(s1,len,s2)	返回字符串 s1，其右边被字符串 s2 填补至 len 字符长度。假如字符串 s1 的长度大于 len，则返回值被缩短到与 len 字符相同长度
LTRIM(s)	返回字符串 s，其引导空格字符被删除
RTRIM(s)	返回字符串 s，其结尾空格字符被删除
TRIM(s)	删除字符串 s 中开始和结尾处的空格
TRIM(s1 FROM s)	删除字符串 s 中开始和结尾处的字符串 s1
REPEAT(s,n)	将字符串 s 重复 n 次
SPACE(n)	返回 n 个空格
REPLACE(s,s1,s2)	用字符串 s2 替代字符串 s 中的字符串 s1
STRCMP(s1,s2)	比较字符串 s1 和 s2
SUBSTRING(s,n,len)	获取从字符串 s 中的第 n 个位置开始、长度为 len 的字符串
MID(s,n,len)	同 SUBSTRING(s,n,len)
LOCATE(s1,s),POSITION(s1 IN s)	从字符串 s 中获取 s1 的开始位置
INSTR(s,s1)	查找字符串 s1 在 s 中的位置，返回首次出现位置的索引值
REVERSE(s)	将字符串 s 的顺序反过来
ELT(n,s1,s2,…,sn)	返回第 n 个字符串
EXPORT_SET(bits,on,off[,separator [,number_of_bits]])	返回一个字符串，生成规则如下：针对 bits 的二进制格式，如果其位为 1，则返回一个 on 值；如果其位为 0，则返回一个 off 值。每个字符串使用 separator 进行分隔，默认值为“,”。number_of_bits 参数指定 bits 可用的位数，默认为 64 位。例如，生成数字 182 的二进制（10110110）替换格式，以“@”作为分隔符，设置有效位为 6 位。其语句如下： select EXPORT_SET(182,'Y','N','@',6); 其运行结果为：N@Y@Y@N@Y@Y

续表

函　　数	作　　用
FIELD(s,s1,s2,…,sn)	返回第一个与字符串 s 匹配的字符串的位置
FIND_IN_SET(s1,s2)	返回在字符串 s2 中与 s1 匹配的字符串的位置
MAKE_SET(x,s1,s2,…,sn)	按 x 的二进制数从 s1,s2,…,sn 中选取字符串

下面对其中的常用函数进行讲解，并且结合实例做详细说明。

10.3.1　INSERT(s1,x,len,s2)替换函数

INSERT(s1,x,len,s2)函数将字符串 s1 中 x 位置开始、长度为 len 的字符串用字符串 s2 进行替换。

例 10.9　使用 INSERT(s1,x,len,s2)函数将 mrkj 字符串中的 kj 替换为 book。（**实例位置：资源包\TM\sl\10\10.9**）

语句如下。

```
SELECT INSERT('mrkj',3,2,'book');
```

替换后的查询结果如图 10.9 所示。

```
mysql> select INSERT('mrkj',3,2,'book');
+---------------------------+
| INSERT('mrkj',3,2,'book') |
+---------------------------+
| mrbook                    |
+---------------------------+
1 row in set (0.00 sec)

mysql>
```

图 10.9　使用 INSERT(s1,x,len,s2)函数替换指定的字符串

10.3.2　UPPER(s)函数和 UCASE(s)字母大写函数

UPPER(s)函数和 UCASE(s)函数将字符串 s 的所有字母变成大写字母。

例 10.10　使用 UPPER(s)函数和 UCASE(s)字母大写函数将 mrbccd 字符串中的所有字母变成大写字母。（**实例位置：资源包\TM\sl\10\10.10**）

语句如下。

```
SELECT UPPER('mrbccd'),UCASE('mrbccd');
```

转换后的结果如图 10.10 所示。

```
mysql> select UPPER('mrbccd'),UCASE('mrbccd');
+-----------------+-----------------+
| UPPER('mrbccd') | UCASE('mrbccd') |
+-----------------+-----------------+
| MRBCCD          | MRBCCD          |
+-----------------+-----------------+
1 row in set (0.00 sec)

mysql> _
```

图 10.10　使用 UPPER(s)函数和 UCASE(s)字母大写函数将 mrbccd 字符串中的所有字母变成大写字母

10.3.3　LEFT(s,n)取左函数

LEFT(s,n)函数返回字符串 s 的前 n 个字符。

例 10.11　应用 LEFT(s,n)函数返回 mrbccd 字符串中的前两个字符。（**实例位置：资源包\TM\sl\10\10.11**）

语句如下。

```
SELECT LEFT('mrbccd',2);
```

截取结果如图 10.11 所示。

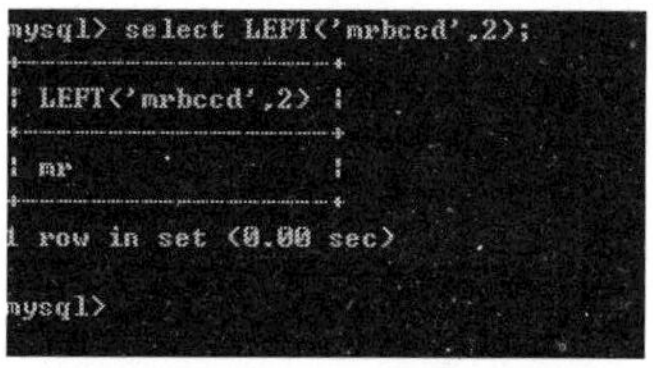

```
mysql> select LEFT('mrbccd',2);
+------------------+
| LEFT('mrbccd',2) |
+------------------+
| mr               |
+------------------+
1 row in set (0.00 sec)

mysql>
```

图 10.11　使用 LEFT(s,n)函数返回指定的字符

10.3.4　RTRIM(s)去空格函数

RTRIM(s)函数将去掉字符串 s 结尾处的空格。

例 10.12　应用 RTRIM(s)函数去掉 mr 结尾处的空格。（**实例位置：资源包\TM\sl\10\10.12**）

语句如下。

```
SELECT CONCAT('+',RTRIM(' mr '),'+');
```

结果如图 10.12 所示。

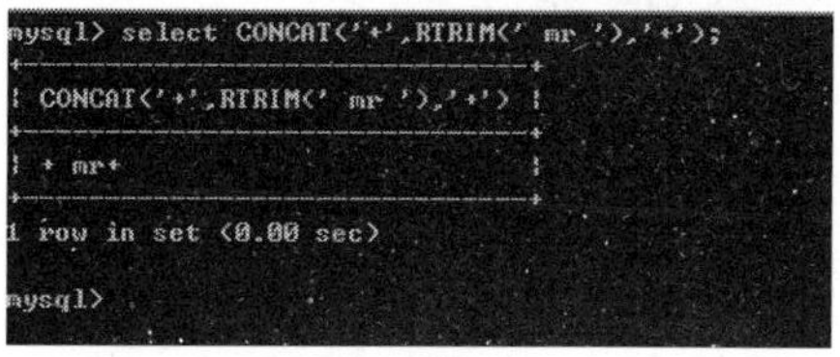

```
mysql> select CONCAT('+',RTRIM(' mr '),'+');
+-------------------------------+
| CONCAT('+',RTRIM(' mr '),'+') |
+-------------------------------+
| + mr+                         |
+-------------------------------+
1 row in set (0.00 sec)

mysql>
```

图 10.12　使用 RTRIM(s)函数去掉 mr 结尾处的空格

10.3.5　SUBSTRING(s,n,len)截取函数

SUBSTRING(s,n,len)函数从字符串 s 的第 n 个位置开始获取长度为 len 的字符串。

例 10.13　使用 SUBSTRING(s,n,len)函数从 mrbccd 字符串的第 3 位开始获取 4 个字符。（**实例位置：资源包\TM\sl\10\10.13**）

语句如下。

```
SELECT SUBSTRING('mrbccd',3,4);
```

结果如图 10.13 所示。

```
mysql> select SUBSTRING('mrbccd',3,4);
+-------------------------+
| SUBSTRING('mrbccd',3,4) |
+-------------------------+
| bccd                    |
+-------------------------+
1 row in set (0.00 sec)

mysql>
```

图 10.13　使用 SUBSTRING(s,n,len)函数获取指定长度字符串

10.3.6　REVERSE(s)反转函数

REVERSE(s)函数将字符串 s 的顺序反过来。

例 10.14　使用 REVERSE(s)函数将 mrbccd 字符串的顺序反过来。（**实例位置：资源包\TM\sl\10\10.14**）

语句如下。

```
SELECT REVERSE('mrbccd');
```

结果如图 10.14 所示。

```
mysql> select REVERSE('mrbccd');
+-------------------+
| REVERSE('mrbccd') |
+-------------------+
| dccbrm            |
+-------------------+
1 row in set (0.02 sec)

mysql>
```

图 10.14　使用 REVERSE(s)函数将 mrbccd 字符串的顺序反过来

10.3.7　FIELD(s,s1,s2,…,sn)位置函数

FIELD(s,s1,s2,…,sn)函数返回第一个与字符串 s 匹配的字符串的位置。

例 10.15　应用 FIELD(s,s1,s2,…,sn)函数返回第一个与字符串 mr 匹配的字符串的位置。（**实例位置：资源包\TM\sl\10\10.15**）

语句如下。

```
SELECT FIELD('mr', 'mrsoft', 'mrkj', 'mrbccd', 'mr');
```

结果如图 10.15 所示。

```
mysql> select FIELD('mr','mrsoft','mrkj','mrbccd','mr');
+-------------------------------------------+
| FIELD('mr','mrsoft','mrkj','mrbccd','mr') |
+-------------------------------------------+
|                                         4 |
+-------------------------------------------+
1 row in set (0.00 sec)

mysql>
```

图 10.15　使用 FIELD(s,s1,s2,…,sn)函数返回第一个与字符串 mr 匹配的字符串位置

10.3.8　LOCATE(s1,s)、POSITION(s1 IN s)和 INSTR(s,s1)3 个位置函数

在 MySQL 中，LOCATE(s1,s)、POSITION(s1 IN s)和 INSTR(s,s1)函数可用于获取子字符串 s1 在字符串 s 中的开始位置。这 3 个函数的语法格式如下。

（1）LOCATE(s1,s)：表示子字符串 s1 在字符串 s 中的开始位置。

（2）POSITION(s1 IN s)：表示子字符串 s1 在字符串 s 中的开始位置。

（3）INSTR(s,s1)：表示子字符串 s1 在字符串 s 中的开始位置。

注意

在使用这 3 个函数时，前两个函数 LOCATE(s1,s)和 POSITION(s1 IN s)的参数中把子字符串作为第一个参数，第 3 个函数 INSTR(s,s1)则需要把子字符串作为第二个参数，这一点一定不要记错。

例 10.16　返回字符串 me 在字符串 You love me .He love me. 中第一次出现的位置。（**实例位置：资源包\TM\sl\10\10.16**）

语句如下。

```
SELECT LOCATE('me', 'You love me .He love me.');
```

效果如图 10.16 所示。

```
mysql> Select LOCATE('me','You love me.He love me.');
+-------------------------------------+
| LOCATE('me','You love me.He love me.') |
+-------------------------------------+
|                                  10 |
+-------------------------------------+
1 row in set (0.03 sec)

mysql> Select POSITION('me' IN 'You love me.He love me.');
+--------------------------------------------+
| POSITION('me' IN 'You love me.He love me.') |
+--------------------------------------------+
|                                         10 |
+--------------------------------------------+
1 row in set (0.00 sec)

mysql>
```

图 10.16　字符串函数的使用

字符串函数中的 LOCATE(s1,s)和 POSITION(s1 IN s)是从字符串 s 中获取 s1 的开始位置，具体代码如下。

```
Select LOCATE('me', 'You love me.He love me. ');
Select POSITION('me' IN 'You love me.He love me.');
```

10.4　日期和时间函数

日期和时间函数是 MySQL 中另一类最常用的函数，主要用于对表中的日期和时间数据进行处理。

MySQL 内置的日期和时间函数及其作用如表 10.4 所示。

表 10.4　MySQL 的日期和时间函数及其作用

函　数	作　用
CURDATE(),CURRENT_DATE()	返回当前日期
CURTIME(),CURRENT_TIME()	返回当前时间
NOW(),CURRENT_TIMESTAMP(),LOCALTIME(),SYSDATE(),LOCALTIMESTAMP()	返回当前日期和时间
UNIX_TIMESTAMP()	以 UNIX 时间戳的形式返回当前时间
UNIX_TIMESTAMP(d)	将时间 d 以 UNIX 时间戳的形式返回
FROM_UNIXTIME(d)	把 UNIX 时间戳的时间转换为普通格式的时间
UTC_DATE()	返回 UTC（universal time coordinated，世界协调时）日期
UTC_TIME()	返回 UTC 时间
MONTH(d)	返回日期 d 中的月份值，范围是 1~12
MONTHNAME(d)	返回日期 d 中的月份名称，如 January、February 等
DAYNAME(d)	返回日期 d 是星期几，如 Monday、Tuesday 等
DAYOFWEEK(d)	返回日期 d 是星期几，1 表示星期日，2 表示星期一等
WEEKDAY(d)	返回日期 d 是星期几，0 表示星期一，1 表示星期二等
WEEK(d)	计算日期 d 是本年的第几个星期，范围是 0～53
WEEKOFYEAR(d)	计算日期 d 是本年的第几个星期，范围是 1～53
DAYOFYEAR(d)	计算日期 d 是本年的第几天
DAYOFMONTH(d)	计算日期 d 是本月的第几天
YEAR(d)	返回日期 d 中的年份值
QUARTER(d)	返回日期 d 是第几季度，范围是 1～4
HOUR(t)	返回时间 t 中的小时值
MINUTE(t)	返回时间 t 中的分钟值
SECOND(t)	返回时间 t 中的秒钟值
EXTRACT(type FROM d)	从日期 d 中获取指定的值，type 指定返回的值，如 YEAR、HOUR 等
TIME_TO_SEC(t)	将时间 t 转换为秒
SEC_TO_TIME(s)	将以秒为单位的时间 s 转换为时分秒的格式
TO_DAYS(d)	计算日期 d～0000 年 1 月 1 日的天数
FROM_DAYS(n)	计算从 0000 年 1 月 1 日开始 n 天后的日期
DATEDIFF(d1,d2)	计算日期 d1 和 d2 相隔的天数
ADDDATE(d,n)	计算起始日期 d 加上 n 天的日期
ADDDATE(d,INTERVAL expr type)	计算起始日期 d 加上一个时间段后的日期

续表

函　　数	作　　用
DATE_ADD(d,INTERVAL expr type)	同 ADDDATE(d,INTERVAL n type)
SUBDATE(d,n)	计算起始日期 d 减去 n 天后的日期
SUBDATE(d,INTERVAL expr type)	计算起始日期 d 减去一个时间段后的日期
ADDTIME(t,n)	计算起始时间 t 加上 n 秒的时间
SUBTIME(t,n)	计算起始时间 t 减去 n 秒的时间
DATE_FROMAT(d,f)	按照表达式 f 的要求显示日期 d
TIME_FROMAT(t,f)	按照表达式 f 的要求显示时间 t
GET_FORMAT(type,s)	根据字符串 s 获取 type 类型数据的显示格式

下面对其中的常用函数进行讲解，并且结合实例做详细说明。

10.4.1　CURDATE()和 CURRENT_DATE()当前日期函数

CURDATE()函数和 CURRENT_DATE()函数用于获取当前日期。

例 10.17　使用 CURDATE()函数和 CURRENT_DATE()函数获取当前日期。（**实例位置：资源包\TM\sl\10\10.17**）

语句如下。

```
select CURDATE(),CURRENT_DATE();
```

查询结果如图 10.17 所示。

```
mysql> select CURDATE(),CURRENT_DATE();
+------------+----------------+
| CURDATE()  | CURRENT_DATE() |
+------------+----------------+
| 2021-02-07 | 2021-02-07     |
+------------+----------------+
1 row in set (0.04 sec)
```

图 10.17　使用 CURDATE()函数和 CURRENT_DATE()函数获取当前日期

10.4.2　CURTIME()和 CURRENT_TIME()当前时间函数

CURTIME()函数和 CURRENT_TIME()函数用于获取当前时间。

例 10.18　使用 CURTIME()函数和 CURRENT_TIME()函数获取当前时间。（**实例位置：资源包\TM\sl\10\10.18**）

语句如下。

```
select CURTIME(),CURRENT_TIME();
```

查询结果如图 10.18 所示。

```
mysql> select CURTIME(),CURRENT_TIME();
+-----------+----------------+
| CURTIME() | CURRENT_TIME() |
+-----------+----------------+
| 14:00:16  | 14:00:16       |
+-----------+----------------+
1 row in set (0.01 sec)

mysql>
```

图 10.18　使用 CURTIME()函数和 CURRENT_TIME()函数获取当前时间

10.4.3　NOW()当前日期和时间函数

NOW()函数用于获取当前日期和时间，此类函数还有 CURRENT_TIMESTAMP()、LOCALTIME()、SYSDATE()和 LOCALTIMESTAMP()。

例 10.19　使用 NOW()、CURRENT_TIMESTAMP()、LOCALTIME()和 SYSDATE()函数获取当前日期和时间。（**实例位置：资源包\TM\sl\10\10.19**）

语句如下。

```
SELECT NOW(),CURRENT_TIMESTAMP(),LOCALTIME(),SYSDATE();
```

运行结果如图 10.19 所示。

```
mysql> select NOW(),CURRENT_TIMESTAMP(),LOCALTIME(),SYSDATE();
+---------------------+---------------------+---------------------+---------------------+
| NOW()               | CURRENT_TIMESTAMP() | LOCALTIME()         | SYSDATE()           |
+---------------------+---------------------+---------------------+---------------------+
| 2021-02-07 16:14:15 | 2021-02-07 16:14:15 | 2021-02-07 16:14:15 | 2021-02-07 16:14:15 |
+---------------------+---------------------+---------------------+---------------------+
1 row in set (0.03 sec)
```

图 10.19　使用 NOW()、CURRENT_TIMESTAMP()等函数获取当前日期和时间

10.4.4　DATEDIFF(d1,d2)间隔天数函数

DATEDIFF(d1,d2)函数用于计算日期 d1 与 d2 之间相隔的天数。

例 10.20　使用 DATEDIFF(d1,d2)函数计算 2021-07-05 与 2021-07-01 之间相隔的天数。（**实例位置：资源包\TM\sl\10\10.20**）

语句如下。

```
SELECT DATEDIFF('2021-07-05','2021-07-01');
```

运行结果如图 10.20 所示。

```
mysql> SELECT DATEDIFF('2021-07-05','2021-07-01');
+-------------------------------------+
| DATEDIFF('2021-07-05','2021-07-01') |
+-------------------------------------+
|                                   4 |
+-------------------------------------+
1 row in set (0.00 sec)
```

图 10.20　使用 DATEDIFF(d1,d2)函数计算 2021-07-05 与 2021-07-01 之间相隔的天数

10.4.5 ADDDATE(d,n)日期计算函数

ADDDATE(d,n)函数返回起始日期 d 加上 n 天的日期。

例 10.21 使用 ADDDATE(d,n)函数返回 2021-07-01 加上 3 天的日期。（**实例位置：资源包\TM\sl\10\10.21**）

语句如下。

```
SELECT ADDDATE('2021-07-01',3);
```

运行结果如图 10.21 所示。

```
mysql> SELECT ADDDATE('2021-07-01',3);
+-------------------------+
| ADDDATE('2021-07-01',3) |
+-------------------------+
| 2021-07-04              |
+-------------------------+
1 row in set (0.00 sec)
```

图 10.21 使用 ADDDATE(d,n)函数返回 2021-07-01 加上 3 天的日期

10.4.6 ADDDATE(d,INTERVAL expr type)日期时间计算函数

ADDDATE(d,INTERVAL expr type)函数返回起始日期 d 加上一个时间段后的日期。

例 10.22 使用 ADDDATE(d,INTERVAL expr type)函数返回 5 分钟后的日期和时间。（**实例位置：资源包\TM\sl\10\10.22**）

语句如下。

```
SELECT ADDDATE('2021-11-11 11:11:11', INTERVAL 5 MINUTE);
```

运行结果如图 10.22 所示。

```
mysql> SELECT ADDDATE('2021-11-11 11:11:11', INTERVAL 5 MINUTE);
+---------------------------------------------------+
| ADDDATE('2021-11-11 11:11:11', INTERVAL 5 MINUTE) |
+---------------------------------------------------+
| 2021-11-11 11:16:11                               |
+---------------------------------------------------+
1 row in set (0.00 sec)
```

图 10.22 使用 ADDDATE(d,INTERVAL expr type)函数返回 5 分钟后的日期和时间

10.4.7 SUBDATE(d,n)日期计算函数

SUBDATE(d,n)函数返回起始日期 d 减去 n 天的日期。

例 10.23 使用 SUBDATE(d,n)函数返回 2021-07-31 减去 6 天后的日期。（**实例位置：资源包\TM\sl\10\ 10.23**）

语句如下。

```
SELECT SUBDATE('2021-07-31',6);
```

运行结果如图 10.23 所示。

```
mysql> SELECT SUBDATE('2021-07-31',6);
+-------------------------+
| SUBDATE('2021-07-31',6) |
+-------------------------+
| 2021-07-25              |
+-------------------------+
1 row in set (0.00 sec)
```

图 10.23　使用 SUBDATE(d,n)函数返回减去 6 天后的日期

10.5　条件判断函数

条件判断函数用来在 SQL 语句中进行条件判断。根据不同的条件，执行不同的 SQL 语句。MySQL 支持的条件判断函数及其作用如表 10.5 所示。

表 10.5　MySQL 的条件判断函数及其作用

函　　数	作　　用
IF(expr,v1,v2)	如果表达式 expr 成立，则执行 v1；否则执行 v2
IFNULL(v1,v2)	如果 v1 不为空，则显示 v1 的值；否则显示 v2 的值
CASE WHEN expr1 THEN v1 [WHEN expr2 THEN v2 …][ELSE vn] END	case 表示函数开始，end 表示函数结束。如果表达式 expr1 成立，则返回 v1 的值；如果表达式 expr2 成立，则返回 v2 的值。以此类推，最后遇到 ELSE 时，返回 vn 的值。它的功能与 PHP 中的 switch 语句类似
CASE expr WHEN e1 THEN v1 [WHEN e2 THEN v2 …][ELSE vn] END	case 表示函数开始，end 表示函数结束。如果表达式 expr 取值为 e1，则返回 v1 的值；如果表达式 expr 取值为 e2，则返回 v2 的值，以此类推，最后遇到 else，则返回 vn 的值

例 10.24　查询编程词典业绩信息表：如果业绩超过 100 0000，则输出 Very Good；如果业绩小于 100 0000 大于 10 0000，则输出 Popularly；否则输出 Not Good。（**实例位置：资源包\TM\sl\10\10.24**）

语句如下。

```
select id,grade, CASE WHEN grade>1000000 THEN 'Very Good' WHEN grade<1000000 and grade >=100000 THEN 'Popularly' ELSE 'Not Good' END level from tb_bccd;
```

查询结果如图 10.24 所示。

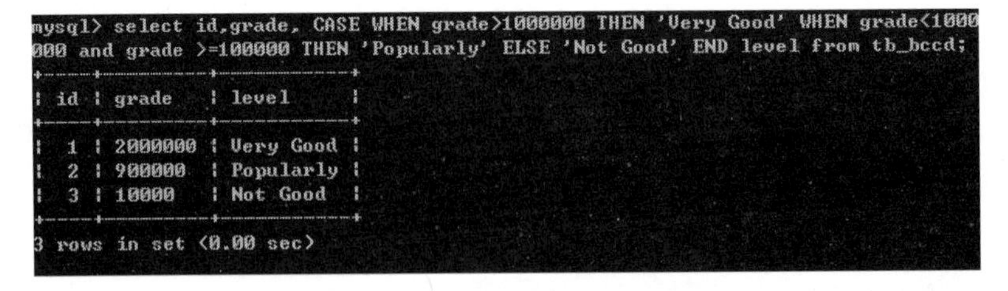

图 10.24　条件判断函数的应用

10.6　系统信息函数

系统信息函数用来查询 MySQL 数据库的系统信息。例如，查询数据库的版本和数据库的当前用户等。表 10.6 列出了各种系统信息函数及其作用和示例。

表 10.6　MySQL 的系统信息函数及其作用和示例

函　　数	作　　用	示　　例
VERSION()	获取数据库的版本号	select VERSION();
CONNECTION_ID()	获取服务器的连接数	select CONNECTION_ID();
DATABASE(),SCHEMA()	获取当前数据库名	select DATABASE(),SCHEMA();
USER(),SYSTEM_USER(),SESSION_USER()	获取当前用户	select USER(),SYSTEM_USER();
CURRENT_USER(),CURRENT_USER	获取当前用户	select CURRENT_USER();
CHARSET(str)	获取字符串 str 的字符集	select CHARSET('mrsoft');
COLLATION(str)	获取字符串 str 的字符排列方式	select COLLATION('mrsoft');
LAST_INSERT_ID()	获取最近生成的 AUTO_INCREMENT 值	select LAST_INSERT_ID();

10.6.1　获取 MySQL 版本号、连接数和数据库名的函数

VERSION()函数返回数据库的版本号；CONNECTION_ID()函数返回服务器的连接数，也就是到现在为止 MySQL 服务的连接次数；DATABASE()函数和 SCHEMA()函数返回当前数据库名。

例 10.25　下面将演示 VERSION()、CONNECTION_ID()、DATABASE()和 SCHEMA() 4 个函数的用法，如图 10.25 所示。（**实例位置：资源包\TM\sl\10\10.25**）

其中，VERSION() 函数返回的版本号为 8.0.12，CONNECTION_ID()函数返回的连接数为 58，DATABASE()和 SCHEMA()函数返回的当前数据库名是 db_database10。

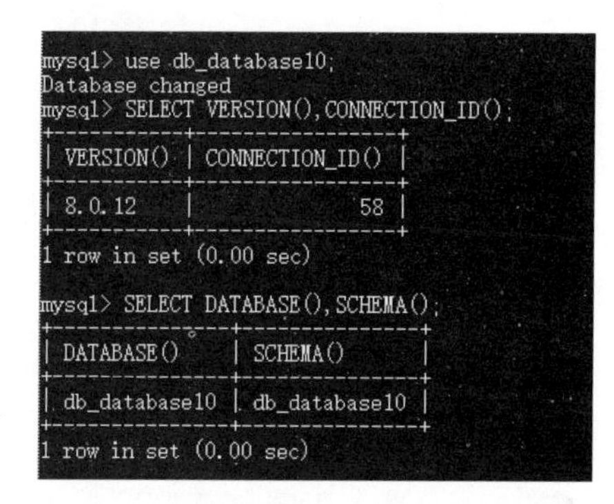

图 10.25　获取 MySQL 版本号、连接数和数据库名的函数

10.6.2　获取用户名的函数

USER()、SYSTEM_USER()、SESSION_USER()、CURRENT_USER()和 CURRENT_USER 函数可以返回当前用户的名称。

例 10.26　查询当前用户的名称，结果如图 10.26 所示。（**实例位置：资源包\TM\sl\10\10.26**）

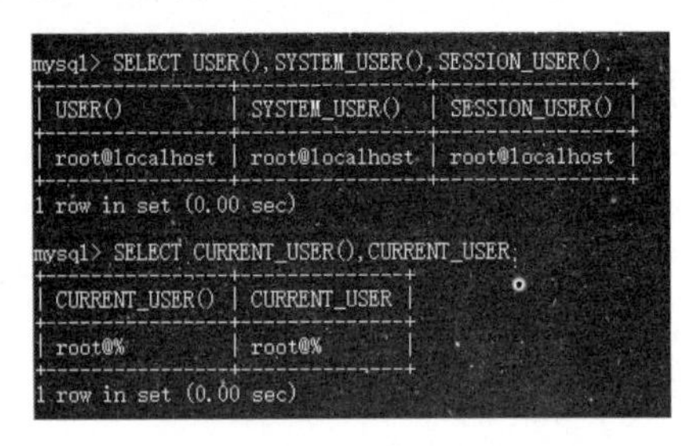

图 10.26　获取用户名的函数

结果显示，当前用户的名称为 root，localhost 是主机名。因为服务器和客户端都在一台机器上，所以服务器的主机名为 localhost。用户名和主机名之间用符号“@”进行连接。

10.6.3　获取字符串的字符集和排序方式的函数

CHARSET(str)函数返回字符串 str 的字符集，一般情况下该字符集是系统的默认字符集；COLLATION(str)函数返回字符串 str 的字符排列方式。

例 10.27　查看字符串 aa 的字符集和字符串排序方式，结果如图 10.27 所示。（**实例位置：资源包\TM\sl\10\10.27**）

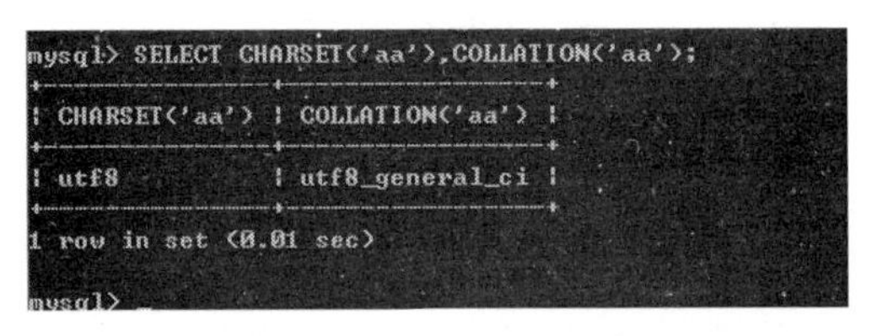

图 10.27　获取字符串的字符集和排序方式的函数

10.7　其 他 函 数

MySQL 中除了上述内置函数，还包含很多函数。例如，数字格式化函数 FORMAT(x,n)、IP 地址与数字的转换函数 INET_ATON(ip)、加锁函数 GET_LOCT(name,time)、解锁函数 RELEASE_LOCK(name)等。在表 10.7 中罗列了 MySQL 中支持的其他函数及其作用。

表 10.7　MySQL 中的其他函数及其作用

函　　数	作　　用
FORMAT(x,n)	将数字 x 进行格式化，将 x 保留到小数点后 n 位。这个过程需要进行四舍五入
ASCII(s)	返回字符串 s 的第一个字符的 ASCII 码
BIN(x)	返回 x 的二进制编码

续表

函　　数	作　　用
HEX(x)	返回 x 的十六进制编码
OCT(x)	返回 x 的八进制编码
CONV(x,f1,f2)	将 x 从 f1 进制数变成 f2 进制数
INET_ATON(IP)	将 IP 地址转换为数字进行表示
INET_NTOA(N)	将数字 N 转换成 IP 的形式
GET_LOCT(name,time)	定义一个名称为 name、持续时间长度为 time 秒的锁。锁定成功，则返回 1；如果尝试超时，则返回 0；如果遇到错误，则返回 NULL
RELEASE_LOCK(name)	解除名称为 name 的锁。如果解锁成功，则返回 1；如果尝试超时，则返回 0；如果解锁失败，则返回 NULL
IS_FREE_LOCK(name)	判断是否使用名为 name 的锁。如果使用，则返回 0；否则返回 1
BENCHMARK(count,expr)	将表达式 expr 重复执行 count 次，然后返回执行时间。该函数可以用来判断 MySQL 处理表达式的速度
CONVERT(s USING cs)	将字符串 s 的字符集变成 cs
CAST(x AS type), CONVERT(x, type)	将 x 变成 type 类型，这两个函数只对 BINARY、CHAR、DATE、DATETIME、TIME、SIGNED INTEGER、UNSIGNED INTEGER 类型起作用。这两种方法只是改变了输出值的数据类型，并没有改变表中字段的类型

下面对其中的常用函数进行讲解，并且结合实例做详细说明。

10.7.1　格式化函数 FORMAT(x,n)

FORMAT(x,n)函数可以将数字 x 进行格式化，将 x 保留到小数点后 n 位。这个过程需要进行四舍五入。例如，FORMAT(2.356,2)返回的结果是 2.36，FORMAT(2.353,2)返回的结果是 2.35。

例 10.28　使用 FORMAT(x,n)函数来将 235.345 6 和 235.345 4 进行格式化，将这两个数字都保留到小数点后 3 位，结果如图 10.28 所示。（**实例位置：资源包\TM\sl\10\10.28**）

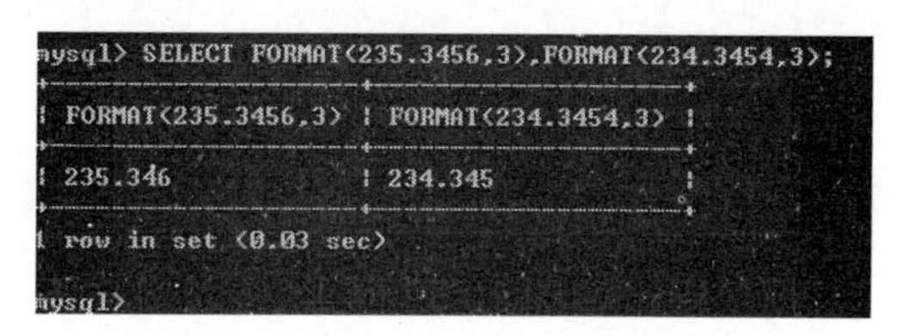

图 10.28　格式化函数 FORMAT(x,n)

结果显示，235.345 6 格式化后的结果是 235.346，235.345 4 格式化后的结果是 235.345。这两个数都保留到小数点后 3 位，而且都进行了四舍五入处理。

注意

FORMAT(x,n)函数可以将 x 保留到小数点后 n 位，在格式化过程中需要进行四舍五入处理；ROUND(x,y)函数返回 x 保留到小数点后 y 位的值，截断时需要进行四舍五入处理。

10.7.2　改变字符集的函数

CONVERT(s USING cs)函数将字符串 s 的字符集变成 cs。

例 10.29　将字符串 ABC 的字符集变成 gbk，结果如图 10.29 所示。（**实例位置：资源包\TM\sl\10\10.29**）

```
mysql> SELECT CHARSET('ABC'),CHARSET(CONVERT('ABC' USING gbk));
+----------------+-----------------------------------+
| CHARSET('ABC') | CHARSET(CONVERT('ABC' USING gbk)) |
+----------------+-----------------------------------+
| utf8           | gbk                               |
+----------------+-----------------------------------+
1 row in set (0.02 sec)

mysql>
```

图 10.29　改变字符集的函数

10.7.3　改变字段数据类型的函数

CAST(x AS type)和 CONVERT(x,type)函数可将 x 变成 type 类型。这两个函数只对 BINARY、CHAR、DATETIME、TIME、SIGNED INTEGER、UNSIGNED INTEGER 类型起作用。这两种方法只是改变了输出值的数据类型，并没有改变表中字段的类型。

例 10.30　C1 表中的 times 字段为 DATETIME 类型，将其变为 DATE 或者 TIME 类型，结果如图 10.30 所示。（**实例位置：资源包\TM\sl\10\10.30**）

```
mysql> USE test;
Database changed
mysql> SELECT times,CAST(times as DATE),CONVERT(times,TIME) FROM C1;
+---------------------+---------------------+---------------------+
| times               | CAST(times as DATE) | CONVERT(times,TIME) |
+---------------------+---------------------+---------------------+
| 2014-09-16 11:05:30 | 2014-09-16          | 11:05:30            |
+---------------------+---------------------+---------------------+
1 row in set (0.01 sec)

mysql>
```

图 10.30　改变字段数据类型的函数

结果显示：times 字段原来的取值是 2014-09-16 11:05:30，属于 DATETIME 类型；CAST(times AS DATE)返回的结果是 2014-09-16，这说明类型已经变成了 DATE；CONVERT(times,TIME)返回的结果是 11:05:30，这说明类型已经变成了 TIME。

10.8　小　　结

本章介绍了 MySQL 数据库提供的内部函数，包括数学函数、字符串函数、日期和时间函数、条件判断函数、系统信息函数和其他函数等。字符串函数、日期和时间函数是本章的重点内容；条件判断

函数是本章的难点，因为条件判断函数涉及很多条件判断和跳转的语句。通常将这些函数与 SELECT 语句一起使用，以方便用户的查询。INSERT、UPDATE、DELECT 语句和条件表达式也可以使用这些函数。

10.9　实践与练习

（答案位置：资源包\TM\sl\10\实践与练习）

1．编写 SQL 语句，实现利用函数来查看当前数据库的版本号、当前数据库的名称和当前的用户。

2．编写 SQL 语句，应用 INSTR()函数返回字符串 me 在字符串 You love me .He love me.中第一次出现的位置。

第11章 索　引

索引是一种特殊的数据库结构，它是提高数据库性能的重要方式，可以被用来快速查询数据库表中的特定记录，MySQL 中所有的数据类型都可以被索引。MySQL 的索引包括普通索引、唯一索引、全文索引、单列索引、多列索引和空间索引等。本章将介绍索引的概念、作用、不同类别，以及创建和删除方法等。

本章知识架构及重难点如下：

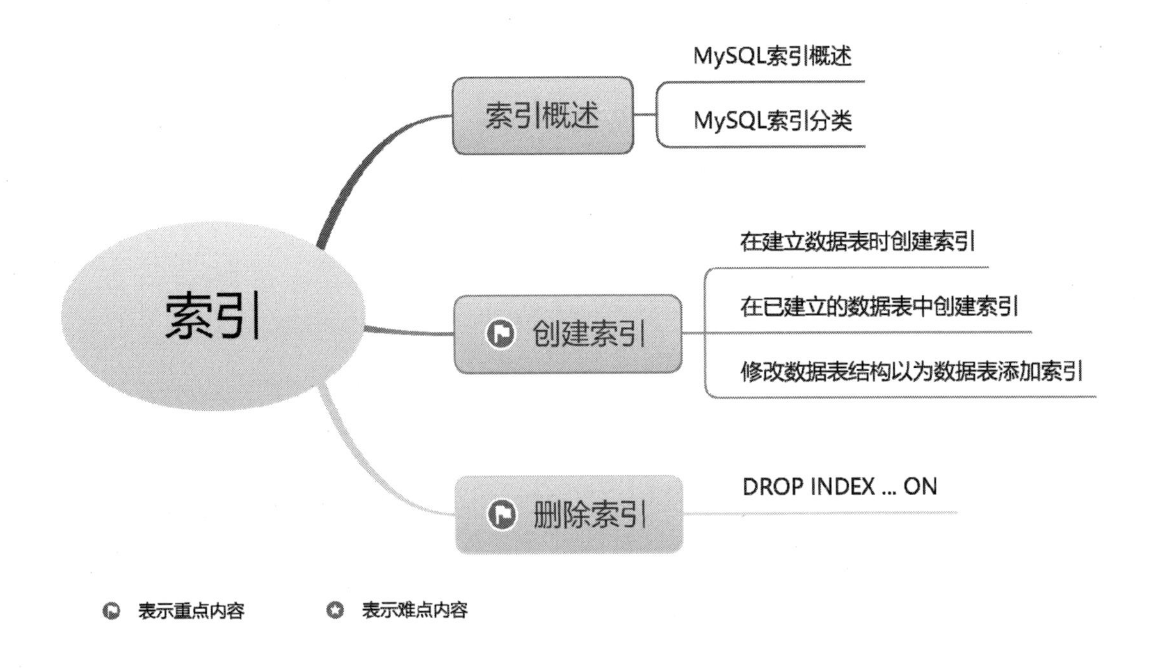

11.1 索引概述

在 MySQL 中，索引由数据表中一列或多列组合而成，创建索引是为了优化数据库的查询速度。其中，用户创建的索引指向数据库中具体数据所在位置。当用户通过索引查询数据库中的数据时，不需要遍历数据库中的所有数据，大幅度提高了查询效率。

11.1.1　MySQL 索引概述

索引是一种将数据库中单列或者多列的值进行排序的结构。应用索引，可以大幅度地提高查询效率，还可以降低服务器的负载。用户查询数据时，系统可以不必遍历数据表中的所有记录，而是查询索引列。一般过程的数据查询是通过遍历全部数据，并寻找数据库中的匹配记录而实现的。与一般形式的查询相比，索引就像一本书的目录。而当用户通过索引查找数据时，就好比通过目录查询某章节的某个知识点。这样就缩短了查询时间，加快查找速度。因此，使用索引可以有效地提高数据库系统的整体性能。

应用 MySQL 数据库时，用户在查询数据时并非总需要应用索引来优化查询。凡事都有双面性：使用索引可以提高检索数据的速度，对于依赖关系的子表和父表之间的联合查询，可以提高查询效率，并且可以提高系统的整体性能；但是创建和维护索引需要耗费时间，并且所耗费时间与数据量的大小成正比，另外索引需要占用物理空间，给数据的维护造成很多麻烦。

整体来说，索引可以提高查询效率，但是会影响用户操作数据库的插入操作。因为当向有索引的表中插入记录时，数据库系统会按照索引进行排序，所以用户可以先将索引删除后再插入数据，当数据的插入操作完成后，再重新创建索引。

说明

不同的存储引擎定义每个表的最大索引数和最大索引长度。所有存储引擎对每个表至少支持16个索引，总索引长度至少为256字节。有些存储引擎支持更多的索引数和更大的索引长度。索引有两种存储类型，包括B树索引和哈希索引。其中，B树为系统默认索引方法。

11.1.2　MySQL 索引分类

MySQL 的索引包括普通索引、唯一索引、全文索引、单列索引、多列索引和空间索引等。

1. 普通索引

普通索引即不应用任何限制条件的索引，该索引可以在任何数据类型中进行创建。字段本身的约束条件可以判断其值是否为空或唯一。在某数据表的某一字段中创建该类型索引后，用户便可以通过索引进行查询。

2. 唯一索引

使用 UNIQUE 参数可以设置唯一索引。创建该索引时，索引的值必须唯一，通过唯一索引，用户可以快速定位某条记录，主键是一种特殊的唯一索引。

3. 全文索引

使用 FULLTEXT 参数可以设置索引为全文索引。全文索引只能创建在 CHAR、VARCHAR 或者 TEXT 类型的字段上。查询数据量较大的字符串类型的字段时，使用全文索引可以提高查询效率。例如，查询带有文章回复内容的字段，可以应用全文索引方式。需要注意的是，在默认情况下，全文索引的搜索执行方式是不区分大小写的。如果索引的列使用二进制排序，则可以执行大小写敏感的全文索引。

4. 单列索引

顾名思义，单列索引即只对应一个字段的索引，其可以包括上述 3 种索引方式。应用该索引的条件是保证该索引值对应一个字段。

5. 多列索引

多列索引是在表的多个字段上创建一个索引。该索引指向创建时对应的多个字段，用户可以通过这几个字段进行查询。要想应用该索引，用户必须使用这些字段中的第一个字段。

6. 空间索引

使用 SPATIAL 参数可以设置索引为空间索引。空间索引只能建立在空间数据类型上，这样可以提高系统获取空间数据的效率。MySQL 中只有 MyISAM 存储引擎支持空间检索，而且索引的字段不能为空值。

11.2 创建索引

创建索引是指在某个表的至少一列中建立索引，以提高表的访问速度和数据库性能。本节通过几种不同的方式创建索引，包括在建立数据库时创建索引、在已建立的数据表中创建索引和修改数据表结构添加索引。

11.2.1 在建立数据表时创建索引

在建立数据表时可以直接创建索引，这种方式比较直接，且方便、易用。在建立数据表时创建索引的基本语法结构如下。

```
create table table_name(
属性名 数据类型[约束条件],
属性名 数据类型[约束条件]
...
属性名 数据类型
[UNIQUE | FULLTEXT | SPATIAL ]   INDEX }KEY
[别名]( 属性名 1 [(长度)] [ASC | DESC])
);
```

其中，属性名后的属性值，其含义如下。

（1）UNIQUE：可选项，表明索引为唯一索引。

（2）FULLTEXT：可选项，表明索引为全文搜索。

（3）SPATIAL：可选项，表明索引为空间索引。

INDEX 和 KEY 参数用于指定字段索引，用户在选择时，只需要选择其中的一种即可；另外，别名为可选项，其作用是给创建的索引取新名称。

别名的参数如下。

（1）属性名 1：指索引对应的字段名称，该字段必须被预先定义。

（2）长度：可选项，指索引的长度，必须是字符串类型才可以使用。

（3）ASC/DESC：可选项，ASC 表示升序排列，DESC 表示降序排列。

1．创建普通索引

创建普通索引，即不添加 UNIQUE、FULLTEXT 等任何参数。

例 11.1　创建表名为 score 的数据表，并在该表的 id 字段上建立索引。（**实例位置：资源包\TM\sl\11\11.1**）

主要代码如下。

```
create table score(
id int(11) auto_increment primary key not null,
name varchar(50) not null,
math int(5) not null,
english int(5) not null,
chinese int(5) not null,
index(id));
```

运行结果如图 11.1 所示。

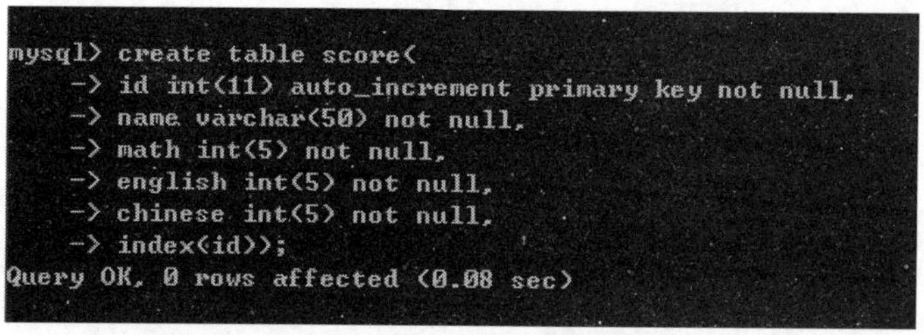

```
mysql> create table score(
    -> id int(11) auto_increment primary key not null,
    -> name varchar(50) not null,
    -> math int(5) not null,
    -> english int(5) not null,
    -> chinese int(5) not null,
    -> index(id));
Query OK, 0 rows affected (0.08 sec)
```

图 11.1　创建普通索引

在命令提示符中使用 SHOW CREATE TABLE 语句查看该表的结构，代码如下。

```
show create table score;
```

其运行结果如图 11.2 所示。

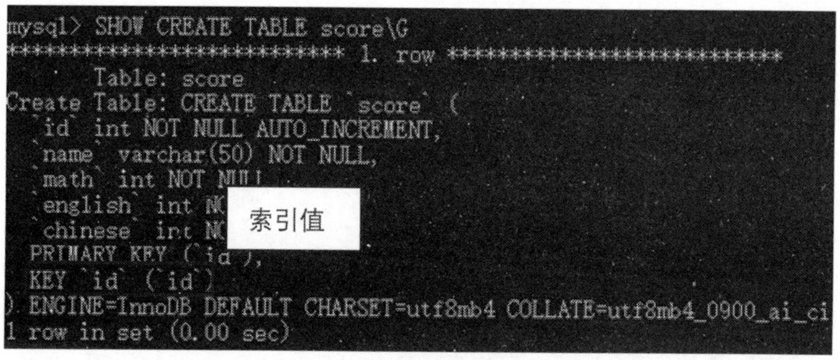

```
mysql> SHOW CREATE TABLE score\G
*************************** 1. row ***************************
       Table: score
Create Table: CREATE TABLE `score` (
  `id` int NOT NULL AUTO_INCREMENT,
  `name` varchar(50) NOT NULL,
  `math` int NOT NULL,
  `english` int NO
  `chinese` int NO
  PRIMARY KEY (`id`),
  KEY `id` (`id`)
) ENGINE=InnoDB DEFAULT CHARSET=utf8mb4 COLLATE=utf8mb4_0900_ai_ci
1 row in set (0.00 sec)
```

索引值

图 11.2　查看数据表结构

从图 11.2 中可以清晰地看到，该表结构的索引为 id，可以说明该表的索引建立成功。

说明：“\G”可以将查询的结果旋转 90° 编程纵向，因为如果查询的结果的列比较多时，页面会显示得很凌乱，使用了“\G”之后使查询结果变得易于阅读。

2. 创建唯一索引

创建唯一索引与创建普通索引的语法结构大体相同，但是在创建唯一索引时，需要使用 UNIQUE 参数进行约束。

例 11.2 创建一个表名为 address 的数据表，并指定在该表的 id 字段上建立唯一索引。（**实例位置：资源包\TM\sl\11\11.2**）

代码如下。

```
create table address(
id int(11) auto_increment primary key not null,
name varchar(50),
detail_address varchar(200),
UNIQUE INDEX address(id));
```

应用 SHOW CREATE TABLE 语句查看表的结构，其运行结果如图 11.3 所示。

```
mysql> CREATE TABLE address(
    -> id int(11) auto_increment PRIMARY KEY not null,
    -> name varchar(50),
    -> detail_address varchar(200),
    -> UNIQUE INDEX address(id));
Query OK, 0 rows affected, 1 warning (0.06 sec)

mysql> SHOW CREATE TABLE address\G
*************************** 1. row ***************************
       Table: address
Create Table: CREATE TABLE `address` (
  `id` int NOT NULL AUTO_INCREMENT
  `name` varchar(50) DEFAULT
  `detail_address` varchar(2                ULL,
  PRIMARY KEY (`id`),
  UNIQUE KEY `address` (`id`)
) ENGINE=InnoDB DEFAULT CHARSET=utf8mb4 COLLATE=utf8mb4_0900_ai_ci
1 row in set (0.00 sec)
```

唯一索引

图 11.3　查看唯一索引的表结构

从图 11.3 中可以看到，在该表的 id 字段上已经建立了一个名为 address 的唯一索引。

说明

虽然添加唯一索引可以约束字段的唯一性，但是有时候并不能提高用户的查找速度，即不能实现优化查询目的。因此，读者在使用过程中需要根据实际情况来选择使用唯一索引。

3. 创建全文索引

与普通索引和唯一索引不同，全文索引只能作用在 CHAR、VARCHAR、TEXT 类型的字段上。创建全文索引需要使用 FULLTEXT 参数进行约束。

例 11.3　创建一个名称为 cards 的数据表，并在该表的 number 字段上创建全文索引。（**实例位置：资源包\TM\sl\11\11.3**）

代码如下。

```
create table cards(
id int(11) auto_increment primary key not null,
name varchar(50),
number bigint(11),
info varchar(50),
FULLTEXT KEY cards_info(info));
```

在命令提示符中应用 SHOW CREATE TABLE 语句查看表结构，代码如下。

```
SHOW CREATE TABLE cards;
```

运行结果如图 11.4 所示。

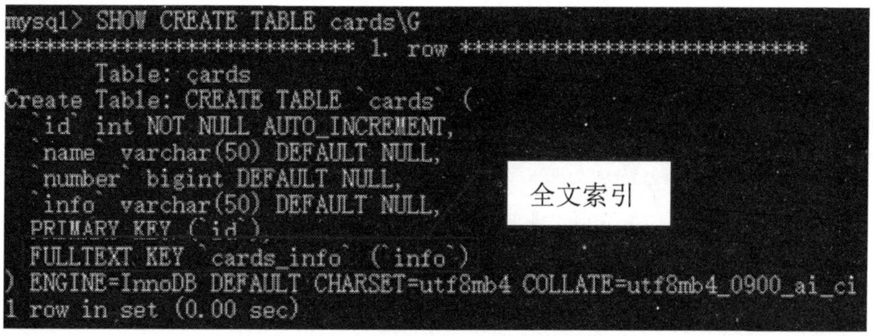

```
mysql> SHOW CREATE TABLE cards\G
*************************** 1. row ***************************
       Table: cards
Create Table: CREATE TABLE `cards` (
  `id` int NOT NULL AUTO_INCREMENT,
  `name` varchar(50) DEFAULT NULL,
  `number` bigint DEFAULT NULL,
  `info` varchar(50) DEFAULT NULL,
  PRIMARY KEY (`id`),
  FULLTEXT KEY `cards_info` (`info`)
) ENGINE=InnoDB DEFAULT CHARSET=utf8mb4 COLLATE=utf8mb4_0900_ai_ci
1 row in set (0.00 sec)
```

全文索引

图 11.4　查看全文索引的数据表结构

说明

只有 InnoDB 和 MyISAM 存储引擎支持全文索引，并且该索引仅适用于 CHAR、VARCHAR 和 TEXT 列。索引始终发生在整个列上，并且不支持列前缀索引。

4．创建单列索引

创建单列索引，即在数据表的单个字段上创建索引。创建该类型索引不需要引入约束参数，只需指定单列字段名即可。

例 11.4　创建名称为 telephone 的数据表，并指定在 tel 字段上建立名称为 tel_num 的单列索引。（**实例位置：资源包\TM\sl\11\11.4**）

代码如下。

```
create table telephone(
id int(11) primary key auto_increment not null,
name varchar(50) not null,
tel varchar(50) not null,
index tel_num(tel(20))
);
```

运行上述代码后，应用 SHOW CREATE TABLE 语句查看表的结构，其运行结果如图 11.5 所示。

```
mysql> SHOW CREATE TABLE telephone\G
*************************** 1. row ***************************
       Table: telephone
Create Table: CREATE TABLE `telephone` (
  `id` int NOT NULL AUTO_INCREMENT,
  `name` varchar(50) NOT NULL,
  `tel` varchar(50) NOT NULL,
  PRIMARY KEY (`id`),
  KEY `tel_num` (`tel`(20))
) ENGINE=InnoDB DEFAULT CHARSET=utf8mb4 COLLATE=utf8mb4_0900_ai_ci
1 row in set (0.00 sec)
```

单列索引

图 11.5　查看单列索引的数据表结构

数据表中的字段长度为 50，而创建的索引的字段长度为 20，这样做是为了提高查询效率，优化查询速度。

5．创建多列索引

与创建单列索引相似，创建多列索引时，指定表的多个字段即可实现。

例 11.5　创建名称为 information 的数据表，并指定 name 和 sex 为多列索引。（**实例位置：资源包\TM\sl\11\11.5**）

代码如下。

```
create table information(
id int(11) auto_increment primary key not null,
name varchar(50) not null,
sex varchar(5) not null,
birthday varchar(50) not null,
INDEX info(name,sex)
);
```

应用 SHOW CREATE TABLE 语句查看创建多列的数据表结构，其运行结果如图 11.6 所示。

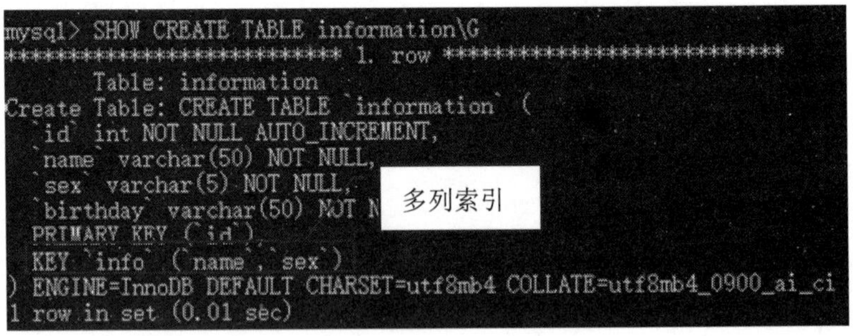

```
mysql> SHOW CREATE TABLE information\G
*************************** 1. row ***************************
       Table: information
Create Table: CREATE TABLE `information` (
  `id` int NOT NULL AUTO_INCREMENT,
  `name` varchar(50) NOT NULL,
  `sex` varchar(5) NOT NULL,
  `birthday` varchar(50) NOT N
  PRIMARY KEY (`id`),
  KEY `info` (`name`,`sex`)
) ENGINE=InnoDB DEFAULT CHARSET=utf8mb4 COLLATE=utf8mb4_0900_ai_ci
1 row in set (0.01 sec)
```

多列索引

图 11.6　查看多列索引的数据表结构

需要注意的是，在多列索引中，只有查询条件中使用了这些字段中的第一个字段（如例 11.5 中的 name 字段）时，索引才会被使用。

说明

触发多列索引的条件是用户必须使用索引的第一字段，如果没有使用第一字段，则索引不起任何作用，用户想要优化查询速度，可以应用该类索引形式。

6. 创建空间索引

创建空间索引时，需要设置 SPATIAL 参数。InnoDB 和 MyISAM 支持空间类型的 R 树索引，其他存储引擎使用 B 树来索引空间类型（除了 ARCHIVE，它不支持空间类型索引）。

例 11.6　创建一个名称为 list 的数据表，并创建一个名为 listinfo 的空间索引。（**实例位置：资源包\TM\sl\11\11.6**）

代码如下。

```
create table list(
id int(11) primary key auto_increment not null,
goods geometry not null,
SPATIAL INDEX listinfo(goods)
);
```

运行上述代码，创建成功后，在命令提示符中应用 SHOW CREATE TABLE 语句查看表的结构。其运行结果如图 11.7 所示。

```
mysql> SHOW CREATE TABLE goodslist\G
*************************** 1. row ***************************
       Table: goodslist
Create Table: CREATE TABLE `goo
  `id` int NOT NULL AUTO_INCREM        多列索引
  `goods` geometry NOT NULL,
  PRIMARY KEY (`id`),
  SPATIAL KEY `listinfo` (`goods`)
) ENGINE=InnoDB DEFAULT CHARSET=utf8mb4 COLLATE=utf8mb4_0900_ai_ci
1 row in set (0.00 sec)
```

图 11.7　查看空间索引的数据表结构

从图 11.7 中可以看到，goods 字段上已经建立了名称为 listinfo 的空间索引，其中，goods 字段不能为空，且数据类型是 GEOMETRY。该类型是空间数据类型。空间数据类型不能用其他数据类型代替，否则在生成空间索引时会产生错误且不能正常创建该类型索引。

说明

空间数据类型除了上述示例中提到的 GEOMETRY 类型，还包括 POINT、LINESTRING、POLYGON 等类型。这些空间数据类型在平常的操作中很少被使用。

11.2.2　在已建立的数据表中创建索引

MySQL 不但可以在创建数据表时创建索引，也可以直接在已经创建的表的一个或几个字段上创建索引。其基本的命令结构如下。

```
CREATE [UNIQUE | FULLTEXT |SPATIAL ] INDEX index_name
ON table_name(属性  [(length)] [ ASC | DESC]);
```

命令的参数说明如下。

（1）index_name：索引名称，可赋予创建的索引新的名称。

（2）table_name：表名，即指定创建索引的表名称。

（3）可选参数：指定索引类型，包括 UNIQUE（唯一索引）、FULLTEXT（全文索引）、SPATIAL（空间索引）。

（4）属性参数：指定索引对应的字段名称。该字段必须已经被预存在用户想要操作的数据表中，如果该数据表中不存在用户指定的字段，则系统会提示异常。

（5）length：可选参数，用于指定索引长度。

（6）ASC 和 DESC 参数：指定数据表的排序顺序。

与建立数据表时创建索引相同，在已建立的数据表中创建索引同样包含 6 种索引方式。

1．创建普通索引

例 11.7 在 user 表中建立名为 user_info 的普通索引。（**实例位置：资源包\TM\sl\11\11.7**）

创建数据表 user，代码如下。

```
create table user(
user_id int(10) not null,
consignee varchar(30) not null,
email varchar(30),
address varchar(60),
mobile varchar(20)
);
```

首先，应用 SHOW CREATE TABLE 语句查看 user 表的结构，其运行结果如图 11.8 所示。

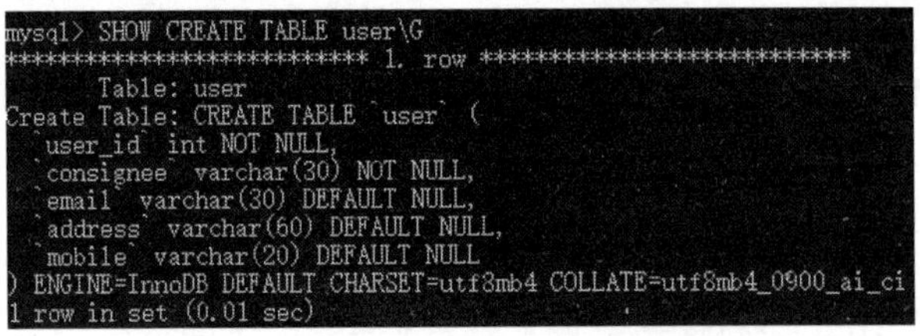

```
mysql> SHOW CREATE TABLE user\G
*************************** 1. row ***************************
       Table: user
Create Table: CREATE TABLE `user` (
  `user_id` int NOT NULL,
  `consignee` varchar(30) NOT NULL,
  `email` varchar(30) DEFAULT NULL,
  `address` varchar(60) DEFAULT NULL,
  `mobile` varchar(20) DEFAULT NULL
) ENGINE=InnoDB DEFAULT CHARSET=utf8mb4 COLLATE=utf8mb4_0900_ai_ci
1 row in set (0.01 sec)
```

图 11.8 查看未添加索引前的表结构

然后，在该表中创建名称为 user_info 的普通索引，在命令提示符中输入如下命令。

```
CREATE INDEX user_info ON user(user_id);
```

输入上述命令后，应用 SHOW CREATE TABLE 语句查看该数据表的结构。其运行结果如图 11.9 所示。

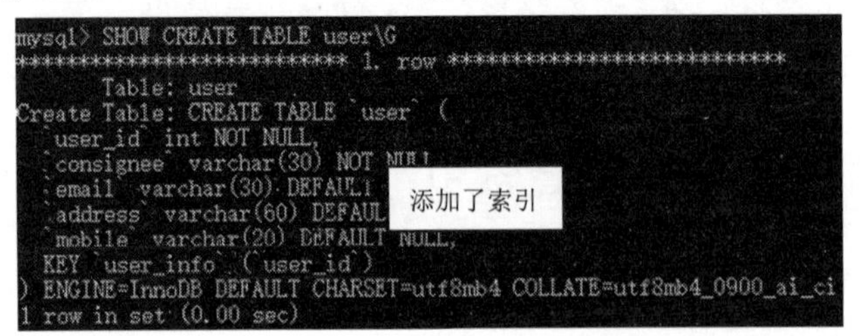
```
mysql> SHOW CREATE TABLE user\G
*************************** 1. row ***************************
       Table: user
Create Table: CREATE TABLE `user` (
  `user_id` int NOT NULL,
  `consignee` varchar(30) NOT NULL,
  `email` varchar(30) DEFAULT NULL,
  `address` varchar(60) DEFAULT NULL,
  `mobile` varchar(20) DEFAULT NULL,
  KEY `user_info` (`user_id`)
) ENGINE=InnoDB DEFAULT CHARSET=utf8mb4 COLLATE=utf8mb4_0900_ai_ci
1 row in set (0.00 sec)
```


图 11.9 查看添加索引后的表格结构

从图 11.9 中可以看出，名称为 user_info 的索引创建成功。如果系统没有提示异常或错误，则说明

已经在 user 数据表中建立了名称为 user_info 的普通索引。

2．创建唯一索引

在已经存在的数据表中建立唯一索引的命令如下。

```
CREATE UNIQUE INDEX 索引名 ON 数据表名称(字段名称);
```

其中，UNIQUE 是用来设置索引唯一性的参数，该表中的字段名称既可以存在唯一性约束，也可以不存在唯一性约束。

例 11.8　在 index1 表的 cid 字段上建立名为 index1_id 的唯一索引。（**实例位置：资源包\TM\sl\11\11.8**）

代码如下。

```
CREATE UNIQUE INDEX index1_id ON index1(cid);
```

输入上述命令后，应用 SHOW CREATE TABLE 语句查看该数据表的结构。其运行结果如图 11.10 所示。

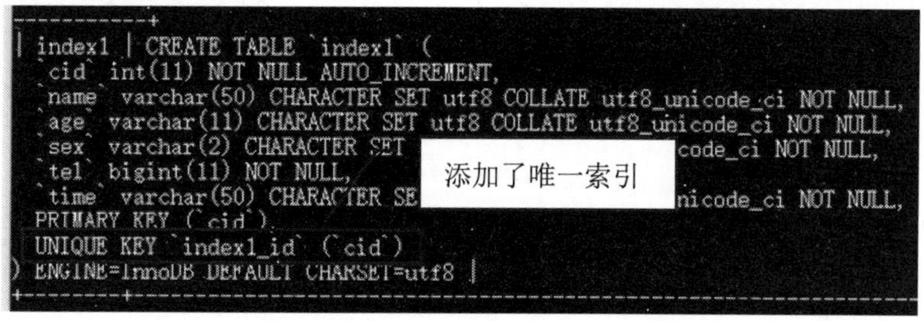

```
+-----------+
| index1 | CREATE TABLE `index1` (
  `cid` int(11) NOT NULL AUTO_INCREMENT,
  `name` varchar(50) CHARACTER SET utf8 COLLATE utf8_unicode_ci NOT NULL,
  `age` varchar(11) CHARACTER SET utf8 COLLATE utf8_unicode_ci NOT NULL,
  `sex` varchar(2) CHARACTER SET            code_ci NOT NULL,
  `tel` bigint(11) NOT NULL,
  `time` varchar(50) CHARACTER SE           nicode_ci NOT NULL,
  PRIMARY KEY (`cid`),
  UNIQUE KEY `index1_id` (`cid`)
) ENGINE=InnoDB DEFAULT CHARSET=utf8 |
+-----------+
```

添加了唯一索引

图 11.10　查看添加唯一索引后的表格结构

3．创建全文索引

在 MySQL 中，为已经存在的数据表创建全文索引的命令如下。

```
CREATE FULLTEXT INDEX 索引名 ON 数据表名称(字段名称);
```

其中，FULLTEXT 用来设置索引为全文索引。操作的数据表类型必须为 MyISAM 类型，字段类型必须为 VARCHAR、CHAR、TEXT 等类型。

例 11.9　在 index2 表的 info 字段上建立名为 index2_info 的全文索引。（**实例位置：资源包\TM\sl\11\11.9**）

代码如下。

```
CREATE FULLTEXT INDEX index2_info ON index2(info);
```

输入上述命令后，应用 SHOW CREATE TABLE 语句查看该数据表的结构。其运行结果如图 11.11 所示。

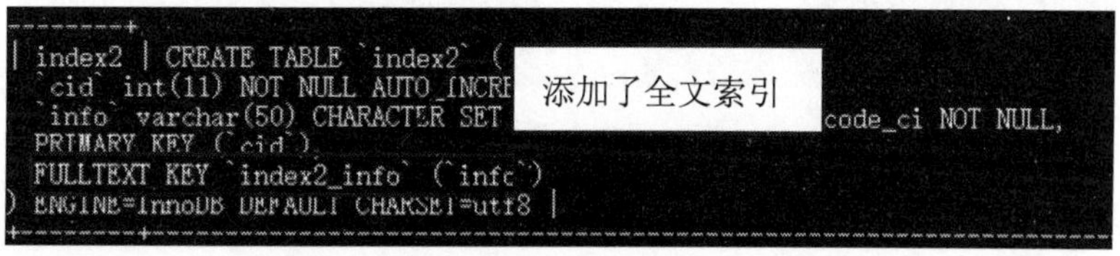

```
+-----------+
| index2 | CREATE TABLE `index2` (
  `cid` int(11) NOT NULL AUTO_INCRE
  `info` varchar(50) CHARACTER SET          code_ci NOT NULL,
  PRIMARY KEY (`cid`),
  FULLTEXT KEY `index2_info` (`info`)
) ENGINE=InnoDB DEFAULT CHARSET=utf8 |
+-----------+
```

添加了全文索引

图 11.11　查看添加全文索引后的表格结构

4．创建单列索引

与建立数据表时创建单列索引相同，用户可以在已存在的表中设置单列索引。其命令结构如下。

```
CREATE INDEX 索引名 ON 数据表名称(字段名称(长度));
```

设置字段名称长度，可以优化查询，提高查询效率。

例 11.10 在 index3 表的 address 字段上建立名为 index3_addr 的单列索引。address 字段的数据类型为 varchar(20)，索引的数据类型为 char(4)。（**实例位置：资源包\TM\sl\11\11.10**）

代码如下。

```
CREATE INDEX index3_addr ON index3(address(4));
```

输入上述命令后，应用 SHOW CREATE TABLE 语句查看该数据表的结构。其运行结果如图 11.12 所示。

```
| index3 | CREATE TABLE `index3` (
  `cid` int(11) NOT NULL AUTO_INCRE
  `address` varchar(20) CHARACTER S                 unicode_ci NOT NULL,
  PRIMARY KEY (`cid`),
  KEY `index3_addr` (`address`(4))
) ENGINE=InnoDB DEFAULT CHARSET=utf8 |
```

添加了单列索引

图 11.12 查看添加单列索引后的表格结构

5．创建多列索引

建立多列索引与建立单列索引类似。其主要命令结构如下。

```
CREATE INDEX 索引名 ON 数据表名称(字段名称 1,字段名称 2,...,字段名称 n);
```

与建立数据表时创建多列索引相同，当创建多列索引时，用户必须使用第一字段作为查询条件，否则索引不能生效。

例 11.11 在 index4 表的 name 和 address 字段上建立名为 index4_na 的多列索引。（**实例位置：资源包\TM\sl\11\11.11**）

代码如下。

```
CREATE INDEX index4_na ON index4(name,address);
```

输入上述命令后，应用 SHOW CREATE TABLE 语句查看该数据表的结构。其运行结果如图 11.13 所示。

图 11.13 查看添加多列索引后的表格结构

6．创建空间索引

要建立空间索引，需要使用 SPATIAL 参数作为约束条件。其命令结构如下。

```
CREATE SPATIAL   INDEX 索引名 ON 数据表名称(字段名称);
```

其中，SPATIAL 用来设置索引为空间索引。用户要操作的数据表类型必须为 MyISAM 类型，并且字段名称必须存在非空约束，否则将不能正常创建空间索引。

11.2.3　修改数据表结构以为数据表添加索引

要修改已经存储在表上的索引，需要使用 ALTER INDEX 语句为数据表添加索引，其基本格式如下。

```
ALTER TABLE table_name ADD [ UNIQUE | FULLTEXT |SPATIAL ] INDEX index_name(属性名 [(length)] [ASC | DESC]);
```

该参数与 11.2.1 节和 11.2.2 节中所介绍的参数相同，这里不再赘述，请读者参阅前面两节中的内容。

1．添加普通索引

首先，应用 SHOW CREATE TABLE 语句查看 studentinfo 数据表的结构，其运行结果如图 11.14 所示。

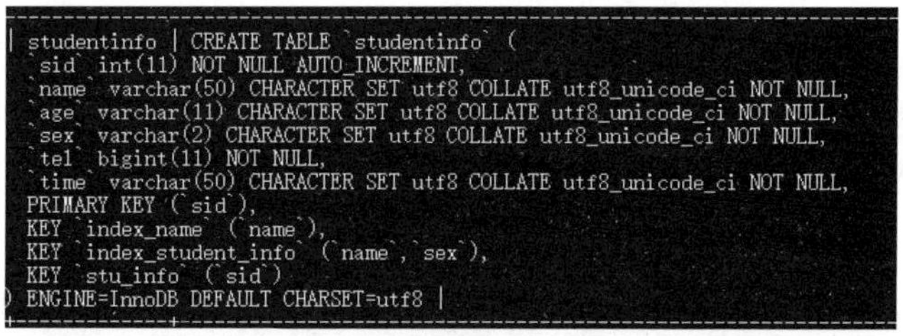

```
| studentinfo | CREATE TABLE `studentinfo` (
  `sid` int(11) NOT NULL AUTO_INCREMENT,
  `name` varchar(50) CHARACTER SET utf8 COLLATE utf8_unicode_ci NOT NULL,
  `age` varchar(11) CHARACTER SET utf8 COLLATE utf8_unicode_ci NOT NULL,
  `sex` varchar(2) CHARACTER SET utf8 COLLATE utf8_unicode_ci NOT NULL,
  `tel` bigint(11) NOT NULL,
  `time` varchar(50) CHARACTER SET utf8 COLLATE utf8_unicode_ci NOT NULL,
  PRIMARY KEY (`sid`),
  KEY `index_name` (`name`),
  KEY `index_student_info` (`name`,`sex`),
  KEY `stu_info` (`sid`)
) ENGINE=InnoDB DEFAULT CHARSET=utf8 |
```

图 11.14　查看未添加索引前的 studentinfo 数据表结构

然后，在该数据表中添加名称为 timer 的普通索引，在命令提示符中输入如下命令。

```
ALTER TABLE studentinfo ADD INDEX timer (time(20));
```

输入上述命令后，应用 SHOW CREATE TABLE 语句查看该数据表的结构。其运行结果如图 11.15 所示。

```
| studentinfo | CREATE TABLE `studentinfo` (
  `sid` int(11) NOT NULL AUTO_INCREMENT,
  `name` varchar(50) CHARACTER SET utf8 COLLATE utf8_unicode_ci NOT NULL,
  `age` varchar(11) CHARACTER SET utf8 COLLATE utf8_unicode_ci NOT NULL,
  `sex` varchar(2) CHARACTER SET utf8 COLLATE utf8_unicode_ci NOT NULL,
  `tel` bigint(11) NOT NULL,
  `time` varchar(50) CHARACTER SET utf8 COLLATE utf8_unicode_ci NOT NULL,
  PRIMARY KEY (`sid`),
  KEY `index_name` (`name`
  KEY `index_student_info`
  KEY `stu_info` (`sid`),
  KEY `timer` (`time`(20))
) ENGINE=InnoDB DEFAULT CHARSET=utf8 |
```


图 11.15　查看添加索引后的 studentinfo 数据表结构

从图 11.15 中可以看出，已经成功向 studentinfo 数据表中添加了名称为 timer 的普通索引。

说明

从功能上看，修改数据表结构以为数据表添加索引与在已存在数据表中建立索引所实现的功能大体相同，二者均在已经建立的数据表中添加或创建新的索引。因此，用户在使用的时候，可以根据个人需求和实际情况，选择适合的方式向数据表中添加索引。

2．添加唯一索引

与在已存在的数据表中添加索引的过程类似，修改数据表结构以添加唯一索引的命令如下。

```
ALTER TABLE 表名 ADD UNIQUE INDEX 索引名称*(字段名称);
```

其中：ALTER TABLE 语句一般用于修改数据表的结构；ADD 为添加索引的关键字；UNIQUE 是用来设置索引唯一性的参数，该表中的字段名称既可以存在唯一性约束，也可以不存在唯一性约束。

3．添加全文索引

在 MySQL 中，修改数据表结构以添加全文索引的命令如下。

```
ALTER TABLE 表名 ADD  FULLTEXT INDEX 索引名称(字段名称);
```

其中，ADD 是添加的关键字，FULLTEXT 用来设置索引为全文索引。操作的数据表类型必须为 MyISAM 类型，字段类型必须为 VARCHAR、CHAR、TEXT 等类型。

例 11.12　使用 ALTER INDEX 语句在数据表 workinfo 的 address 字段上创建名为 index_ext 的全文索引。（**实例位置：资源包\TM\sl\11\11.12**）

使用 ALTER INDEX 语句在 address 字段上创建名为 index_ext 的全文索引，具体代码如下。

```
ALTER TABLE workinfo ADD FULLTEXT INDEX index_ext(address);
```

输入上述命令后，应用 SHOW CREATE TABLE 语句查看该数据表的结构。其运行结果如图 11.16 所示。

```
| workinfo | CREATE TABLE `workinfo` (
  `id` int(10) NOT NULL AUTO_INCREMENT,
  `name` varchar(20) CHARACTER SET utf8 COLLATE utf8_unicode_ci NOT NULL,
  `address` varchar(50) CHARACTER SET utf8 COLLATE utf8_unicode_ci DEFAULT NULL,
  `tel` varchar(20) CHARACT                    f8_unicode_ci DEFAULT NULL,
  PRIMARY KEY (`id`),
  KEY `index_name` (`name`
  KEY `index_id` (`id`),
  FULLTEXT KEY `index_ext` (`address`)
) ENGINE=InnoDB DEFAULT CHARSET=utf8 |
```

添加了全文索引

图 11.16　查看使用 ALTER INDEX 语句创建的全文索引

4．添加单列索引

修改数据表结构以添加单列索引的命令如下。

```
ALTER TABLE 表名 ADD  INDEX 索引名称(字段名称(长度));
```

同样，用户可以设置字段名称长度，以优化查询，提高执行效率。

5．添加多列索引

使用 ALTER INDEX 语句修改数据表结构同样可以添加多列索引。与建立数据表时创建多列索引相同，当创建多列索引时，用户必须使用第一字段作为查询条件，否则索引不能生效。其主要命令如下。

```
ALTER TABLE 表名 ADD  INDEX 索引名称(字段名称 1,字段名称 2,…,字段名称 n);
```

6．添加空间索引

要添加空间索引，需要使用 SPATIAL 参数作为约束条件。其命令如下。

```
ALTER TABLE 表名 ADD  SPATIAL INDEX 索引名称(字段名称);
```

其中，SPATIAL 用来设置索引为空间索引。用户要操作的数据表类型必须为 MyISAM 类型，并且字段名称必须存在非空约束，否则将不能正常创建空间索引。该类别索引并不常用，初学者只需要了解该索引类型即可。

11.3　删 除 索 引

在 MySQL 中，创建索引后，如果用户不再需要该索引，则可以删除指定表的索引。这些已经建立但不常使用的索引不仅会占用系统资源，还可能导致更新速度下降，从而极大地影响了数据表的性能。删除索引可以通过 DROP INDEX 语句来实现。其基本的命令如下。

```
DROP INDEX index_name ON table_name;
```

其中，参数 index_name 是需要删除的索引名称，参数 table_name 指定数据表名称。下面使用示例向读者展示如何删除数据表中已经存在的索引。打开 MySQL 后，应用 SHOW CREATE TABLE 语句查看数据表的索引，其运行结果如图 11.17 所示。

```
mysql> SHOW CREATE TABLE address\G
*************************** 1. row ***************************
       Table: address
Create Table: CREATE TABLE `address` (
  `id` int NOT NULL AUTO_INCR
  `name` varchar(50) DEFAULT
  `detail_address` varchar(20
  PRIMARY KEY (`id`),
  UNIQUE KEY `address` (`id`)
) ENGINE=InnoDB DEFAULT CHARSET=utf8mb4 COLLATE=utf8mb4_0900_ai_ci
1 row in set (0.00 sec)
```

存在唯一性索引

图 11.17　查看 address 数据表内的索引

从图 11.17 中可以看出，名称为 address 的数据表中存在唯一索引 address。在命令提示符中继续输入如下命令。

```
DROP INDEX id ON address
```

运行上述代码的结果如图 11.18 所示。

```
mysql> DROP INDEX address ON address;
Query OK, 0 rows affected (0.25 sec)
Records: 0  Duplicates: 0  Warnings: 0
```

图 11.18　删除唯一索引 address

在顺利删除索引后，为确定该索引是否已被删除，可以再次应用 SHOW CREATE TABLE 语句来查看数据表结构。其运行结果如图 11.19 所示。

从图 11.19 中可以看出，名称为 address 的唯一索引已经被删除。

```
mysql> SHOW CREATE TABLE address\G
*************************** 1. row ***************************
       Table: address
Create Table: CREATE TABLE `address` (
  `id` int NOT NULL AUTO_INCREMENT,
  `name` varchar(50) DEFAULT NULL,
  `detail_address` varchar(200) DEFAULT NULL,
  PRIMARY KEY (`id`)
) ENGINE=InnoDB DEFAULT CHARSET=utf8mb4 COLLATE=utf8mb4_0900_ai_ci
1 row in set (0.00 sec)
```

图 11.19　再次查看 address 数据表结构

例 11.13　使用 DROP INDEX 语句从数据表中删除不再需要的索引，结果如图 11.20 所示。（**实例位置：资源包\TM\sl\11\11.13**）

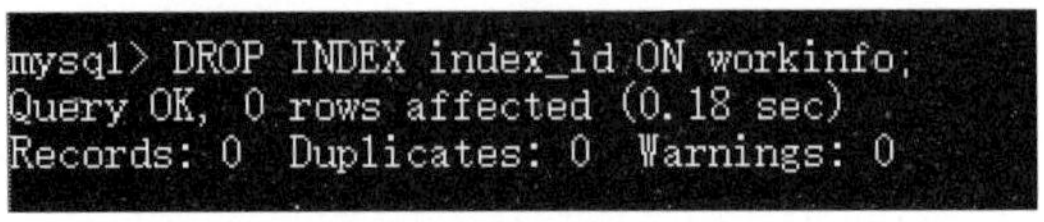

```
mysql> DROP INDEX index_id ON workinfo;
Query OK, 0 rows affected (0.18 sec)
Records: 0  Duplicates: 0  Warnings: 0
```

图 11.20　删除唯一索引

使用 DROP INDEX 语句删除 workinfo 表的唯一索引 index_id，具体代码如下。

```
DROP INDEX index_id ON workinfo;
```

11.4　小　　结

本章对 MySQL 数据库的索引的基础知识、创建和删除方法进行了详细讲解，其中创建索引的内容是本章的重点。读者应该重点掌握创建索引的 3 种方法，分别为在建立数据表时创建索引、使用 CREATE INDEX 语句创建索引和使用 ALTER TABLE 语句创建索引。

11.5　实践与练习

（答案位置：资源包\TM\sl\11\实践与练习）

1．运用 CREATE INDEX 语句为 name 字段创建长度为 10 的索引 index_name。
2．创建一个表名为 tb_user 的数据表，并在该表的 id 字段上建立唯一索引。

第 12 章

视　　图

视图是从一个或多个表中导出的虚拟存在的表。视图就像一个窗口，通过这个窗口可以看到系统专门提供的数据。这样，用户可以不用查看整个数据库表中的数据，而只关心对自己有用的数据。视图可以使用户的操作更方便，而且可以保障数据库系统的安全性。本章将介绍视图的概念和作用、视图定义的原则和创建视图的方法，以及查看视图、修改视图、更新视图和删除视图的方法等。

本章知识架构及重难点如下：

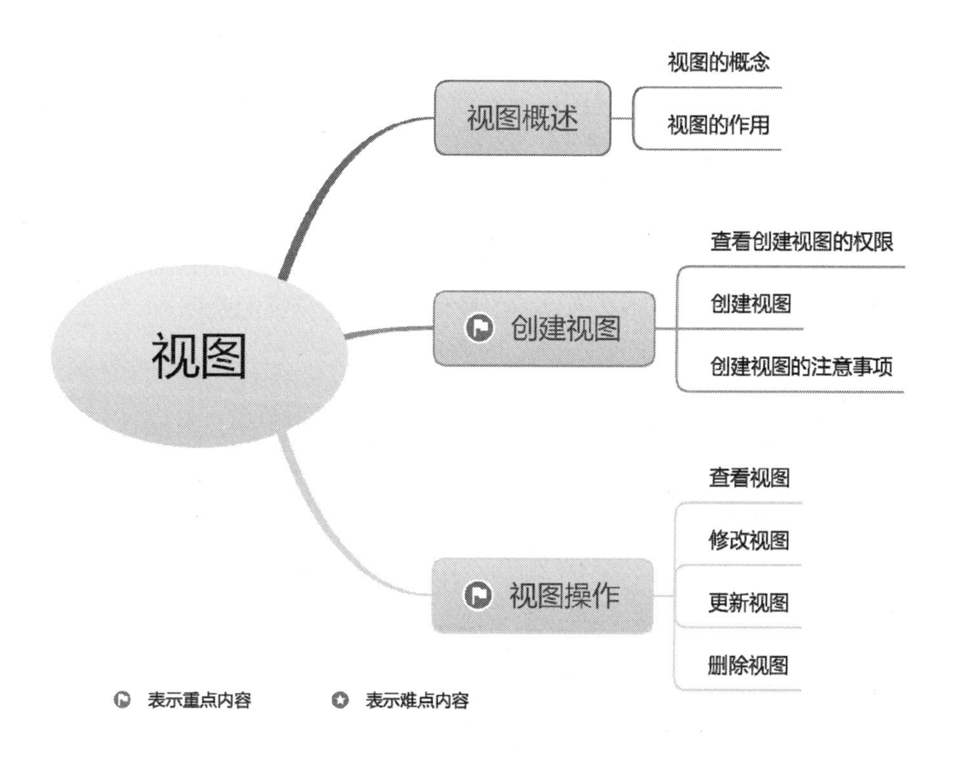

12.1　视 图 概 述

视图是从数据库的一个或多个表中导出的虚拟表，方便用户对数据的操作。本节将详细讲解视图的概念和作用。

12.1.1 视图的概念

视图是一种虚拟表，其内容由查询定义。同真实的表一样，视图包含一系列带有名称的列和行数据。但是，数据库中只存放了视图的定义，而没有存放视图中的数据。这些数据被存放在原来的表中。使用视图查询数据时，数据库系统会从原来的表中取出对应的数据。因此，视图中的数据是依赖于原来的表中的数据的。一旦表中的数据发生改变，显示在视图中的数据也就会发生改变。

视图是存储在数据库中的查询的 SQL 语句，它的存在主要出于两个原因：一个原因是安全性，视图可以隐藏一些数据，例如，它可以用视图显示员工信息表中的姓名、工龄、地址，而不显示社会保险号和工资数等；另一个原因是它可使复杂的查询易于理解和使用。

12.1.2 视图的作用

对所引用的基础表来说，视图的作用类似于筛选。定义视图可以筛选来自当前或其他数据库的一个或多个表，或者来自其他视图。使用视图进行查询没有任何限制，使用视图修改数据时的限制也很少。视图的作用可归纳为如下几点。

1. 简单性

看到的就是需要的。视图不仅可以简化用户对数据的理解，也可以简化他们的操作。可以将经常使用的查询定义为视图，这样用户就不必为以后的操作每次指定全部的条件。

2. 安全性

视图的安全性可以防止未授权用户查看特定的行或列，使有权限用户只能看到表中特定行的方法如下。

（1）在表中增加一个标志用户名的列。

（2）建立视图，使用户只能看到标有自己用户名的行。

（3）把视图授权给其他用户。

3. 逻辑数据独立性

视图可以使应用程序和数据库表在一定程度上独立。如果没有视图，程序一定是建立在表上的。有了视图之后，程序可以建立在视图之上，这样程序与数据库表被视图分割开来。视图可以在以下几个方面使程序与数据独立。

（1）如果应用建立在数据库表上，则当数据库表发生变化时，可以在表上建立视图，通过视图屏蔽表的变化，这样应用程序就不会发生变化。

（2）如果应用建立在数据库表上，则当应用发生变化时，可以在表上建立视图，通过视图屏蔽应用的变化，这样应用程序就不会发生变化。

（3）如果应用建立在视图上，则当数据库表发生变化时，可以在表上修改视图，通过视图屏蔽表的变化，这样应用程序就不会发生变化。

（4）如果应用建立在视图上，当应用发生变化时，可以在表上修改视图，通过视图屏蔽应用的变化，从而使数据库不动。

12.2　创建视图

创建视图是指在已经存在的数据库表上建立视图。视图可以建立在一个表中，也可以建立在多个表中。本节主要讲解创建视图的方法。

12.2.1　查看创建视图的权限

创建视图需要具有 CREATE VIEW 的权限，同时应该具有查询涉及的列的 SELECT 权限。可以使用 SELECT 语句来查询这些权限信息，查询语法如下。

```
SELECT Selete_priv,Create_view_priv FROM mysql.user WHERE user='用户名';
```

参数说明如下。

（1）Selete_priv 表示用户是否具有 SELECT 权限，若该参数的值为 Y，表示拥有 SELECT 权限，值为 N 表示没有此权限。

（2）Create_view_priv 表示用户是否具有 CREATE VIEW 权限，若该参数的值为 Y，表示拥有 CREATE VIEW 权限，值为 N 表示没有此权限。

（3）mysql.user 表示 MySQL 数据库下面的 user 表。

（4）“用户名”表示要查询是否拥有 DROP 权限的用户，该参数需要用单引号引起来。

例 12.1　查询 MySQL 中 root 用户是否具有创建视图的权限。（**实例位置：资源包\TM\sl\12\12.1**）

代码如下。

```
SELECT Select_priv,Create_view_priv FROM mysql.user WHERE user='root';
```

执行结果如图 12.1 所示。

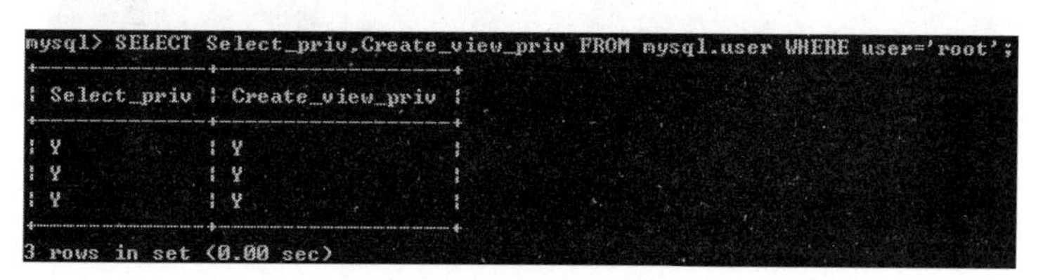

```
mysql> SELECT Select_priv,Create_view_priv FROM mysql.user WHERE user='root';
+-------------+------------------+
| Select_priv | Create_view_priv |
+-------------+------------------+
| Y           | Y                |
| Y           | Y                |
| Y           | Y                |
+-------------+------------------+
3 rows in set (0.00 sec)
```

图 12.1　查看用户是否具有创建视图的权限

结果中 Select_priv 和 Create_view_priv 列的值都为 Y，表示 root 用户具有 SELECT（查看）和 CREATE VIEW（创建视图）的权限。

12.2.2 创建视图

在 MySQL 中，创建视图是通过 CREATE VIEW 语句实现的。其语法如下。

```
CREATE [ALGORITHM={UNDEFINED|MERGE|TEMPTABLE}]
        VIEW 视图名[(属性清单)]
        AS SELECT 语句
        [WITH [CASCADED|LOCAL] CHECK OPTION];
```

参数说明如下。

（1）ALGORITHM：可选参数，表示视图选择的算法。

（2）视图名：表示要创建的视图名称。

（3）属性清单：可选参数，指定视图中各个属性的名词，默认情况下与 SELECT 语句中查询的属性相同。

（4）SELECT 语句：一个完整的查询语句，表示从某个表中查出某些满足条件的记录，将这些记录导入视图中。

（5）WITH CHECK OPTION：可选参数，表示更新视图时要保证在该视图的权限范围之内。

例 12.2 在数据库 db_librarybak 中创建一个保存完整图书信息的视图，命名为 v_book，该视图包括两个数据表，分别是图书信息表（tb_bookinfo）和图书类别表（tb_booktype）。视图包含 tb_bookinfo 表中的 barcode、bookname、author、price、page 和 booktype 列；包含 tb_booktype 表中的 typename 字段。（**实例位置：资源包\TM\sl\12\12.2**）

代码如下。

```
CREATE VIEW
v_book (barcode,bookname,author,price,page,booktype)
AS SELECT barcode,bookname,author,price,page,typename
FROM tb_bookinfo AS b ,tb_booktype AS t WHERE b.typeid=t.id;
```

执行结果如图 12.2 所示。

```
mysql> CREATE VIEW
    -> v_book (barcode,bookname,author,price,page,booktype)
    -> AS SELECT barcode,bookname,author,price,page,typename
    -> FROM tb_bookinfo AS b ,tb_booktype AS t WHERE b.typeid=t.id;
Query OK, 0 rows affected (0.01 sec)

mysql>
```

图 12.2 创建视图 v_book

注意

在执行上面的代码前，如果之前没有执行过选择当前数据库的语句，则需要先执行 USE db_librarybak 语句选择当前的数据库，否则将提示以下错误：ERROR 1046 (3D000): No database selected。

创建 v_book 视图后，就可以通过 SELECT 语句查询视图中的数据（即完整的图书信息），具体代码如下。

```
SELECT * FROM v_book;
```

执行效果如图 12.3 所示。

mysql> SELECT * FROM v_book;

barcode	bookname	author	price	page	booktype
9787302210337	Java Web开发实战宝典	王国辉	89.00	834	网络编程
9787115195975	Java Web开发典型模块大全	王国辉、王毅、王殊宇	89.00	752	网络编程
9787115195966	Java Web程序设计慕课版	明日科技	49.80	350	数据库开发
9787115195988	Android程序设计慕课版	明日科技	49.80	360	网络编程

4 rows in set (0.00 sec)

图 12.3　通过视图查看完整的图书信息

如果在获取图书信息时，还需要获取对应的书架名称，那么可以应用下面的代码，再创建一个名称为 v_book1 的视图。在该视图中，包括 3 个数据表，分别是图书信息表（tb_bookinfo）、图书类别表（tb_booktype）和书架表（tb_bookcase）。

```
CREATE VIEW v_book1 (barcode,bookname,author,price,page,booktype,bookcase)
AS
SELECT barcode,bookname,author,price,page,typename,c.name
FROM
(SELECT b.*,t.typename FROM tb_bookinfo AS b ,tb_booktype AS t WHERE b.typeid=t.id)
AS book,tb_bookcase AS c
WHERE book.bookcase=c.id ;
```

视图创建完毕后，可以应用下面的 SQL 语句查询包括书架名称的图书信息。

```
SELECT * FROM v_book1;
```

执行效果如图 12.4 所示。

mysql> SELECT * FROM v_book1;

barcode	bookname	author	price	page	booktype	bookcase
9787302210337	Java Web开发实战宝典	王国辉	89.00	834	网络编程	左A-1
9787115195975	Java Web开发典型模块大全	王国辉、王毅、王殊宇	89.00	752	网络编程	左A-2
9787115195966	Java Web程序设计慕课版	明日科技	49.80	350	数据库开发	左A-1
9787115195988	Android程序设计慕课版	明日科技	49.80	360	网络编程	左A-1

4 rows in set (0.00 sec)

图 12.4　查询包括书架名称的图书信息

12.2.3　创建视图的注意事项

创建视图时需要注意以下几点。

（1）运行创建视图的语句需要用户具有创建视图（CREATE VIEW）的权限，若加了[or replace]，还需要用户具有删除视图（DROP VIEW）的权限。

（2）SELECT 语句不能包含 FROM 子句中的子查询。

（3）SELECT 语句不能引用系统或用户变量。

（4）SELECT 语句不能引用预处理语句参数。

（5）在存储子程序内，定义不能引用子程序参数或局部变量。

（6）在定义中引用的表或视图必须存在。但是，创建了视图后，能够舍弃定义引用的表或视图。要想检查视图定义是否存在这类问题，可使用 CHECK TABLE 语句。

（7）在定义中不能引用 temporary 表，不能创建 temporary 视图。

（8）在视图定义中命名的表必须已存在。

（9）不能将触发程序与视图关联在一起。

（10）在视图定义中允许使用 ORDER BY，但是，如果从特定视图中进行了选择，而该视图使用了具有自己 ORDER BY 的语句，那么它将被忽略。

12.3 视 图 操 作

12.3.1 查看视图

查看视图是指查看数据库中已存在的视图。查看视图必须要有 SHOW VIEW 权限。查看视图的方法主要包括使用 DESCRIBE 语句、SHOW TABLE STATUS 语句、SHOW CREATE VIEW 语句等，下面逐一进行详细介绍。

1. DESCRIBE 语句

DESCRIBE 可以缩写成 DESC，DESC 语句的格式如下。

```
DESC 视图名;
```

例如，使用 DESC 语句查询 v_book 视图中的结构，如图 12.5 所示。

```
mysql> DESC v_book;
+----------+------------------+------+-----+---------+-------+
| Field    | Type             | Null | Key | Default | Extra |
+----------+------------------+------+-----+---------+-------+
| barcode  | varchar(30)      | YES  |     | NULL    |       |
| bookname | varchar(70)      | YES  |     | NULL    |       |
| author   | varchar(30)      | YES  |     | NULL    |       |
| price    | float(8,2)       | YES  |     | NULL    |       |
| page     | int(10) unsigned | YES  |     | NULL    |       |
| booktype | varchar(30)      | YES  |     | NULL    |       |
+----------+------------------+------+-----+---------+-------+
6 rows in set (0.00 sec)
```

图 12.5 使用 DESC 语句查询 v_book 视图中的结构

上面的结果中显示了字段的名称（Field）、数据类型（Type）、是否为空（Null）、是否为主外键（Key）、默认值（Default）和额外信息（Extra）等内容。

说明

如果只需了解视图中各个字段的简单信息，可以使用 DESCRIBE 语句。DESCRIBE 语句查看视图的方式与查看普通表的方式相同，结果显示的方式也相同。通常情况下，使用 DESC 代替 DESCRIBE。

2．SHOW TABLE STATUS 语句

在 MySQL 中，可以使用 SHOW TABLE STATUS 语句查看视图的信息。其语法格式如下。

```
SHOW TABLE STATUS LIKE '视图名';
```

其中：LIKE 表示后面匹配的是字符串；“视图名”是要查看的视图名称，需要用单引号予以定义。

说明

在 MySQL 的命令行窗口中，语句结束符可以为;、\G 或者\g。其中，；和\g 的作用是一样的，都是按表格的形式显示结果的，而\G 则会将结果旋转 90°，把原来的列按行进行显示。

例 12.3　使用 SHOW TABLE STATUS 语句查看图书视图（v_book）的结构。（**实例位置：资源包\TM\sl\12\12.3**）

代码如下。

```
SHOW TABLE STATUS LIKE 'v_book'\G
```

执行结果如图 12.6 所示。

从执行结果中可以看出，存储引擎、数据长度等信息都显示为 NULL，说明视图为虚拟表，与普通数据表是有区别的。下面使用 SHOW TABLE STATUS 语句查看 tb_bookinfo 表的信息，执行结果如图 12.7 所示。

```
mysql> SHOW TABLE STATUS LIKE 'v_book'\G
*************************** 1. row ***************************
           Name: v_book
         Engine: NULL
        Version: NULL
     Row_format: NULL
           Rows: NULL
 Avg_row_length: NULL
    Data_length: NULL
Max_data_length: NULL
   Index_length: NULL
      Data_free: NULL
 Auto_increment: NULL
    Create_time: NULL
    Update_time: NULL
     Check_time: NULL
      Collation: NULL
       Checksum: NULL
 Create_options: NULL
        Comment: VIEW
1 row in set (0.00 sec)

ERROR:
No query specified

mysql>
```

图 12.6　使用 SHOW TABLE STATUS 语句查看视图 v_book 中的信息

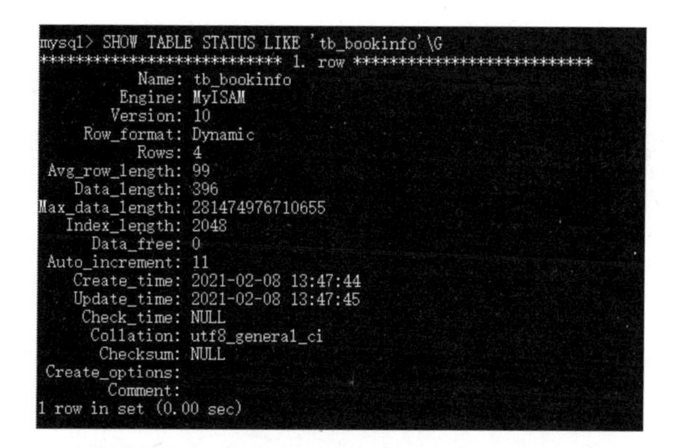

```
mysql> SHOW TABLE STATUS LIKE 'tb_bookinfo'\G
*************************** 1. row ***************************
           Name: tb_bookinfo
         Engine: MyISAM
        Version: 10
     Row_format: Dynamic
           Rows: 4
 Avg_row_length: 99
    Data_length: 396
Max_data_length: 281474976710655
   Index_length: 2048
      Data_free: 0
 Auto_increment: 11
    Create_time: 2021-02-08 13:47:44
    Update_time: 2021-02-08 13:47:45
     Check_time: NULL
      Collation: utf8_general_ci
       Checksum: NULL
 Create_options:
        Comment:
1 row in set (0.00 sec)
```

图 12.7　使用 SHOW TABLE STATUS 语句查看 tb_bookinfo 表的信息

从上面的结果中可以看出，数据表的信息都已经显示出来了，这就是视图和普通数据表的区别。

3．SHOW CREATE VIEW 语句

在 MySQL 中，可以使用 SHOW CREATE VIEW 语句查看视图的详细定义。其语法格式如下。

```
SHOW CREATE VIEW 视图名
```

例 12.4 使用 SHOW CREATE VIEW 语句查看视图 book_view1 的详细定义。（**实例位置：资源包\TM\sl\12\12.4**）

代码如下。

```
SHOW CREATE VIEW v_book\G
```

代码执行结果如图 12.8 所示。

```
mysql> SHOW CREATE VIEW v_book\G
*************************** 1. row ***************************
                View: v_book
         Create View: CREATE ALGORITHM=UNDEFINED DEFINER=`root`@`localhost` SQL
SECURITY DEFINER VIEW `v_book` AS select `b`.`barcode` AS `barcode`,`b`.`booknam
e` AS `bookname`,`b`.`author` AS `author`,`b`.`price` AS `price`,`b`.`page` AS `
page`,`t`.`typename` AS `booktype` from (`tb_bookinfo` `b` join `tb_booktype` `t
`) where (`b`.`typeid` = `t`.`id`)
character_set_client: utf8
collation_connection: utf8_general_ci
1 row in set (0.00 sec)

mysql>
```

图 12.8 使用 SHOW CREATE VIEW 语句查看视图 v_book 的定义

12.3.2 修改视图

修改视图是指修改数据库中已存在的表的定义。当基本表的某些字段发生改变时，可以通过修改视图来保持视图和基本表之间一致。MySQL 中通过 CREATE OR REPLACE VIEW 语句和 ALTER VIEW 语句来修改视图，下面分别对其进行详细介绍。

1. CREATE OR REPLACE VIEW 语句

在 MySQL 中，CREATE OR REPLACE VIEW 语句可以用来修改视图。该语句的使用非常灵活，在视图已经存在的情况下，对视图进行修改；若视图不存在时，则可以创建视图。CREATE OR REPLACE VIEW 语句的语法如下。

```
CREATE OR REPLACE [ALGORITHM={UNDEFINED | MERGE | TEMPTABLE}]
VIEW 视图[(属性清单)]
AS SELECT 语句
[WITH [CASCADED | LOCAL] CHECK OPTION];
```

例 12.5 使用 CREATE OR REPLACE VIEW 语句将视图 v_book 的字段修改为 barcode、bookname、price 和 booktype。（**实例位置：资源包\TM\sl\12\12.5**）

代码如下。

```
CREATE OR REPLACE VIEW
v_book (barcode,bookname,price,booktype)
AS SELECT barcode,bookname,price,typename
FROM tb_bookinfo AS b ,tb_booktype AS t WHERE b.typeid=t.id;
```

执行结果如图 12.9 所示。

使用 DESC 语句查询 v_book 视图，结果如图 12.10 所示。

```
mysql> CREATE OR REPLACE VIEW
    -> v_book (barcode,bookname,price,booktype)
    -> AS SELECT barcode,bookname,price,typename
    -> FROM tb_bookinfo AS b ,tb_booktype AS t WHERE b.typeid=t.id;
Query OK, 0 rows affected (0.01 sec)

mysql>
```

图 12.9　使用 CREATE OR REPLACE VIEW 语句修改视图

```
mysql> DESC v_book;
+----------+-------------+------+-----+---------+-------+
| Field    | Type        | Null | Key | Default | Extra |
+----------+-------------+------+-----+---------+-------+
| barcode  | varchar(30) | YES  |     | NULL    |       |
| bookname | varchar(70) | YES  |     | NULL    |       |
| price    | float(8,2)  | YES  |     | NULL    |       |
| booktype | varchar(30) | YES  |     | NULL    |       |
+----------+-------------+------+-----+---------+-------+
4 rows in set (0.00 sec)

mysql>
```

图 12.10　使用 DESC 语句查询 v_book 视图

从上面的结果中可以看出，修改后的 v_book 中只有 4 个字段。

2．ALTER VIEW 语句

ALTER VIEW 语句改变了视图的定义，包括被索引视图，但不影响所依赖的存储过程或触发器。该语句与 CREATE VIEW 语句有着同样的限制，如果删除并重建了一个视图，就必须重新为它分配权限。

ALTER VIEW 语句的语法如下。

```
ALTER VIEW [algorithm={merge | temptable | undefined} ]VIEW view_name [(column_list)] AS select_statement[WITH [cascaded | local] CHECK OPTION]
```

参数说明如下。

（1）algorithm：该参数已经在创建视图中做了介绍，这里不再赘述。

（2）view_name：视图的名称。

（3）select_statement：SQL 语句用于限定视图。

注意

若在创建视图时使用了 WITH CHECK OPTION、WITH ENCRYPTION、WITH SCHEMABING 或 VIEW_METADATA 选项，修改视图时想保留这些选项提供的功能，必须在 ALTER VIEW 语句中将它们包括进去。

例 12.6　修改 v_book 视图，将原有的 barcode、bookname、price 和 booktype 4 个属性更改为 barcode、bookname 和 booktype 3 个属性。（**实例位置：资源包\TM\sl\12\12.6**）

代码如下。

```
ALTER VIEW v_book(barcode,bookname,booktype)
AS SELECT barcode,bookname,typename
FROM tb_bookinfo AS b ,tb_booktype AS t WHERE b.typeid=t.id
WITH CHECK OPTION;
```

执行效果如图 12.11 所示。

```
mysql> ALTER VIEW v_book(barcode,bookname,booktype)
    -> AS SELECT barcode,bookname,typename
    -> FROM tb_bookinfo AS b ,tb_booktype AS t WHERE b.typeid=t.id
    -> WITH CHECK OPTION;
Query OK, 0 rows affected (0.01 sec)

mysql>
```

图 12.11　修改视图属性

结果显示修改成功，下面再来查看修改后的视图属性，结果如图 12.12 所示。此时视图中包含 3 个属性。

```
mysql> DESC v_book;
+----------+-------------+------+-----+---------+-------+
| Field    | Type        | Null | Key | Default | Extra |
+----------+-------------+------+-----+---------+-------+
| barcode  | varchar(30) | YES  |     | NULL    |       |
| bookname | varchar(70) | YES  |     | NULL    |       |
| booktype | varchar(30) | YES  |     | NULL    |       |
+----------+-------------+------+-----+---------+-------+
3 rows in set (0.00 sec)

mysql>
```

图 12.12　查看修改后的视图属性

12.3.3　更新视图

对视图的更新其实就是对表的更新，更新视图是指通过视图来插入（INSERT）、更新（UPDATE）和删除（DELETE）表中的数据。因为视图是一个虚拟表，其中没有数据，所以当通过视图更新数据时，其实是在更新基本表中的数据。更新视图时，只能更新权限范围内的数据，超出权限范围的数据就不能被更新。本节讲解更新视图的方法和更新视图的限制。

1．更新视图的方法

下面通过一个具体的实例介绍更新视图的方法。

例 12.7　对图书视图 v_book 中的数据进行更新。（**实例位置：资源包\TM\sl\12\12.7**）

先来查看 v_book 视图中的原有数据，如图 12.13 所示。

```
mysql> select * from v_book;
+---------------+------------------------------+------------+
| barcode       | bookname                     | booktype   |
+---------------+------------------------------+------------+
| 9787302210337 | Java Web开发实战宝典         | 网络编程   |
| 9787115195975 | Java Web开发典型模块大全     | 网络编程   |
| 9787115195966 | Java Web程序设计慕课版       | 数据库开发 |
| 9787115195988 | Android程序设计慕课版        | 网络编程   |
+---------------+------------------------------+------------+
4 rows in set (0.00 sec)
```

图 12.13　查看 v_book 视图中的原有数据

下面更新视图中的第 3 条记录，将 bookname 的值修改为“Java Web 程序设计（慕课版）”，代码如下。

```
UPDATE v_book SET bookname='Java Web 程序设计（慕课版）' WHERE barcode='9787115195966';
```

执行效果如图 12.14 所示。

```
mysql> UPDATE v_book SET bookname='Java Web程序设计（慕课版）' WHERE barcode='9787115195966';
Query OK, 1 row affected (0.02 sec)
Rows matched: 1  Changed: 1  Warnings: 0
```

图 12.14　更新视图中的数据

结果显示更新成功，下面来查看 v_book 视图中的数据是否有变化，结果如图 12.15 所示。

下面再来查看 tb_bookinfo 表中的数据是否有变化，结果如图 12.16 所示。

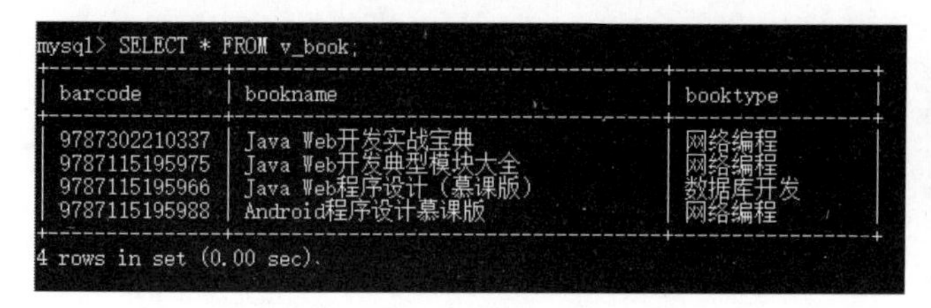

mysql> SELECT * FROM v_book;

barcode	bookname	booktype
9787302210337	Java Web开发实战宝典	网络编程
9787115195975	Java Web开发典型模块大全	网络编程
9787115195966	Java Web程序设计（慕课版）	数据库开发
9787115195988	Android程序设计慕课版	网络编程

4 rows in set (0.00 sec)

图 12.15　查看更新后视图中的数据

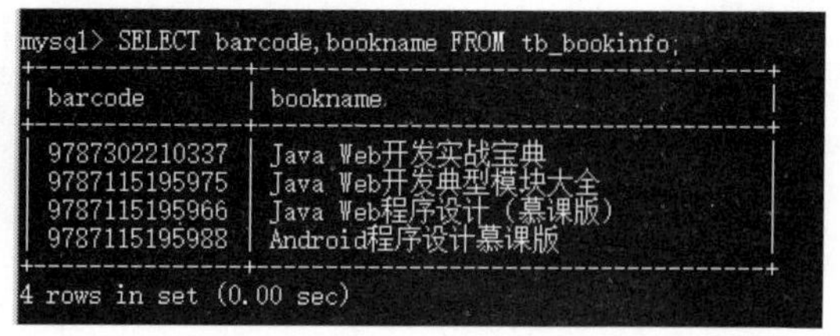

mysql> SELECT barcode,bookname FROM tb_bookinfo;

barcode	bookname
9787302210337	Java Web开发实战宝典
9787115195975	Java Web开发典型模块大全
9787115195966	Java Web程序设计（慕课版）
9787115195988	Android程序设计慕课版

4 rows in set (0.00 sec)

图 12.16　查看 tb_bookinfo 表中的数据

从上面的结果中可以看出，对视图的更新其实就是对基本表的更新。

2．更新视图的限制

并不是所有的视图都可以被更新，以下几种情况是不能更新视图的。

（1）视图中包含 COUNT()、SUM()、MAX()和 MIN()等函数。例如：

```
CREATE VIEW book_view1(a_sort,a_book)
AS SELECT sort,books, COUNT(name) FROM tb_book;
```

（2）视图中包含 UNION、UNION ALL、DISTINCT、GROUP BY 和 HAVIG 等关键字。例如：

```
CREATE VIEW book_view1(a_sort,a_book)
AS SELECT sort,books, FROM tb_book GROUP BY id;
```

（3）常量视图。例如：

```
CREATE VIEW book_view1
AS SELECT 'Aric' as a_book;
```

（4）视图的 SELECT 中包含子查询。例如：

```
CREATE VIEW book_view1(a_sort)
AS SELECT (SELECT name FROM tb_book);
```

（5）由不可更新的视图导出的视图。例如：

```
CREATE VIEW book_view1
AS SELECT * FROM book_view2;
```

（6）创建视图时，ALGORITHM 为 TEMPTABLE 类型。例如：

```
CREATE ALGORITHM=TEMPTABLE
VIEW book_view1
AS SELECT * FROM tb_book;
```

（7）视图对应的表上存在没有默认值的列，而且该列不包含在视图中。例如，表中包含的 name 字段没有默认值，但是视图中不包括该字段，因此无法更新此视图。因为在更新视图时，这个没有默认值的记录将没有要插入的值，也没有要插入的 NULL 值。数据库系统不允许这样的情况出现，其会阻止这个视图更新。

上面的几种情况其实就是一种情况，规则就是，视图的数据和基本表的数据不一样了。

注意

虽然可以更新视图中的数据，但是有很多限制。一般情况下，最好将视图作为查询数据的虚拟表，而不要通过视图更新数据。因为使用视图更新数据时，如果没有全面考虑在视图中更新数据的限制，则可能会造成数据更新失败。

12.3.4　删除视图

删除视图是指删除数据库中已存在的视图。删除视图时，只能删除视图的定义，不会删除数据。在 MySQL 中，使用 DROP VIEW 语句来删除视图。但是，用户必须拥有 DROP 权限。本节将介绍删除视图的方法。

DROP VIEW 语句的语法如下。

```
DROP VIEW IF EXISTS <视图名> [RESTRICT | CASCADE]
```

其中：IF EXISTS 参数负责判断视图是否存在，如果存在则执行，不存在则不执行；“视图名”参数表示要删除的视图的名称和列表，各个视图名称之间用逗号隔开。

该语句从数据字典中删除指定的视图定义；如果该视图导出了其他视图，则使用 CASCADE 级联删除，或者先显式地删除导出的视图，再删除该视图；删除基表时，由该基表导出的所有视图定义都必须被显式地删除。

例 12.8　删除前面实例中一直使用的图书视图 v_book。（**实例位置：资源包\TM\sl\12\12.8**）

代码如下。

```
DROP VIEW IF EXISTS v_book;
```

执行结果如图 12.17 所示。

执行结果显示删除成功。下面验证视图是否真正地被删除，执行 SHOW CREATE VIEW 语句查看视图的结构，代码如下。

```
SHOW CREATE VIEW v_book;
```

执行结果如图 12.18 所示。

```
mysql> DROP VIEW IF EXISTS v_book;
Query OK, 0 rows affected (0.00 sec)

mysql>
```

图 12.17　删除视图

```
mysql> SHOW CREATE VIEW v_book;
ERROR 1146 (42S02): Table 'db_librarybak.v_book' doesn't exist
mysql>
```

图 12.18　查看视图是否被成功地删除

结果显示，视图 v_book 不存在，说明 DROP VIEW 语句成功地删除了视图。

12.4　小　　结

本章对 MySQL 数据库中视图的概念和作用进行了详细讲解，并且讲解了创建视图、查看视图、

修改视图、更新视图和删除视图的方法。创建视图和修改视图是本章的重点内容，并且需要在计算机上进行实际操作。读者在创建视图和修改视图后，一定要查看视图的结构，以确保创建和修改的操作正确。更新视图是本章的一个难点，因为实际中存在一些造成视图不能被更新的因素，希望读者在练习中认真分析。

12.5　实践与练习

（答案位置：资源包\TM\sl\12\实践与练习）

1．在 department 表上创建一个简单的视图，视图名称为 department_view1。
2．使用 DESCRIBE 语句查询视图的结构。

第 3 篇

高级应用

本篇介绍数据完整性约束、存储过程与存储函数、触发器、事务、事件、备份与恢复、MySQL性能优化、权限管理及安全控制等内容。学习完这一部分，读者能够掌握如何进行数据的导入与导出操作，以及如何使用存储过程、触发器、事务、事件等。这些操作不仅可以优化查询，还可以提高数据访问速度，更好地维护MySQL的权限及其安全。

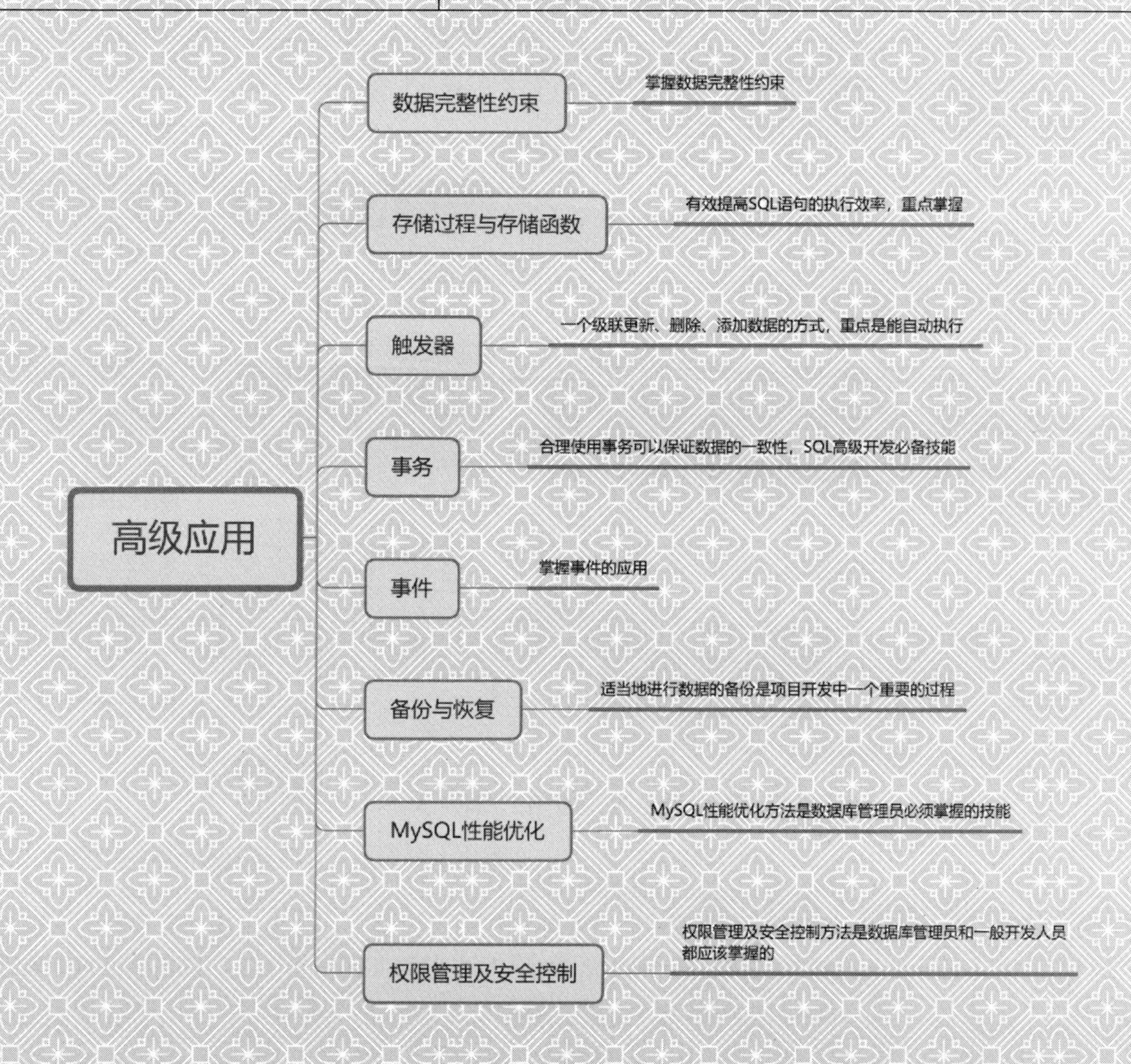

高级应用
数据完整性约束
掌握数据完整性约束
存储过程与存储函数
有效提高SQL语句的执行效率，重点掌握
触发器
一个级联更新、删除、添加数据的方式，重点是能自动执行
事务
合理使用事务可以保证数据的一致性，SQL高级开发必备技能
事件
掌握事件的应用
备份与恢复
适当地进行数据的备份是项目开发中一个重要的过程
MySQL性能优化
MySQL性能优化方法是数据库管理员必须掌握的技能
权限管理及安全控制
权限管理及安全控制方法是数据库管理员和一般开发人员都应该掌握的

第 13 章

数据完整性约束

数据完整性是指数据的正确性和相容性，是为了防止数据库中存在不符合语义的数据，即防止数据库中存在不正确的数据。在 MySQL 中提供了多种完整性约束，它们作为数据库关系模式定义的一部分，可以通过 CREATE TABLE 或 ALTER TABLE 语句来定义。一旦定义了完整性约束，MySQL 服务器就会随时检测处于更新状态的数据库内容是否符合相关的完整性约束，从而保证数据的一致性与正确性。这样既能有效地防止对数据库的意外破坏，又能提高完整性检测的效率，还能减轻数据库编程人员的工作负担。本章将对数据完整性约束进行详细介绍。

本章知识架构及重难点如下：

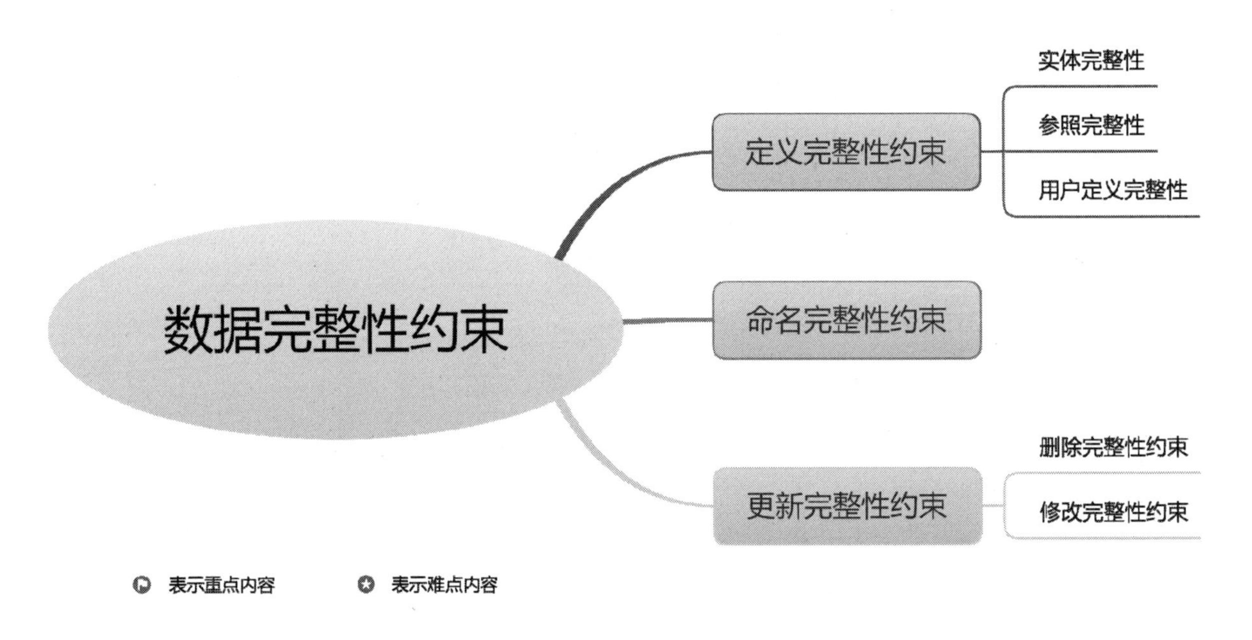

13.1　定义完整性约束

关系模型的完整性规则是对关系的某种约束条件。在关系模型中，提供了实体完整性、参照完整性和用户定义完整性 3 项规则。下面将分别介绍 MySQL 中对数据库完整性 3 项规则的设置和实现方式。

13.1.1　实体完整性

实体（entity）是一个数据对象，是指客观存在并可以相互区分的事物，如一名教师、一名学生或一个雇员等。一个实体在数据库中表现为表中的一条记录。通常情况下，它必须遵守实体完整性规则。

实体完整性规则（entity integrity rule）是指关系的主属性，即主码（主键）的组成不能为空，也就是关系的主属性不能是空值（NULL）。关系对应于现实世界中的实体集，而现实世界中的实体是可区分的，即说明每个实例具有唯一性标识。在关系模型中，主码（主键）被用作唯一性标识。假设主码（主键）取空值，则说明这个实体不可标识，即不可区分。这个假设显然不正确，并且与现实世界应用环境相矛盾。因此，这样的无标识实体不能存在，并且在关系模型中引入实体完整性约束。例如，在学生关系（学号、姓名、性别）中，“学号”为主码（主键），那么“学号”这个属性就不能为空值，否则就违反了实体完整性规则。

在 MySQL 中，实体完整性是通过主键约束和候选键约束来实现的。

1. 主键约束

主键可以是表中的某一列，也可以是表中多个列构成的一个组合，其中由多个列组合而成的主键也被称为复合主键。在 MySQL 中，主键必须遵守以下规则。

（1）每一个表只能定义一个主键。

（2）唯一性原则。主键的值，也称键值，必须能够唯一标识表中的每一行记录，且不能为 NULL。也就是说，一个表中两个不同的行在主键上不能具有相同的值。

（3）最小化规则。复合主键不能包含不必要的多余列。也就是说，当从一个复合主键中删除一列后，如果剩下的列构成的主键仍能满足唯一性原则，那么这个复合主键是不正确的。

（4）一个列名在复合主键的列表中只能出现一次。

在 MySQL 中，可以在 CREATE TABLE 或者 ALTER TABLE 语句中使用 PRIMARY KEY 子句来创建主键约束，其实现方式有以下两种。

（1）作为列的完整性约束。

在定义表的某个列的属性时，可以添加 PRIMARY KEY 关键字来实现这一点。

例 13.1　在创建用户信息表 tb_user 时，将 id 字段设置为主键。（**实例位置：资源包\TM\sl\13\13.1**）

代码如下。

```
create table tb_user(
id int auto_increment primary key,
user varchar(30) not null,
password varchar(30) not null,
createtime datetime);
```

运行上述代码，其结果如图 13.1 所示。

（2）作为表的完整性约束。

在定义表的所有列的属性时，可以添加 PRIMARY KEY(index_col_name,…)子句来实现这一点。

例 13.2　创建学生信息表 tb_student 时，将学号（id）和所在班级号（classid）字段设置为主键。（**实例位置：资源包\TM\sl\13\13.2**）

代码如下。

```
create table tb_student (
id int auto_increment,
name varchar(30) not null,
sex varchar(2),
classid int not null,
birthday date,
PRIMARY KEY (id,classid)
);
```

运行上述代码，其结果如图 13.2 所示。

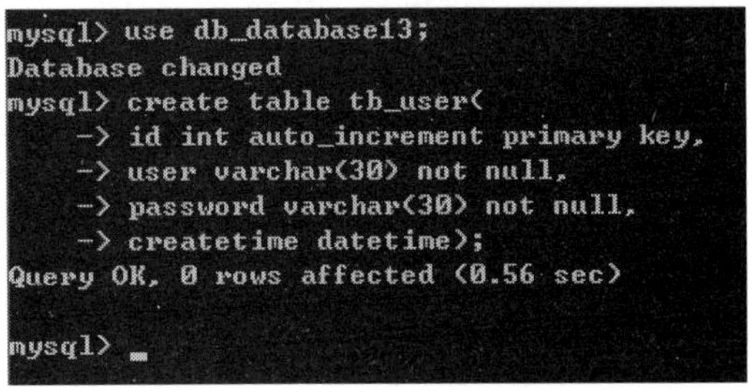

```
mysql> use db_database13;
Database changed
mysql> create table tb_user(
    -> id int auto_increment primary key,
    -> user varchar(30) not null,
    -> password varchar(30) not null,
    -> createtime datetime);
Query OK, 0 rows affected (0.56 sec)

mysql> _
```

图 13.1　将 id 字段设置为主键

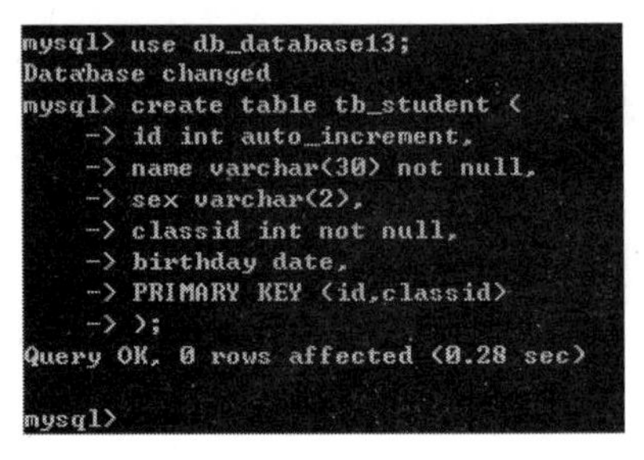

图 13.2　将 id 字段和 classid 字段设置为主键

说明

如果主键仅由表中的某一列构成，那么以上两种方法均可以定义主键约束；如果主键由表中多个列构成，那么只能用第二种方法定义主键约束。另外，定义主键约束后，MySQL 会自动为主键创建一个唯一索引，默认名为 PRIMARY，也可以将其修改为其他名称。

2. 候选键约束

一个属性集如果能唯一标识元组，且又不含有多余的属性，那么被称为关系的候选键。例如，在包含学号、姓名、性别、年龄、院系、班级等列的学生信息表中，学号能够标识一名学生，因此学号可以被作为候选键，而如果规定不允许有同名的学生，那么姓名也可以被作为候选键。

候选键可以是表中的某一列，也可以是表中多个列构成的一个组合。任何时候，候选键的值必须是唯一的，且不能为空（NULL）。候选键可以在 CREATE TABLE 或者 ALTER TABLE 语句中使用关键字 UNIQUE 来定义，其实现方法与主键约束类似，也是作为列的完整性约束和表的完整性约束两种方式。

在 MySQL 中，候选键与主键之间存在以下两点区别。

（1）一个表中只能创建一个主键，但可以定义若干个候选键。

（2）定义主键约束时，系统会自动创建 PRIMARY KEY 索引，而定义候选键约束时，系统会自动创建 UNIQUE 索引。

例 13.3　在创建用户信息表 tb_user1 时，将 id 字段和 user 字段均设置为候选键。（**实例位置：资源包\TM\sl\13\13.3**）

代码如下。

```
create table tb_user1(
```

```
id int auto_increment UNIQUE,
user varchar(30) not null UNIQUE,
password varchar(30) not null,
createtime TIMESTAMP default CURRENT_TIMESTAMP);
```

运行上述代码，其结果如图 13.3 所示。

```
mysql> use db_database13;
Database changed
mysql> create table tb_user1(
    -> id int auto_increment UNIQUE,
    -> user varchar(30) not null UNIQUE,
    -> password varchar(30) not null,
    -> createtime TIMESTAMP default CURRENT_TIMESTAMP);
Query OK, 0 rows affected (0.46 sec)

mysql> _
```

图 13.3　将 id 字段和 user 字段均设置为候选键

13.1.2　参照完整性

现实世界中的实体之间往往存在着某种联系，在关系模型中，实体及实体间的联系都是用关系来描述的，那么自然就存在着关系与关系间的引用。例如，学生实体和班级实体可以分别用下面的关系予以表示，其中，主码（主键）用下画线标识。

学生（学生证号，姓名，性别，生日，班级编号，备注）

班级（班级编号，班级名称，备注）

在这两个关系之间存在着属性的引用，即“学生”关系引用了“班级”关系中的主码（主键）“班级编号”。在两个实体间，“班级编号”是“班级”关系的主码（主键），也是“学生”关系的外部码（外键）。显然，“学生”关系中“班级编号”的值必须是确实存在的班级的“班级编号”，即“班级”关系中该班级的记录。也就是说，“学生”关系中某个属性的取值需要参照“班级”关系的属性和值。

参照完整性规则（referential integrity rule）就是定义外码（外键）和主码（主键）之间的引用规则，它是对关系间引用数据的一种限制。

参照完整性的定义如下：若属性（或属性组）F 是基本关系 R 的外码，它与基本关系 S 的主码 K 相对应，则对于 R 中每个元组在 F 上的值只允许存在两种可能，即取空值（F 的每个属性值均为空值），或者等于 S 中某个元组的主码值。其中，关系 R 与 S 可以是不同的关系，也可以是同一关系，而 F 与 K 均被定义在同一个域中。例如，在“学生”关系中每名学生的“班级编号”一项的值：取空值，表示该学生还没有被分配班级；或者取值必须与“班级”关系中的某个元组的“班级编号”相同，表示这名学生被分配到某个班级中进行学习。这就是参照完整性。如果“学生”关系中某名学生的“班级编号”取值不能与“班级”关系中任何一个元组的“班级编号”值相同，则表示这名学生被分配到不属于所在学校的班级中进行学习，这与实际应用环境不相符，显然是错误的，这就需要在关系模型中定义参照完整性进行约束。

与实体完整性一样，参照完整性也是由系统自动支持的，即在建立关系（表）时，只要定义了“谁是主码”“谁参照于认证”，系统就会自动进行此类完整性的检查。在 MySQL 中，参照完整性可以通过在创建表（CREATE TABLE）或者修改表（ALTER TABLE）时定义一个外键声明来实现。

MySQL 有两种常用的引擎类型：MyISAM 和 InnoDB。目前，只有 InnoDB 引擎类型支持外键约束。InnoDB 引擎类型中声明外键的基本语法格式如下。

```
[CONSTRAINT [SYMBOL]]
FOREIGN KEY (index_col_name,...)   reference_definition
```

reference_definition 主要用于定义外键所参照的表和列，以及参照动作的声明和实施策略等 4 部分内容。它的基本语法格式如下。

```
REFERENCES tbl_name [(index_col_name,...)]
                [MATCH FULL | MATCH PARTIAL | MATCH SIMPLE]
                [ON DELETE reference_option]
                [ON UPDATE reference_option]
```

index_col_name 的语法格式如下。

```
col_name [(length)] [ASC | DESC]
```

reference_option 的语法格式如下。

```
RESTRICT | CASCADE | SET NULL | NO ACTION
```

参数说明如下。

（1）index_col_name：用于指定被设置为外键的列。

（2）tbl_name：用于指定外键所参照的表名。这个表被称为参照表（或父表），而外键所在的表则被称作参照表（或子表）。

（3）col_name：用于指定被参照的列名。外键可以引用被参照表中的主键或候选键，也可以引用被参照表中某些列的一个组合，但这个组合不能是被参照表中随机的一组列，必须保证该组合的取值在被参照表中是唯一的。外键中的所有列值在被参照表的列中必须全部存在，也就是通过外键来对参照表中某些列（外键）的取值进行限定与约束。

（4）ON DELETE | ON UPDATE：指定参照动作相关的 SQL 语句。可为每个外键指定对应于 DELETE 语句和 UPDATE 语句的参照动作。

（5）reference_option：指定参照完整性约束的实现策略。其中，当没有明确指定参照完整性的实现策略时，两个参照动作会默认使用 RESTRICT。具体的策略可选值如表 13.1 所示。

表 13.1　策略可选值

可　选　值	说　　明
RESTRICT	限制策略：当要删除或更新被参照表的列上和在外键中出现的值时，系统拒绝对被参照表进行删除或更新操作
CASCADE	级联策略：从被参照表中删除或更新记录行时，自动删除或更新参照表匹配的记录行
SET NULL	置空策略：当从被参照表中删除或更新记录行时，设置参照表中与之对应的外键列的值为 NULL。这个策略需要被参照表中的外键列没有声明限定词 NOT NULL
NO ACTION	不采取实施策略：当一个相关的外键值在被参照表中时，删除或更新被参照表中键值的动作将不被允许。该策略的动作语言与 RESTRICT 相同

例 13.4　创建学生信息表 tb_student1，并为其设置参照完整性约束（拒绝删除或更新被参照表中被参照列上的外键值），即将 classid 字段设置为外键。（**实例位置：资源包\TM\sl\13\13.4**）

代码如下。

```
create table tb_student1 (
id int auto_increment,
name varchar(30) not null,
sex varchar(2),
classid int not null,
birthday date,
remark varchar(100),
primary key (id),
FOREIGN KEY (classid)
REFERENCES tb_class(id)
ON DELETE RESTRICT
ON UPDATE RESTRICT
);
```

运行上述代码，其结果如图 13.4 所示。

```
mysql> create table tb_student1 (
    -> id int auto_increment,
    -> name varchar(30) not null,
    -> sex varchar(2),
    -> classid int not null,
    -> birthday date,
    -> remark varchar(100),
    -> primary key (id),
    -> FOREIGN KEY (classid)
    -> REFERENCES tb_class(id)
    -> ON DELETE RESTRICT
    -> ON UPDATE RESTRICT
    -> );
Query OK, 0 rows affected (0.41 sec)

mysql>
```

图 13.4　将 classid 字段设置为外键

注意

要设置为主、外键关系的两个数据表必须具有相同的存储引擎，如都是 InnoDB，并且相关联的两个字段的类型必须一致。

设置外键时，通常需要遵守以下规则。

（1）被参照表必须是已经存在的，或者是当前正在创建的表。如果是当前正在创建的表，也就是说，被参照表与参照表是同一个表，这样的表被称为自参照表（self-referencing table），这种结构被称为自参照完整性（self-referential integrity）。

（2）必须为被参照表定义主键。

（3）必须在被参照表名后面指定列名或列名的组合。这个列或列组合必须是这个被参照表的主键或候选键。

（4）外键中列的数目必须和被参照表中列的数据相同。

（5）外键中列的数据类型必须和被参照表的主键（或候选键）中对应列的数据类型相同。

（6）尽管主键是不能够包含空值的，但允许在外键中出现一个空值。这意味着，只要外键的每个非空值出现在指定的主键中，这个外键的内容就是正确的。

13.1.3　用户定义完整性

用户定义完整性规则（user-defined integrity rule）是针对某一应用环境的完整性约束条件，它反映了某一具体应用涉及的数据应满足的要求。关系模型提供定义和检验这类完整性规则的机制，其目的是由系统来统一处理，而不再由应用程序来完成这项工作。在实际系统中，这类完整性规则一般是在建立数据表的同时进行定义的，应用编程人员不需要再做考虑，如果某些约束条件没有建立在库表一级，则应用编程人员应在各模块的具体编程中通过程序进行检查和控制。

MySQL 支持非空约束、CHECK 约束和触发器 3 种用户自定义完整性约束。其中，触发器将在第 15 章进行详细介绍。这里主要介绍非空约束和 CHECK 约束。

1．非空约束

在 MySQL 中，非空约束可以通过在 CREATE TABLE 或 ALTER TABLE 语句中的某个列的定义后面加上关键字 NOT NULL 来定义，以约束该列的取值不能为空。

例 13.5 创建班级信息表 tb_class1，并为其 name 字段添加非空约束。（**实例位置：资源包\TM\sl\13\13.5**）

代码如下。

```
CREATE TABLE tb_class1(
        id int(11) NOT NULL AUTO_INCREMENT,
        name varchar(45) NOT NULL,
        remark varchar(100) DEFAULT NULL,
        PRIMARY KEY (`id`)
);
```

运行上述代码，其结果如图 13.5 所示。

2．CHECK 约束

与非空约束一样，CHECK 约束也可以根据用户的实际要求在 CREATE TABLE 或 ALTER TABLE 语句中定义。CHECK 约束可以限制列或表的取值范围，其中使用的语法如下。

```
CHECK(expr)
```

其中，expr 是一个 SQL 表达式，用于指定需要检查的限定条件。在更新表数据时，MySQL 会检查更新后的数据行是否满足 CHECK 约束中的限定条件。该限定条件可以是简单的表达式，也可以是复杂的表达式（如子查询）。

下面将分别介绍如何对列和表实施 CHECK 约束。

（1）对列实施 CHECK 约束。

将 CHECK 子句置于表的某个列的定义之后就是对列实施 CHECK 约束。下面将通过一个具体的实例来说明如何对列实施 CHECK 约束。

例 13.6 创建学生信息表 tb_student2，限制其 age 字段的值只能为 7～18（不包括 18）的数。（**实例位置：资源包\TM\sl\13\13.6**）

代码如下。

```
create table tb_student2 (
id int auto_increment,
name varchar(30) not null,
sex varchar(2),
age int not null CHECK(age>6 and age<18),
remark varchar(100),
primary key (id)
);
```

运行上述代码，其结果如图 13.6 所示。

```
mysql> use db_database13;
Database changed
mysql> CREATE TABLE tb_class1 (
    ->  id int(11) NOT NULL AUTO_INCREMENT,
    ->  name varchar(45) NOT NULL,
    ->  remark varchar(100) DEFAULT NULL,
    ->  PRIMARY KEY (`id`)
    -> );
Query OK, 0 rows affected (0.40 sec)

mysql>
```

图 13.5　为 name 字段添加非空约束

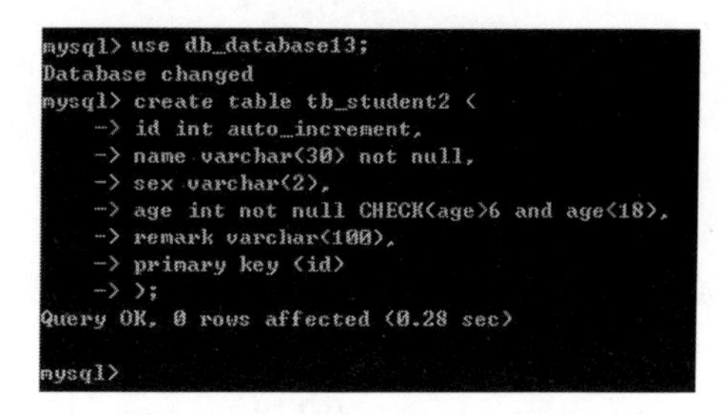

```
mysql> use db_database13;
Database changed
mysql> create table tb_student2 (
    -> id int auto_increment,
    -> name varchar(30) not null,
    -> sex varchar(2),
    -> age int not null CHECK(age>6 and age<18),
    -> remark varchar(100),
    -> primary key (id)
    -> );
Query OK, 0 rows affected (0.28 sec)

mysql>
```

图 13.6　对列实施 CHECK 约束

说明

目前的 MySQL 版本只是对 CHECK 约束进行了分析处理，但会被直接忽略，并不会报错。

（2）对表实施 CHECK 约束。

将 CHECK 子句置于表中所有列的定义以及主键约束和外键的定义之后就是对表实施 CHECK 约束。下面将通过一个具体的实例来说明如何对表实施 CHECK 约束。

例 13.7　创建学生信息表 tb_student3，限制其 classid 字段的值只能是 tb_class 表中 id 字段的某一个 id 值。（**实例位置：资源包\TM\sl\13\13.7**）

代码如下。

```
create table tb_student3 (
id int auto_increment,
name varchar(30) not null,
sex varchar(2),
classid int not null,
birthday date,
remark varchar(100),
primary key (id),
CHECK(classid IN (SELECT id FROM tb_class))
);
```

运行上述代码，其结果如图 13.7 所示。

```
mysql> use db_database13;
Database changed
mysql> create table tb_student3 (
    -> id int auto_increment,
    -> name varchar(30) not null,
    -> sex varchar(2),
    -> classid int not null,
    -> birthday date,
    -> remark varchar(100),
    -> primary key (id),
    -> CHECK(classid IN (SELECT id FROM tb_class))
    -> );
Query OK, 0 rows affected (0.39 sec)

mysql>
```

图 13.7　对表实施 CHECK 约束

13.2　命名完整性约束

在 MySQL 中，也可以对完整性约束进行添加、修改和删除等操作。其中，为了删除和修改完整性约束，需要在定义约束的同时对其进行命名。命名完整性约束的方式是在各种完整性约束的定义说明之前加上 CONSTRAINT 子句。CONSTRAINT 子句的语法格式如下。

```
CONSTRAINT <symbol>
    [PRIMARY KEY 短语 |FOREIGN KEY 短语 |CHECK 短语]
```

参数说明如下。

（1）symbol：用于指定约束名称。这个名称在完整性约束说明的前面被定义，在数据库里必须是唯一的。如果在创建时没有指定约束的名称，则 MySQL 将自动创建一个约束名称。

（2）PRIMARY KEY 短语：主键约束。

（3）FOREIGN KEY 短语：外键完整性约束。

（4）CHECK 短语：CHECK 约束。

说明

在 MySQL 中，主键约束名称只能是 PRIMARY。

例如，对雇员表添加主键约束，并将其命名为 PRIMARY，可以使用下面的代码。

```
ALTER TABLE 雇员表 ADD CONSTRAINT PRIMARY
PRIMARY KEY (雇员编号)
```

例 13.8　修改例 13.4 的代码，重新创建学生信息表 tb_student1，将该表命名为 tb_student1a，并对其外键完整性约束进行命名。（**实例位置：资源包\TM\sl\13\13.8**）

代码如下。

```
create table tb_student1a (
id int auto_increment PRIMARY KEY,
name varchar(30) not null,
sex varchar(2),
classid int not null,
birthday date,
remark varchar(100),
CONSTRAINT fk_classid FOREIGN KEY (classid)
REFERENCES tb_class(id)
ON DELETE RESTRICT
ON UPDATE RESTRICT
);
```

运行上述代码，其结果如图 13.8 所示。

```
mysql> use db_database13;
Database changed
mysql> create table tb_student1a (
    -> id int auto_increment PRIMARY KEY,
    -> name varchar(30) not null,
    -> sex varchar(2),
    -> classid int not null,
    -> birthday date,
    -> remark varchar(100),
    -> CONSTRAINT fk_classid FOREIGN KEY (classid)
    -> REFERENCES tb_class(id)
    -> ON DELETE RESTRICT
    -> ON UPDATE RESTRICT
    -> );
Query OK, 0 rows affected (0.43 sec)

mysql> _
```

图 13.8　命名外键完整性约束

说明

在定义完整性约束时，应该尽可能为其指定名字，以便在需要对完整性约束进行修改或删除时，可以很容易地找到它们。

例 13.9　在创建表时添加命名外键完整性约束。（**实例位置：资源包\TM\sl\13\13.9**）

在本实例中，首先创建一个图书类别信息表，然后创建一个图书信息表，并为图书信息表设置命名外键约束，以实现删除参照表中的数据时，级联删除图书信息表中相关类别的图书信息，具体步骤如下。

（1）创建名称为 tb_type 的图书类别信息表，具体代码如下。

```
CREATE TABLE tb_type (
    id int(11) NOT NULL AUTO_INCREMENT,
    name varchar(45) DEFAULT NULL,
    remark varchar(100) DEFAULT NULL,

    PRIMARY KEY (`id`)
);
```

（2）为图书信息表 tb_book 设置命名外键约束，代码如下。

```
Create table tb_book(id int(11) not null primary key auto_increment,
name varchar(20) not null,
publishingho varchar(20) not null,
author varchar(20),
typeid int(11),
CONSTRAINT fk_typeid
FOREIGN KEY (typeid)
REFERENCES tb_type(id)
ON DELETE CASCADE
ON UPDATE CASCADE
);
```

运行结果如图 13.9 所示。

```
mysql> use db_database13;
Database changed
mysql> CREATE TABLE tb_type (
    ->  id int(11) NOT NULL AUTO_INCREMENT,
    ->  name varchar(45) DEFAULT NULL,
    ->  remark varchar(100) DEFAULT NULL,
    ->
    ->  PRIMARY KEY (`id`)
    -> );
Query OK, 0 rows affected (0.38 sec)

mysql> Create table tb_book(id int(11) not null primary key auto_increment,
    -> name varchar(20) not null,
    -> publishingho varchar(20) not null,
    -> author varchar(20),
    -> typeid int(11),
    -> CONSTRAINT fk_typeid
    -> FOREIGN KEY (typeid)
    -> REFERENCES tb_type(id)
    -> ON DELETE CASCADE
    -> ON UPDATE CASCADE
    -> );
Query OK, 0 rows affected (0.34 sec)

mysql> _
```

图 13.9　在创建表时添加命名外键完整性约束

13.3　更新完整性约束

对各种约束命名后，就可以使用 ALTER TABLE 语句来更新或删除与列或表有关的各种约束。下面将分别进行介绍。

13.3.1　删除完整性约束

在 MySQL 中，使用 ALTER TABLE 语句可以独立地删除完整性约束，而不会删除表本身。如果使用 DROP TABLE 语句删除一个表，那么这个表中的所有完整性约束也会自动被删除。删除完整性约束需要在 ALTER TABLE 语句中使用 DROP 关键字来实现，具体的语法格式如下。

```
DROP [FOREIGN KEY| INDEX| <symbol>] |[PRIMARY KEY]
```

参数说明如下。

（1）FOREIGN KEY：用于删除外键约束。

（2）PRIMARY KEY：用于删除主键约束。需要注意的是，在删除主键时，必须再创建一个主键，否则它不能被成功删除。

（3）INDEX：用于删除候选键约束。

（4）symbol：要删除的约束名称。

例 13.10　删除例 13.8 中名称为 fk_classid 的外键约束。（**实例位置：资源包\TM\sl\13\13.10**）

代码如下。

```
ALTER TABLE tb_student1a DROP FOREIGN KEY fk_classid;
```

运行上述代码，其结果如图 13.10 所示。

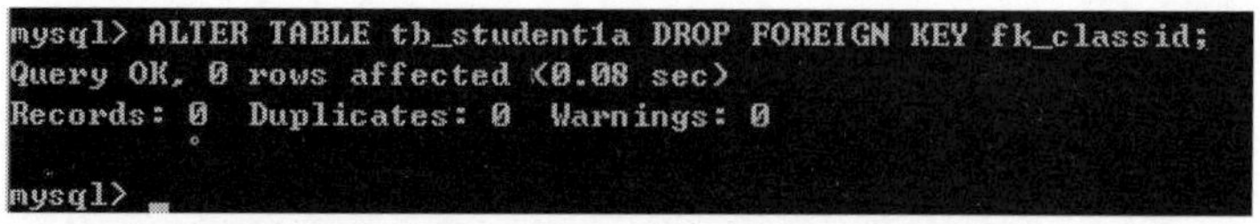

```
mysql> ALTER TABLE tb_student1a DROP FOREIGN KEY fk_classid;
Query OK, 0 rows affected (0.08 sec)
Records: 0  Duplicates: 0  Warnings: 0

mysql>
```

图 13.10　删除名称为 fk_classid 的外键约束

13.3.2　修改完整性约束

在 MySQL 中，不能直接修改完整性约束，若要修改，只能使用 ALTER TABLE 语句先删除该约束，然后增加一个与该约束同名的新约束。由于删除完整性约束的语法在 13.3.1 节已经介绍了，这里只给出在 ALTER TABLE 语句中添加完整性约束的语法格式，具体如下。

```
ADD CONSTRAINT <symbol> 各种约束
```

参数说明如下。

（1）symbol：为要添加的约束指定一个名称。

（2）各种约束：定义各种约束的语句，具体内容请参见 13.1 和 13.2 节介绍的各种约束的添加语法。

例 13.11　更新例 13.8 中名称为 fk_classid 的外键约束为级联删除和级联更新。（**实例位置：资源包\TM\sl\13\13.11**）

代码如下。

```
ALTER TABLE tb_student1a DROP FOREIGN KEY fk_classid;
ALTER TABLE tb_student1a
ADD CONSTRAINT fk_classid FOREIGN KEY (classid)
REFERENCES tb_class(id)
ON DELETE CASCADE
ON UPDATE CASCADE
;
```

运行上述代码，其结果如图 13.11 所示。

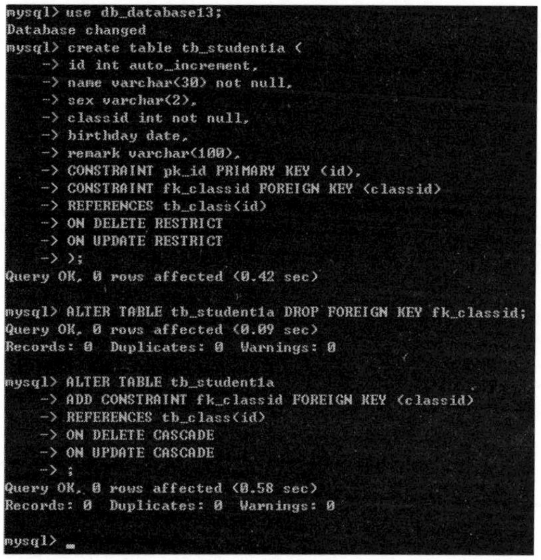

```
mysql> use db_database13;
Database changed
mysql> create table tb_student1a (
    -> id int auto_increment,
    -> name varchar(30) not null,
    -> sex varchar(2),
    -> classid int not null,
    -> birthday date,
    -> remark varchar(100),
    -> CONSTRAINT pk_id PRIMARY KEY (id),
    -> CONSTRAINT fk_classid FOREIGN KEY (classid)
    -> REFERENCES tb_class(id)
    -> ON DELETE RESTRICT
    -> ON UPDATE RESTRICT
    -> );
Query OK, 0 rows affected (0.42 sec)

mysql> ALTER TABLE tb_student1a DROP FOREIGN KEY fk_classid;
Query OK, 0 rows affected (0.09 sec)
Records: 0  Duplicates: 0  Warnings: 0

mysql> ALTER TABLE tb_student1a
    -> ADD CONSTRAINT fk_classid FOREIGN KEY (classid)
    -> REFERENCES tb_class(id)
    -> ON DELETE CASCADE
    -> ON UPDATE CASCADE
    -> ;
Query OK, 0 rows affected (0.58 sec)
Records: 0  Duplicates: 0  Warnings: 0

mysql>
```

图 13.11　更新外键约束

13.4 小　　结

本章主要介绍了定义完整性约束、命名完整性约束、删除完整性约束和修改完整性约束等内容。其中，定义完整性约束和命名完整性约束是本章的重点，读者需要认真学习、灵活掌握它们，它们在以后的数据库设计中非常实用。

13.5 实践与练习

（答案位置：资源包\TM\sl\13\实践与练习）

1．在创建用户信息表 tb_manager 时，将 id 字段设置为主键。

2．创建一个不添加任何外键的教师信息表 tb_teacher，然后使用 ALTER TABLE 语句为其添加一个名称为 fk_departmentid 的外键约束。

第 14 章

存储过程与存储函数

存储过程和存储函数是指在数据库中定义一些 SQL 语句的集合，然后直接调用这些存储过程和存储函数来执行已经定义好的 SQL 语句，可以避免开发人员重复编写相同的 SQL 语句。而且，存储过程和存储函数是在 MySQL 服务器中存储和执行的，可以减少客户端和服务器端的数据传输。本章将介绍存储过程和存储函数的含义、作用，以及创建、调用、查看、修改及删除存储过程和存储函数的方法。

本章知识架构及重难点如下：

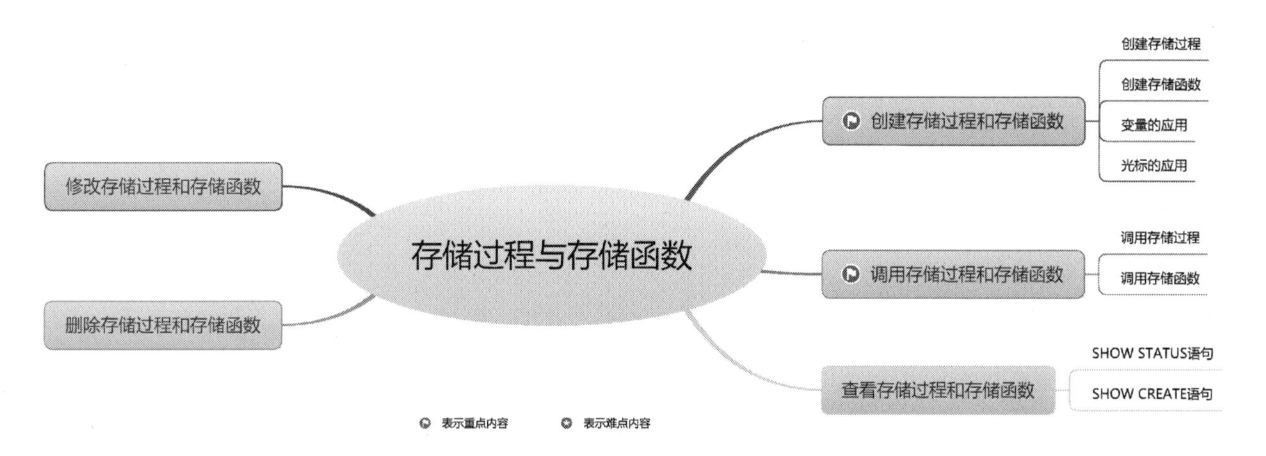

14.1　创建存储过程和存储函数

在数据库系统中，为了保证数据的完整性、一致性，同时为提高其应用性能，大多数数据库常采用存储过程和存储函数技术。MySQL 在 5.0 版本后也应用了存储过程和存储函数。存储过程和存储函数经常是一组 SQL 语句的组合，这些语句被当作整体存入 MySQL 数据库服务器中。用户定义的存储函数不能用于修改全局库状态，但该函数可从查询中被唤醒调用，也可以像存储过程一样通过语句执行。随着 MySQL 技术的日趋完善，存储过程和存储函数将在以后的项目中得到更广泛的应用。

14.1.1　创建存储过程

在 MySQL 中，创建存储过程的基本形式如下。

```
CREATE PROCEDURE sp_name ([proc_parameter[...]])
[characteristic ...] routine_body
```

其中：sp_name 参数是存储过程的名称；proc_parameter 表示存储过程的参数列表；characteristic 参数指定存储过程的特性；routine_body 参数是 SQL 代码的内容，可以用 BEGIN 和 END 来标识 SQL 代码的开始和结束。

说明

proc_parameter 中的参数由 3 部分组成，分别是输入/输出类型、参数名称和参数类型。其形式为[IN | OUT | INOUT]param_name type。其中：IN 表示输入参数；OUT 表示输出参数；INOUT 表示既可以输入也可以输出；param_name 参数是存储过程参数名称；type 参数指定存储过程的参数类型，该类型可以为 MySQL 数据库的任意数据类型。

一个存储过程包括名称、参数列表，还可以包括很多 SQL 语句集。下面创建一个存储过程，其代码如下。

```
delimiter //
create procedure proc_name (in parameter integer)
begin
declare variable varchar(20);
if parameter=1 then
set variable='MySQL';
else
set variable='PHP';
end if;
insert into tb (name) values (variable);
end;
```

MySQL 中存储过程的建立以关键字 create procedure 开始，后面紧跟存储过程的名称和参数。MySQL 的存储过程名称不区分大小写，如 PROCE1()和 proce1()代表同一存储过程。存储过程名或存储函数名不能与 MySQL 数据库中的内建函数重名。

MySQL 存储过程的语句块以 begin 开始，以 end 结束。语句体中可以包含变量的声明、控制语句、SQL 查询语句等。由于存储过程内部语句要以分号结束，因此在定义存储过程前，应将语句结束标志“;”更改为其他字符，并且应降低该字符在存储过程中出现的概率，更改结束标志可以用关键字 delimiter 进行定义，例如：

```
mysql>delimiter //
```

在创建了存储过程之后，可用如下语句进行删除，其中参数 proc_name 指存储过程名。

```
drop procedure proc_name
```

下面创建一个名称为 count_of_student 的存储过程。首先，创建一个名称为 db_database14 的 MySQL 数据库，然后创建一个名为 studentinfo 的数据表。数据表结构如表 14.1 所示。

表 14.1　studentinfo 数据表结构

字　段　名	类型（长度）	默　　认	额　　外	说　　明
sid	INT(11)		auto_increment	主键自增型 sid

续表

字　段　名	类型（长度）	默　　认	额　　外	说　　明
name	VARCHAR(50)			学生姓名
age	INT(11)			学生年龄
gender	INT(1)	1（1 表示男，2 表示女）		学生性别
tel	VARCHAR(11)			联系电话

例 14.1　创建一个名称为 count_of_student 的存储过程，统计 studentinfo 数据表中的记录数。（**实例位置：资源包\TM\sl\14\14.1**）

代码如下。

```
delimiter //
create procedure count_of_student(OUT count_num INT)
reads sql data
begin
select count(*) into count_num from studentinfo;
end
//
```

在上述代码中，定义一个输出变量 count_num，存储过程应用 SELECT 语句从 studentinfo 表中获取记录总数，最后将结果传递给变量 count_num。存储过程的执行结果如图 14.1 所示。

```
mysql> delimiter //
mysql> create procedure count_of_student(OUT count_num INT)
    -> reads sql data
    -> begin
    -> select count(*) into count_num from studentinfo;
    -> end
    -> //
Query OK, 0 rows affected (0.00 sec)
```

图 14.1　创建存储过程 count_of_student

代码执行完毕后，没有报出任何出错信息就表示成功地创建了存储过程，以后就可以调用这个存储过程了，数据库中会执行存储过程中的 SQL 语句。

说明

MySQL 中默认的语句结束符为分号，存储过程中的 SQL 语句需要分号来结束。为了避免冲突，首先用“DELIMITER //”将 MySQL 的结束符设置为“//”，再用“DELIMITER;”将结束符恢复成分号。这与创建触发器时是一样的。

14.1.2　创建存储函数

创建存储函数与创建存储过程大体相同，创建存储函数的基本形式如下。

```
CREATE FUNCTION sp_name ([func_parameter[,...]])
    RETURNS type
[characteristic ...] routine_body
```

创建存储函数的参数说明如表 14.2 所示。

表 14.2　创建存储函数的参数说明

参　　数	说　　明
sp_name	存储函数的名称
func_parameter	存储函数的参数列表
RETURNS type	指定返回值的类型
characteristic	指定存储过程的特性
routine_body	SQL 代码的内容

func_parameter 可以由多个参数组成，其中每个参数均由参数名称和参数类型组成，其结构如下。

```
param_name type
```

其中：param_name 参数是存储函数的函数名称；type 参数用于指定存储函数的参数类型，该类型可以是 MySQL 数据库支持的类型。

例 14.2　应用 studentinfo 表，创建名为 name_of_student 的存储函数。（**实例位置：资源包\TM\sl\14\14.2**）

代码如下。

```
delimiter //
create function name_of_student(std_id INT)
returns varchar(50)
begin
return(select name from studentinfo where sid=std_id);
end
//
```

上述代码中，存储函数的名称为 name_of_student，该函数的参数为 std_id，返回值是 VARCHAR 类型。该函数实现从 studentinfo 表中查询与 std_id 相同 sid 值的记录，并将学生名称字段 name 中的值返回。存储函数的执行结果如图 14.2 所示。

```
mysql> delimiter //
mysql> create function name_of_student(std_id INT)
    -> returns varchar(50)
    -> begin
    -> return(select name from studentinfo where sid=std_id)
    -> end
    -> //
Query OK, 0 rows affected (0.03 sec)
```

14.2　创建 name_of_student()存储函数

误区警示

如果执行上述代码出现如下错误：This function has none of DETERMINISTIC, NO SQL, or READS SQL DATA in its declaration and binary logging is enabled (you *might* want to use the less safe log_bin_trust_function_creators variable)，则需要在 MySQL 的配置文件 my.ini（Windows 系统）或 my.cnf（Linux 系统）中找到[mysqld]位置，在该行下面设置 log-bin-trust-function-creators=1，修改示例如下：

[mysqld]
log-bin-trust-function-creators=1

14.1.3　变量的应用

MySQL 存储过程中的参数主要有局部参数和会话参数两种，这两种参数又可以分别被称为局部变量和会话变量。局部变量只在定义该局部变量的 BEGIN…END 范围内有效，会话变量在整个存储过程范围内均有效。

1．局部变量

局部变量以关键字 DECLARE 声明，后跟变量名和变量类型，例如：

```
DECLARE a int
```

当然，在声明局部变量时也可以用关键字 DEFAULT 为变量指定默认值，例如：

```
DECLARE a int DEFAULT 10
```

下述代码为读者展示如何在 MySQL 存储过程中定义局部变量以及其使用方法。在该例中，分别在内层和外层 BEGIN…END 块中定义同名的变量 x，按照语句从上到下执行的顺序，如果变量 x 在整个程序中都有效，则最终结果应该都为 inner，但真正的输出结果却不同，这说明在内部 BEGIN…END 块中定义的变量只在该块内有效。

例 14.3　本例说明局部变量只在某个 BEGIN…END 块内有效。（**实例位置：资源包\TM\sl\14\14.3**）

代码如下。

```
delimiter //
create procedure p1()
begin
declare x char(10) default 'outer ';
begin
declare x char(10) default 'inner ';
select x;
end;
select x;
end;
//
```

上述代码的运行结果如图 14.3 所示。

应用 MySQL 调用该存储过程的运行结果如图 14.4 所示。

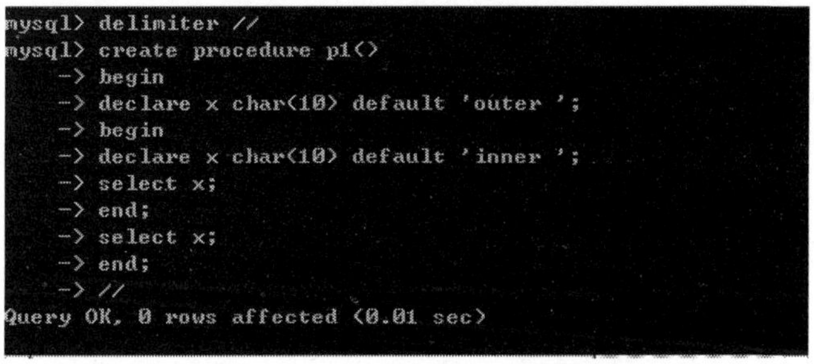

```
mysql> delimiter //
mysql> create procedure p1()
    -> begin
    -> declare x char(10) default 'outer ';
    -> begin
    -> declare x char(10) default 'inner ';
    -> select x;
    -> end;
    -> select x;
    -> end;
    -> //
Query OK, 0 rows affected (0.01 sec)
```

图 14.3　定义局部变量的运行结果

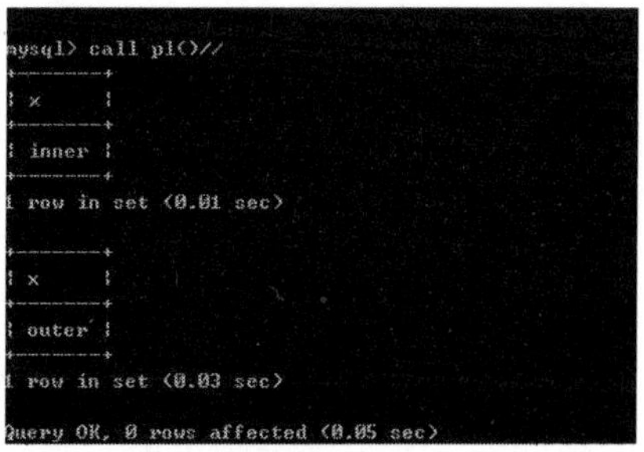

```
mysql> call pl()//
+--------+
| x      |
+--------+
| inner  |
+--------+
1 row in set (0.01 sec)

+--------+
| x      |
+--------+
| outer  |
+--------+
1 row in set (0.03 sec)

Query OK, 0 rows affected (0.05 sec)
```

图 14.4　调用存储过程 pl()的运行结果

2. 全局变量

MySQL 中的会话变量不必声明即可使用，会话变量在整个过程中均有效，会话变量名以字符“@”作为起始字符。

例 14.4 分别在内部和外部 BEGIN…END 块中定义同名的会话变量@t，并且最终输出结果相同，从而说明会话变量的作用范围为整个程序。（**实例位置：资源包\TM\sl\14\14.4**）

设置全局变量的代码如下。

```
delimiter //
create procedure p2()
begin
set @t=1;
begin
set @t=2;
select @t;
end;
select @t;
end;
//
```

上述代码的运行结果如图 14.5 所示。

应用 MySQL 调用该存储过程的运行结果如图 14.6 所示。

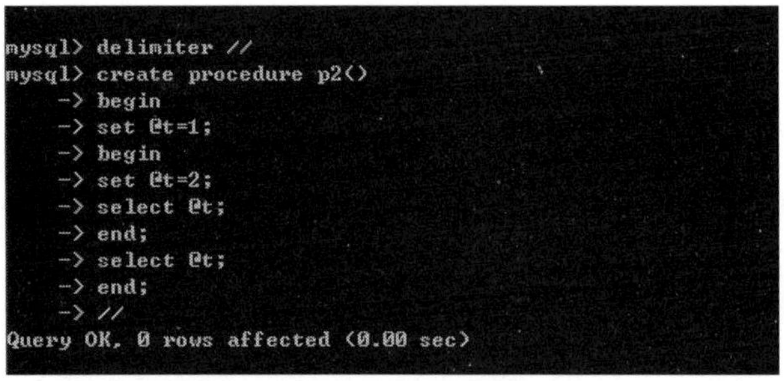

```
mysql> delimiter //
mysql> create procedure p2()
    -> begin
    -> set @t=1;
    -> begin
    -> set @t=2;
    -> select @t;
    -> end;
    -> select @t;
    -> end;
    -> //
Query OK, 0 rows affected (0.00 sec)
```

图 14.5　设置全局变量

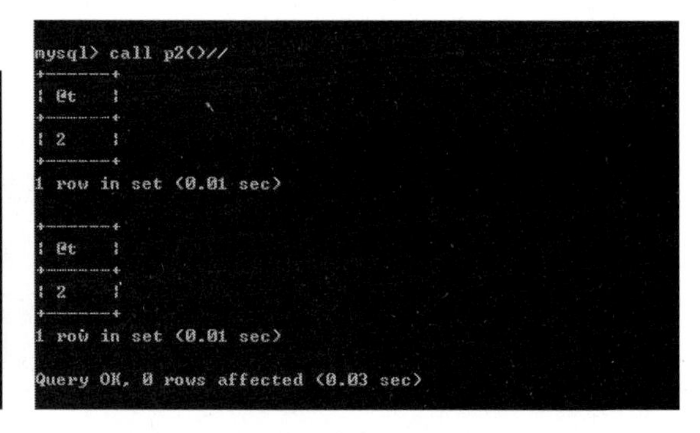

图 14.6　调用存储过程 p2()的运行结果

3. 为变量赋值

MySQL 中可以使用关键字 DECLARE 来定义变量，其语法结构如下。

```
DECLARE var_name[,...] type [DEFAULT value]
```

其中：DECLARE 用来声明变量；var_name 参数是指变量的名称，如果用户需要，可以同时定义多个变量；type 参数用来指定变量的类型；DEFAULT value 的作用是指定变量的默认值，不对该参数进行设置时，其默认值为 NULL。

MySQL 中可以使用关键字 SET 为变量赋值，其基本语法如下。

```
SET var_name=expr[,var_name=expr] ...
```

其中：SET 关键字用来为变量赋值；var_name 参数是变量的名称；expr 参数是赋值表达式。一个 SET 语句可以同时为多个变量赋值，各个变量的赋值语句之间用“,”隔开。例如，为变量 mr_soft 赋值，代码如下。

```
SET mr_soft=10;
```

另外，MySQL 中还可以应用另一种方式为变量赋值，其语法结构如下。

```
SELECT col_name[,...] INTO var_name[,...] FROM table_name where condition
```

其中：col_name 参数标识查询的字段名称；var_name 参数是变量的名称；table_name 参数为指定数据表的名称；condition 参数为指定查询条件。例如，从 studentinfo 表中查询 name 为 LeonSK 的记录，并将该记录下的 tel 字段内容赋值给变量 customer_tel，其关键代码如下。

```
SELECT tel INTO customer_tel FROM studentinfo WHERE name= 'LeonSK ';
```

说明

上述赋值语句必须存在于创建的存储过程中，且需要将赋值语句放置在 BEGIN...END 之间。若脱离此范围，该变量将不可用或不能被赋值。

14.1.4　光标的应用

使用 MySQL 查询数据库，其结果可能会出现多条记录。在存储过程和函数中使用光标可以实现逐条读取结果集中的记录。光标使用包括声明光标（DECLARE CURSOR）、打开光标（OPEN CURSOR）、使用光标（FETCH CURSOR）和关闭光标（CLOSE CURSOR）。值得一提的是，光标必须被声明在处理程序之前、变量和条件之后。

1．声明光标

在 MySQL 中，声明光标仍使用关键字 DECLARE 来实现，其语法结构如下。

```
DECLARE cursor_name CURSOR FOR select_statement
```

其中：cursor_name 是光标的名称，光标名称使用与表名同样的规则；select_statement 是一个 SELECT 语句，返回一行或多行数据，该语句也可以在存储过程中定义多个光标，但是必须保证每个光标名称的唯一性，即每一个光标必须有自己唯一的名称。

使用上面描述的定义来声明光标 info_of_student，其代码如下。

```
DECLARE info_of_student CURSOR FOR SELECT
sid,name,age,sex,age
FROM studentinfo
WHERE sid=1;
```

说明

这里 SELECT 子句中不能包含 INTO 子句，并且光标只能在存储过程或存储函数中使用。上述代码并不能单独执行。

2．打开光标

在声明光标之后，要从光标中提取数据，必须首先打开光标。在 MySQL 中使用关键字 OPEN 打开光标，其语法结构如下。

```
OPEN cursor_name
```

其中，cursor_name 参数表示光标的名称。在程序中，一个光标可以被打开多次。由于在用户打开光标后其他用户或程序正在更新数据表，因此可能会导致用户在每次打开光标后，显示的结果都不同。

打开上面已经声明的光标 info_of_student，其代码如下。

```
OPEN info_of_student
```

3．使用光标

打开光标后，可以使用 FETCH…INTO 语句来读取数据，其语法结构如下。

```
FETCH   cursor_name INTO var_name[,var_name]...
```

其中：cursor_name 代表已经打开光标的名称；var_name 参数表示将光标中 SELECT 语句查询出来的信息存入该参数中。var_name 是存放数据的变量名，必须在声明光标前被定义好。FETCH…INTO 语句与 SELECT…INTO 语句具有相同的意义。

将已打开的光标 info_of_student 中 SELECT 语句查询出来的信息分别存入 tmp_name 和 tmp_tel 中。其中，tmp_name 和 tmp_tel 必须在使用前被定义。其代码如下。

```
FETCH info_of_student INTO tmp_name,tmp_tel;
```

4．关闭光标

使用完光标后，要及时关闭它。在 MySQL 中采用关键字 CLOSE 关闭光标，其语法结构如下。

```
CLOSE cursor_name
```

cursor_name 参数表示光标名称。下面关闭已打开的光标 info_of_student，其代码如下。

```
CLOSE info_of_student
```

说明

对于已关闭的光标，在其关闭之后则不能使用关键字 FETCH 来使用光标。光标在使用完毕后一定要关闭。

14.2　调用存储过程和存储函数

存储过程和存储函数都是存储在服务器中的 SQL 语句的集合。要使用已经定义好的存储过程和存

储函数，必须通过调用的方式来实现。对存储过程和存储函数的操作主要可以分为调用、查看、修改和删除，本节介绍调用操作。

14.2.1　调用存储过程

存储过程的调用在前面的示例中多次用到。MySQL 中使用 CALL 语句来调用存储过程。调用存储过程后，数据库系统将执行存储过程中的语句，然后将结果返回给输出值。CALL 语句的语法结构如下。

```
CALL sp_name([parameter[,…]]);
```

其中，sp_name 是存储过程的名称，parameter 是存储过程的参数。

例 14.5　调用 count_of_student 存储过程，获取学生总数。（**实例位置：资源包\TM\sl\14\14.5**）

代码如下。

```
call count_of_student(@total);
select @total;
```

执行效果如图 14.7 所示。

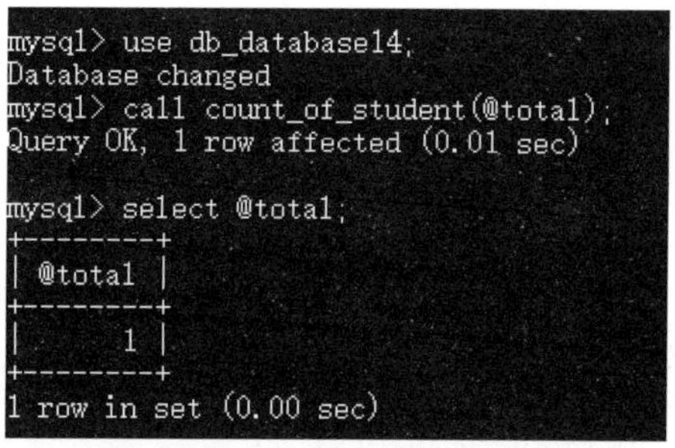

```
mysql> use db_database14;
Database changed
mysql> call count_of_student(@total);
Query OK, 1 row affected (0.01 sec)

mysql> select @total;
+--------+
| @total |
+--------+
|      1 |
+--------+
1 row in set (0.00 sec)
```

图 14.7　调用存储过程

14.2.2　调用存储函数

在 MySQL 中，存储函数的使用方法与 MySQL 内部函数的使用方法基本相同。用户自定义的存储函数与 MySQL 内部函数的性质相同。区别在于，存储函数是用户自定义的，而内部函数是 MySQL 自带的。其语法结构如下。

```
SELECT function_name([parameter[,…]]);
```

例 14.6　调用 name_of_student 存储函数，获取学生姓名。（**实例位置：资源包\TM\ sl\14\14.6**）

代码如下。

```
set @std_id=1;
SELECT name_of_student(@std_id);
```

执行效果如图 14.8 所示。

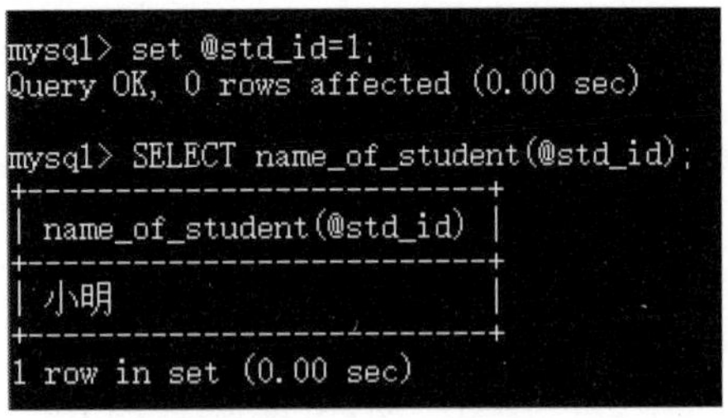

```
mysql> set @std_id=1;
Query OK, 0 rows affected (0.00 sec)

mysql> SELECT name_of_student(@std_id);
+--------------------------+
| name_of_student(@std_id) |
+--------------------------+
| 小明                     |
+--------------------------+
1 row in set (0.00 sec)
```

图 14.8　调用存储函数

14.3　查看存储过程和存储函数

创建存储过程和存储函数以后，用户可以查看其状态和定义。SHOW STATUS 语句可用于查看存储过程和存储函数的状态，SHOW CREATE 语句可用于查看存储过程和存储函数的定义。

14.3.1　SHOW STATUS 语句

在 MySQL 中，SHOW STATUS 语句可用于查看存储过程和存储函数的状态。其基本语法结构如下。

```
SHOW {PROCEDURE | FUNCTION}STATUS[LIKE 'pattern']
```

其中：PROCEDURE 参数表示查询存储过程；FUNCTION 参数表示查询存储函数；LIKE 'pattern' 参数用来匹配存储过程或存储函数名称。

例如，显示所有 db_database14 数据库下的存储过程，代码如下。

```
SHOW PROCEDURE STATUS WHERE Db='db_database14' ;
```

显示所有以字母 p 开头的存储过程名，代码如下。

```
SHOW PROCEDURE STATUS LIKE 'p%' ;
```

14.3.2　SHOW CREATE 语句

在 MySQL 中，SHOW CREATE 语句可用于查看存储过程和存储函数的状态，其语法结构如下。

```
SHOW CREATE{PROCEDURE | FUNCTION } sp_name;
```

其中：PROCEDURE 参数表示查询存储过程；FUNCTION 参数表示查询存储函数；sp_name 参数表示存储过程或存储函数的名称。

例 14.7　查询名为 count_of_student 的存储过程。（**实例位置：资源包\TM\sl\14\14.7**）

代码如下。

```
show create procedure count_of_student\G ;
```

运行结果如图 14.9 所示。

```
mysql> show create procedure count_of_student\G
*************************** 1. row ***************************
           Procedure: count_of_student
            sql_mode: STRICT_TRANS_TABLES,NO_ENGINE_SUBSTITUTION
    Create Procedure: CREATE DEFINER=`root`@`localhost` PROCEDURE `count_of_student`(OUT count_num INT)
    READS SQL DATA
begin
select count(*) into count_num from student;
end
character_set_client: gbk
collation_connection: gbk_chinese_ci
  Database Collation: utf8mb4_0900_ai_ci
1 row in set (0.00 sec)
```

图 14.9 应用 SHOW CREATE 语句查询存储过程

查询结果显示存储过程的定义、字符集等信息。

说明

SHOW STATUS 语句只能查看存储过程或存储函数所操作的数据库对象，如存储过程或存储函数的名称、类型、定义者、修改时间等信息，但不能查询存储过程或存储函数的具体定义。如果需要查看存储过程或存储函数的详细定义，可以使用 SHOW CREATE 语句。

14.4 修改存储过程和存储函数

修改存储过程和存储函数是指修改已经定义好的存储过程和存储函数。MySQL 中通过 ALTER PROCEDURE 语句来修改存储过程，通过 ALTER FUNCTION 语句来修改存储函数。

MySQL 中修改存储过程和存储函数的语句的语法结构如下。

```
ALTER {PROCEDURE | FUNCTION} sp_name [characteristic ...]
characteristic:
  { CONTAINS SQL | NO SQL | READS SQL DATA | MODIFIES SQL DATA }
  | SQL SECURITY { DEFINER | INVOKER }
  | COMMENT 'string'
```

其参数说明如表 14.3 所示。

表 14.3 修改存储过程和存储函数的语句的参数说明

参 数	说 明
sp_name	存储过程或存储函数的名称
characteristic	指定存储函数的特性
CONTAINS SQL	表示子程序包含 SQL 语句，但不包含读写数据的语句
NO SQL	表示子程序不包含 SQL 语句

续表

参　　数	说　　明
READS SQL DATA	表示子程序中包含读数据的语句
MODIFIES SQL DATA	表示子程序中包含写数据的语句
SQL SECURITY{DEFINER|INVOKER}	指明权限执行。DEFINER 表示只有定义者才能够执行；INVOKER 表示调用者可以执行
COMMENT 'string'	注释信息

例 14.8　修改存储过程 count_of_student。（**实例位置：资源包\TM\sl\14\14.8**）

代码如下。

```
alter procedure count_of_student
modifies sql data
sql security invoker;
```

运行结果如图 14.10 所示。

```
mysql> alter procedure count_of_student
    -> modifies sql data
    -> sql security invoker;
    -> //
Query OK, 0 rows affected (0.00 sec)
```

图 14.10　修改存储过程 count_of_student

说明

如果希望查看修改后的结果，可以应用“SELECT * FROM information_schema.Routines WHERE ROUTINE_NAME='count_of_student';”来查看表的信息。由于篇幅限制，这里不进行详细讲解。

14.5　删除存储过程和存储函数

删除存储过程和存储函数指删除数据库中已经存在的存储过程或存储函数。在 MySQL 中，DROP PROCEDURE 语句可用于删除存储过程，DROP FUNCTION 语句可用于删除存储函数。在删除之前，必须确认该存储过程或存储函数没有任何依赖关系，否则可能会导致其他与其关联的存储过程或存储函数无法运行。

删除存储过程和存储函数的语法结构如下。

```
DROP {PROCEDURE | FUNCTION} [IF EXISTS] sp_name
```

其中：sp_name 参数表示存储过程或存储函数的名称；IF EXISTS 是 MySQL 的扩展，判断存储过程或存储函数是否存在，以免发生错误。

例 14.9　删除名为 count_of_student 的存储过程。（**实例位置：资源包\TM\sl\14\14.9**）

关键代码如下。

```
drop procedure count_of_student;
```

运行结果如图 14.11 所示。

例 14.10　删除名为 name_of_student 的存储函数。（**实例位置：资源包\TM\ sl\14\14.10**）

关键代码如下。

```
drop function name_of_student;
```

运行结果如图 14.12 所示。

```
mysql> drop procedure count_of_student//
Query OK, 0 rows affected (0.02 sec)

mysql>
```

图 14.11　删除 count_of_student 存储过程

```
mysql> drop function name_of_student
    -> //
Query OK, 0 rows affected (0.00 sec)

mysql>
```

图 14.12　删除 name_of_student 存储函数

当返回结果没有提示警告或报错时，则说明存储过程或存储函数已经被成功删除。用户可以通过查询 information_schema 数据库中的 Routines 表来确认删除是否成功。

14.6　小　　结

本章对 MySQL 数据库的存储过程和存储函数进行了详细讲解，存储过程和存储函数都是用户自定义的 SQL 语句的集合，它们都被存储在服务器端，只要调用就可以在服务器端执行。本章重点讲解了创建存储过程和存储函数的方法。使用 CREATE PROCEDURE 语句创建存储过程，使用 CREATE FUNCTION 语句创建存储函数。这两项内容是本章的难点，需要读者结合实际操作进行练习和掌握。

14.7　实践与练习

（**答案位置：资源包\TM\sl\14\实践与练习**）

1．将名称为 name_of_student 的存储函数的读写权限修改为 READS SQL DATA，并加上注释信息 FIND NAME。

2．使用 SHOW STATUS 语句查看存储函数的状态。

第15章

触　发　器

触发器是由事件来触发某个操作的，这些事件包括INSERT、UPDATE和DELETE语句。当数据库系统执行这些事件时，就会激活触发器执行相应的操作。本章将对触发器的定义、作用，以及创建、查看、使用和删除触发器的方法进行详细介绍。

本章知识架构及重难点如下：

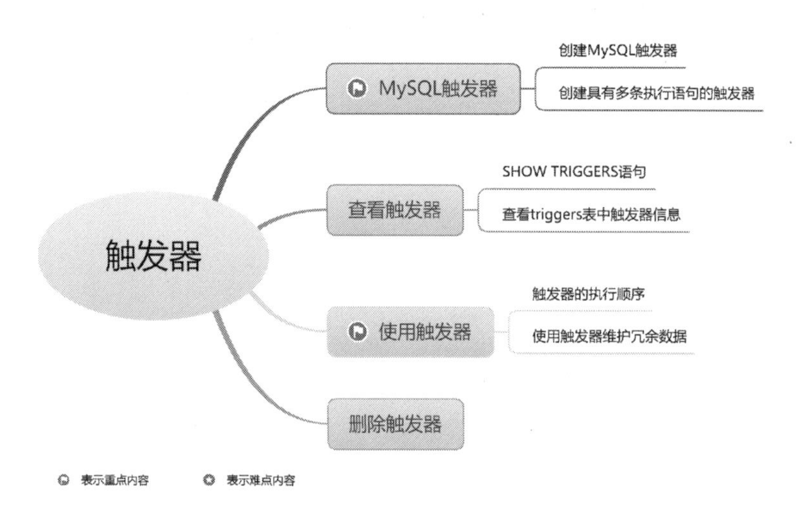

15.1　MySQL 触发器

触发器是由MySQL的基本命令事件来触发某种特定操作的，这些基本的命令由INSERT、UPDATE、DELETE等事件来触发某些特定操作。满足触发器的触发条件时，数据库系统就会自动执行触发器中定义的程序语句，可以令某些操作之间的一致性得到协调。

15.1.1　创建 MySQL 触发器

在MySQL中，创建只有一条执行语句的触发器的基本形式如下。

```
CREATE  TRIGGER  触发器名 BEFORE | AFTER 触发事件
ON 表名 FOR EACH ROW 执行语句
```

具体的参数说明如下。

（1）触发器名：指定要创建的触发器名称。

（2）参数 BEFORE 和 AFTER：指定触发器执行的时间。BEFORE 指在触发时间之前执行触发语句，AFTER 表示在触发时间之后执行触发语句。

（3）触发事件：指数据库操作触发条件，包括 INSERT、UPDATE 和 DELETE 语句。

（4）表名：指定触发事件操作表的名称。

（5）FOR EACH ROW：表示任何一条记录上的操作在满足触发事件时都会触发该触发器。

（6）执行语句：指触发器被触发后执行的程序。

例 15.1 创建一个由插入命令 INSERT 触发的触发器 auto_save_time。（**实例位置：资源包\TM\sl\15\15.1**）

具体步骤如下。

（1）创建一个名称为 timelog 的表格，该表的结构非常简单。相关代码如下。

```
create table timelog(
id int(11) primary key auto_increment not null,
savetime varchar(50) not null
);
```

（2）创建名称为 auto_save_time 的触发器，其代码如下。

```
delimiter //
create trigger auto_save_time before insert
on studentinfo for each row
insert into timelog(savetime) values(now());
//
```

以上代码的运行结果如图 15.1 所示。

auto_save_time 触发器创建成功，其具体的功能是当用户向 studentinfo 表中执行 INSERT 操作时，数据库系统会自动在插入语句执行之前向 timelog 表中插入当前时间。下面通过向 studentinfo 表中插入一条信息来查看触发器的作用，其代码如下。

```
insert into studentinfo(name) values ('Chris');
```

执行 SELECT 语句查看 timelog 表中是否执行 INSERT 操作，其结果如图 15.2 所示。

```
mysql> delimiter //
mysql> create trigger auto_save_time before insert
    -> on studentinfo for each row
    -> insert into timelog(savetime) values(now());
    -> //
Query OK, 0 rows affected (0.00 sec)
```

图 15.1 创建 auto_save_time 触发器

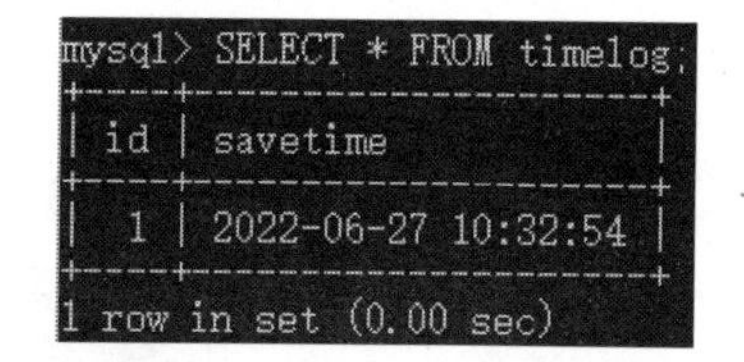

图 15.2 查看 timelog 表中是否执行插入操作

以上结果显示，在向 studentinfo 表中插入数据时，savetime 表中也会被插入一条当前系统时间的数据。

15.1.2 创建具有多条执行语句的触发器

15.1.1 节中已经介绍了如何创建一个最基本的触发器，但是在实际应用中，触发器中往往包含多条执行语句。创建具有多条执行语句的触发器的语法结构如下。

```
CREATE TRIGGER 触发器名称 BEFORE | AFTER 触发事件
ON 表名 FOR EACH ROW
BEGIN
执行语句列表
END
```

创建具有多条执行语句触发器的语法结构与创建触发器的一般语法结构大体相同，其参数说明请参考 15.1.1 节中的参数说明，这里不再赘述。在该结构中，将要执行的多条语句放入 BEGIN 与 END 之间。多条语句需要执行的内容用分隔符“;”隔开。

说明

一般放在 BEGIN 与 END 之间的多条执行语句必须用结束分隔符“;”分开。在创建触发器过程中需要更改分隔符，故这里应用第 14 章提到的 DELIMITER 语句，将结束符号变为“//”。当触发器创建完成后，同样可以应用该语句将结束符换回“;”。

例 15.2 创建一个由 DELETE 触发多条执行语句的触发器 delete_time_info。模拟一个删除日志数据表和一个删除时间表。当用户删除数据库中的某条记录后，数据库系统会自动向日志表中写入日志信息。（**实例位置：资源包\TM\sl\15\15.2**）

创建具有多个执行语句的触发器的过程如下。

（1）在例 15.1 中创建的 timelog 数据表基础上，另外创建一个名称为 timeinfo 的数据表，代码如下。

```
create table timeinfo(
id int(11) primary key auto_increment,
info varchar(50) not null
);
```

（2）创建一个由 DELETE 触发多条执行语句的触发器 delete_time_info，其代码如下。

```
delimiter //
create trigger delete_time_info after delete
on studentinfo for each row
begin
insert into timelog(savetime) values (now());
insert into timeinfo(info) values ('deleteact');
end
//
```

运行以上代码的结果如图 15.3 所示。

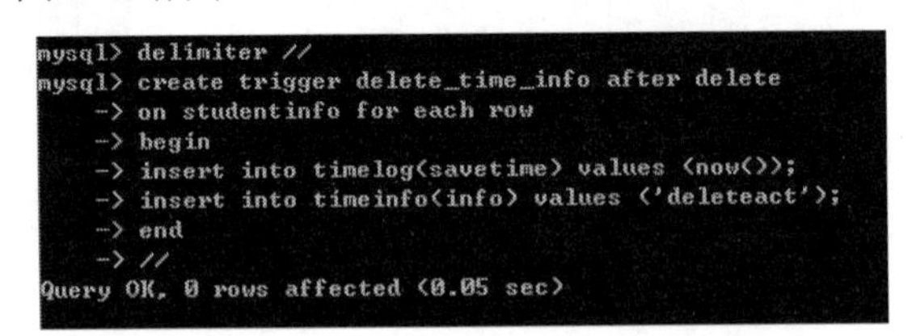

图 15.3　创建具有多条执行语句的触发器 delete_time_info

例 15.3 触发器创建成功后，当执行删除操作时，在 timelog 与 timeinfo 表中将会被插入两条相关记录。（**实例位置：资源包\TM\sl\15\15.3**）

执行删除操作的代码如下。

```
DELETE FROM studentinfo where sid=1;
```

删除成功后，应用 SELECT 语句分别查看数据表 timelog 与数据表 timeinfo，其运行结果如图 15.4 和图 15.5 所示。

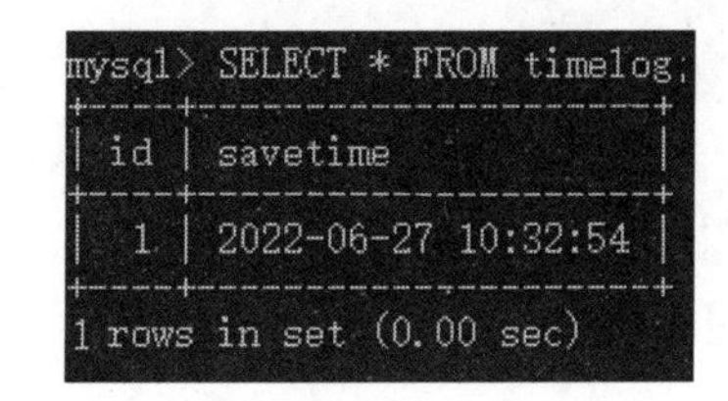

图 15.4　查看数据表 timelog 信息

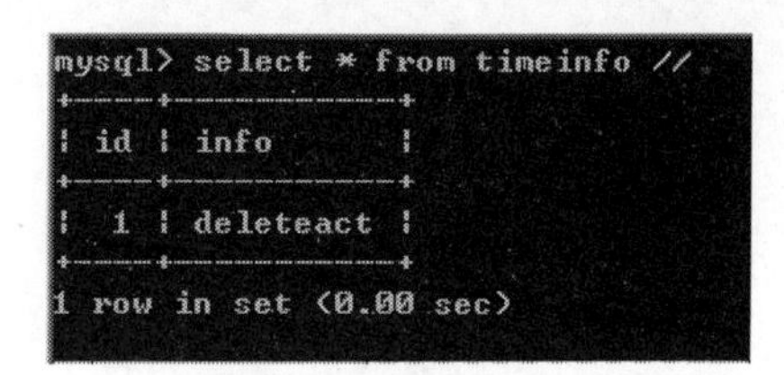

图 15.5　查看数据表 timeinfo 信息

从以上运行结果中可以看出，触发器创建成功后，当用户对 students 表执行 DELETE 操作时，students 数据库中的 timelog 和 timeinfo 数据表中分别被插入操作时间和操作信息。

说明

在 MySQL 中，对同一个表相同触发时间的相同触发事件，只能创建一个触发器，如触发事件为 INSERT，触发时间为 AFTER 的触发器只能有一个，但是可以定义 BEFORE 的触发器。

15.2　查看触发器

查看触发器是指查看数据库中已存在的触发器的定义、状态和语法等信息。查看触发器应用 SHOW TRIGGERS 语句。

15.2.1　SHOW TRIGGERS 语句

在 MySQL 中，可以执行 SHOW TRIGGERS 语句查看触发器的基本信息，其基本形式如下。

```
SHOW TRIGGERS;
```

或者

```
SHOW TRIGGERS\G
```

进入 MySQL 数据库，选择 db_database15 数据库并查看该数据库中存在的触发器，其运行结果如图 15.6 所示。

```
mysql> SHOW TRIGGERS\G
*************************** 1. row ***************************
             Trigger: auto_save_time
               Event: INSERT
               Table: studentinfo
           Statement: insert into timelog(savetime) values(now())
              Timing: BEFORE
             Created: 2021-02-19 14:29:39.08
            sql_mode: ONLY_FULL_GROUP_BY,STRICT_TRANS_TABLES,NO_ZERO_IN_DATE,NO_ZERO_DATE,ERROR_FOR_DIVISION_BY_ZERO,NO_ENGINE_SUBSTITUTION
             Definer: root@%
character_set_client: utf8
collation_connection: utf8_general_ci
  Database Collation: utf8mb4_unicode_ci
*************************** 2. row ***************************
             Trigger: delete_time_info
               Event: DELETE
               Table: studentinfo
           Statement: begin
insert into timelog(savetime) values (now());
insert into timeinfo(info) values ('deleteact');
end
              Timing: AFTER
             Created: 2021-02-19 14:35:58.36
            sql_mode: ONLY_FULL_GROUP_BY,STRICT_TRANS_TABLES,NO_ZERO_IN_DATE,NO_ZERO_DATE,ERROR_FOR_DIVISION_BY_ZERO,NO_ENGINE_SUBSTITUTION
             Definer: root@%
character_set_client: utf8
collation_connection: utf8_general_ci
  Database Collation: utf8mb4_unicode_ci
2 rows in set (0.00 sec)
```

图 15.6　查看触发器

在命令提示符中输入 SHOW TRIGGERS 语句即可查看所选择的数据库中的所有触发器，但是，使用该语句查看触发器时存在一定弊端，即只能查询所有触发器的内容，并不能指定查看某个触发器的信息。这样一来，就会给用户查找指定触发器信息带来极大不便。故推荐读者只在触发器数量较少的情况下应用 SHOW TRIGGERS 语句查询触发器基本信息。

15.2.2　查看 triggers 表中触发器信息

在 MySQL 中，所有触发器的定义都被存储在该数据库的 triggers 表中。读者可以通过查询 triggers 表来查看数据库中所有触发器的详细信息。查询语句如下。

```
SELECT * FROM information_schema.triggers;
```

其中，information_schema 是 MySQL 中默认存在的库，而 triggers 是数据库中用于记录触发器信息的数据表。通过 SELECT 语句查看触发器信息，其运行结果与图 15.6 相同。但是，用户如果想要查看某个指定触发器的内容，可以通过 WHERE 子句应用 TRIGGER 字段作为查询条件。其代码如下。

```
SELECT * FROM information_schema.triggers WHERE TRIGGER_NAME= '触发器名称';
```

其中，“触发器名称”这一参数为用户指定要查看的触发器名称，和其他 SELECT 查询语句相同，该名称内容需要用一对单引号（''）引用指定的文字内容。

说明

如果数据库中存在数量较多的触发器，建议读者使用上述第二种查看触发器的方式。这样会在查找指定触发器过程中避免很多麻烦。

15.3　使用触发器

在 MySQL 中，触发器按以下顺序执行：BEFORE 触发器、表操作、AFTER 触发器。其中，表操作包括常用的数据库操作命令，如 INSERT、UPDATE、DELETE。

15.3.1　触发器的执行顺序

下面通过一个具体的实例演示触发器的执行顺序。

例 15.4　触发器与表操作存在执行顺序，下面通过一个示例向读者展示三者的执行顺序。(**实例位置：资源包\TM\sl\15\15.4**)

（1）创建名称为 before_in 的 BEFORE INSERT 触发器，其代码如下。

```
create trigger before_in before insert on
studentinfo for each row
insert into timeinfo (info) values ('before');
```

（2）创建名称为 after_in 的 AFTER INSERT 触发器，其代码如下。

```
create trigger after_in after insert on
studentinfo for each row
insert into timeinfo (info) values ('after');
```

运行步骤（1）、（2）中的代码，结果如图 15.7 所示。

（3）创建完触发器后，向数据表 studentinfo 中插入一条记录，其代码如下。

```
insert into studentinfo(name) values ('Nowitzki');
```

执行成功后，通过 SELECT 语句查看数据表 timeinfo 的插入情况，其代码如下。

```
select * from timeinfo;
```

运行以上代码，结果如图 15.8 所示。

```
mysql> create trigger before_in before insert on
    -> studentinfo for each row
    -> insert into timeinfo (info) values ('before');
Query OK, 0 rows affected (0.02 sec)

mysql> create trigger after_in after insert on
    -> studentinfo for each row
    -> insert into timeinfo (info) values ('after');
Query OK, 0 rows affected (0.00 sec)
```

图 15.7　创建触发器运行结果

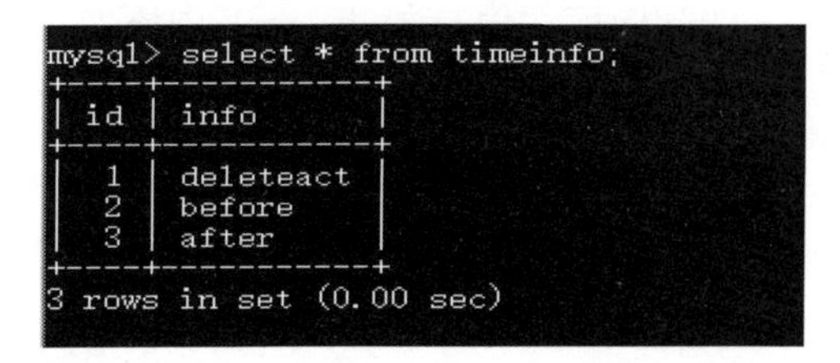

```
mysql> select * from timeinfo;
+----+-------------+
| id | info        |
+----+-------------+
|  1 | deleteact   |
|  2 | before      |
|  3 | after       |
+----+-------------+
3 rows in set (0.00 sec)
```

图 15.8　查看 timeinfo 表中触发器的执行顺序

查询结果显示 BEFORE 和 AFTER 触发器被激活。首先 BEFORE 触发器被激活，然后 AFTER 触发器被激活。

说明

触发器中不能包含 START TRANSCATION、COMMIT 或 ROLLBACK 等关键字，也不能包含 CALL 语句。触发器执行非常严密，每一环都息息相关，任何错误都可能导致程序无法向下执行。已经更新的数据表是不能回滚的，因此在设计过程中一定要注意触发器的逻辑严密性。

15.3.2 使用触发器维护冗余数据

在数据库中，冗余数据的一致性非常重要。为了避免数据不一致问题的发生，尽量不要采用人工维护数据，建议通过编程自动维护，例如使用触发器来维护数据。下面通过一个具体的实例介绍如何使用触发器维护冗余数据。

例 15.5 使用触发器维护库存数量。主要是通过商品销售信息表创建一个触发器，实现当添加一条商品销售信息时，自动修改库存信息表中的库存数量。（**实例位置：资源包\TM\sl\15\15.5**）

具体步骤如下。

（1）创建库存信息表 tb_stock，包括 id（编号）、goodsname（商品名称）、number（库存数量）字段，具体代码如下。

```
CREATE TABLE IF NOT EXISTS tb_stock (
id int(11) PRIMARY KEY AUTO_INCREMENT NOT NULL,
goodsname varchar(200) NOT NULL,
number int(11)
);
```

创建商品销售信息表 tb_sell，包括 id（编号）、goodsname（商品名称）、goodstype（商品类型）、number（购买数量）、price（商品单价）、amount（订单总价）字段，具体代码如下。

```
CREATE TABLE `tb_sell` (
  `id` int(11) PRIMARY KEY AUTO_INCREMENT NOT NULL,
  `goodsname` varchar(255) COLLATE utf8mb4_unicode_ci DEFAULT NULL,
  `goodstype` int(11) DEFAULT NULL,
  `number` int(11) DEFAULT NULL,
  `price` decimal(10,2) DEFAULT NULL,
  `amount` int(11) DEFAULT NULL
)
```

（2）向库存信息表 tb_stock 中添加一条商品库存信息，代码如下。

```
INSERT INTO tb_stock(goodsname,number) VALUES ('马克杯 350ML',100);
```

（3）为商品销售信息表 tb_sell 创建一个触发器，名称为 auto_number，实现向商品销售信息表 tb_sell 中添加数据时自动更新库存信息表 tb_stock 中的商品库存数量，具体代码如下。

```
DELIMITER //
CREATE TRIGGER auto_number AFTER INSERT
ON tb_sell FOR EACH ROW
BEGIN
DECLARE sellnum int(10);
SELECT number FROM tb_sell where id=NEW.id INTO @sellnum;
UPDATE tb_stock SET number=number-@sellnum WHERE goodsname='马克杯 350ML';
```

```
END
//
```

说明

在上面的代码中，DECLARE关键字用于定义一个变量，这里定义的是保存销售数量的变量。在MySQL中，引用变量时需要在变量名前面添加“@”符号。

（4）向商品销售信息表tb_sell中插入一条商品销售信息，具体代码如下。

```
INSERT INTO tb_sell(goodsname,goodstype,number,price,amount) VALUES ('马克杯 350ML',1,1,29.80,29.80);
```

（5）查看库存信息表tb_stock中，商品“马克杯350ML”的库存数量，代码如下。

```
SELECT * FROM tb_stock WHERE goodsname='马克杯 350ML';
```

执行结果如图15.9所示。

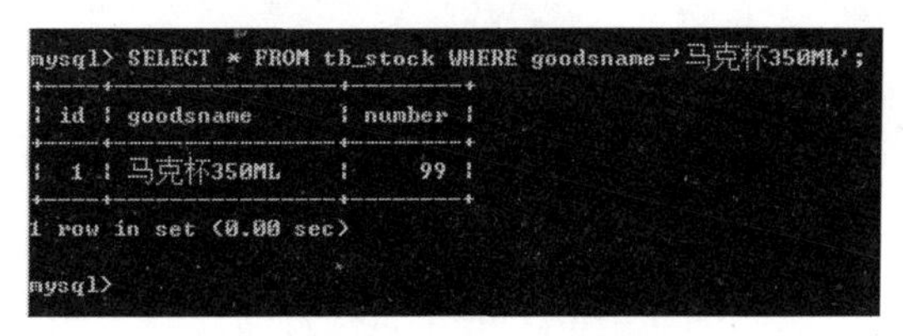

图15.9　查看库存数量

从图15.9中可以看出，现在的库存数量是99，而在步骤（2）中插入的库存数量是100，所以库存信息表tb_stock中的指定商品（马克杯350ML）的库存数量已经被自动修改了。

15.4　删除触发器

在MySQL中，既然可以创建触发器，同样也可以通过命令删除触发器。删除触发器指删除原来已经在某个数据库中创建的触发器，与MySQL中删除数据库的命令相似，应用DROP关键字删除触发器。其语法结构如下。

```
DROP TRIGGER 触发器名称
```

“触发器名称”参数为用户指定要删除的触发器名称，如果指定某个特定触发器名称，MySQL在执行过程中将会在当前库中查找触发器。

说明

在应用完触发器后，切记一定要将触发器删除，否则在执行某些数据库操作时，会造成数据的变化。

例15.6　删除名称为delete_time_info的触发器。（**实例位置：资源包\TM\sl\15\15.6**）

代码如下。

```
DROP TRIGGER delete_time_info;
```

执行上述代码，其运行结果如图 15.10 所示。

使用查看触发器命令查看数据库 students 中的触发器信息，其代码如下。

```
SHOW TRIGGERS;
```

执行上述代码，其运行结果如图 15.11 所示。

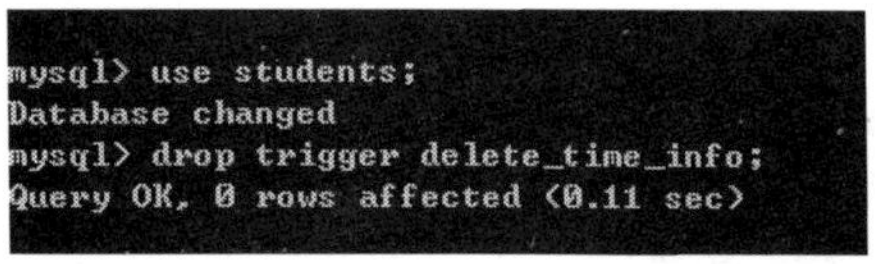

```
mysql> use students;
Database changed
mysql> drop trigger delete_time_info;
Query OK, 0 rows affected (0.11 sec)
```

图 15.10　删除触发器

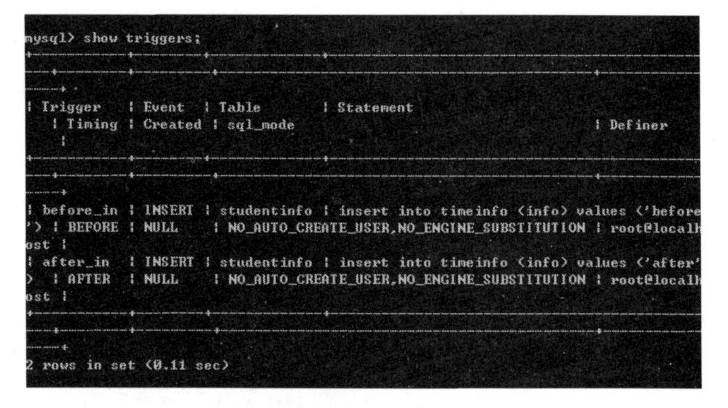

图 15.11　查看 students 数据库中的触发器信息

从图 15.11 中可以看出，名称为 delete_time_info 的触发器已经被删除。

注意

图 15.11 的返回结果显示，该数据库中存在两个触发器，这两个触发器均是在 15.3.1 节中创建的，如果用户在 db_database15 数据库中未创建该触发器，则返回结果会是“Empty set”。

15.5　小　　结

本章对 MySQL 数据库中触发器的定义和作用，以及创建、查看、使用和删除方法等内容进行了详细讲解，创建触发器和使用触发器是本章的重点内容。在创建触发器后，一定要查看触发器的结构。使用触发器时，触发器执行的顺序为 BEFORE 触发器、表操作（INSERT、UPDATE 和 DELETE）、AFTER 触发器。读者需要将本章的知识与实际需要进行结合来设计触发器。

15.6　实践与练习

（答案位置：资源包\TM\sl\15\实践与练习）

1．创建一个由 INSERT 触发的触发器，实现当向 department 表中插入数据时，自动向 tb_students 表中插入当前时间。

2．删除原有的触发器，删除触发器后，执行 SELECT 语句来查看触发器是否还存在。

第 16 章

事　　务

在操作 MySQL 过程中，对于简单的业务逻辑或中小型程序而言，无须考虑应用 MySQL 事务。但在比较复杂的情况下，往往在执行某些数据的操作过程中，需要通过一组 SQL 语句执行多项并行业务逻辑或程序，这样，就必须保证所用命令执行的同步性，使执行序列中产生依靠关系的动作能够同时被操作成功或同时返回初始状态。在此情况下，需要优先考虑使用 MySQL 事务处理。

本章知识架构及重难点如下：

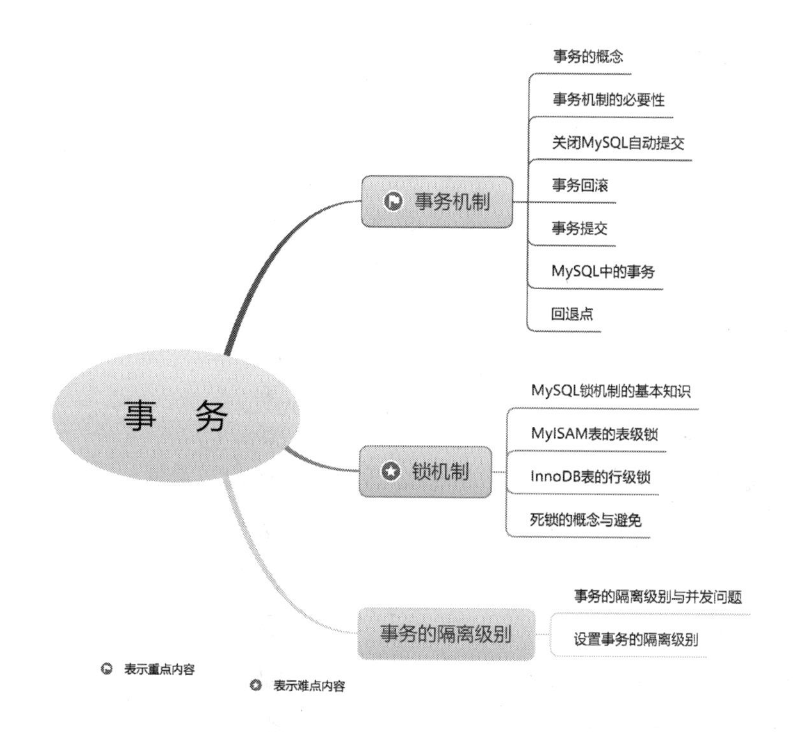

16.1　事务机制

16.1.1　事务的概念

所谓事务，是指一组相互依赖的操作单元的集合，用来保证对数据库的正确修改，保持数据的完整性，如果一个事务的某个单元操作失败，将取消本次事务的全部操作。例如，银行交易、股票交易和网上购物等，都需要利用事务来控制数据的完整性，这里以银行交易为例，假设要将 A 账户中的资金转入 B 账户中，其间成功地从 A 账户中扣除了资金，但在向 B 账户中存入资金时却失败，导致数据失去平衡，事务将回滚到原始状态，即 A 账户中的资金没有减少，B 账户中的资金没有增加。数据库事务必须具备以下特征（简称 ACID）：

原子性（atomicity）：每个事务是一个不可分割的整体，只有所有的操作单元执行成功，整个事务才成功；否则此次事务失败，并且导致所有执行成功的操作单元被撤销，数据库回到此次事务之前的状态。

一致性（consistency）：在执行一次事务后，涉及数据的完整性和业务逻辑的一致性不能被破坏。例如，从 A 账户向 B 账户转账结束后，资金总额是不能改变的。

隔离性（isolation）：在并发环境中，一个事务所做的修改必须与其他事务所做的修改相隔离。例如，一个事务查看的数据必须是其他并发事务修改之前或修改完毕的数据，不能是修改中的数据。

持久性（durability）：事务结束后，对数据的修改是永久保存的，即使系统故障导致数据库系统重启，数据依然是修改后的状态。

16.1.2 事务机制的必要性

银行应用是解释事务必要性的一个经典例子。假设一家银行的数据库中有一个账户表（tb_account），保存着两张借记卡账户 A 和 B，并且要求这两张借记卡账户都不能透支（即两个账户的余额不能小于零）。

例 16.1 实现从借记卡账户 A 向 B 转账 700 元，转账成功后再从 A 向 B 转账 500 元。（**实例位置：资源包\TM\sl\16\16.1**）

具体步骤如下。

（1）创建银行的数据库 db_database16，并且选择该数据库为当前默认数据库，具体代码如下。

```
CREATE DATABASE db_database16;
USE db_database16;
```

（2）在数据库 db_database16 中，创建一个名称为 tb_account 的数据表，具体代码如下。

```
CREATE TABLE tb_account(
  id int(10) unsigned NOT NULL AUTO_INCREMENT PRIMARY KEY,
  name varchar(30),
  balance FLOAT(8,2) unsigned DEFAULT 0
);
```

说明

要想实现账户余额不能透支，可以将余额字段设置为无符号数，也可以通过定义 CHECK 约束来实现。本实例中采用将余额字段设置为无符号数来实现，这种方法比较简单。

（3）向 tb_account 数据表中插入两条记录（账户初始数据），分别为创建 A 账户，并向该账户中存储 1000 元，以及创建 B 账户，并向该账户中存储 0 元。具体代码如下。

```
INSERT INTO tb_account (name,balance)VALUES
```

```
('A',1000),
('B',0);
```

（4）查询插入后的结果，具体代码如下。

```
SELECT * FROM tb_account;
```

执行结果如图 16.1 所示。

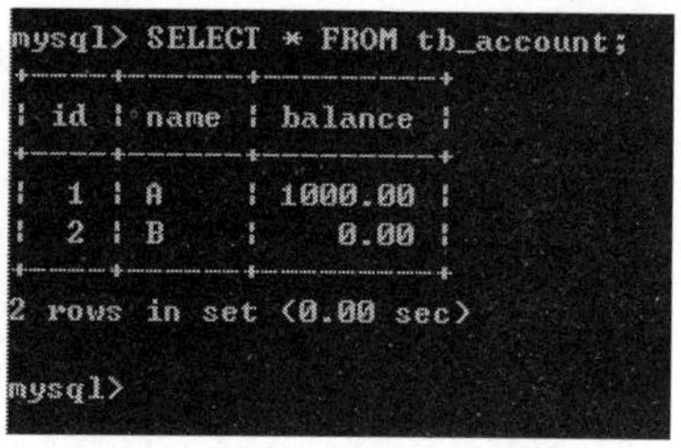

```
mysql> SELECT * FROM tb_account;
+----+------+---------+
| id | name | balance |
+----+------+---------+
|  1 | A    | 1000.00 |
|  2 | B    |    0.00 |
+----+------+---------+
2 rows in set (0.00 sec)

mysql>
```

图 16.1　插入初始账户数据

从图 16.1 中可以看出，账户 A 对应的 id 为 1，账户 B 对应的 id 为 2。在后面转账过程中将使用账户 id（1 和 2）代替账户 A 和 B。

（5）创建模拟转账操作的存储过程。在该存储过程中，实现将一个账户的指定金额添加到另一个账户中，具体代码如下。

```
DELIMITER //
CREATE PROCEDURE proc_transfer (IN id_from INT,IN id_to INT,IN money int)
READS SQL DATA
BEGIN
UPDATE tb_account SET balance=balance+money WHERE id=id_to;
UPDATE tb_account SET balance=balance-money WHERE id=id_from;
END
//
```

执行效果如图 16.2 所示。

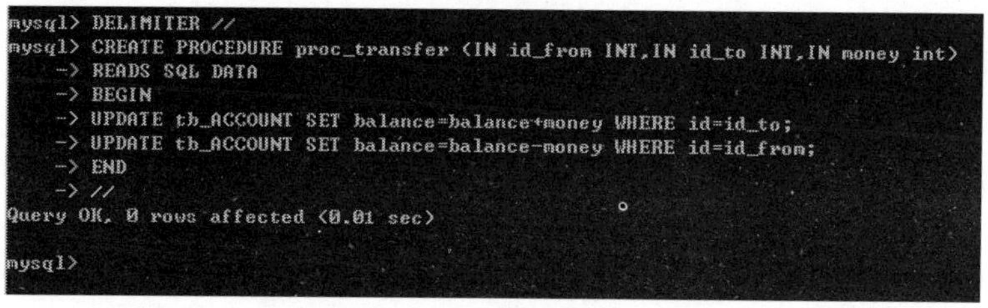

```
mysql> DELIMITER //
mysql> CREATE PROCEDURE proc_transfer (IN id_from INT,IN id_to INT,IN money int)
    -> READS SQL DATA
    -> BEGIN
    -> UPDATE tb_ACCOUNT SET balance=balance+money WHERE id=id_to;
    -> UPDATE tb_ACCOUNT SET balance=balance-money WHERE id=id_from;
    -> END
    -> //
Query OK, 0 rows affected (0.01 sec)

mysql>
```

图 16.2　创建用于转账的存储过程

（6）调用刚刚创建的存储过程 proc_transfer，实现从账户 A 向账户 B 转账 700 元，并查看转账结果，代码如下。

```
CALL proc_transfer(1,2,700);
SELECT * FROM tb_account;
```

执行效果如图 16.3 所示。

从图 16.3 中可以看出，账户 A 的余额由原来的 1000 元变为 300 元，减少了 700 元，而账户 B 的余额则多了 700 元，由此可见，转账成功。

（7）再一次调用存储过程 proc_transfer，实现从账户 A 向账户 B 转账 500 元，并查看转账结果，代码如下。

```
CALL proc_transfer(1,2,500);
SELECT * FROM tb_account;
```

执行效果如图 16.4 所示。

```
mysql> CALL proc_transfer(1,2,700);
Query OK, 1 row affected (0.00 sec)

mysql> SELECT * FROM tb_account;
+----+------+---------+
| id | name | balance |
+----+------+---------+
|  1 | A    |  300.00 |
|  2 | B    |  700.00 |
+----+------+---------+
2 rows in set (0.00 sec)

mysql>
```

图 16.3　第一次转账的结果

```
mysql> CALL proc_transfer(1,2,500);
ERROR 1264 (22003): Out of range value for column 'balance' at row 1
mysql> SELECT * FROM tb_account;
+----+------+---------+
| id | name | balance |
+----+------+---------+
|  1 | A    |  300.00 |
|  2 | B    | 1200.00 |
+----+------+---------+
2 rows in set (0.00 sec)

mysql>
```

图 16.4　第二次转账的结果

从图 16.4 中可以看出，在进行第二次转账时，由于第一个账户的余额不能小于零，因此出现了错误。但是在查询账户余额时却发现，第一个账户的余额没有变化，而第二个账户的余额却变为 1200 元，比之前多了 500 元。这样账户 A 和 B 的余额总和就由转账前的 1000 元变为 1500 元，由此产生了数据不一致的问题。

为了避免这种情况，MySQL 中引入了事务的概念。通过在存储过程中加入事务，将原来独立执行的两个 UPDATE 语句绑定在一起，实现只要其中的一条语句执行失败，那么这两条语句就都不会被执行，从而保证数据的一致性。

16.1.3　关闭 MySQL 自动提交

MySQL 默认采用自动提交（AUTOCOMMIT）模式。也就是说，如果不显式地开启一个事务，则每条 SQL 语句都被当作一个事务执行提交操作。例如，在例 16.1 编写的存储过程 proc_transfer 中，包括两个更新语句，由于 MySQL 默认开启了自动提交功能，因此无论第二条语句执行成功与否，都不会影响第一条语句的执行结果。因此，对于像银行转账之类的业务逻辑来说，有必要关闭 MySQL 的自动提交功能。

要想查看 MySQL 的自动提交功能是否关闭，可以使用 MySQL 的 SHOW VARIABLES 命令查询 AUTOCOMMIT 变量的值，该变量的值为 1 或者 ON 时表示启用，为 0 或者 OFF 时表示禁用。具体代码如下。

```
SHOW VARIABLES LIKE 'autocommit';
```

执行上面的代码将显示如图 16.5 所示的结果。

在 MySQL 中，关闭自动提交功能可以分为以下两种情况。

（1）在当前连接中，可以通过将 AUTOCOMMIT 变量设置为 0 来禁用自动提交功能。当禁用自动提交功能，并查看修改后的值时，需要执行以下代码。

```
SET AUTOCOMMIT=0;
SHOW VARIABLES LIKE 'autocommit';
```

执行结果如图 16.6 所示。

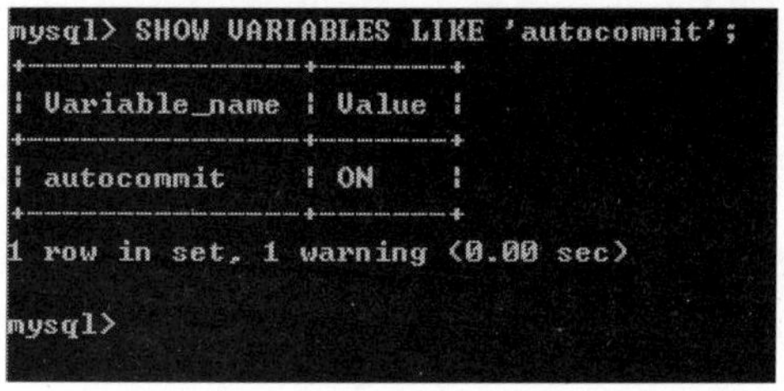

```
mysql> SHOW VARIABLES LIKE 'autocommit';
+---------------+-------+
| Variable_name | Value |
+---------------+-------+
| autocommit    | ON    |
+---------------+-------+
1 row in set, 1 warning (0.00 sec)

mysql>
```

图 16.5　查看自动提交功能是否开启

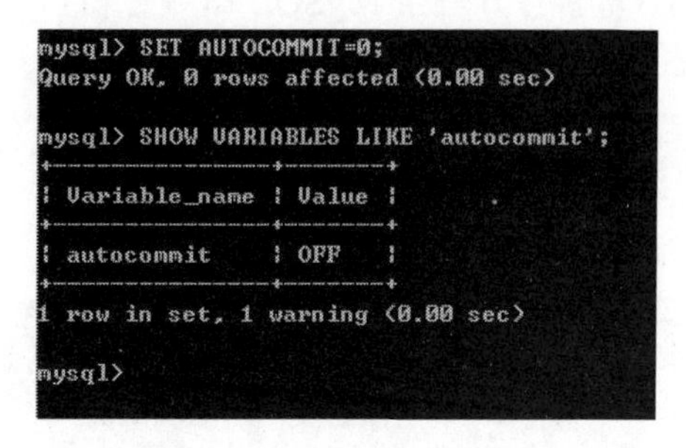

图 16.6　关闭自动提交功能

系统变量 AUTOCOMMIT 是会话变量，只在当前命令行窗口中有效，即在命令行窗口 A 中设置的 AUTOCOMMIT 变量值，不会影响命令行窗口 B 中该变量的值。

当 AUTOCOMMIT 变量值为 0 时，所有的 SQL 语句都在一个事务中，直到显式地执行提交（COMMIT）或者回滚（ROLLBACK）时，该事务才结束，同时开启另一个新事务。

另外，还有一些命令（如 ALTER TABLE）在执行前会强制执行 COMMIT 提交当前的活动事务，具体内容可以参见 16.2.5 节。

（2）当使用 START TRANSACTION;命令时，可以隐式地关闭自动提交功能。该方法不会修改 AUTOCOMMIT 变量的值。

16.1.4　事务回滚

事务回滚也叫撤销。当关闭自动提交功能后，数据库开发人员可以根据需要回滚更新操作。下面还是以例 16.1 的数据库为例进行操作。

例 16.2　实现从借记卡账户 A 向账户 B 转账 500 元，出错时进行事务回滚。（**实例位置：资源包\TM\sl\16\16.2**）

具体步骤如下。

（1）关闭 MySQL 的自动提交功能，代码如下。

```
SET AUTOCOMMIT=0;
```

（2）调用例 16.1 编写的存储过程 proc_transfer，实现从借记卡账户 A 向账户 B 转账 500 元，并查看账户余额，代码如下。

```
SELECT * FROM tb_account;
CALL proc_transfer(1,2,500);
SELECT * FROM tb_account;
```

执行结果如图 16.7 所示。

从图 16.7 中可以看出，账户 B 中已经多了 500 元，由原来的 1200 元变为 1700 元了。这时需要确认一下，数据库中是否已经真的接收到了这个变化。

（3）重新打开一个 MySQL 命令行窗口，选择 db_database16 数据库为当前数据库，然后查询数据表 tb_account 中的数据，代码如下。

```
USE db_database16;
SELECT * FROM tb_account;
```

执行结果如图 16.8 所示。

```
mysql> SELECT * FROM tb_account;
+----+------+---------+
| id | name | balance |
+----+------+---------+
|  1 | A    |  300.00 |
|  2 | B    | 1200.00 |
+----+------+---------+
2 rows in set (0.00 sec)

mysql> CALL proc_transfer(1,2,500);
ERROR 1264 (22003): Out of range value for column 'balance' at row 1
mysql> SELECT * FROM tb_account;
+----+------+---------+
| id | name | balance |
+----+------+---------+
|  1 | A    |  300.00 |
|  2 | B    | 1700.00 |
+----+------+---------+
2 rows in set (0.00 sec)

mysql>
```

图 16.7　从借记卡账户 A 向账户 B 转账 500 元

```
mysql> USE db_database16;
Database changed
mysql> SELECT * FROM tb_account;
+----+------+---------+
| id | name | balance |
+----+------+---------+
|  1 | A    |  300.00 |
|  2 | B    | 1200.00 |
+----+------+---------+
2 rows in set (0.00 sec)
```

图 16.8　在另一个命令行窗口中查看余额

从图 16.8 中可以看出，账户 B 的余额仍然是转账前的 1200 元，并没有加上 500 元。这是因为关闭了 MySQL 的自动提交功能后，如果不手动提交，那么执行 UPDATE 语句的结果将仅仅影响内存中的临时记录，并没有被真正写入数据库文件中。所以，在当前命令行窗口中执行 SELECT 查询语句时，获得的是临时记录，并不是实际数据表中的数据。此时的结果走向取决于接下来执行的操作，如果执行 ROLLBACK（回滚），那么将会放弃所做的修改，如果执行 COMMIT（提交），那么会将修改的结果永久保存到数据库文件中。

（4）由于更新后的数据与想要实现的结果不一致，因此这里执行 ROLLBACK（回滚）操作，放弃之前的修改。执行回滚操作，并查看余额的代码如下。

```
ROLLBACK;
SELECT * FROM tb_account;
```

执行结果如图 16.9 所示。

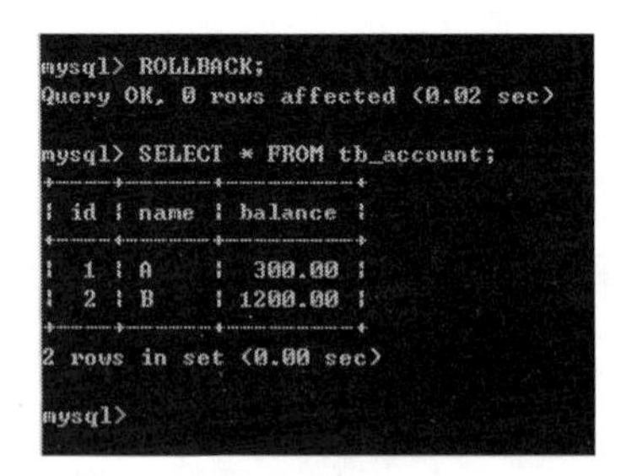

图 16.9　执行回滚操作后的结果

从图 16.9 中可以看出，步骤（3）所做的修改被回滚了，也就是放弃了之前所做的修改。

16.1.5　事务提交

当关闭自动提交功能后，数据库开发人员可以根据需要提交更新操作，否则更新的结果将不能被提交到数据库文件中，以成为数据库永久的组成部分。关闭自动提交功能后，提交事务可以分为以下两种情况。

1. 显式提交

关闭自动提交功能后，可以使用 COMMIT 命令显式地提交更新语句。例如，在 16.1.4 节的例 16.2 中，如果将步骤（4）中的回滚语句 ROLLBACK;替换为提交语句 COMMIT;，则将得到如图 16.10 所示的结果。

```
mysql> CALL proc_transfer(1,2,500);
ERROR 1264 (22003): Out of range value for column 'balance' at row 1
mysql> COMMIT;
Query OK, 0 rows affected (0.00 sec)

mysql> SELECT * FROM tb_account;
+----+------+---------+
| id | name | balance |
+----+------+---------+
|  1 | A    |  300.00 |
|  2 | B    | 1700.00 |
+----+------+---------+
2 rows in set (0.00 sec)

mysql>
```

执行提交

查询余额得到的结果

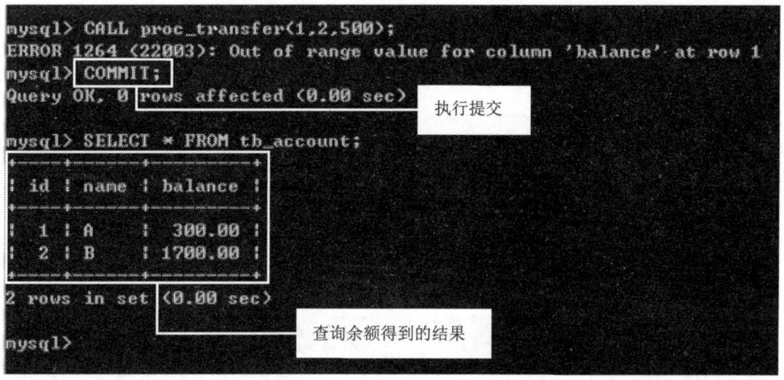

图 16.10　显式提交

从图 16.10 中可以看出，更新操作已经被提交。此时，再打开一个新的命令行窗口查询余额，可以发现得到的结果与图 16.10 所示的结果一致。

2. 隐式提交

关闭自动提交功能后，如果没有手动提交更新操作或者没有进行回滚操作，那么执行表 16.1 所示的命令也将执行提交操作。

表 16.1　会隐式执行提交操作的命令

BEGIN	SET AUTOCOMMIT=1	LOCK TABLES
START TRANSACTION	CREATE DATABASE/TABLE/INDEX/PROCEDURE	UNLOCK TABLES
TRUNCATE TABLE	ALTER DATABASE/TABLE/INDEX/PROCEDURE	
RENAME TABLE	DROP DATABASE/TABLE/INDEX/PROCEDURE	

例如，在执行了关闭 MySQL 自动提交功能的命令后，执行 SET AUTOCOMMIT=1 命令，此时除了开启自动提交功能，还会提交之前的所有更新语句。

16.1.6　MySQL 中的事务

在 MySQL 中，应用 START TRANSACTION 命令来标记一个事务的开始。具体的语法格式如下：

```
START TRANSACTION;
```

通常 START TRANSACTION 命令后面跟随的是组成事务的 SQL 语句，并且在所有要执行的操作全部完成后，添加 COMMIT 命令，提交事务。下面通过一个具体的实例演示 MySQL 中事务的应用。

例 16.3 这里还是以例 16.1 的数据库为例进行操作。创建存储过程，并且在该存储过程中创建事务，实现从借记卡账户 A 向账户 B 转账 500 元，出错时进行事务回滚。（**实例位置：资源包\TM\sl\16\16.3**）

具体步骤如下。

（1）创建存储过程，名称为 prog_tran_account，在该存储过程中创建一个事务，实现从一个账户向另一个账户转账的功能，具体代码如下。

```
DELIMITER //
CREATE PROCEDURE prog_tran_account(IN id_from INT,IN id_to INT,IN money int)
MODIFIES SQL DATA
BEGIN
DECLARE EXIT HANDLER FOR SQLEXCEPTION ROLLBACK;
START TRANSACTION;
UPDATE tb_account SET balance=balance+money WHERE id=id_to;
UPDATE tb_account SET balance=balance-money WHERE id=id_from;
COMMIT;
END
//
```

执行结果如图 16.11 所示。

```
mysql> DELIMITER //
mysql> CREATE PROCEDURE prog_tran_account(IN id_from INT,IN id_to INT,IN money int)
    -> MODIFIES SQL DATA
    -> BEGIN
    -> DECLARE EXIT HANDLER FOR SQLEXCEPTION ROLLBACK;
    -> START TRANSACTION;
    -> UPDATE tb_account SET balance=balance+money WHERE id=id_to;
    -> UPDATE tb_account SET balance=balance-money WHERE id=id_from;
    -> COMMIT;
    -> END
    -> //
Query OK, 0 rows affected (0.00 sec)

mysql>
```

图 16.11　创建存储过程 prog_tran_account

（2）调用刚刚创建的存储过程 prog_tran_account，实现从账户 A 向账户 B 转账 700 元，并查看转账结果，代码如下。

```
CALL prog_tran_account(1,2,700);
SELECT * FROM tb_account;
```

执行效果如图 16.12 所示。

从图 16.12 中可以看出，各账户的余额并没有改变，而且也没有出现错误，这是因为对出现的错误进行了处理，并且进行了事务回滚。

如果在调用存储过程时，将其中的转账金额修改为 200 元，那么将正常实现转账，代码如下。

```
CALL prog_tran_account(1,2,200);
SELECT * FROM tb_account;
```

执行结果如图 16.13 所示。

```
mysql> CALL prog_tran_account(1,2,700);
    -> SELECT * FROM tb_account;
    -> //
Query OK, 0 rows affected (0.00 sec)

+----+------+---------+
| id | name | balance |
+----+------+---------+
|  1 | A    |  300.00 |
|  2 | B    | 1700.00 |
+----+------+---------+
2 rows in set (0.00 sec)

mysql>
```

图 16.12　调用存储过程实现转账的结果

```
mysql> CALL prog_tran_account(1,2,200);
    -> SELECT * FROM tb_account;
    -> //
Query OK, 0 rows affected (0.01 sec)

+----+------+---------+
| id | name | balance |
+----+------+---------+
|  1 | A    |  100.00 |
|  2 | B    | 1900.00 |
+----+------+---------+
2 rows in set (0.01 sec)

mysql>
```

图 16.13　事务被提交

说明

在 MySQL 中，除了可以使用 START TRANSACTION 命令，还可以使用 BEGIN 或者 BEGIN WORK 命令开启一个事务。

通过上面的实例可以得出如图 16.14 所示的事务的执行流程。

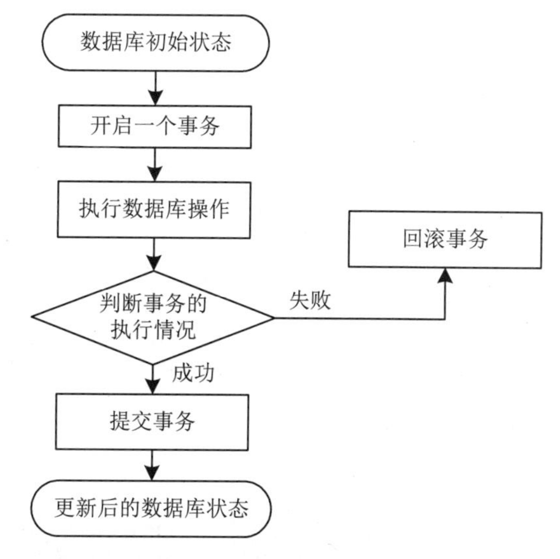

图 16.14　事务的执行流程

16.1.7　回退点

在默认情况下，事务一旦回滚，事务中的所有更新操作就都被撤销。如果不想全部撤销，而只需要撤销一部分，这时可以通过设置回退点来实现。回退点又称保存点。使用 SAVEPOINT 命令实现在事务中设置一个回退点，具体语法格式如下。

```
SAVEPOINT 回退点名;
```

设置回退点后，可以在需要进行事务回滚时指定该回退点，具体的语法格式如下。

```
ROLLBACK TO savepoint 定义的回退点名;
```

例 16.4　创建一个名称为 prog_savepoint_account 的存储过程，在该存储过程中创建一个事务，实现向 tb_account 表中添加一个账户 C，并且向该账户存入 1000 元。然后从账户 A 向账户 B 转账 500 元。当出现错误时，回滚到提前定义的回退点，否则提交事务。（**实例位置：资源包\TM\sl\16\16.4**）

具体步骤如下。

（1）创建存储过程，名称为 prog_savepoint_account，在该存储过程中创建一个事务，实现从一个账户向另一个账户转账的功能，并且定义回退点，具体代码如下。

```
DELIMITER //
CREATE PROCEDURE prog_savepoint_account()
MODIFIES SQL DATA
BEGIN
DECLARE CONTINUE HANDLER FOR SQLEXCEPTION
BEGIN
ROLLBACK TO A;
COMMIT;
END;
START TRANSACTION;
START TRANSACTION;
INSERT INTO tb_account (name,balance)VALUES('C',1000);
savepoint A;
UPDATE tb_account SET balance=balance+500 WHERE id=2;
UPDATE tb_account SET balance=balance-500 WHERE id=1;
COMMIT;
END
//
```

执行结果如图 16.15 所示。

（2）调用刚刚创建的存储过程 prog_savepoint_account，实现添加账户 C 和转账功能，并查看转账结果，代码如下。

```
CALL prog_savepoint_account();
SELECT * FROM tb_account;
```

执行效果如图 16.16 所示。

```
mysql> DELIMITER //
mysql> CREATE PROCEDURE prog_savepoint_account()
    -> MODIFIES SQL DATA
    -> BEGIN
    -> DECLARE CONTINUE HANDLER FOR SQLEXCEPTION
    -> BEGIN
    -> ROLLBACK TO A;
    -> COMMIT;
    -> END;
    -> START TRANSACTION;
    -> START TRANSACTION;
    -> INSERT INTO tb_account (name,balance)VALUES('C',1000);
    -> savepoint A;
    -> UPDATE tb_account SET balance=balance+500 WHERE id=2;
    -> UPDATE tb_account SET balance=balance-500 WHERE id=1;
    -> COMMIT;
    -> END
    -> //
Query OK, 0 rows affected (0.00 sec)

mysql>
```

图 16.15　创建存储过程 prog_savepoint_account

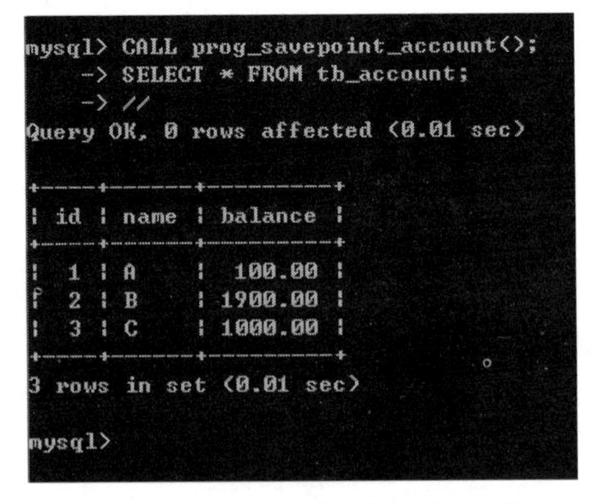

图 16.16　调用存储过程实现转账的结果

从图 16.16 中可以看出，第一个插入语句成功执行，后面两个更新语句，由于最后一个更新语句出现错误，因此事务回滚了。

16.2　锁　机　制

数据库管理系统采用锁机制来管理事务。当多个事务同时修改同一数据时，只允许持有锁的事务修改该数据，其他事务只能“排队等待”，直到前一个事务释放其拥有的锁。下面对 MySQL 中提供的锁机制进行详细介绍。

16.2.1　MySQL 锁机制的基本知识

在同一时刻，可能会有多个客户端对表中同一行记录进行操作，例如，有的客户端尝试读取该行数据，而有的则尝试删除它。为了保证数据的一致性，数据库就要对这种并发操作进行控制，因此就有了锁的概念。下面将对 MySQL 锁机制涉及的基本概念进行介绍。

1．锁的类型

在处理并发读或者写时，可以通过实现一个由两种类型的锁组成的锁系统来解决问题。这两种类型的锁通常被称为读锁（read lock）和写锁（write lock）。下面分别对其进行介绍。

（1）读锁。读锁也被称为共享锁（shared lock）。它是共享的，或者说它是相互不阻塞的。多个客户端在同一时间可以同时读取同一资源，互不干扰。

（2）写锁。写锁也被称为排他锁（exclusive lock）。它是排他的，也就是说一个写锁会阻塞其他的写锁和读锁。这是为了确保在给定的时间里，只有一个用户能执行写入，并防止其他用户读取正在写入的同一资源，保证安全。

在实际数据库系统中，随时都在发生锁定。例如，当某个用户修改某一部分数据时，MySQL 就会通过锁定防止其他用户读取同一数据。在大多数时候，MySQL 锁的内部管理都是透明的。

读锁和写锁的区别如表 16.2 所示。

表 16.2　读锁和写锁的区别

请 求 模 式	读　　锁	写　　锁
读锁	兼容	不兼容
写锁	不兼容	不兼容

2．锁粒度

一种提高共享资源并发性的方式就是让锁定对象更有选择性，也就是尽量只锁定部分数据，而不是所有的资源。这就是锁粒度的概念。它是指锁的作用范围，是为了对数据库中高并发响应和系统性能两方面进行平衡而提出的。

锁粒度越小，并发访问性能越高，越适合做并发更新操作（即采用 InnoDB 存储引擎的表适合做并发更新操作）；锁粒度越大，并发访问性能越低，越适合做并发查询操作（即采用 MyISAM 存储引擎的表适合做并发查询操作）。

不过需要注意，在给定的资源上，锁定的数据量越少，系统的并发程度越高，完成某个功能时所需要的加锁和解锁的次数就会越多，反而会消耗较多的资源，甚至会出现资源的恶性竞争，导致发生死锁。

注意

由于加锁也需要消耗资源，需要注意，如果系统花费大量的时间来管理锁，而不是存储数据，会得不偿失。

3．锁策略

锁策略是指在锁的开销和数据的安全性之间寻求平衡，但是这种平衡会影响性能，所以大多数商业数据库系统没有提供更多的选择，一般都是在表上施加行级锁，并以各种复杂的方式来实现，以便在比较多的情况下提供更好的性能。

在 MySQL 中，每种存储引擎都可以实现自己的锁策略和锁粒度。因此，它提供了多种锁策略。在存储引擎的设计中，锁管理是非常重要的决定，它将锁粒度固定在某个级别上，可以为某些特定的应用场景提供更好的性能，但同时会失去对另一个应用场景的良好支持。MySQL 支持多个存储引擎，所以不用单一的通用解决方法。下面将介绍两种重要的锁策略。

（1）表级锁（table lock）。表级锁是 MySQL 中最基本的锁策略，而且是开销最小的策略。它会锁定整个表，一个用户在对表进行操作（如插入、更新和删除等）前，需要先获得写锁，这会阻塞其他用户对该表的所有读写操作。只有没有写锁时，其他读取的用户才能获得读锁，并且读锁之间是不相互阻塞的。

另外，由于写锁比读锁的优先级高，一个写锁请求可能会被插入读锁队列的前面，但是读锁不能被插入写锁的前面。

（2）行级锁（row lock）。行级锁可以最大限度地支持并发处理，同时也带来了最大的锁开销。在 InnoDB 或者一些其他存储引擎中实现了行级锁。行级锁仅在存储引擎层实现，而不是在服务器层实现。服务器层完全不了解存储引擎中的锁实现。

4．锁的生命周期

锁的生命周期是指在一个 MySQL 会话内，对数据进行加锁到解锁之间的时间间隔。锁的生命周期越长，并发性能就越低，反之并发性能就越高。另外，锁是数据库管理系统的重要资源，需要占据一定的服务器内存，锁的周期越长，占用的服务器内存时间就越长；反之，占用的内存时间就越短。因此，应该尽可能地缩短锁的生命周期。

16.2.2　MyISAM 表的表级锁

在 MySQL 的 MyISAM 类型数据表中，并不支持 COMMIT（提交）和 ROLLBACK（回滚）命令。当用户对数据库执行插入、删除、更新等操作时，这些变化的数据都被立刻保存在磁盘中。这在多用

户环境中会导致诸多问题。为了避免同一时间有多个用户对数据库中指定表进行操作，可以应用表锁定来避免用户在操作数据表的过程中受到干扰。当且仅当该用户释放表的操作锁定后，其他用户才可以访问修改后的数据表。

设置表级锁定代替事务的基本步骤如下。

（1）为指定数据表添加锁定。其语法如下。

```
LOCK TABLES table_name lock_type,…
```

其中：table_name 为被锁定的表名；lock_type 为锁定类型，该类型包括以读方式（READ）锁定表和以写方式（WRITE）锁定表。

（2）用户对数据表进行操作，即添加、删除或者更改该表中的部分数据。

（3）用户完成对锁定数据表的操作后，需要对该表进行解锁操作，释放该表的锁定状态。其语法如下。

```
UNLOCK TABLES
```

下面将分别介绍如何以读方式锁定数据表和以写方式锁定数据表。

1．以读方式锁定数据表

以读方式锁定数据表，是指设置锁定用户的其他操作方式，如删除、插入、更新都不被允许，直至用户进行解锁操作。

例 16.5　以读方式锁定 db_database16 数据库中的用户数据表 tb_user。（**实例位置：资源包\TM\sl\16\16.5**）

具体步骤如下。

（1）在 db_database16 数据库中，创建一个采用 MyISAM 存储引擎的用户表 tb_user，具体代码如下。

```
CREATE TABLE tb_user (
  id int(10) unsigned NOT NULL AUTO_INCREMENT PRIMARY KEY,
  username varchar(30),
  pwd varchar(30)
) ENGINE=MyISAM;
```

（2）在 tb_user 表中插入 3 条用户信息，具体代码如下。

```
INSERT INTO tb_user(username,pwd)VALUES
('mr','111111'),
('mingrisoft','111111'),
('wgh','111111');
```

（3）输入以读方式锁定数据库 db_database16 中用户数据表 tb_user 的代码。

```
LOCK TABLE tb_user READ;
```

执行结果如图 16.17 所示。

（4）应用 SELECT 语句查看数据表 tb_user 中的信息，具体代码如下。

```
SELECT * FROM tb_user;
```

其运行结果如图 16.18 所示。

```
mysql> LOCK TABLE tb_user READ;
Query OK, 0 rows affected (0.00 sec)

mysql>
```

图 16.17　以读方式锁定数据表

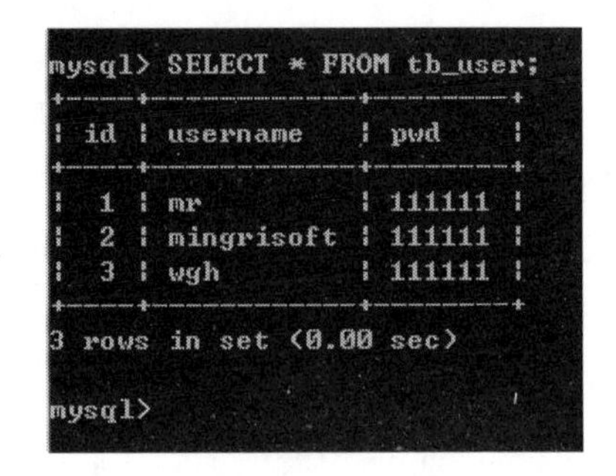

图 16.18　查看以读方式锁定的 tb_user 表

（5）尝试向数据表 tb_user 中插入一条数据，代码如下。

```
INSERT INTO tb_user(username,pwd)VALUES('mrsoft','111111');
```

其运行结果如图 16.19 所示。

```
mysql> INSERT INTO tb_user(username,pwd)VALUES('mrsoft','111111');
ERROR 1099 (HY000): Table 'tb_user' was locked with a READ lock and can't be updated
mysql>
```

图 16.19　向以读方式锁定的表中插入数据

从上述结果中可以看出，当用户试图向数据库中插入数据时，将会返回失败信息。当用户将锁定的表解锁后，再次执行插入操作，代码如下。

```
UNLOCK TABLES;
INSERT INTO tb_user(username,pwd)VALUES('mrsoft','111111');
```

其运行结果如图 16.20 所示。

```
mysql> UNLOCK TABLES;
Query OK, 0 rows affected (0.00 sec)

mysql> INSERT INTO tb_user(username,pwd)VALUES('mrsoft','111111');
Query OK, 1 row affected (0.00 sec)

mysql>
```

图 16.20　向解锁后的数据表中添加数据

锁定的数据表被释放后，用户可以对数据库执行添加、删除、更新等操作。

在 LOCK TABLES 的参数中，用户指定数据表以读方式（READ）锁定数据表的变体为 READ LOCAL 锁定，其与 READ 锁定的不同点是：该参数所指定的用户会话可以执行 INSERT 操作。它是为了使用 MySQL dump 工具而创建的一种变体形式。

2．以写方式锁定数据表

与以读方式锁定表类似，以写方式锁定表是指设置用户可以修改数据表中的数据，但是除自己以外，会话中的其他用户不能进行任何读操作。命令如下。

```
LOCK TABLE 要锁定的数据表 WRITE;
```

例 16.6　以例 16.5 创建的数据表 tb_user 为例进行演示。这里演示以写方式锁定用户表 tb_user。**（实例位置：资源包\TM\sl\16\16.6）**

具体步骤如下。

输入以写方式锁定数据库 db_database16 中用户数据表 tb_user 的代码。

```
LOCK TABLE tb_user WRITE;
```

执行结果如图 16.21 所示。

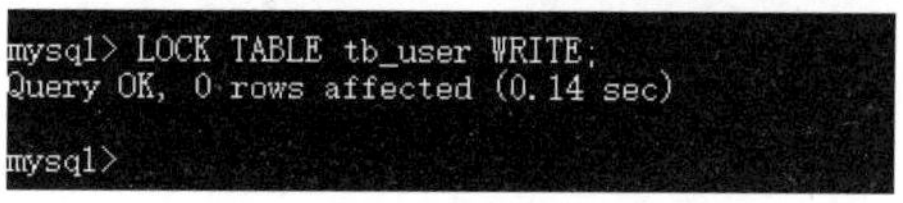

```
mysql> LOCK TABLE tb_user WRITE;
Query OK, 0 rows affected (0.14 sec)

mysql>
```

图 16.21　以写方式锁定数据表

因为表 tb_user 以写方式锁定，所以用户可以对数据库的数据执行修改、添加、删除等操作。那么是否可以应用 SELECT 语句查询该锁定表呢？尝试输入以下命令。

```
SELECT * FROM tb_user;
```

其运行结果如图 16.22 所示。

从图 16.22 中可以看到，当前用户仍然可以应用 SELECT 语句查询该表的数据，并没有限制用户对数据表的读操作。这是因为，以写方式锁定数据表并不能限制当前锁定用户的查询操作。下面再打开一个新用户会话，即保持图 16.22 所示的窗口不被关闭，重新打开一个 MySQL 的命令行客户端，并执行下面的查询语句。

```
USE db_database16;
SELECT * FROM tb_user;
```

其运行结果如图 16.23 所示。

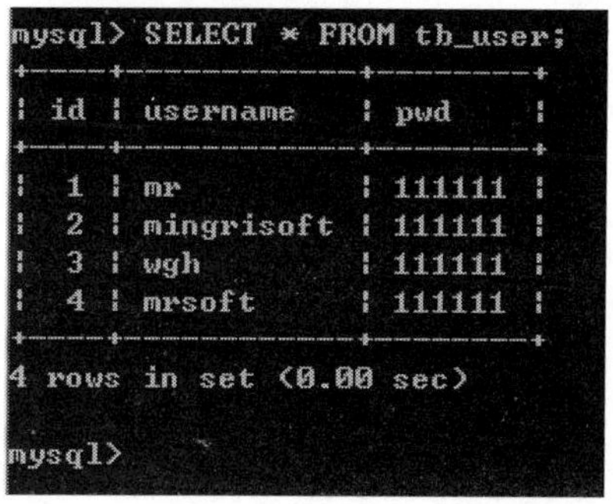

```
mysql> SELECT * FROM tb_user;
+----+------------+--------+
| id | username   | pwd    |
+----+------------+--------+
|  1 | mr         | 111111 |
|  2 | mingrisoft | 111111 |
|  3 | wgh        | 111111 |
|  4 | mrsoft     | 111111 |
+----+------------+--------+
4 rows in set (0.00 sec)

mysql>
```

图 16.22　查询以写操作锁定的 tb_user 数据表

```
mysql> USE db_database16;
Database changed
mysql> SELECT * FROM tb_user;
```

图 16.23　打开新会话查询被锁定的数据表

在新打开的命令行提示窗口中可以看到，应用 SELECT 语句执行查询操作，并没有显示结果，这是因为之前该表以写方式锁定，故当操作用户释放该数据表锁定后，其他用户才可以通过 SELECT 语句查看之前被锁定的数据表。在图 16.23 所示的命令行窗口中输入如下代码解除写锁定。

```
UNLOCK TABLES;
```

这时，在第二次打开的命令行窗口中，即可显示出查询结果，如图 16.24 所示。

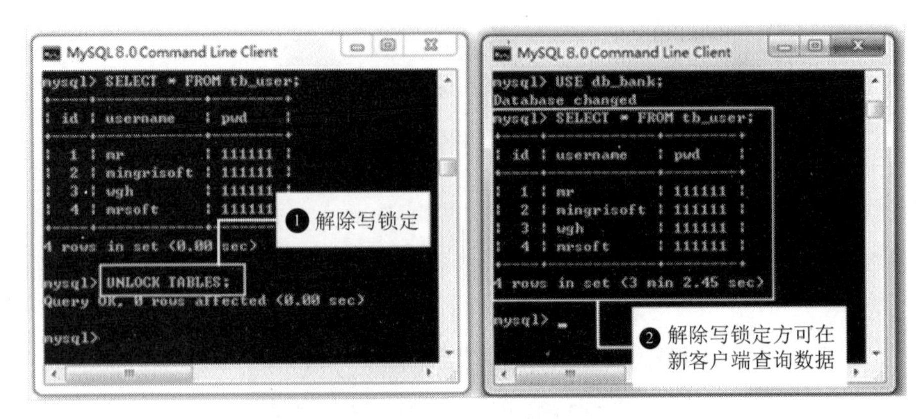

（a）客户端一　　　　（b）客户端二

图 16.24　解除写锁定

由此可知，只有在数据表被释放锁定后，其他访问数据库的用户才可以查看数据表的内容。使用 UNLOCK TABLE 命令，将会释放所有当前处于锁定状态的数据表。

16.2.3　InnoDB 表的行级锁

为 InnoDB 表设置锁比为 MyISAM 表设置锁更为复杂，这是因为 InnoDB 表既支持表级锁，又支持行级锁。为 InnoDB 表设置表级锁也使用 LOCK TABLES 命令，其使用方法同 MyISAM 表基本相同，这里不再赘述。下面将重点介绍如何为 InnoDB 表设置行级锁。

在 InnoDB 表中，提供了两种类型的行级锁，分别是读锁（也称为共享锁）和写锁（也称为排他锁）。InnoDB 表的行级锁的粒度仅仅是受查询语句或者更新语句影响的记录。

为 InnoDB 表设置行级锁主要分为以下 3 种方式。

（1）在查询语句中设置读锁，其语法格式如下。

```
SELECT 语句 LOCK IN SHARE MODE;
```

例如，为采用 InnoDB 存储引擎的数据表 tb_account 在查询语句中设置读锁，可以使用下面的语句。

```
SELECT * FROM tb_account LOCK IN SHARE MODE;
```

（2）在查询语句中设置写锁，其语法格式如下。

```
SELECT 语句 FOR UPDATE;
```

例如，为采用 InnoDB 存储引擎的数据表 tb_account 在查询语句中设置写锁，可以使用下面的语句。

```
SELECT * FROM tb_account FOR UPDATE;
```

（3）在更新（包括 INSERT、UPDATE 和 DELETE）语句中，InnoDB 存储引擎自动为更新语句影响的记录添加隐式写锁。

以上 3 种方式为表设置行级锁的生命周期非常短暂。为了延长行级锁的生命周期，可以通过开启事务实现。

例 16.7　使用事务实现延长行级锁的生命周期。（**实例位置：资源包\TM\sl\16\16.7**）

具体步骤如下。

（1）在 MySQL 命令行窗口（一）中开启事务，并为采用 InnoDB 存储引擎的数据表 tb_account 在查询语句中设置写锁，具体代码如下。

```
START TRANSACTION;
SELECT * FROM tb_account FOR UPDATE;
```

执行结果如图 16.25 所示。

```
mysql> START TRANSACTION;
Query OK, 0 rows affected (0.00 sec)

mysql> SELECT * FROM tb_account FOR UPDATE;
+----+------+---------+
| id | name | balance |
+----+------+---------+
|  1 | A    |  100.00 |
|  2 | B    | 1900.00 |
|  3 | C    | 1000.00 |
+----+------+---------+
3 rows in set (0.00 sec)

mysql>
```

图 16.25　MySQL 命令行窗口（一）

（2）在 MySQL 命令行窗口（二）中开启事务，并为采用 InnoDB 存储引擎的数据表 tb_account 在查询语句中设置写锁，具体代码如下。

```
START TRANSACTION;
SELECT * FROM tb_account FOR UPDATE;
```

执行结果如图 16.26 所示。

（3）在 MySQL 命令行窗口（一）中执行提交事务语句，并为 tb_user 表解锁，具体代码如下。

```
COMMIT;
```

执行提交命令后，在 MySQL 命令行窗口（二）中将显示具体的查询结果，如图 16.27 所示。

```
mysql> START TRANSACTION;
Query OK, 0 rows affected (0.00 sec)

mysql> SELECT * FROM tb_account FOR UPDATE;
```

图 16.26　MySQL 命令行窗口（二）被“阻塞”

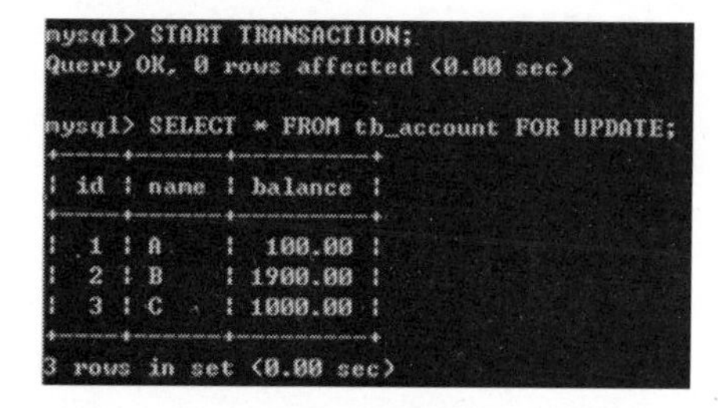

```
mysql> START TRANSACTION;
Query OK, 0 rows affected (0.00 sec)

mysql> SELECT * FROM tb_account FOR UPDATE;
+----+------+---------+
| id | name | balance |
+----+------+---------+
|  1 | A    |  100.00 |
|  2 | B    | 1900.00 |
|  3 | C    | 1000.00 |
+----+------+---------+
3 rows in set (0.00 sec)
```

图 16.27　MySQL 命令行窗口（二）被“唤醒”

由此可知，事务中的行级锁的生命周期从加锁开始，直到事务提交或者回滚才会被释放。

16.2.4　死锁的概念与避免

死锁，即当两个或者多个处于不同序列的用户打算同时更新某相同的数据库时，因互相等待对方释放权限而导致双方一直处于等待状态。在实际应用中，两个不同序列的用户打算同时对数据执行操作时，极有可能产生死锁。更具体地讲，当两个事务相互等待对方释放所持有的资源，而导致两个事务都无法操作对方持有的资源时，这种无限期的等待被称作死锁。

不过，MySQL 的 InnoDB 表处理程序具有检查死锁这一功能，该处理程序如果发现用户在操作过程中产生死锁，则会立刻通过撤销操作来撤销其中一个事务，以便使死锁消失。这样就可以使另一个事务获取对方所占有的资源而执行逻辑操作。

16.3 事务的隔离级别

锁机制有效地解决了事务的并发问题，但也影响了事务的并发性能。所谓并发，是指数据库系统同时为多个用户提供服务的能力。当一个事务将其操纵的数据资源锁定时，其他欲操纵该资源的事务必须等待锁定解除，才能继续进行，这就降低了数据库系统同时响应多个用户的速度，因此，合理地选择隔离级别关系到一个软件的性能。下面将对 MySQL 事务的隔离级别进行详细介绍。

16.3.1 事务的隔离级别与并发问题

数据库系统提供了 4 种可选的事务隔离级别，它们与并发性能之间的关系如图 16.28 所示。

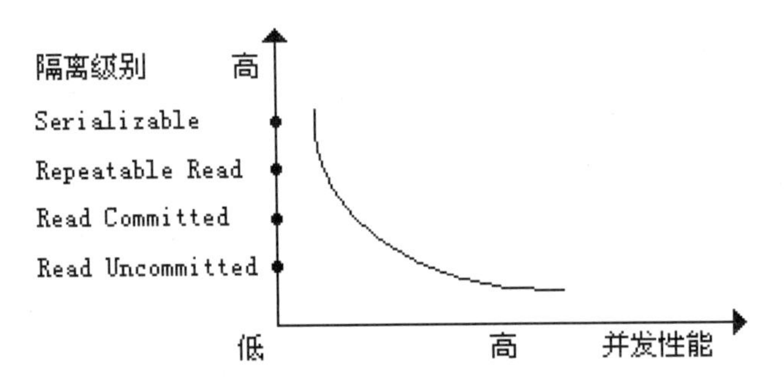

图 16.28 事务的隔离级别与并发性能之间的关系

各种隔离级别的作用如下。

（1）Serializable（串行化）。采用此隔离级别，一个事务在执行过程中首先将其欲操纵的数据进行锁定，待事务结束后释放该数据。如果此时另一个事务也要操纵该数据，必须等待前一个事务释放锁定后才能继续进行。两个事务实际上是以串行化方式运行的。

（2）Repeatable Read（可重复读）。采用此隔离级别，一个事务在执行过程中能够看到其他事务已经提交的新插入记录，看不到其他事务对已有记录的修改。

（3）Read Committed（读已提交数据）。采用此隔离级别，一个事务在执行过程中能够看到其他事务已经提交的新插入记录，也能看到其他事务已经提交的对已有记录的修改。

（4）Read Uncommitted（读未提交数据）。采用此隔离级别，一个事务在执行过程中能够看到其他事务未提交的新插入记录，也能看到其他事务未提交的对已有记录的修改。

综上所述，并非隔离级别越高越好，对于多数应用程序，只需把隔离级别设为 Read Committed 即可（尽管会存在一些问题）。

16.3.2　设置事务的隔离级别

在 MySQL 中，可以通过执行 SET TRANSACTION ISOLATION LEVEL 命令设置事务的隔离级别。新的隔离级别将在下一个事务开始时生效。

设置事务隔离级别的语法格式如下。

```
SET {GLOBAL|SESSION} TRANSACTION ISOLATION LEVEL 具体级别;
```

其中，“具体级别”可以是 SERIALIZABLE、REPEATABLE READ、READ COMMITTED 或者 READ UNCOMMITTED，分别表示对应的隔离级别。

例如，将事务的隔离级别设置为读取已提交数据，并且只对当前会话有效，可以使用下面的语句。

```
SET SESSION TRANSACTION ISOLATION LEVEL READ COMMITTED;
```

执行结果如图 16.29 所示。

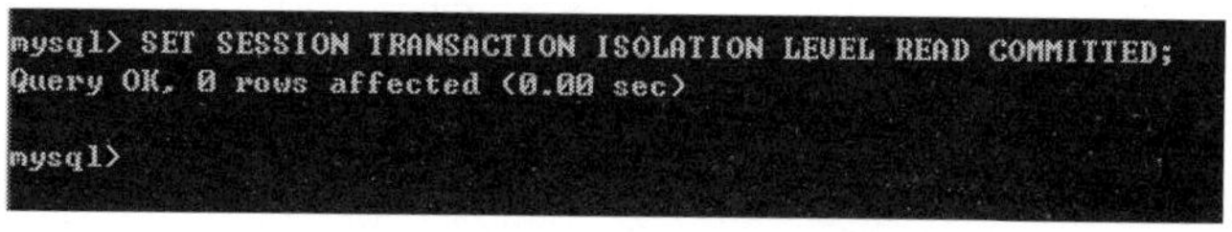

```
mysql> SET SESSION TRANSACTION ISOLATION LEVEL READ COMMITED;
Query OK, 0 rows affected (0.00 sec)

mysql>
```

图 16.29　设置事务的隔离级别

16.4　小　　结

本章详细地讲解了 MySQL 中事务与锁机制的相关知识，其中：事务机制主要包括事务的概念、事务机制的必要性、事务回滚和提交，以及在 MySQL 中创建事务等内容；在锁机制中，主要介绍了 MySQL 锁机制的基本知识、为 MyISAM 表设置表级锁的方式，以及为 InnoDB 表设置行级锁的方式等。另外，在最后还对事务的隔离级别进行了简要介绍。其中，在 MySQL 中创建事务是本章的重点，希望读者认真学习，灵活掌握。

16.5　实践与练习

（答案位置：资源包\TM\sl\16\实践与练习）

1．在 PHP 中使用事务处理技术实现银行的安全转账。

2．在 Java 中实现模拟银行转账系统，通过事务保证转账业务的顺利进行。

第 17 章

事　件

在系统管理或者数据库管理中，经常要周期性地执行某一个命令或者 SQL 语句。MySQL 具备事件调度器，可以很方便地实现 MySQL 数据库的计划任务，定期运行指定命令，使用起来非常简单方便。

本章知识架构及重难点如下：

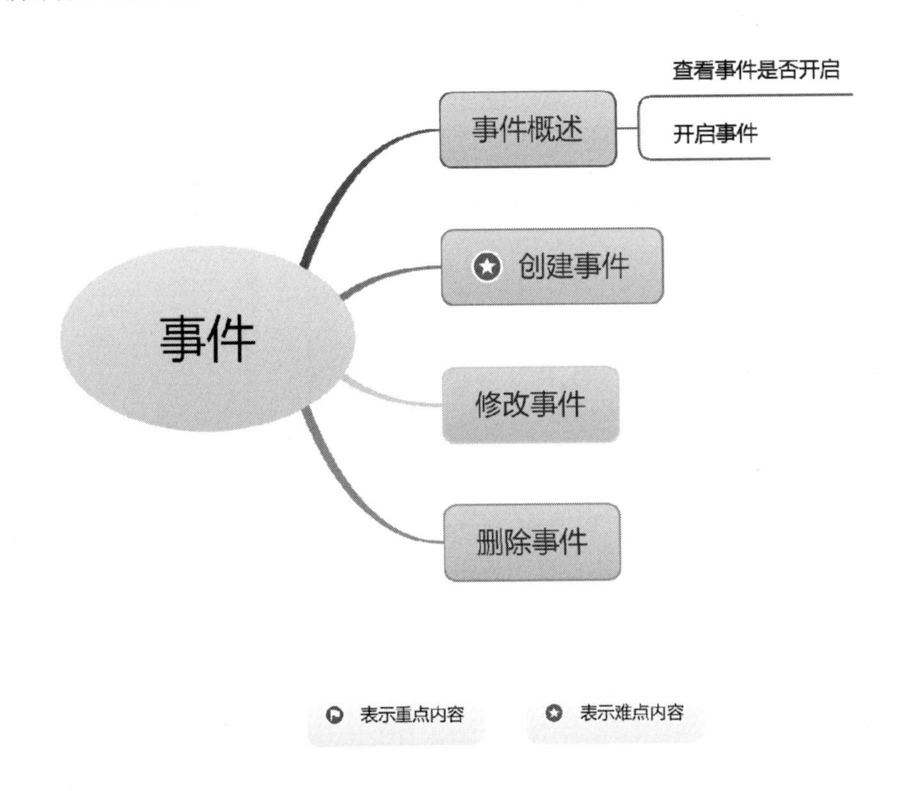

17.1　事件概述

事件调度器（event scheduler）简称事件，可以作为定时任务调度器，取代部分原来只能用操作系统的计划任务才能执行的工作。另外，值得一提的是，MySQL 的事件可以实现每秒执行一个任务，这在一些对实时性要求较高的环境下是非常实用的。

事件调度器是定时触发执行的，从这个角度来看也可以称其为“临时触发器”，但是它与触发器又有所区别，触发器只针对某个表产生的事件执行一些语句，而事件调度器则是在某一段（间隔）时间执行一些语句。

17.1.1　查看事件是否开启

事件由一个特定的线程来管理。启用事件调度器后，拥有 SUPER 权限的账户执行 SHOW PROCESSLIST 命令就可以看到这个线程。

例 17.1　查看事件是否开启。（**实例位置：资源包\TM\sl\17\17.1**）

具体代码如下。

```
SHOW VARIABLES LIKE 'event_scheduler';
SELECT @@event_scheduler;
SHOW PROCESSLIST;
```

运行以上代码的结果如图 17.1 所示。

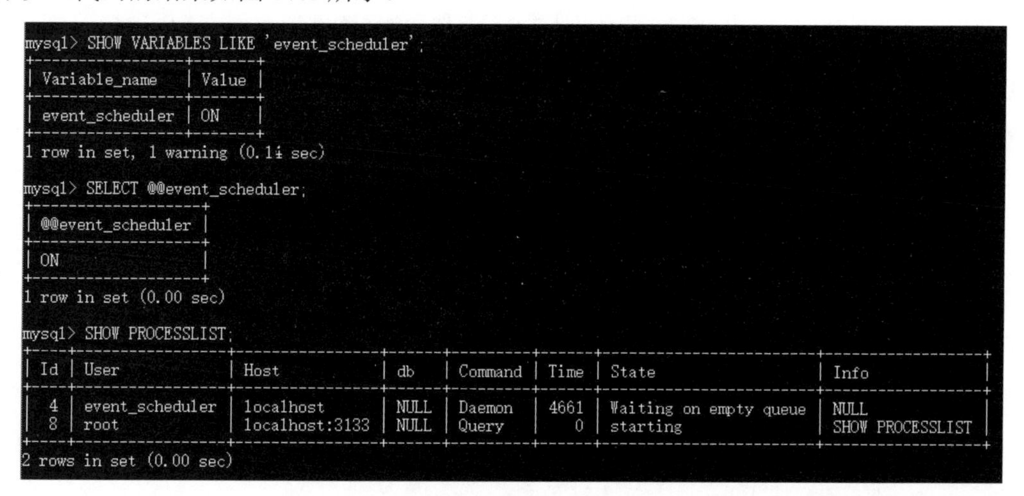

图 17.1　查看事件是否开启

从图 17.1 中可以看出，参数 event_scheduler 的值为 ON，说明事件已经开启。若该参数的值为 OFF，则说明事件未开启。

17.1.2　开启事件

设定全局变量 event_scheduler 的值即可动态地控制事件调度器是否启用。开启 MySQL 的事件调度器，可以通过下面两种方式实现。

1. 设置全局参数

在 MySQL 的命令行窗口中，使用 SET GLOBAL 命令可以开启或关闭事件。将 event_scheduler 参数的值设置为 ON，则开启事件；如果将该参数的值设置为 OFF，则关闭事件。例如，如果要开启事件，则可以在命令行窗口中输入下面的命令。

```
SET GLOBAL event_scheduler = ON;
```

例 17.2 开启事件并查看事件是否已经开启。（**实例位置：资源包\TM\sl\17\17.2**）

具体代码如下。

```
SET GLOBAL event_scheduler = ON;
SHOW VARIABLES LIKE 'event_scheduler';
```

运行以上代码的结果如图 17.2 所示。

```
mysql> SET GLOBAL event_scheduler = ON;
Query OK, 0 rows affected (0.01 sec)

mysql> SHOW VARIABLES LIKE 'event_scheduler';
+-----------------+-------+
| Variable_name   | Value |
+-----------------+-------+
| event_scheduler | ON    |
+-----------------+-------+
1 row in set (0.00 sec)

mysql> _
```

图 17.2　开启事件并查看事件是否已经开启

从图 17.2 中可以看出，event_scheduler 参数的值为 ON，表示事件已经开启。

注意

如果想要始终开启事件，那么在使用 SET GLOBAL 开启事件后，还需要在 my.ini/my.cnf 中添加 event_scheduler=on；否则，MySQL 重启事件后会回到原来的状态。

2. 更改配置文件

在 MySQL 的配置文件 my.ini（Windows 系统）/my.cnf（Linux 系统）中，找到[mysqld]，然后在其下面添加以下代码以开启事件。

```
event_scheduler=ON
```

在配置文件中添加代码并保存文件后，还需要重新启动 MySQL 服务器才能生效。通过该方法开启事件，重启 MySQL 服务器后，不恢复为系统默认的未开启状态。例如，此时重新连接 MySQL 服务器，然后使用下面的命令查看事件是否开启时，得到的结果将是参数 event_scheduler 的值为 ON，表示已经开启，如图 17.3 所示。

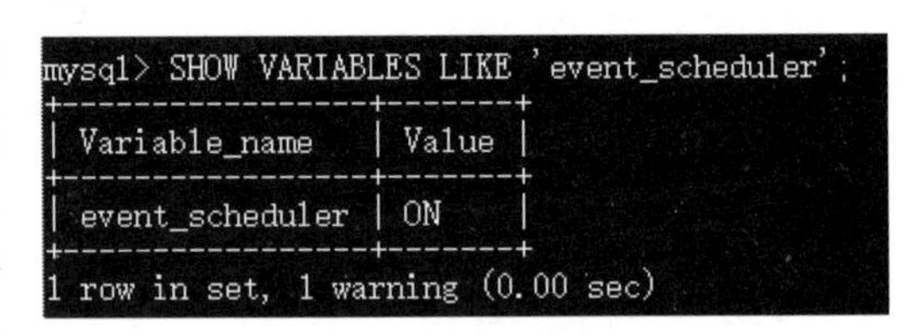

图 17.3　查看事件是否开启

17.2　创 建 事 件

在 MySQL 中，可以使用 CREATE EVENT 语句创建事件，其语句格式如下。

```
CREATE
    [DEFINER = { user | CURRENT_USER }]
    EVENT    [IF NOT EXISTS]    event_name
    ON SCHEDULE schedule
    [ON COMPLETION [NOT] PRESERVE]
    [ENABLE | DISABLE | DISABLE ON SLAVE]
    [COMMENT 'comment']
DO event_body;
```

从上面的语法中可以看出，CREATE EVENT 语句由多个子句组成，各子句的详细说明如表 17.1 所示。

表 17.1　CREATE EVENT 语句的子句

子　句	说　明
DEFINER	可选，用于定义事件执行时检查权限的用户
IF NOT EXISTS	可选，用于判断要创建的事件是否存在
EVENT event_name	必选，用于指定事件名，event_name 的最大长度为 64 个字符，如果未指定 event_name，则默认为当前的 MySQL 用户名（不区分大小写）
ON SCHEDULE schedule	必选，用于定义执行的时间和时间间隔
ON COMPLETION [NOT] PRESERVE	可选，用于定义事件是否循环执行，即是一次执行还是永久执行，默认为一次执行，即 NOT PRESERVE
ENABLE | DISABLE | DISABLE ON SLAVE	可选，用于指定事件的一种属性。其中：关键字 ENABLE 表示该事件是活动的，也就是调度器检查事件是否必须调用；关键字 DISABLE 表示该事件是关闭的，也就是事件的声明存储到目录中，但是调度器不会检查它是否应该调用；关键字 DISABLE ON SLAVE 表示事件在从机中是关闭的。如果不指定这三个选项中的任何一个，则在一个事件创建之后，它立即变为活动的
COMMENT 'comment'	可选，用于定义事件的注释
DO event_body	必选，用于指定事件启动时所要执行的代码。它可以是任何有效的 SQL 语句、存储过程或者一个计划执行的事件。如果包含多条语句，可以使用 BEGIN...END 复合结构

在 ON SCHEDULE 子句中，参数 schedule 的值为一个 AS 子句，用于指定事件在某个时刻发生，其语法格式如下。

```
    AT timestamp [+ INTERVAL interval] ...
     | EVERY interval
    [STARTS timestamp [+ INTERVAL interval] ...]
[ENDS timestamp [+ INTERVAL interval] ...]
```

参数说明如下。

（1）timestamp：表示一个具体的时间点，后面加上一个时间间隔，表示在这个时间间隔后事件发生。

（2）EVERY 子句：用于表示事件在指定时间区间内每隔多长时间发生一次，其中 STARTS 子句用于指定开始时间，ENDS 子句用于指定结束时间。

（3）interval：表示一个从现在开始的时间，其值由一个数值和单位构成。例如，使用 4 WEEK 表示 4 周，使用'1:10' HOUR_MINUTE 表示 1 小时 10 分钟。间隔的距离用 DATE_ADD()函数来支配。

interval 参数值的语法格式如下。

```
quantity {YEAR | QUARTER | MONTH | DAY | HOUR | MINUTE |
              WEEK | SECOND | YEAR_MONTH | DAY_HOUR |
```

```
                DAY_MINUTE |DAY_SECOND | HOUR_MINUTE |
                HOUR_SECOND | MINUTE_SECOND}
```

例 17.3 在数据库 db_database17 中创建一个名为 e_test 的事件，用于每隔 5 秒向数据表 tb_eventtest 中插入一条数据。（**实例位置：资源包\TM\sl\17\17.3**）

（1）打开数据库 db_database17，代码如下。

```
use db_database17;
```

（2）创建名为 tb_eventtest 的数据表，代码如下。

```
CREATE TABLE `tb_eventtest` (
  `id` int(11) NOT NULL AUTO_INCREMENT,
  `createtime` datetime DEFAULT NULL,
  `user` varchar(45) DEFAULT NULL,
  PRIMARY KEY (`id`)
) ;
```

（3）创建名为 e_test 的事件，用于每隔 5 秒向数据表 tb_eventtest 中插入一条数据，代码如下。

```
CREATE EVENT IF NOT EXISTS e_test ON SCHEDULE EVERY 5 SECOND
ON COMPLETION PRESERVE
DO INSERT INTO tb_eventtest(user,createtime) VALUES('root',NOW());
```

（4）创建事件后，编写以下查看数据表 tb_eventtest 中数据的代码。

```
select * from tb_eventtest;
```

执行结果如图 17.4 所示，从该图中可以看出，每隔 5 秒插入一条数据，这说明事件已经创建成功。

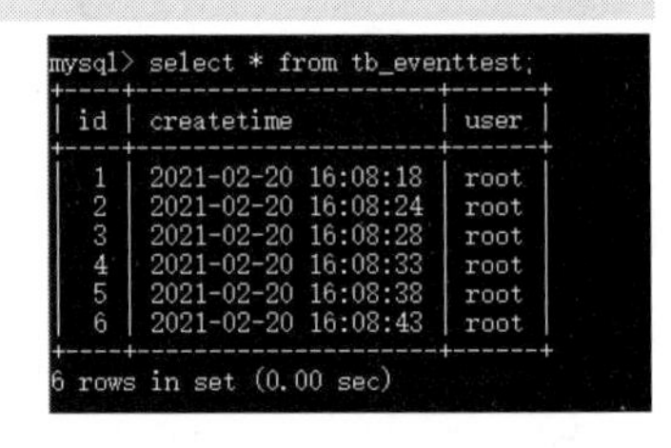

图 17.4 创建事件 e_test

例 17.4 创建一个事件，实现每个月的第一天凌晨 1 点统计一次已经注册的会员人数，并将其插入统计表中。（**实例位置：资源包\TM\sl\17\17.4**）

（1）创建名为 p_total 的存储过程，用于统计已经注册的会员人数，并将其插入统计表 tb_total 中，具体代码如下。

```
DELIMITER //
create procedure p_total()
begin

DECLARE n_total INT default 0;
select COUNT(*) into n_total FROM db_database17.tb_user;
INSERT INTO tb_total (userNumber,createtime) values(n_total,NOW());

end
 //
```

（2）创建名为 e_autoTotal 的事件，用于在每个月的第一天凌晨 1 点调用步骤（1）中创建的存储过程 p_total，代码如下。

```
CREATE EVENT IF NOT EXISTS e_autoTotal
 ON SCHEDULE EVERY 1 MONTH
 STARTS   DATE_ADD(DATE_ADD(DATE_SUB(CURDATE(),INTERVAL   DAY(CURDATE())-1   DAY),   INTERVAL   1
MONTH),INTERVAL 1 HOUR)
 ON COMPLETION PRESERVE ENABLE
 DO CALL p_total();
```

创建存储过程的执行结果如图 17.5 所示。创建事件的执行结果如图 17.6 所示。

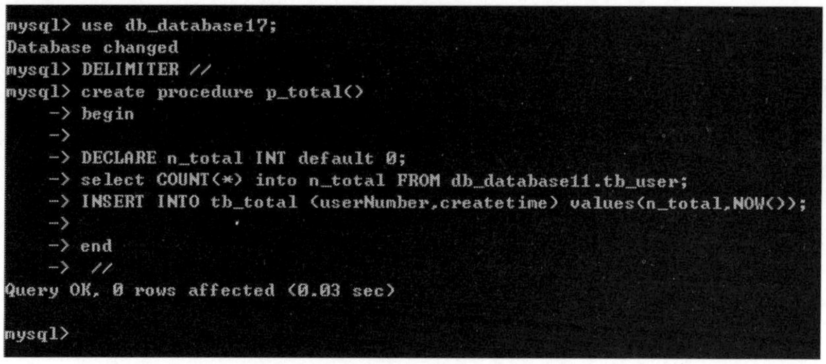

```
mysql> use db_database17;
Database changed
mysql> DELIMITER //
mysql> create procedure p_total()
    -> begin
    ->
    -> DECLARE n_total INT default 0;
    -> select COUNT(*) into n_total FROM db_database11.tb_user;
    -> INSERT INTO tb_total (userNumber,createtime) values(n_total,NOW());
    ->
    -> end
    -> //
Query OK, 0 rows affected (0.03 sec)

mysql>
```

图 17.5　创建存储过程 p_total

```
mysql> CREATE EVENT IF NOT EXISTS e_autoTotal
    -> ON SCHEDULE EVERY 1 MONTH STARTS DATE_ADD(DATE_ADD(DATE_SUB(CURDATE(),INTERVAL DAY(CURDATE())-1 DAY),INTERVAL 1 MONTH),INTERVAL 1 HOUR)
    -> ON COMPLETION PRESERVE ENABLE
    -> DO CALL p_total();
Query OK, 0 rows affected (0.00 sec)

mysql>
```

图 17.6　创建事件 e_autoTotal

17.3　修 改 事 件

MySQL 事件被创建之后，还可以使用 ALTER EVENT 语句修改其定义和相关属性，其语法格式如下。

```
ALTER
    [DEFINER = { user | CURRENT_USER }]
    EVENT event_name
    [ON SCHEDULE schedule]
    [ON COMPLETION [NOT] PRESERVE]
    [RENAME TO new_event_name]
    [ENABLE | DISABLE | DISABLE ON SLAVE]
    [COMMENT 'comment']
[DO event_body]
```

ALTER EVENT 语句的语法与 CREATE EVENT 语句的语法基本相同，这里不再赘述。另外，ALTER EVENT 语句还有一个用法就是让一个事件关闭或再次让其活动。不过需要注意的是，一个事件在最后一次调用后无法被修改，因为此时该事件已经不存在了。

例 17.5　修改例 17.3 中创建的事件，让其每隔 30 秒向数据表 tb_eventtest 中插入一条数据。(**实例位置：资源包\TM\sl\17\17.5**)

（1）在 MySQL 的命令行窗口中编写修改事件的代码，具体如下。

```
ALTER EVENT e_test ON SCHEDULE EVERY 30 SECOND
ON COMPLETION PRESERVE
DO INSERT INTO tb_eventtest(user,createtime) VALUES('root',NOW());
```

（2）编写查询数据表中数据的代码，具体如下。

```
SELECT * FROM tb_eventtest;
```

执行结果如图 17.7 所示。

160	2021-02-20 16:21:33	root
161	2021-02-20 16:21:38	root
162	2021-02-20 16:21:43	root
163	2021-02-20 16:21:48	root
164	2021-02-20 16:21:49	root
165	2021-02-20 16:22:20	root
166	2021-02-20 16:22:50	root

图 17.7　修改事件 e_test

说明

从图 17.7 的查询结果中可以看出，在修改事件后，表 tb_eventtest 中的数据由原来的每 5 秒插入一条，改变为每 30 秒插入一条。

应用 ALTER EVENT 语句，还可以临时关闭一个已经创建的事件，下面将举例进行说明。

例 17.6　临时关闭例 17.3 中创建的事件 e_test。（**实例位置：资源包\TM\sl\17\17.6**）

（1）在 MySQL 的命令行窗口中编写临时关闭事件 e_test 的代码，具体如下。

```
ALTER EVENT e_test DISABLE;
```

（2）编写查询数据表中数据的代码，具体如下。

```
SELECT * FROM tb_eventtest;
```

为了查看事件是否关闭，可以执行两次（每次间隔 1 分钟）步骤（2）中的代码，对比发现临时关闭事件后，将不再继续向数据表 tb_eventtest 中插入数据。

17.4　删除事件

在 MySQL 中，删除已经创建的事件可以使用 DROP EVENT 语句来实现。DROP EVENT 语句的语法格式如下。

```
DROP EVENT [IF EXISTS] event_name
```

例 17.7　删除例 17.3 中创建的事件 e_test。（**实例位置：资源包\TM\sl\17\17.7**）

代码如下。

```
use db_database17
DROP EVENT IF EXISTS e_test;
```

执行结果如图 17.8 所示。

```
mysql> use db_database17;
Database changed
mysql>
mysql> DROP EVENT IF EXISTS e_test;
Query OK, 0 rows affected (0.00 sec)

mysql>
```

图 17.8　删除事件 e_test

17.5　小　　结

本章首先介绍了事件的概念、查看事件是否开启的方法，以及开启事件的方式，然后介绍了如何创建、修改和删除事件。其中，开启、创建、修改和删除事件是本章的重点，需要读者认真学习并做到融会贯通，为以后的工作和学习打下良好的基础。

17.6　实践与练习

（答案位置：资源包\TM\sl\17\实践与练习）

1．创建事件，实现每隔一个月清空一次新闻信息表。

2．在数据库 db_database17 中创建一个名称为 e_test 的事件，用于每隔 1 分钟向数据表 tb_eventtest 中插入一条数据。

第 18 章

备份与恢复

为了保证数据的安全，需要定期对数据进行备份。备份的方式有很多种，效果也不一样。如果数据库中的数据出现了错误，需要使用备份好的数据进行数据还原，以将损失降至最低，在这个过程中可能还会涉及数据库之间数据的导入和导出。本章将介绍数据备份和还原的方法，对 MySQL 数据库的数据安全等内容进行讲解。

本章知识架构及重难点如下：

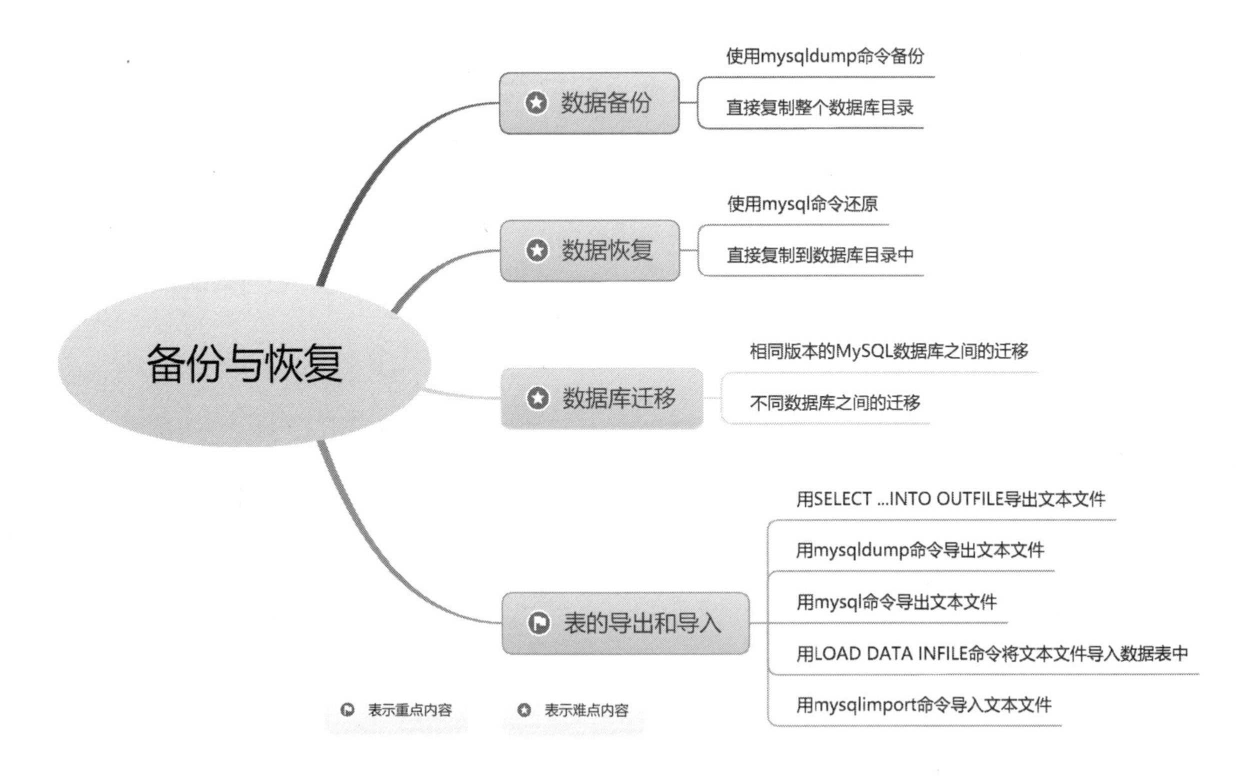

18.1 数据备份

备份数据是数据库管理最常用的操作。为了保证数据库中数据的安全，数据管理员需要定期进行数据备份。一旦数据库遭到破坏，就通过备份的文件来还原数据库。

可能造成数据损坏的原因有很多，大体上可以归纳为以下几个方面。

（1）存储介质故障：保存数据库文件的磁盘设备损坏，同时又没有对数据库进行备份，从而导致数据彻底丢失。

（2）服务器彻底瘫痪：数据库服务器彻底瘫痪，系统需要重建。

（3）用户的误操作：在删除数据库时，不小心删除了某些重要数据，或者是整个数据库。

（4）黑客破坏：系统遭到黑客的恶意攻击，数据或者数据表被删除。

因此，数据备份是很重要的工作。

本节将介绍两数据备份的方法。

☑ 使用 mysqldump 命令备份。

☑ 直接复制整个数据库目录。

18.1.1　使用 mysqldump 命令备份

使用 mysqldump 命令可以将数据库中的数据备份成一个文本文件。表的结构和表中的数据将被存储在生成的文本文件中。本节将介绍 mysqldump 命令的工作原理和使用方法。

mysqldump 命令的工作原理很简单。它先查出需要备份的表的结构，再在文本文件中生成一条 CREATE 语句。然后，它将表中的所有记录转换成一条 INSERT 语句。这些 CREATE 和 INSERT 语句都是在还原数据时使用的，可以使用 CREATE 语句来创建表，使用 INSERT 语句来还原数据。

在使用 mysqldump 命令进行数据备份时，经常分为以下 3 种形式。

（1）备份一个数据库。

（2）备份多个数据库。

（3）备份所有数据库。

下面将分别介绍如何实现这 3 种形式的数据备份。

1．备份一个数据库

使用 mysqldump 命令备份一个数据库的基本语法如下。

```
mysqldump -u username -p dbname table1 table2 …>BackupName.sql
```

其中：dbname 参数表示数据库的名称；table1 和 table2 参数表示表的名称，没有该参数时将备份整个数据库；BackupName.sql 参数表示备份文件的名称，文件名前面可以加上一个绝对路径。通常将数据库备份成一个后缀名为.sql 的文件。

说明

使用 mysqldump 命令备份的文件并非一定要求后缀名为.sql，备份成其他格式的文件也是可以的，例如，后缀名为.txt 的文件。但是，通常情况下是备份成后缀名为.sql 的文件，因为.sql 文件给人第一感觉就是与数据库有关的文件。

例 18.1　使用 root 用户备份 test 数据库下的 student 表。（**实例位置：资源包\TM\sl\18\18.1**）

命令如下。

```
mysqldump -u root -p test student >E:\ student.sql
```

在 DOS 命令窗口中执行上面的命令时，将提示输入连接数据库的密码，输入密码后将完成数据备份，这时可以在 E:\中找到 student.sql 文件。student.sql 文件中的部分内容如图 18.1 所示。

```
-- MySQL dump 10.13  Distrib 8.0.12, for Win64 (x86_64)
--
-- Host: localhost    Database: db_librarysys
-- ------------------------------------------------------
-- Server version	8.0.12

/*!40101 SET @OLD_CHARACTER_SET_CLIENT=@@CHARACTER_SET_CLIENT */;
/*!40101 SET @OLD_CHARACTER_SET_RESULTS=@@CHARACTER_SET_RESULTS */;
/*!40101 SET @OLD_COLLATION_CONNECTION=@@COLLATION_CONNECTION */;
 SET NAMES utf8 ;
/*!40103 SET @OLD_TIME_ZONE=@@TIME_ZONE */;
/*!40103 SET TIME_ZONE='+00:00' */;
/*!40014 SET @OLD_UNIQUE_CHECKS=@@UNIQUE_CHECKS, UNIQUE_CHECKS=0 */;
/*!40014 SET @OLD_FOREIGN_KEY_CHECKS=@@FOREIGN_KEY_CHECKS, FOREIGN_KEY_CHECKS=0 */;
/*!40101 SET @OLD_SQL_MODE=@@SQL_MODE, SQL_MODE='NO_AUTO_VALUE_ON_ZERO' */;
/*!40111 SET @OLD_SQL_NOTES=@@SQL_NOTES, SQL_NOTES=0 */;
```

图 18.1　备份一个数据库

文件开头记录了 MySQL 的版本、备份的主机名和数据库名。文件中：以“--”开头的都是 SQL 的注释；以“/*！40101”等形式开头的内容是只有 MySQL 版本大于或等于指定的版本 4.1.1 才执行的语句；下面的“/*！40103”“/*！40014”也是这个作用。

注意

在 student.sql 文件中没有创建数据库的语句，因此 student.sql 文件中的所有表和记录必须被还原到一个已经存在的数据库中。还原数据时，CREATE TABLE 语句会在数据库中创建表，然后执行 INSERT 语句向表中插入记录。

2．备份多个数据库

mysqldump 命令备份多个数据库的语法如下。

```
mysqldump -u username -p --databases dbname1 dbname2   >BackupName.sql
```

这里要加上 databases 选项，其后跟多个数据库的名称。

例 18.2　使用 root 用户备份 test 数据库和 mysql 数据库。（**实例位置：资源包\TM\sl\18\18.2**）

命令如下。

```
mysqldump -u root -p --databases test mysql   >E:\backup.sql
```

在 DOS 命令窗口中执行上面的命令时，将提示输入连接数据库的密码，输入密码后将完成数据的备份，这时可以在 E:\下面看到名为 backup.sql 的文件，文件的内容如图 18.2 所示。这个文件中存储了 test 和 mysql 数据库中的所有信息。

3．备份所有数据库

mysqldump 命令备份所有数据库的语法如下。

```
mysqldump -u username -p --all –databases >BackupName.sql
```

使用--all –databases 选项即可备份所有数据库。

例 18.3　使用 root 用户备份所有数据库。（**实例位置：资源包\TM\sl\18\18.3**）

命令如下。

```
mysqldump -u root -p --all -databases   >E:\all.sql
```

在 DOS 命令窗口中执行上面的命令时，将提示输入连接数据库的密码，输入密码后将完成数据的备份，这时可以在 E:\下面看到名为 all.sql 的文件，如图 18.3 所示。这个文件中存储了所有数据库中的所有信息。

图 18.2　备份多个数据库

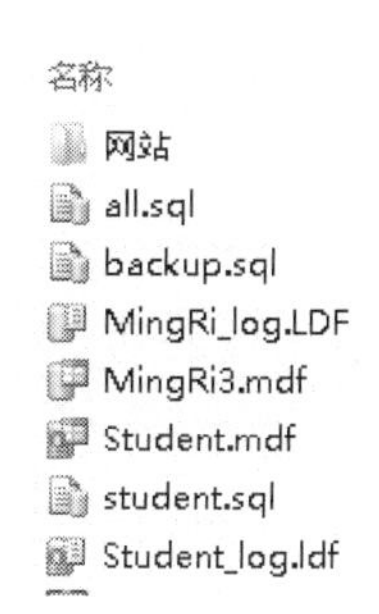

图 18.3　备份所有数据库

18.1.2　直接复制整个数据库目录

MySQL 有一种最简单的备份方法，就是将 MySQL 中的数据库文件直接复制出来。这种方法最简单，速度也最快。使用这种方法时，最好先将服务器停止，这样，可以保证在复制期间数据库中的数据不会发生变化。如果在复制数据库的过程中还有数据写入，就会造成数据不一致。

这种方法虽然简单快捷，但不是最好的备份方法。因为实际情况可能不允许停止 MySQL 服务器。还原时最好是相同版本的 MySQL 数据库，否则可能会存在存储文件类型不同的情况。

采用直接复制整个数据库目录的方式备份数据库时，需要找到数据库文件的保存位置，具体的方法是在 MySQL 命令行提示窗口中输入以下代码进行查看。

```
show variables like '%datadir%';
```

执行结果如图 18.4 所示。

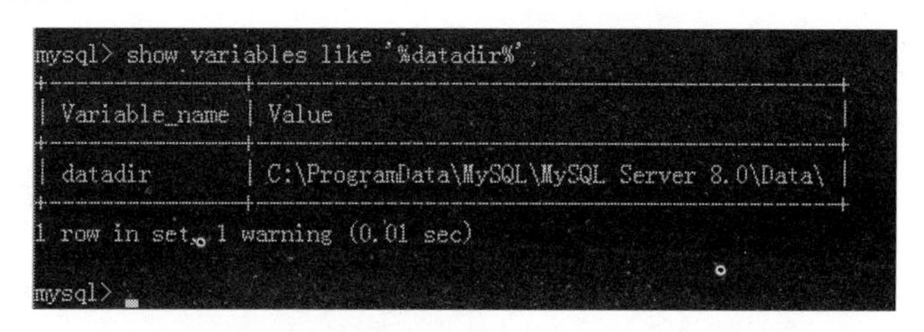

图 18.4　查看 MySQL 数据库文件的保存位置

18.2 数 据 恢 复

管理员的非法操作和计算机的故障都会破坏数据库文件。当数据库遇到这些意外时，可以通过备份文件将数据库还原到备份时的状态。这样可以将损失降到最小。本节将介绍数据恢复的方法。

18.2.1 使用 mysql 命令还原

通常使用 mysqldump 命令将数据库的数据备份成一个文本文件，这个文件的后缀名是.sql。需要时，可以使用 mysql 命令来还原备份的数据。

备份文件中通常包含 CREATE 和 INSERT 语句。mysql 命令可以执行备份文件中的 CREATE 和 INSERT 语句。CREATE 语句可用于创建数据库和表，INSERT 语句可用于插入备份的数据。mysql 命令的基本语法如下。

```
mysql -uroot -p [dbname]   <backup.sql
```

其中，dbname 参数表示数据库名称。该参数是可选参数，可以指定数据库名，也可以不指定。指定数据库名时，表示还原该数据库下的表；不指定数据库名时，表示还原特定的一个数据库。备份文件中有创建数据库的语句。

例 18.4 使用 root 用户还原所有数据库。（**实例位置：资源包\TM\sl\18\18.4**）

命令如下。

```
mysql –u root –p <E:\all.sql
```

在 DOS 命令窗口中执行上面的命令时，将提示输入连接数据库的密码，输入密码后将完成数据的还原。这时，已经还原了 all.sql 文件中的所有数据库。

注意

如果使用--all-databases 参数备份了所有的数据库，那么还原时不需要指定数据库，因为其对应的.sql 文件包含 CREATE DATABASE 语句，可以通过该语句创建数据库。创建数据库之后，可以执行.sql 文件中的 USE 语句选择数据库，然后在数据库中创建表并且插入记录。

18.2.2 直接复制到数据库目录中

在 18.1.2 节介绍过一种直接复制数据的备份方法。以这种方式备份的数据可以在还原时直接被复制到 MySQL 的数据库目录下，但必须保证两个 MySQL 数据库的主版本号是相同的。此外，这种方式对 MyISAM 类型的表比较有效，但对 InnoDB 类型的表则不可用。因为 InnoDB 表的表空间不能直接被复制。

18.3　数据库迁移

数据库迁移是指将数据库从一个系统移动到另一个系统上。数据库迁移的原因多种多样，可能是因为升级了计算机、部署和开发了管理系统，或者是升级了 MySQL 数据库，甚至是换用了其他的数据库。根据上述情况，可以将数据库迁移大致分为两类，分别是相同版本的 MySQL 数据库之间的迁移和不同数据库之间的迁移。

18.3.1　相同版本的 MySQL 数据库之间的迁移

相同版本的 MySQL 数据库之间的迁移就是在主版本号相同的 MySQL 数据库之间进行数据库移动。这种迁移的方式最容易实现。

相同版本的 MySQL 数据库之间进行数据库迁移的原因有很多。通常的原因是换了新的机器，或者是装了新的操作系统。还有一种常见的原因是将开发的管理系统部署到工作机器上。因为迁移前后 MySQL 数据库的主版本号相同，所以可以通过复制数据库目录来实现数据库的迁移。但是，只有数据库表都是 MyISAM 类型才能使用这种方式。

最常用和最安全的方式是使用 mysqldump 命令来备份数据库，然后使用 mysql 命令将备份文件还原到新的 MySQL 数据库中。这里可以将备份和迁移同时进行。假设从一个名为 host1 的机器中备份出所有数据库，然后将这些数据库迁移到名为 host2 的机器上，命令如下。

```
mysqldump -h name1 -u root -password=password1 --all-databases |
mysql -h host2 -u root -password=password2
```

其中："|"符号表示管道，其作用是将 mysqldump 备份的文件送给 mysql 命令；-password= password1 是 name1 主机上 root 用户的密码；同理，password2 是 name2 主机上 root 用户的密码。可以通过这种方式直接实现迁移。

18.3.2　不同数据库之间的迁移

不同数据库之间的迁移是指从其他类型的数据库迁移到 MySQL 数据库中，或者从 MySQL 数据库迁移到其他类型的数据库中。例如：某个网站原来使用 Oracle 数据库，因为运营成本太高，希望改用 MySQL 数据库；或者某个管理系统原来使用 MySQL 数据库，因为某种特殊性能的要求，希望改用 Oracle 数据库。针对这种迁移，MySQL 没有通用的解决方法，需要具体问题具体对待。例如，在 Windows 操作系统下，通常可以使用 MyODBC 实现 MySQL 数据库与 SQL Server 之间的迁移。如果将 MySQL 数据库迁移到 Oracle 数据库中时，就需要使用 mysqldump 命令先导出 SQL 文件，再手动修改 SQL 文件中的 CREATE 语句。

说明

（1）MyODBC是MySQL开发的ODBC连接驱动。它允许各式各样的应用程序直接访问MySQL数据库，不但方便，而且容易使用。

（2）由于数据库厂商没有完全按照SQL标准来设计数据库，因此不同数据库使用的SQL语句存在差异。例如，微软的SQL Server使用的是T-SQL语言，T-SQL中包含非标准的SQL语句，这就造成SQL Server和MySQL的SQL语句不能兼容。另外，不同的数据库之间的数据类型也有差异。例如：SQL Server数据库中有ntext、Image等数据类型，在MySQL中则没有；MySQL支持的ENUM和SET类型，SQL Server数据库则不支持。

18.4 表的导出和导入

MySQL数据库中的表可以导出为文本文件、XML文件或者HTML文件，相应的文本文件也可以导入MySQL数据库中。在数据库的日常维护中，经常需要进行表的导出和导入操作。本节将介绍将表的内容导出为文本文件以及将文本文件导入表中的方法。

18.4.1 用SELECT...INTO OUTFILE语句导出文本文件

在MySQL中，可以在命令行窗口（即MySQL Commend Line Client）中使用SELECT…INTO OUTFILE语句将表的内容导出为一个文本文件。其基本语法形式如下。

```
SELECT[列名] FROM table[WHERE 语句]
INTO OUTFILE '目标文件'[OPTION];
```

该语句分为两个部分：前半部分是一个普通的SELECT语句，该语句可用于查询所需要的数据；后半部分的作用是导出数据。其中，“目标文件”参数指出将查询的记录导出到哪个文件中；OPTION参数常用的几个选项如下。

☑ FIELDS TERMINATED BY'字符串'：设置字符串为字段的分隔符，默认值是“\t”。
☑ FIELDS ENCLOSED BY'字符'：设置字符来括上字段的值。默认情况下不使用任何符号。
☑ FIELDS OPTIOINALLY ENCLOSED BY'字符'：设置字符来括上CHAR、VARCHAR和TEXT等字符型字段。默认情况下不使用任何符号。
☑ FIELDS ESCAPED BY'字符'：设置转义字符，默认值为“\”。
☑ LINES STARTING BY'字符串'：设置每行开头的字符，默认情况下无任何字符。
☑ LINES TERMINATED BY'字符串'：设置每行的结束符，默认值是“\n”。

在使用SELECT…INTO OUTFILE语句时，指定的目标路径只能是MySQL的secure_file_priv参数指定的位置，该位置可以在MySQL的命令行窗口中通过以下语句获得。

```
SELECT @@secure_file_priv;
```

执行结果如图 18.5 所示。

图 18.5　获取 secure_file_priv 参数值

secure_file_priv 参数用于限制 LOAD DATA, SELECT …OUTFILE, LOAD_FILE()传到哪个指定目录中。

- ☑ secure_file_priv 为 NULL 时，表示限制 mysqld 不允许执行导入或导出操作。
- ☑ secure_file_priv 为/tmp 时，表示限制 mysqld 只能在/tmp 目录中执行导入或导出操作，在其他目录中不能执行。
- ☑ secure_file_priv 没有值时，表示不限制 mysqld 在任意目录中执行导入或导出操作。

从图 18.5 中可以看出，secure_file_priv 为 NULL，表示限制 mysqld 不允许执行导入或导出操作，如果执行导出操作，会输出如下错误。

```
ERROR 1290 (HY000): The MySQL server is running with the --secure-file-priv option so it cannot execute this statement
```

此时，可以按如下方式修改 MySQL 的配置文件 my.ini（Windows 系统，MySQL 的安装目录下，如 my.ini 文件在笔者计算机中的路径为：C:\ProgramData\MySQL\MySQL Server 8.0）。

（1）以管理员的身份运行记事本，如图 18.6 所示。

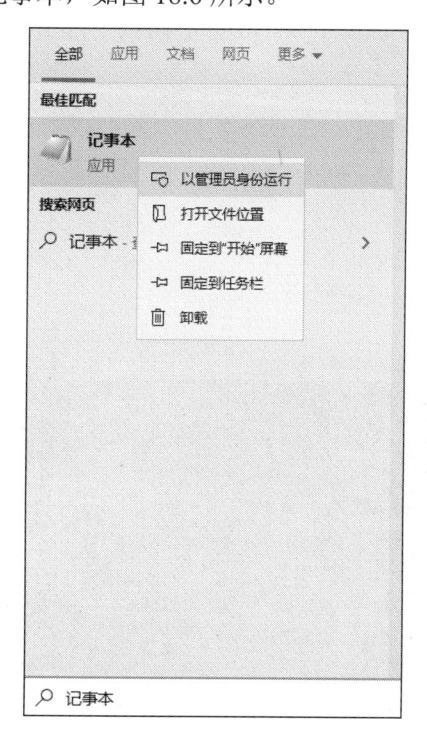

图 18.6　以管理员身份运行记事本

（2）在记事本的菜单栏中，选择“文件”→“打开”命令，在打开的对话框中，找到 my.ini 文件的目录，在右下角的下拉列表框中选择“所有文件”选项，这样就出现了 my.ini 文件，选中此文件，单击“打开”按钮，如图 18.7 所示。

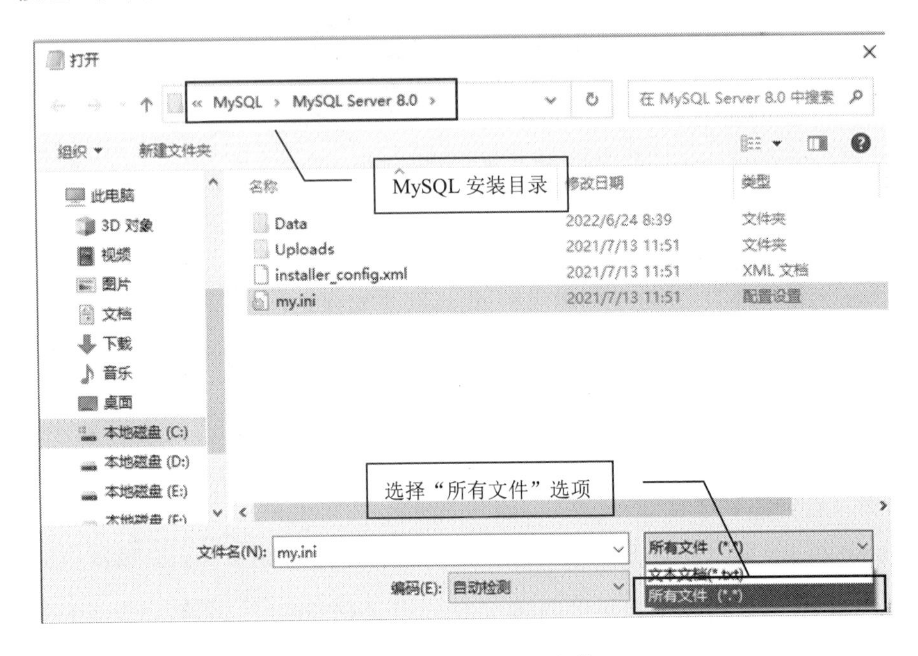

图 18.7　打开 my.ini 文件

（3）在 my.ini 文件中找到 secure-file-priv，将其后面双引号中的值删掉，即为

```
secure_file_priv=""
```

修改完成后，需要重新启动 MySQL。在 cmd 窗口（需要以管理员身份运行）中输入以下命令。

```
#关闭 MySQL 服务
Net stop MySQL80
#启动 MySQL 服务
Net start MySQL80
```

执行上述命令，结果如图 18.8 所示。

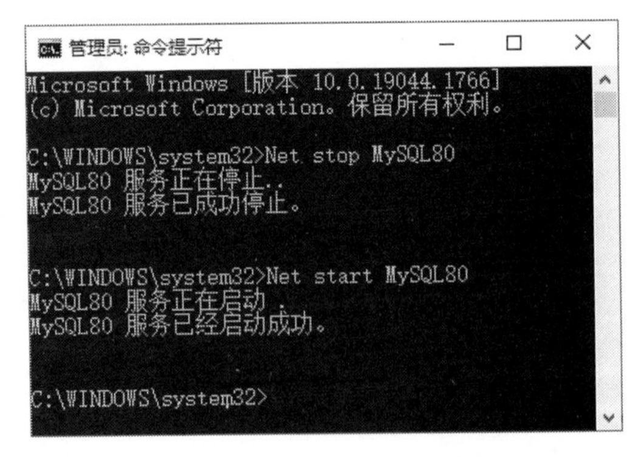

图 18.8　重启 MySQL 服务

说明

MySQL80 为笔者计算机中 MySQL 的服务名，读者可以通过右击“计算机”图标，选择“管理”命令，在“计算机管理”窗口，打开“服务”页面，找到 MySQL 的服务名 MySQL 80，如图 18.9 所示。

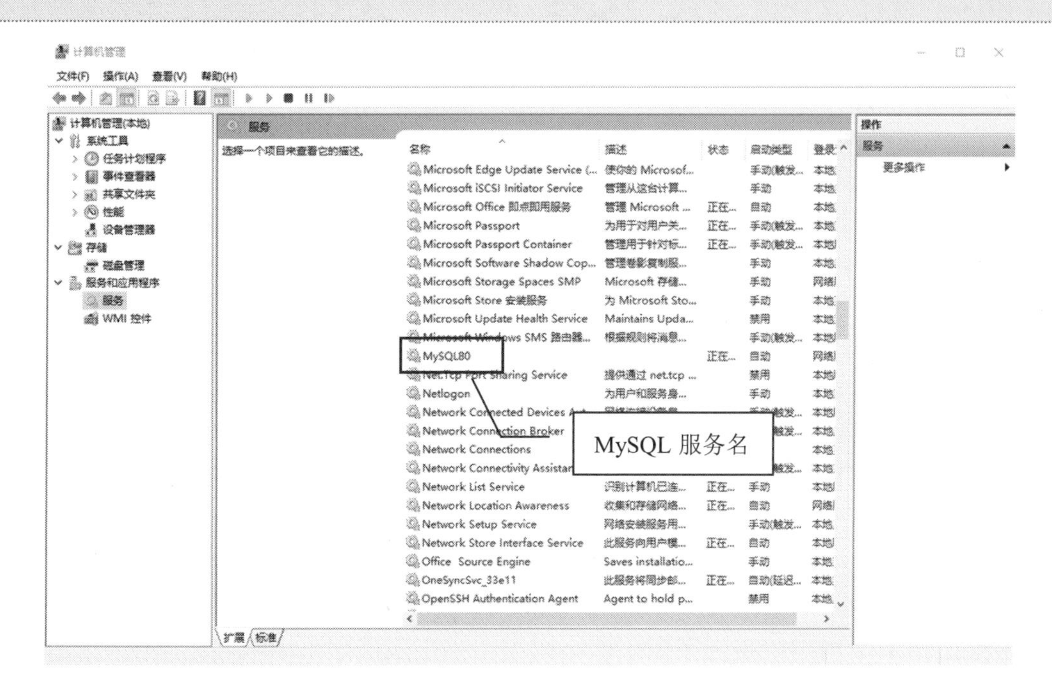

图 18.9　找到 MySQL 服务名 MySQL 80

修改完成后，需要重新启动 MySQL，然后再次执行 SELECT @@secure_file_priv; 语句查看状态，执行结果如图 18.10 所示。

图 18.10　再次获取 secure_file_priv 参数值

例 18.5　应用 SELECT…INTO OUTFILE 语句实现导出图书馆管理系统的图书信息表中的记录。其中，字段之间用“,”隔开，字符型数据用双引号括起来。每条记录以“>”开头。（**实例位置：资源包\TM\sl\18\18.5**）

在 MySQL 的命令行窗口中输入以下命令。

```
USE db_database18;
SELECT * FROM tb_bookinfo INTO OUTFILE 'E:/bookinfo.txt'
FIELDS TERMINATED BY '\,' OPTIONALLY ENCLOSED BY '\"'
LINES STARTING BY '\>' TERMINATED BY '\r\n';
```

“TERMINATED BY '\r\n'”表示可以保证每条记录占一行。因为在 Windows 操作系统下“\r\n”才是 Enter 键换行符，如果不加这个选项，则默认情况下是“\n”。使用 root 用户登录 MySQL 数据库，然后执行上述命令，结果如图 18.11 所示。

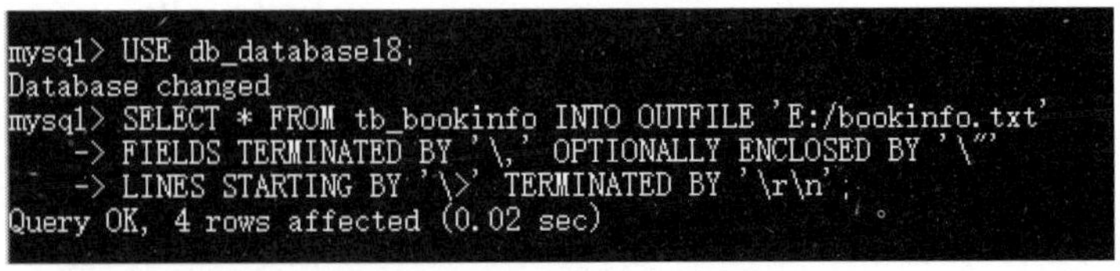

```
mysql> USE db_database18;
Database changed
mysql> SELECT * FROM tb_bookinfo INTO OUTFILE 'E:/bookinfo.txt'
    -> FIELDS TERMINATED BY '\,' OPTIONALLY ENCLOSED BY '\"'
    -> LINES STARTING BY '\>' TERMINATED BY '\r\n';
Query OK, 4 rows affected (0.02 sec)
```

图 18.11　导出图书信息表

执行完后，可以在 E:\目录下看到一个名为 bookinfo.txt 的文本文件。bookinfo.txt 中的内容如图 18.12 所示。

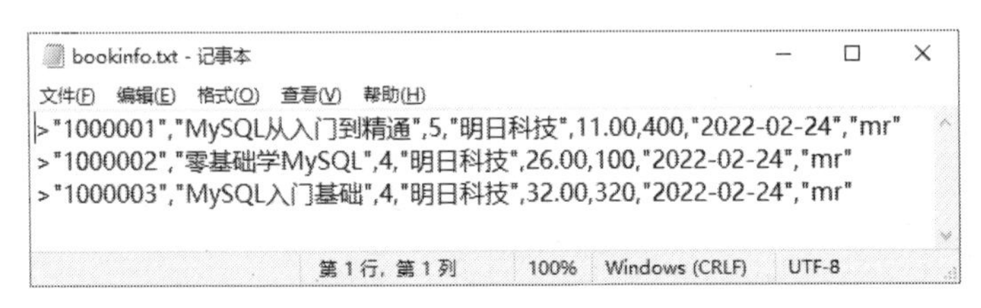

图 18.12　用 SELECT…INTO OUTFILE 语句导出文本文件

这些记录都是以“>”开头，每个字段之间以“,”隔开，而且每个字符数据都加上了引号。

18.4.2　用 mysqldump 命令导出文本文件

mysqldump 命令可以备份数据库中的数据，备份时是在备份文件中保存了 CREATE 和 INSERT 语句。不仅如此，mysqldump 命令还可以导出文本文件。其基本的语法形式如下。

```
mysqldump -u root -p -T 目标目录 dbname table [option];
```

其中，“目标目录”参数指出文本文件的路径，dbname 参数表示数据库的名称，table 参数表示表的名称，option 表示附件选项，具体如下。

☑　--fields-terminated-by=字符串：设置字符串为字段的分隔符，默认值是“\t”。

☑　--fields-enclosed-by=字符：设置字符来括上字段的值。

☑　--fields-optionally-enclosed-by=字符：设置字符括上 CHAR、VARCHAR 和 TEXT 等字符型字段。

☑　--fields-escaped-by=字符：设置转义字符。

☑　--lines-terminated-by=字符串：设置每行的结束符。

注意

这些选项必须用双引号括起来，否则，MySQL 数据库系统将不能识别这几个参数。

例 18.6　用 mysqldump 语句导出 db_database18 数据库的 tb_library 表中的记录。其中，字段之间用“,”隔开，字符型数据用双引号括起来。（**实例位置：资源包\TM\sl\18\18.6**）

命令如下。

```
mysqldump -u root -p -T "E:\ " db_database18 tb_library "--lines-terminated-by=\r\n"
"--fields-terminated-by=," "--fields-optionally-enclosed-by="";
```

其中，-u 选项后的 root 为 MySQL 数据库的用户名，-p 选项表示需要输入密码，--fields-terminated-by 等选项都用双引号括起来。命令执行完后，可以在 E:\目录下看到 tb_library.txt 文件和 tb_library.sql 文件。tb_library.txt 文件中的内容就是 tb_library 表中的数据，如图 18.13 所示。

图 18.13　用 mysqldump 命令导出文本文件

这些记录都是以“,”隔开的，而且每个字符数据都加上了双引号。其实：mysqldump 命令也是调用 SELECT…INTO OUTFILE 语句来导出文本文件的；同时，mysqldump 命令还生成了 tb_library.sql 文件，这个文件中有表的结构和表中的记录。

说明

导出数据时，一定要注意数据的格式。通常每个字段之间都必须用分隔符隔开，可以使用逗号（,）、空格或者制表符（Tab 键）。每条记录占用一行，新记录要从下一行开始。字符串数据要使用双引号括起来。

mysqldump 命令还可以导出 XML 格式的文件，其基本语法如下。

```
mysqldump-u root -p --xml|-X dbname table >E:\name.xml;
```

其中，--xml 或者-X 选项可以导出 XML 格式的文件，dbname 表示数据库的名称，table 表示表的名称，E:\name.xml 表示导出的 XML 文件的路径。

例 18.7　使用 mysqldump 命令将数据表 tb_bookinfo 中的内容导出到 XML 文件中。（**实例位置：资源包\TM\sl\18\18.7**）

效果如图 18.14 所示。

```
C:\Users\Administrator>mysqldump -u root -p --xml db_database18 tb_bookinfo >E:\name.xml
Enter password: ****
```

图 18.14　在 DOS 命令窗口中的执行效果

生成的 XML 文件可以在 E 盘的根目录下找到，内容如图 18.15 所示。

```
name.xml - 记事本
文件(F) 编辑(E) 格式(O) 查看(V) 帮助(H)
        <field Field="translator" Type="varchar(30)" Null="YES" Key="" Extra="" Comment="" />
        <field Field="ISBN" Type="varchar(20)" Null="YES" Key="" Extra="" Comment="" />
        <field Field="price" Type="float(8,2)" Null="YES" Key="" Extra="" Comment="" />
        <field Field="page" Type="int(10) unsigned" Null="YES" Key="" Extra="" Comment="" />
        <field Field="bookcase" Type="int(10) unsigned" Null="YES" Key="" Extra="" Comment="" />
        <field Field="inTime" Type="date" Null="YES" Key="" Extra="" Comment="" />
        <field Field="operator" Type="varchar(30)" Null="YES" Key="" Extra="" Comment="" />
        <field Field="del" Type="tinyint(1)" Null="YES" Key="" Default="0" Extra="" Comment="" />
        <field Field="id" Type="int(11)" Null="NO" Key="PRI" Extra="auto_increment" Comment="" />
        <key Table="tb_bookinfo" Non_unique="0" Key_name="PRIMARY" Seq_in_index="1" Column_name="id"
Collation="A" Cardinality="4" Null="" Index_type="BTREE" Comment="" Index_comment="" Visible="YES" />
```

图 18.15　生成的 XML 文件

18.4.3 用 mysql 命令导出文本文件

mysql 命令可以用来登录 MySQL 服务器和还原备份文件。同时，mysql 命令也可以导出文本文件，其基本语法形式如下。

```
mysql -u root -p -e "SELECT 语句" dbname >E:\name.txt;
```

其中，-e 选项可以执行 SQL 语句，“SELECT 语句”用来查询记录，E:\name.txt 表示导出文件的路径。

例 18.8 用 mysql 命令导出 db_database18 数据库中 tb_bookinfo 表的记录。（**实例位置：资源包\TM\sl\18\18.8**）

命令如下。

```
mysql -u root -p -e"SELECT * FROM tb_bookinfo" db_database18 > E:\bookinfo2.txt
```

在 DOS 命令窗口中执行上述命令，可以将 tb_bookinfo 表中的所有记录都查询出来，然后写入 bookinfo2.txt 文档中。bookinfo2.txt 中的内容如图 18.16 所示。

bookinfo2.txt - 记事本

文件(F) 编辑(E) 格式(O) 查看(V) 帮助(H)

barcode	bookname	typeid	author	price	page	inTime	operator
1000001	MySQL从入门到精通	5	明日科技	11.00	400	2022-02-24	mr
1000002	零基础学MySQL	4	明日科技	26.00	100	2022-02-24	mr
1000003	MySQL入门基础	4	明日科技	32.00	320	2022-02-24	mr

第 1 行，第 1 列 100% Windows (CRLF) ANSI

图 18.16 使用 mysql 命令导出的文本内容

mysql 命令还可以用来导出 XML 文件和 HTML 文件。使用 mysql 命令导出 XML 文件的语法如下。

```
mysql -u root -p --xml|-X -e "SELECT 语句" dbname >E:/filename.xml
```

其中，--xml 或者-X 选项可以导出 XML 格式的文件，dbname 表示数据库的名称，E:\filename.xml 表示导出的 XML 文件的路径。

例如，下面的命令可以将 db_database18 数据库的 tb_bookinfo 表中的数据导出到名称为 bookinfo.xml 的 XML 文件中。

```
mysql -u root -p --xml   -e "SELECT * from tb_bookinfo" db_database18 >E:\bookinfo.xml
```

使用 mysql 命令导出 HTML 文件的语法如下。

```
mysql -u root -p --html|-H -e "SELECT 语句" dbname >E:\filename.html
```

其中，使用--html 或者-H 选项就可以导出 HTML 格式的文件。

例如，下面的命令可以将 db_database18 数据库的 tb_bookinfo 表中的数据导出到名称为 bookinfo.html 的 HTML 文件中。

```
mysql -u root -p --html   -e "SELECT * from tb_bookinfo" db_database18 >E:\bookinfo.html
```

用浏览器打开 bookinfo.html 文件，如图 18.17 所示。

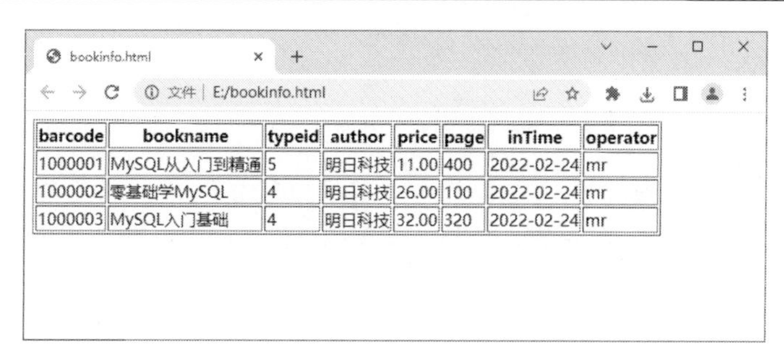

barcode	bookname	typeid	author	price	page	inTime	operator
1000001	MySQL从入门到精通	5	明日科技	11.00	400	2022-02-24	mr
1000002	零基础学MySQL	4	明日科技	26.00	100	2022-02-24	mr
1000003	MySQL入门基础	4	明日科技	32.00	320	2022-02-24	mr

图 18.17　HTML 文件的内容

18.4.4　用 LOAD DATA INFILE 命令将文本文件导入数据表中

在 MySQL 中，可以通过命令 LOAD DATA INFILE 来实现将指定格式的文本文件导入数据表中。LOAD DATA INFILE 命令的语法格式如下。

```
LOAD DATA [LOW_PRIORITY|CONCURRENT] [LOCAL] INFILE file_name INTO TABLE table_name [OPTION];
```

参数说明如下。

（1）LOW_PRIORITY：如果指定 LOW_PRIORITY，则 LOAD DATA 语句会被延迟，直到没有其他的客户端正在读取表。

（2）CONCURRENT：如果指定 CONCURRENT，则当 LOAD DATA 正在执行时，其他线程可以同时使用表的数据。

（3）LOCAL：如果指定 LOCAL，则文件会被客户主机上的客户端读取，并被发送到服务器。文件会被给予一个完整的路径名称，以指定其确切的位置。如果给定的是一个相对路径名称，则此名称会被理解为相对于启动客户端时所在的目录。如果没有指定 LOCAL，则文件必须位于服务器主机上，并且被服务器直接读取。使用 LOCAL 时速度会略慢。

（4）file_name：用来指定要导入的文本文件的路径和名称。这个文件可以手动创建，也可以使用其他的程序创建。可以使用绝对路径（如 E:\bookinfo.txt），也可以不指定路径，直接写上文件名（如 bookinfo.txt），这时服务器将在默认数据库目录中查找并读取。

（5）table_name：用来指定需要导入数据的表名，该表在数据库中必须存在，表结构必须与导入文件的数据一致。

（6）OPTION：用于设置相应的选项，其值可以是下面 9 个值中的任何一个。

- ☑ FIELDS TERMINATED BY '字符串'：用于设置字段的分隔符为字符串对象，默认值为“\t”。
- ☑ FIELDS ENCLOSED BY '字符'：用于设置括上字段值的字符符号，默认情况下不使用任何符号。
- ☑ FIELDS OPTIONALLY ENCLOSED BY 字符：用来设置括上 CHAR、VARCHAR 和 TEXT 等字段值的字符符号，默认情况下不使用任何符号。
- ☑ FIELDS ESCAPED BY ''：用于设置转义字符的字符符号，默认情况下使用“\”字符。
- ☑ LINES STARTING BY '字符'：用来设置每行开头的字符符号，默认情况下不使用任何符号。
- ☑ LINES TERMINATED BY '字符串'：用于设置每行结束的字符串符号，默认情况下使用“\n”。
- ☑ IGNORE n LINES：用于指定忽略文件的前 n 行记录。
- ☑ （字段列表）：用于实现根据字段列表中的字符和顺序来加载记录。

☑ SET column=expr：用于设置列的转换条件，即所指定的列经过相应转换才会被加载。

注意

在使用该命令时，必须根据要导入文本文件中字段值的分隔符来指定使用的分隔符，并且如果文本文件中字段的顺序与数据表中字段的顺序不完全一致，就需要使用“（字段列表）”来指定加载字段的顺序。

例 18.9 使用 LOAD DATA INFILE 命令，将 E 盘根目录下 bookinfo3.txt 文件中的数据记录导入数据库 db_database18 的 tb_bookinfo 表中。（**实例位置：资源包\TM\sl\18\18.9**）

（1）准备一个名称为 bookinfo3.txt 的文本文件，并放置在 E 盘根目录下，该文件中的内容如图 18.18 所示。该文件可以使用例 18.8 介绍的方法进行导出。

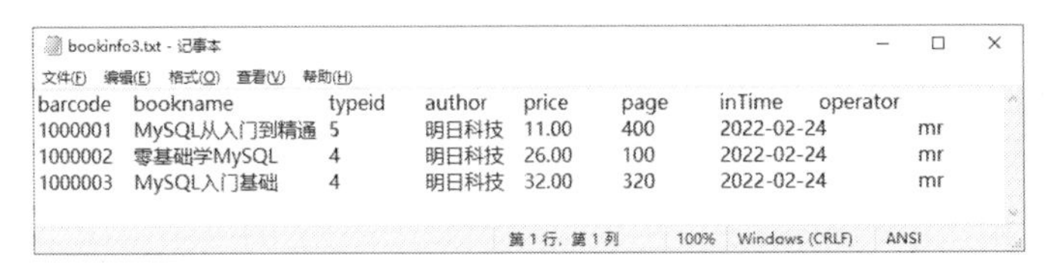

barcode	bookname	typeid	author	price	page	inTime	operator
1000001	MySQL从入门到精通	5	明日科技	11.00	400	2022-02-24	mr
1000002	零基础学MySQL	4	明日科技	26.00	100	2022-02-24	mr
1000003	MySQL入门基础	4	明日科技	32.00	320	2022-02-24	mr

图 18.18　文本文件 bookinfo3.txt 中的内容

（2）进入 MySQL 的命令行窗口中，输入以下命令选择数据库 db_database18。

```
use db_database18;
```

（3）执行 LOAD DATA INFILE 命令，将文本文件 bookinfo3.txt 中的数据导入表 tb_bookinfo 中，具体代码如下。

```
LOAD DATA INFILE 'E:\bookinfo3.txt' INTO TABLE tb_bookinfo
  FIELDS TERMINATED BY '\t'
  LINES TERMINATED BY '\r\n'
  IGNORE 1 LINES;
```

执行效果如图 18.19 所示。

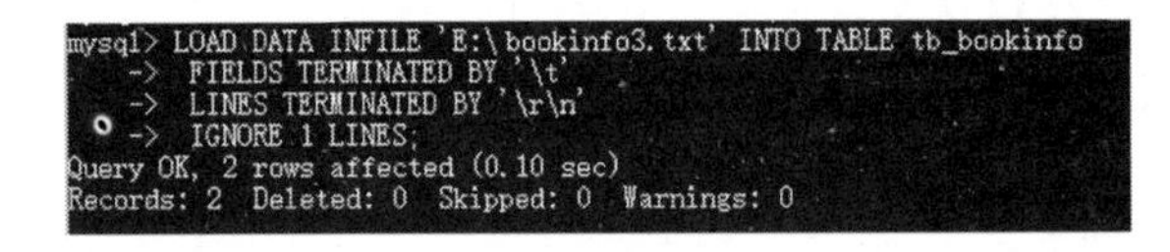

```
mysql> LOAD DATA INFILE 'E:\bookinfo3.txt' INTO TABLE tb_bookinfo
    -> FIELDS TERMINATED BY '\t'
    -> LINES TERMINATED BY '\r\n'
    -> IGNORE 1 LINES;
Query OK, 2 rows affected (0.10 sec)
Records: 2  Deleted: 0  Skipped: 0  Warnings: 0
```

图 18.19　执行 LOAD DATA INFILE 命令将文本文件导入数据表中

（4）应用 SELECT 语句查询数据表 tb_bookinfo 中的数据，代码如下。

```
select * from tb_bookinfo;
```

执行结果如图 18.20 所示。

barcode	bookname	typeid	author	price	page	inTime	operator
1000001	MySQL从入门到精通	5	明日科技	11.00	400	2022-02-24	mr
1000002	零基础学MySQL	4	明日科技	26.00	100	2022-02-24	mr
1000003	MySQL入门基础	4	明日科技	32.00	320	2022-02-24	mr

图 18.20　数据表 tb_bookinfo 中的数据

18.4.5　用 mysqlimport 命令导入文本文件

在 MySQL 中，如果只是恢复数据表中的数据，可以在 Windows 的命令提示符窗口中使用 mysqlimport 命令来实现。通过 mysqlimport 命令可以实现将指定格式的文本文件导入数据表中。实际上，这个命令提供了 LOAD DATA INFILE 语句的一个命令行接口，它发送一个 LOAD DATA INFILE 命令到服务器上来运行，它的大多数选项直接对应于 LOAD DATA INFILE 命令。mysqlimport 命令的语法格式如下。

```
mysqlimport   -u root -p   database file_name [option];
```

其中：database 参数表示要导入数据的数据库的名称；file_name 参数表示要导入数据的文本文件名；OPTION 用于设置相应的选项，其值可以是下面几个值中的任何一个。

- ☑ --fields-terminated-by=字符串：用于设置字段的分隔符，默认值是“\t”。
- ☑ --fields-enclosed-by=字符：用于设置括上字段值的字符符号，默认情况下不使用任何符号。
- ☑ --fields-optionally-enclosed-by=字符：用于设置括上 CHAR、VARCHAR 和 TEXT 等字符型字段值的字符符号，默认情况下不使用任何符号。
- ☑ --fields-escaped-by=字符：用于设置转义字符。
- ☑ --lines-terminated-by=字符串：用于设置每行的结束符。
- ☑ --ignore-lines=n：用于指定忽略文件的前 n 行记录。

例 18.10　使用 mysqlimport 命令，将 E 盘根目录下 tb_bookinfo.txt 文件中的数据记录导入数据库 db_database18 的 tb_bookinfo 表中。（**实例位置：资源包\TM\sl\18\18.10**）

（1）准备一个名称为 tb_bookinfo.txt 的文本文件，并放置在 E 盘根目录下。该文件中的内容如图 18.21 所示。

图 18.21　文本文件 tb_bookinfo.txt 中的内容

注意

导入的文本文件的名称必须与数据库中的表名一致。例如，文本文件 tb_bookinfo.txt 对应数据库中的 tb_bookinfo 表。

（2）执行 mysqlimport 命令，将文本文件 tb_bookinfo.txt 中的数据导入表 tb_bookinfo 中，具体代码如下。

```
mysqlimport   -u root -p   db_database18 "E:\tb_bookinfo.txt"
"--lines-terminated-by=\r\n" "--fields-terminated-by=\t" "--fields-optionally-enclosed-by=\"
```

执行效果如图 18.22 所示。

```
C:\Users\Administrator>mysqlimport  -u root -p  db_database18 "E:\tb_bookinfo.txt" "--lines-terminated-by=\r\n" "--fields-terminated-by=\t" "--fields-optionally-enclosed-by=\"
Enter password: ****
db_database18.tb_bookinfo: Records: 2  Deleted: 0  Skipped: 0  Warnings: 0
```

图 18.22 执行 mysqlimport 命令将文本文件导入数据表中

（3）应用 SELECT 语句查询数据表 tb_bookinfo 中的数据，代码如下。

```
use db_database18;
select * from `tb_bookinfo`;
```

执行结果如图 18.23 所示。

```
mysql> select * from tb_bookinfo;
+---------+----------------+--------+----------+-------+------+------------+----------+
| barcode | bookname       | typeid | author   | price | page | inTime     | operator |
+---------+----------------+--------+----------+-------+------+------------+----------+
| 1000001 | MySQL从入门到精通 |      5 | 明日科技 | 11.00 |  400 | 2022-02-24 | mr       |
| 1000002 | 零基础学MySQL    |      4 | 明日科技 | 26.00 |  100 | 2022-02-24 | mr       |
| 1000003 | MySQL入门基础    |      4 | 明日科技 | 32.00 |  320 | 2022-02-24 | mr       |
| 1000004 | 从零开始学MySQL  |      4 | 明日科技 | 33.00 |  300 | 2022-02-24 | mr       |
| 1000005 | MySQL入门基础    |      4 | 明日科技 | 39.00 |  320 | 2022-02-24 | mr       |
+---------+----------------+--------+----------+-------+------+------------+----------+
```

图 18.23 数据表 tb_bookinfo 中的数据

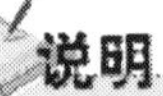

说明

在 MySQL 中，表名和字符串可以用反引号（也就是数字 1 左侧的那个键）括起来，但是这并不是必须的，不过，如果使用的表名或者字段是 MySQL 中的关键字，那么使用反引号将其括起来就是必须的。

18.5 小　　结

本章对数据备份、数据恢复、数据库迁移、表的导出和导入进行了详细讲解，其中，数据备份和数据恢复是本章的重点内容。在实际应用中，通常使用 mysqldump 命令备份数据库，使用 mysql 命令还原数据库。数据库迁移、表的导出和导入是本章的难点。数据迁移需要考虑数据库的兼容性问题，最好是在相同版本的 MySQL 数据库之间进行迁移。导出表和导入表的方法比较多，希望读者能够多练习这些方法的使用。

18.6 实践与练习

（答案位置：资源包\TM\sl\18\实践与练习）

1．实现将数据表 student 中的内容导出到文本文件中。在生成文本文件时，每个字段之间用逗号隔开，每个字符型的数据用双引号括起来，而且每条记录占一行。

2．使用 mysql 命令，将表中的记录导出到 HTML 文件中。

第 19 章

MySQL 性能优化

MySQL 性能优化是通过某些有效的方法提高 MySQL 数据库的性能的。性能优化的目的是使 MySQL 数据运行速度更快、占用的磁盘空间更小。性能优化包括很多方面，如优化查询速度、优化更新速度和优化 MySQL 服务器等。本章将介绍性能优化的目的，以及优化查询、优化数据库结构和优化多表查询等的方法，以提高 MySQL 数据库的速度。

本章知识架构及重难点如下：

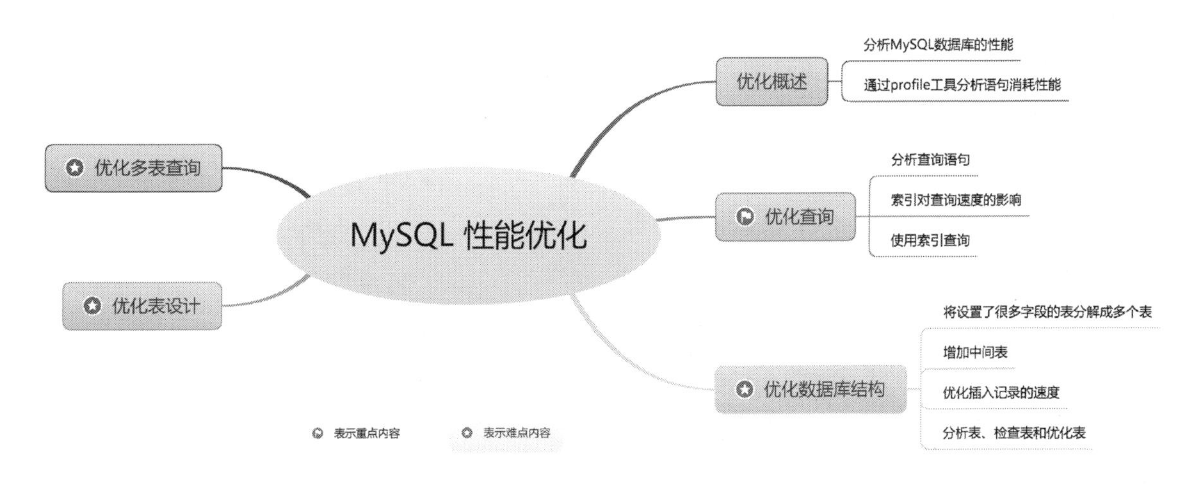

19.1 优化概述

优化 MySQL 数据库是数据库管理员的必备技能，通过不同的优化方式达到提高 MySQL 数据库性能的目的。本节将介绍优化的基本知识。

MySQL 数据库的用户和数据非常少的时候，很难判断其性能的好坏。只有当长时间运行，并且有大量用户进行频繁操作时，MySQL 数据库的性能才能体现出来。例如，一个每天有几万用户同时在线的大型网站的数据库性能的优劣就很明显。这么多用户在同时连接 MySQL 数据库，并且进行查询、插入和更新的操作，如果 MySQL 数据库的性能很差，很可能无法承受如此多用户同时操作。试想，如果用户查询一条记录需要花费很长时间，那么用户就很难喜欢这个网站。因此，为了提高 MySQL 数据库的性能，需要进行一系列的优化。如果 MySQL 数据库需要进行大量的查询操作，那么就需要对查询语句进行优化。对于耗费时间的查询语句进行优化，可以提高整体的查询速度。如果连接 MySQL

数据库的用户很多，那么就需要对 MySQL 服务器进行优化；否则，大量的用户同时连接 MySQL 数据库，可能会造成数据库系统崩溃。

19.1.1 分析 MySQL 数据库的性能

数据库管理员可以使用 SHOW STATUS 语句查询 MySQL 数据库的性能。语法形式如下。

```
SHOW STATUS LIKE 'value 参数';
```

其中，value 参数是常用的几个统计参数，具体介绍如下。

（1）Connections：连接 MySQL 服务器的次数。

（2）Uptime：MySQL 服务器的上线时间。

（3）Slow_queries：慢查询的次数。

（4）Com_select：查询操作的次数。

（5）Com_insert：插入操作的次数。

（6）Com_delete：删除操作的次数。

说明

MySQL 中存在查询 InnoDB 类型的表的一些参数。例如：Innodb_rows_read 参数表示 SELECT 语句查询的记录数；Innodb_rows_inserted 参数表示 INSERT 语句插入的记录数；Innodb_rows_updated 参数表示 UPDATE 语句更新的记录数；Innodb_rows_deleted 参数表示 DELETE 语句删除的记录数。

如果需要查询 MySQL 服务器的连接次数，可以执行下面的 SHOW STATUS 语句。

```
SHOW STATUS LIKE 'Connections';
```

数据库管理员可以通过这些参数分析 MySQL 数据库的性能，然后根据分析结果进行相应的性能优化。

例 19.1 使用 SHOW STATUS 语句查看 MySQL 服务器的连接和查询次数。（**实例位置：资源包\TM\ sl\19\19.1**）

语句的执行效果如图 19.1 所示。

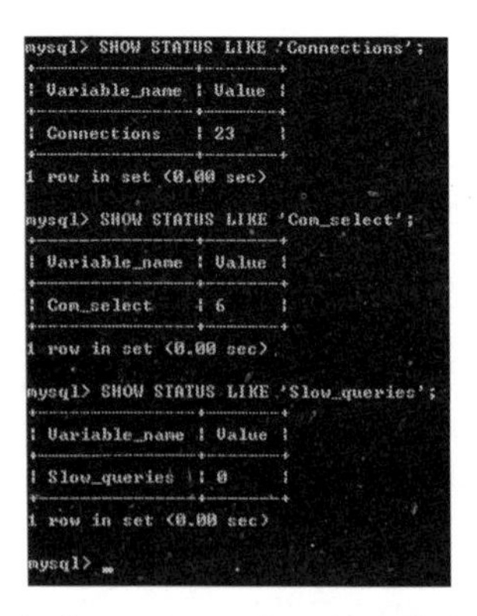

图 19.1 查看 MySQL 服务器的连接和查询次数

使用 SHOW STATUS 语句时，可以通过指定统计参数为 Connections、Com_select 和 Slow_queries 来实现显示 MySQL 服务器的连接数、查询次数和慢查询次数的功能，关键代码如下。

```
SHOW STATUS LIKE 'Connections';
SHOW STATUS LIKE 'Com_select';
SHOW STATUS LIKE 'Slow_queries';
```

19.1.2　通过 profile 工具分析语句消耗性能

在 MySQL 的命令行窗口中输入查询语句后，在查询结果下方会自动显示查询所用的时间，但是这个时间是以秒为单位的，如果数据量少，但机器配置高，就很难计算出速度上的差异。这时可以通过 MySQL 提供的 profile 工具来分析语句的消耗性能。

安装 MySQL 8.0 后，默认情况下未开启 profile 工具。MySQL 主要是通过 profiling 参数标记 profile 工具是否开启的，这可以通过下面的命令进行查看。

```
SHOW VARIABLES LIKE '%pro%';
```

执行结果如图 19.2 所示。

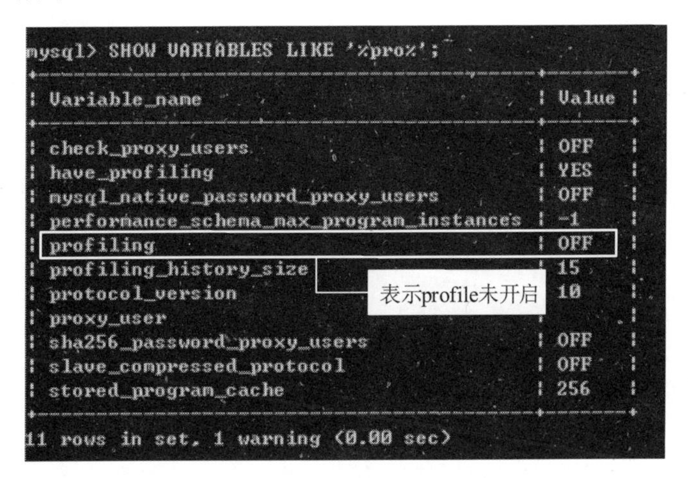

图 19.2　查看 profile 是否开启

从图 19.2 中可以看出，profiling 的值为 OFF，表示 profile 未开启。如果想要开启，可以将 profiling 设置为 1，代码如下。

```
SET profiling=1;
```

执行上面的语句后，再次执行 SHOW VARIABLES LIKE '%pro%'; 语句，将显示 profiling 的值为 ON，表示 profile 已经开启，这时就可以通过该工具获取相应 SQL 语句的执行时间。

说明

在默认的情况下，使用上面介绍的方法开启 profile 后，它只对当前启动的命令行窗口有效，关闭该窗口后，profiling 的值恢复为 OFF。

例如，想要获取查询 tb_student 数据表中的全部数据所需要的执行时间，可以先执行以下查询语句。

```
SELECT * FROM tb_student;
```

然后应用下面的语句查看 SQL 语句的执行时间。

```
SHOW profiles;
```

执行结果如图 19.3 所示。

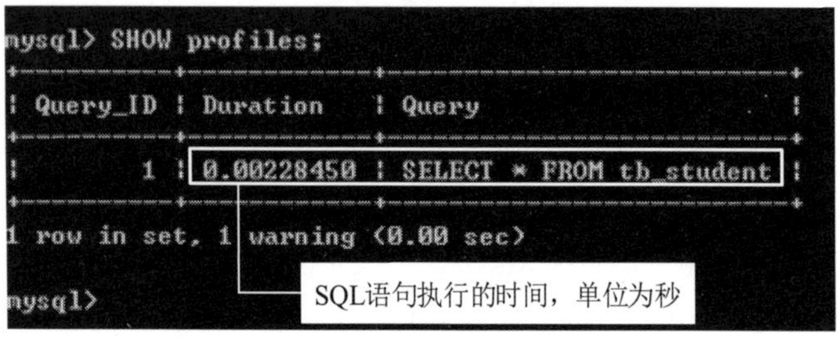

```
mysql> SHOW profiles;
+----------+------------+--------------------------+
| Query_ID | Duration   | Query                    |
+----------+------------+--------------------------+
|        1 | 0.00228450 | SELECT * FROM tb_student |
+----------+------------+--------------------------+
1 row in set, 1 warning (0.00 sec)

mysql>
```

SQL语句执行的时间，单位为秒

图 19.3　查看 SQL 语句的执行时间

19.2　优 化 查 询

查询是数据库最频繁的操作，提高查询速度可以有效地提高 MySQL 数据库的性能。本节将介绍优化查询的方法。

19.2.1　分析查询语句

分析查询语句在前面章节中都有应用，在 MySQL 中，可以使用 EXPLAIN 和 DESCRIBE 语句来分析查询语句。

应用 EXPLAIN 关键字分析查询语句，其语法结构如下。

```
EXPLAIN  SELECT 语句;
```

其中，“SELECT 语句”参数为一般数据库查询命令，如 SELECT * FROM students。

例 19.2　使用 EXPLAIN 语句分析一条查询语句。（**实例位置：资源包\TM\sl\19\19.2**）

代码如下。

```
EXPLAIN  SELECT *  FROM tb_bookinfo ;
```

其运行结果如图 19.4 所示。

```
mysql> EXPLAIN  SELECT *  FROM tb_bookinfo ;
+----+-------------+-------------+------------+------+---------------+------+---------+------+------+----------+-------+
| id | select_type | table       | partitions | type | possible_keys | key  | key_len | ref  | rows | filtered | Extra |
+----+-------------+-------------+------------+------+---------------+------+---------+------+------+----------+-------+
|  1 | SIMPLE      | tb_bookinfo | NULL       | ALL  | NULL          | NULL | NULL    | NULL |    6 |   100.00 | NULL  |
+----+-------------+-------------+------------+------+---------------+------+---------+------+------+----------+-------+
1 row in set, 1 warning (0.00 sec)
```

图 19.4　应用 EXPLAIN 分析查询语句

其中主要字段代表的意义如下。

（1）id 列：指出在整个查询中 SELECT 的位置。

（2）table 列：存放所查询的表名。

（3）type 列：连接类型，该列中存储很多值，范围从 const 到 ALL。

（4）possible_keys 列：指出为了提高查找速度，在 MySQL 中可以使用的索引。

（5）key 列：指出实际使用的键。

（6）rows 列：指出 MySQL 需要在相应表中返回查询结果所检验的行数，为了得到总行数，MySQL 必须扫描处理整个查询，再乘以每个表的行值。

（7）Extra 列：包含一些其他信息，设计 MySQL 如何处理查询。

在 MySQL 中，也可以应用 DESCRIBE 语句来分析查询语句。DESCRIBE 语句的使用方法与 EXPLAIN 语句相同，二者的分析结果也大体相同。DESCRIBE 的语法结构如下。

```
DESCRIBE SELECT 语句;
```

在命令提示符下输入如下命令。

```
DESCRIBE SELECT * FROM tb_bookinfo;
```

其运行结果如图 19.5 所示。

```
mysql> DESCRIBE SELECT * FROM tb_bookinfo;
+----+-------------+-------------+------------+------+---------------+------+---------+------+------+----------+-------+
| id | select_type | table       | partitions | type | possible_keys | key  | key_len | ref  | rows | filtered | Extra |
+----+-------------+-------------+------------+------+---------------+------+---------+------+------+----------+-------+
|  1 | SIMPLE      | tb_bookinfo | NULL       | ALL  | NULL          | NULL | NULL    | NULL |    6 |   100.00 | NULL  |
+----+-------------+-------------+------------+------+---------------+------+---------+------+------+----------+-------+
1 row in set, 1 warning (0.00 sec)
```

图 19.5　应用 DESCRIBE 分析查询语句

将图 19.5 与图 19.4 进行对比，可以清楚地看出，其运行结果相同。

说明

可以将 DESCRIBE 缩写成 DESC。

19.2.2　索引对查询速度的影响

在查询过程中使用索引可以提高数据库的查询效率。应用索引来查询数据库中的内容，可以减少查询的记录数，从而达到优化查询的目的。

例 19.3　通过对比使用索引和不使用索引时的查询结果，分析查询的优化情况。（**实例位置：资源包\TM\sl\19\19.3**）

首先，分析未使用索引时的查询情况，其代码如下。

```
EXPLAIN SELECT * FROM tb_bookinfo WHERE bookname = 'MySQL 从入门到精通';
```

其运行结果如图 19.6 所示。

```
mysql> EXPLAIN SELECT * FROM tb_bookinfo WHERE bookname = 'MySQL从入门到精通';
+----+-------------+-------------+------------+------+---------------+------+---------+------+------+----------+-------------+
| id | select_type | table       | partitions | type | possible_keys | key  | key_len | ref  | rows | filtered | Extra       |
+----+-------------+-------------+------------+------+---------------+------+---------+------+------+----------+-------------+
|  1 | SIMPLE      | tb_bookinfo | NULL       | ALL  | NULL          | NULL | NULL    | NULL |    6 |    16.67 | Using where |
+----+-------------+-------------+------------+------+---------------+------+---------+------+------+----------+-------------+
1 row in set, 1 warning (0.00 sec)
```

图 19.6　未使用索引的查询情况

上述结果表明，表格字段 rows 值为 6，这意味着在执行查询过程中，数据库存在的 6 条数据都被查询了一遍，这在数据存储量小的时候不会有太大影响，但当数据库中存储了庞大的数据资料时，若为了搜索一条数据而遍历整个数据库中的所有记录，将会耗费很多时间。现在，在 bookname 字段上建立一个名为 index_name 的索引，代码如下。

```
CREATE INDEX index_name ON tb_bookinfo(bookname);
```

上述代码的作用是在 tb_bookinfo 表的 bookname 字段上添加索引。建立索引后，应用关键字 EXPLAIN 分析执行情况，代码如下。

```
EXPLAIN SELECT * FROM tb_bookinfo WHERE bookname = 'MySQL 从入门到精通';
```

其运行结果如图 19.7 所示。

```
mysql> EXPLAIN SELECT * FROM tb_bookinfo WHERE bookname = 'MySQL从入门到精通';
+----+-------------+-------------+------------+------+---------------+------------+---------+-------+------+----------+-------+
| id | select_type | table       | partitions | type | possible_keys | key        | key_len | ref   | rows | filtered | Extra |
+----+-------------+-------------+------------+------+---------------+------------+---------+-------+------+----------+-------+
|  1 | SIMPLE      | tb_bookinfo | NULL       | ref  | index_name    | index_name | 213     | const |    2 |   100.00 | NULL  |
+----+-------------+-------------+------------+------+---------------+------------+---------+-------+------+----------+-------+
1 row in set, 1 warning (0.00 sec)
```

图 19.7　使用索引后的查询情况

从上述结果可以看出，由于创建了索引，访问的行数由 6 行减少到 2 行，在查询操作中，使用索引不但会提高查询效率，也会降低服务器的开销。

19.2.3　使用索引查询

在 MySQL 中，索引可以提高查询的速度，但并不能充分发挥其作用，所以在应用索引查询时，也可以通过关键字或其他方式来对查询进行优化处理。

1. 应用关键字 LIKE 优化索引查询

例 19.4　应用关键字 LIKE 优化索引查询。（**实例位置：资源包\TM\sl\19\19.4**）

应用 EXPLAIN 语句执行如下命令。

```
EXPLAIN SELECT * FROM tb_bookinfo WHERE bookname LIKE '%Java Web';
```

其运行结果如图 19.8 所示。

```
mysql> EXPLAIN SELECT * FROM tb_bookinfo WHERE bookname LIKE '%Java Web';
+----+-------------+-------------+------------+------+---------------+------+---------+------+------+----------+-------------+
| id | select_type | table       | partitions | type | possible_keys | key  | key_len | ref  | rows | filtered | Extra       |
+----+-------------+-------------+------------+------+---------------+------+---------+------+------+----------+-------------+
|  1 | SIMPLE      | tb_bookinfo | NULL       | ALL  | NULL          | NULL | NULL    | NULL |    6 |    16.67 | Using where |
+----+-------------+-------------+------------+------+---------------+------+---------+------+------+----------+-------------+
1 row in set, 1 warning (0.00 sec)
```

图 19.8　应用关键字 LIKE 优化索引查询

从图 19.6 中可以看出，rows 值仍为 6，并没有起到优化作用。这是因为：如果所匹配的字符串中第一个字符为百分号“%”，则索引不会被使用；如果“%”不在匹配字符串的第一位，则索引会被正常使用。在命令提示符中输入如下命令。

```
EXPLAIN SELECT * FROM tb_bookinfo WHERE bookname LIKE 'Java Web%';
```

运行结果如图 19.9 所示。

```
mysql> EXPLAIN SELECT * FROM tb_bookinfo WHERE bookname LIKE 'Java Web%';
+----+-------------+-------------+------------+-------+---------------+------------+---------+------+------+----------+-----------------------+
| id | select_type | table       | partitions | type  | possible_keys | key        | key_len | ref  | rows | filtered | Extra                 |
+----+-------------+-------------+------------+-------+---------------+------------+---------+------+------+----------+-----------------------+
|  1 | SIMPLE      | tb_bookinfo | NULL       | range | index_name    | index_name | 213     | NULL |    2 |   100.00 | Using index condition |
+----+-------------+-------------+------------+-------+---------------+------------+---------+------+------+----------+-----------------------+
1 row in set, 1 warning (0.00 sec)
```

图 19.9 正常应用索引的 LIKE 子句的运行结果

2. 查询语句中使用多列索引

多列索引是指在表的多个字段上创建一个索引。只有查询条件中使用了这些字段中的一个字段时，索引才会被正常使用。

应用多列索引在表的多个字段中创建一个索引，其命令如下。

```
CREATE INDEX index_book_info ON tb_bookinfo(bookname,price);
```

说明

在应用 price 字段时，索引不能被正常使用。这就意味着索引并未在 MySQL 优化中起到任何作用，故必须使用第一字段 bookname，索引才可以被正常使用。有兴趣的读者可以进行实际动手操作，这里不再赘述。

3. 查询语句中使用关键字 OR

在 MySQL 中，查询语句中包含 OR 关键字时，要求查询的两个字段必须同为索引，如果所搜索的条件中有一个字段不为索引，那么在查询中就不会应用索引进行查询。其中，应用 OR 关键字查询索引的命令如下。

```
SELECT * FROM tb_bookinfo WHERE bookname=' MySQL 从入门到精通' OR price=89;
```

例 19.5 通过 EXPLAIN 分析使用 OR 关键字的查询命令。（**实例位置：资源包\TM\sl\19\19.5**）

（1）在 price 字段上建立一个名为 index_price 的索引，代码如下。

```
CREATE INDEX index_price ON tb_bookinfo(price);
```

（2）通过 EXPLAIN 分析使用 OR 关键字的查询，命令如下。

```
EXPLAIN SELECT * FROM tb_bookinfo WHERE bookname=' MySQL 从入门到精通' OR price=89;
```

其运行结果如图 19.10 所示。

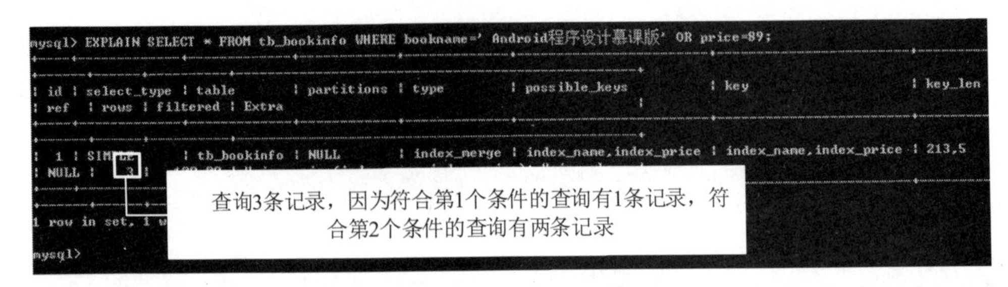

图 19.10　应用 OR 关键字

从图 19.10 中可以看出，由于两个字段均为索引，查询被优化。如果在子查询中存在没有被设置成索引的字段，则将该字段作为子查询条件时，查询速度将不会被优化。

19.3　优化数据库结构

数据库结构是否合理，需要考虑是否存在冗余、对表的查询和更新的速度如何、表中字段的数据类型是否合理等多方面的内容。本节将介绍优化数据库结构的方法。

19.3.1　将设置了很多字段的表分解成多个表

有些表在设计时设置了很多字段，其中有些字段的使用频率很低。当这个表的数据量很大时，查询数据的速度就会很慢。对于这种字段特别多且有些字段的使用频率很低的表，可以将其分解成多个表。

例 19.6　拆分学生表 tb_student。（**实例位置：资源包\TM\sl\19\19.6**）

在学生表 tb_student 中有很多字段，其中 extra 字段中存储了学生的备注信息，有些备注信息的内容特别多。但是，备注信息很少被使用。这样就可以分解出另一个表（同时删除 tb_student 表中的 extra 字段），将这个分解出来的表取名为 tb_student_extra。表中存储两个字段，分别为 id 和 extra。其中，id 字段为学生的学号，extra 字段存储备注信息。tb_student_extra 表的结构如图 19.11 所示。

```
mysql> DESC tb_student_extra;
+-------+--------------+------+-----+---------+-------+
| Field | Type         | Null | Key | Default | Extra |
+-------+--------------+------+-----+---------+-------+
| id    | int(11)      | NO   | PRI | NULL    |       |
| extra | varchar(500) | YES  |     | NULL    |       |
+-------+--------------+------+-----+---------+-------+
2 rows in set (0.00 sec)

mysql>
```

图 19.11　tb_student_extra 表的结构

如果需要查询某个学生的备注信息，可以用学号（id）来查询。如果需要同时显示学生的学籍信息与备注信息，可以将 tb_student 表和 tb_student_extra 表进行联表查询，查询语句如下。

```
SELECT * FROM tb_student,tb_student_extra WHERE tb_student.id=tb_student_extra.id;
```

通过这种分解，可以提高 tb_student 表的查询效率。因此，当遇到包含很多字段且有些字段不经常被使用的表时，可以将其进行分解以优化数据库的性能。

19.3.2　增加中间表

有时需要经常查询某两个表中的几个字段，如果经常进行联表查询，会降低 MySQL 数据库的查询速度。在这种情况下，可以建立中间表来提高查询速度。下面介绍增加中间表的方法。

先分析经常需要同时查询哪几个表中的哪些字段，然后将这些字段建立为一个中间表，并将原来几个表的数据插入中间表中，之后就可以使用中间表来进行查询和统计。

例 19.7　创建包含学生常用信息的中间表。(**实例位置：资源包\TM\sl\19\19.7**)

有两个数据表，即学生表 tb_student 和班级表 tb_classes，它们的结构如图 19.12 所示。

在实际应用中，经常要查询学生的学号、姓名和班级。根据这种情况，可以创建一个 temp_student 表，在该表中存储 3 个字段，分别是 id、name 和 classname。CREATE 语句如下。

```
CREATE TABLE temp_student(id INT NOT NULL,
name VARCHAR(45) NOT NULL,
classname varchar(45));
```

然后从 tb_student 表和 tb_classes 表中将记录导入 temp_student 表中。INSERT 语句如下。

```
INSERT INTO temp_student SELECT s.id,s.name,c.name
FROM tb_student s,tb_classes c WHERE s.classid=c.id;
```

将这些数据插入 temp_student 表中以后，可以直接从 temp_student 表中查询学生的学号、姓名和班级，如图 19.13 所示。这样就省去了每次查询时进行表连接的操作，从而提高了数据库的查询速度。

```
mysql> DESC tb_student;
+---------+-------------+------+-----+---------+----------------+
| Field   | Type        | Null | Key | Default | Extra          |
+---------+-------------+------+-----+---------+----------------+
| id      | int(11)     | NO   | PRI | NULL    | auto_increment |
| name    | varchar(45) | YES  |     | NULL    |                |
| sex     | char(2)     | YES  |     | NULL    |                |
| classid | int(11)     | YES  |     | NULL    |                |
| score   | float(7,2)  | YES  |     | NULL    |                |
+---------+-------------+------+-----+---------+----------------+
5 rows in set (0.00 sec)

mysql> DESC tb_classes;
+-------+-------------+------+-----+---------+-------+
| Field | Type        | Null | Key | Default | Extra |
+-------+-------------+------+-----+---------+-------+
| id    | int(11)     | NO   | PRI | NULL    |       |
| name  | varchar(45) | YES  |     | NULL    |       |
+-------+-------------+------+-----+---------+-------+
2 rows in set (0.00 sec)

mysql>
```

图 19.12　学生表 tb_student 和班级表 tb_classes 的结构

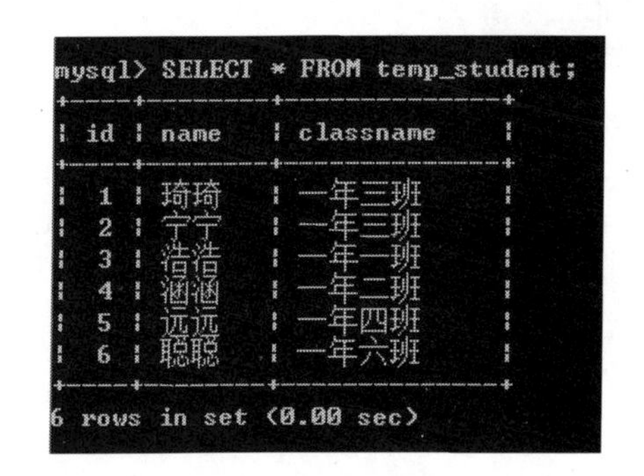

```
mysql> SELECT * FROM temp_student;
+----+------+-----------+
| id | name | classname |
+----+------+-----------+
|  1 | 琦琦 | 一年三班  |
|  2 | 宁宁 | 一年三班  |
|  3 | 浩浩 | 一年一班  |
|  4 | 涵涵 | 一年二班  |
|  5 | 远远 | 一年四班  |
|  6 | 聪聪 | 一年六班  |
+----+------+-----------+
6 rows in set (0.00 sec)
```

图 19.13　通过中间表查询学生的学号、姓名及班级信息

19.3.3　优化插入记录的速度

插入记录时，索引、唯一性校验都会影响插入记录的速度。而且，一次插入多条记录和多次插入

记录所耗费的时间是不一样的。根据这些情况，分别进行不同的优化。

1．禁用索引

插入记录时，MySQL 会根据表的索引对插入的记录进行排序。如果插入大量数据，排序会降低插入记录的速度。为了解决这个问题，在插入记录之前可以先禁用索引，等到记录都插入完毕后再开启索引。禁用索引的语句如下。

```
ALTER TABLE 表名 DISABLE KEYS;
```

重新开启索引的语句如下。

```
ALTER TABLE 表名 ENABLE KEYS;
```

对于新创建的表，可以先不创建索引，等到记录都导入以后再创建索引。这样可以提高导入数据的速度。

2．禁用唯一性检查

插入数据时，MySQL 会对插入的记录进行校验，这也会降低插入记录的速度。可以在插入记录之前禁用唯一性检查，等到记录的插入完毕后再开启。禁用唯一性检查的语句如下。

```
SET UNIQUE_CHECKS=0;
```

重新开启唯一性检查的语句如下。

```
SET UNIQUE_CHECKS=1;
```

3．优化 INSERT 语句

插入多条记录时，可以采取两种写 INSERT 语句的方式。第一种是一条 INSERT 语句插入多条记录，语法如下。

```
INSERT INTO tb_food VALUES
(NULL,'果冻','CC 果冻厂',1.8,'2011','北京'),
(NULL,'咖啡','CF 咖啡厂',25,'2012','天津'),
(NULL,'奶糖','旺仔奶糖',15,'2013','广东');
```

第二种是一条 INSERT 语句只插入一条记录，执行多个 INSERT 语句来插入多条记录，语法如下。

```
INSERT INTO tb_food VALUES(NULL,'果冻','CC 果冻厂',1.8,'2011','北京');
INSERT INTO tb_food VALUES(NULL,'咖啡','CF 咖啡厂',25,'2012','天津');
INSERT INTO tb_food VALUES(NULL,'奶糖','旺仔奶糖',15,'2013','广东');
```

第一种方式减少了与数据库之间的连接等操作，其速度比第二种方式快。

说明

当插入大量数据时，建议使用一个 INSERT 语句插入多条记录的方式。此外，如果能用 LOAD DATA INFILE 语句，就尽量用 LOAD DATA INFILE 语句。因为 LOAD DATA INFILE 语句导入数据的速度比 INSERT 语句导入数据的速度快。

19.3.4　分析表、检查表和优化表

分析表的主要作用是分析关键字的分布。检查表的主要作用是检查表是否存在错误。优化表的主要作用是消除删除或者更新造成的空间浪费。

1．分析表

MySQL 中使用 ANALYZE TABLE 语句来分析表，该语句的基本语法如下。

```
ANALYZE TABLE 表名 1[,表名 2…];
```

使用 ANALYZE TABLE 语句分析表的过程中，数据库系统会给表加一个只读锁。在分析期间，只能读取表中的记录，不能更新和插入记录。ANALYZE TABLE 语句能够分析 InnoDB 和 MyISAM 类型的表。

例 19.8　使用 ANALYZE TABLE 语句分析 tb_bookinfo 表。（**实例位置：资源包\TM\sl\19\19.8**）

具体代码如下。

```
ANALYZE TABLE tb_bookinfo;
```

分析结果如图 19.14 所示。

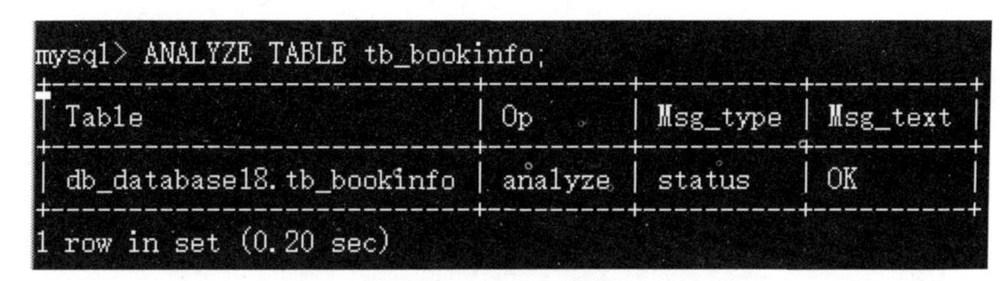
```
mysql> ANALYZE TABLE tb_bookinfo;
+---------------------------+---------+----------+----------+
| Table                     | Op      | Msg_type | Msg_text |
+---------------------------+---------+----------+----------+
| db_database18.tb_bookinfo | analyze | status   | OK       |
+---------------------------+---------+----------+----------+
1 row in set (0.20 sec)
```

图 19.14　分析表

上面结果显示了 4 列信息，详细介绍如下。

（1）Table：表示表的名称。

（2）Op：表示执行的操作。其中：若值为 analyze，则表示进行分析操作；若值为 check，则表示进行检查查找；若值为 optimize，则表示进行优化操作。

（3）Msg_type：表示信息类型，其显示的值通常是状态、警告、错误或信息中的一个。

（4）Msg_text：显示信息。

检查表和优化表之后也会出现这 4 列信息。

2．检查表

MySQL 中使用 CHECK TABLE 语句来检查表。CHECK TABLE 语句能够检查 InnoDB 和 MyISAM 类型的表是否存在错误。而且，该语句还可以检查视图是否存在错误。该语句的基本语法如下。

```
CHECK TABLE 表名 1[,表名 2….][option];
```

其中，option 参数有 5 个选项，分别是 QUICK、FAST、CHANGED、MEDIUM 和 EXTENDED。这 5 个选项的执行效率依次降低。option 选项只对 MyISAM 类型的表有效，对 InnoDB 类型的表无效。

CHECK TABLE 语句在执行过程中也会给表加上只读锁。

3. 优化表

MySQL 中使用 OPTIMIZE TABLE 语句来优化表。OPTIMIZE TABLE 语句对 InnoDB 和 MyISAM 类型的表都有效。但是，该语句只能优化表中的 VARCHAR、BLOB 或 TEXT 类型的字段。OPTIMIZE TABLE 语句的基本语法如下。

```
OPTIMIZE TABLE 表名 1[,表名 2...];
```

通过 OPTIMIZE TABLE 语句可以消除删除或更新造成的磁盘碎片，从而减少空间的浪费。OPTIMIZE TABLE 语句在执行过程中也会给表加上只读锁。

如果一个表使用了 TEXT 或者 BLOB 这样的数据类型，那么更新、删除等操作就会造成磁盘空间的浪费，因为更新和删除操作后，以前分配的磁盘空间不会自动收回。使用 OPTIMIZE TABLE 语句就可以将这些磁盘碎片整理出来，以便以后再利用。

19.4 优化多表查询

在 MySQL 中，用户可以通过连接来实现多表查询，在查询过程中，用户将表中的一个或多个共同字段进行连接，定义查询条件，返回统一的查询结果。这通常用来建立 RDBMS 常规表之间的关系。在多表查询中，可以应用子查询来进行优化，即在 SELECT 语句中嵌套其他 SELECT 语句。采用子查询优化多表查询的好处有很多，其中，可以将分步查询的结果整合成一个查询，这样就不需要再执行多个单独查询，从而提高了多表查询的效率。

下面通过一个实例来说明如何优化多表查询。

例 19.9 演示优化多表查询。要求优化查询属于“一年三班”的全部学生姓名的查询语句。学生姓名在 tb_student 表中，班级名称在 tb_classes 表中。（**实例位置：资源包\TM\sl\19\19.9**）

首先应用 MySQL 的连接查询实现查询所需的数据，对应的 SQL 语句如下。

```
SELECT s.name FROM tb_student s,tb_classes c WHERE s.class-id=c.id AND c.name='一年三班';
```

其运行结果如图 19.15 所示。

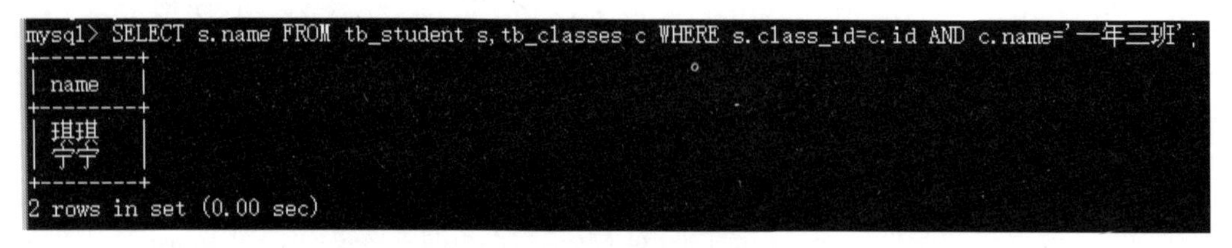

图 19.15 应用连接查询

然后应用子查询实现查询所需的数据，对应的 SQL 语句如下。

```
SELECT name FROM tb_student WHERE class_id=(SELECT id FROM tb_classes c WHERE name='一年三班');
```

其执行结果如图 19.16 所示。

```
mysql> SELECT name FROM tb_student WHERE class_id=(SELECT id FROM tb_classes c WHERE name='一年三班');
+--------+
| name   |
+--------+
| 琪琪   |
| 宁宁   |
+--------+
2 rows in set (0.00 sec)
```

图 19.16　应用子查询

从图 19.15 和图 19.16 中看不出哪条语句用时更少，所以需要应用 19.1.2 节介绍的 profile 工具获取各条语句的执行时间。

```
SHOW profiles;
```

执行结果如图 19.17 所示。

```
mysql> SHOW profiles;
+----------+------------+--------------------------------------------------------------------------------------+
| Query_ID | Duration   | Query                                                                                |
+----------+------------+--------------------------------------------------------------------------------------+
|       31 | 0.00130625 | SELECT s.name FROM tb_student s,tb_classes c WHERE s.class_id=c.id AND c.name='一年一班' |
|       32 | 0.00034675 | SELECT name FROM tb_student WHERE class_id=(SELECT id FROM tb_classes c WHERE name='一年一班') |
```

图 19.17　获取各条语句的执行时间

从图 19.17 中可以看出，执行子查询的时间比执行连接查询的时间要少很多。

19.5　优化表设计

在 MySQL 数据库中，为了使查询更加精练、高效，用户需要优化查询，同时用户还需要在设计数据表时考虑一些因素。

首先，在设计数据表时应优先考虑使用特定字段长度，后考虑使用变长字段，如在创建数据表时，考虑创建某个字段类型为 VARCHAR 而设置其字段长度为 255，但是在实际应用时，所存储的数据根本达不到该字段所设置的最大长度。例如，设置用户性别的字段，往往可以用 M 表示男性，用 F 表示女性，如果给该字段设置长度为 VARCHAR(50)，则该字段占用了过多列宽，这样不仅浪费资源，也会降低数据表的查询效率。适当调整列宽不仅可以减少磁盘占用空间，也可以使数据在进行处理时产生的 I/O 过程减少。将字段长度设置成其可能应用的最大范围可以充分地优化查询效率。

改善性能的另一项技术是使用 OPTIMIZE TABLE 命令处理用户经常操作的表，频繁操作数据库中的特定表会导致磁盘碎片的增加，降低 MySQL 的效率，因此可以应用该命令处理经常操作的数据表，以提高访问查询效率。

在考虑改善表性能的同时，还要检查用户已经建立的数据表，确认是否有必要将这些表整合为一个表，如果没有必要整合，则在查询过程中，用户可以使用连接，如果连接的列采用相同的数据类型和长度，那么同样可以达到优化查询的目的。

说明

InnoDB或BDB类型的表处理行存储与MyISAM或ISAM表的情况不同，在InnoDB或BDB类型的表中使用定长列，并不能提高其性能。

19.6 小　　结

本章对数据库优化的含义和查看数据库性能参数的方法进行了讲解，然后介绍了优化查询、优化数据库结构、优化多表查询和优化表设计的方法。优化查询和优化数据库结构是本章的重点内容，优化查询部分主要介绍了索引对查询速度的影响，优化数据库结构部分主要介绍了如何对表进行优化。

19.7 实践与练习

（答案位置：资源包\TM\sl\19\实践与练习）

1. 实现在MySQL中使用OPTIMIZE TABLE语句来优化表。
2. 使用DESCRIBE语句分析一条查询语句。

第 20 章

权限管理及安全控制

保护 MySQL 数据库的安全，就如同离开汽车时锁上车门，设置警报器。之所以这么做，主要是因为如果不采取这些基本但很有效的防范措施，那么汽车或车中的物品被盗的可能性会大大增加。本章将介绍保护 MySQL 数据库安全的一些有效措施。

本章知识架构及重难点如下：

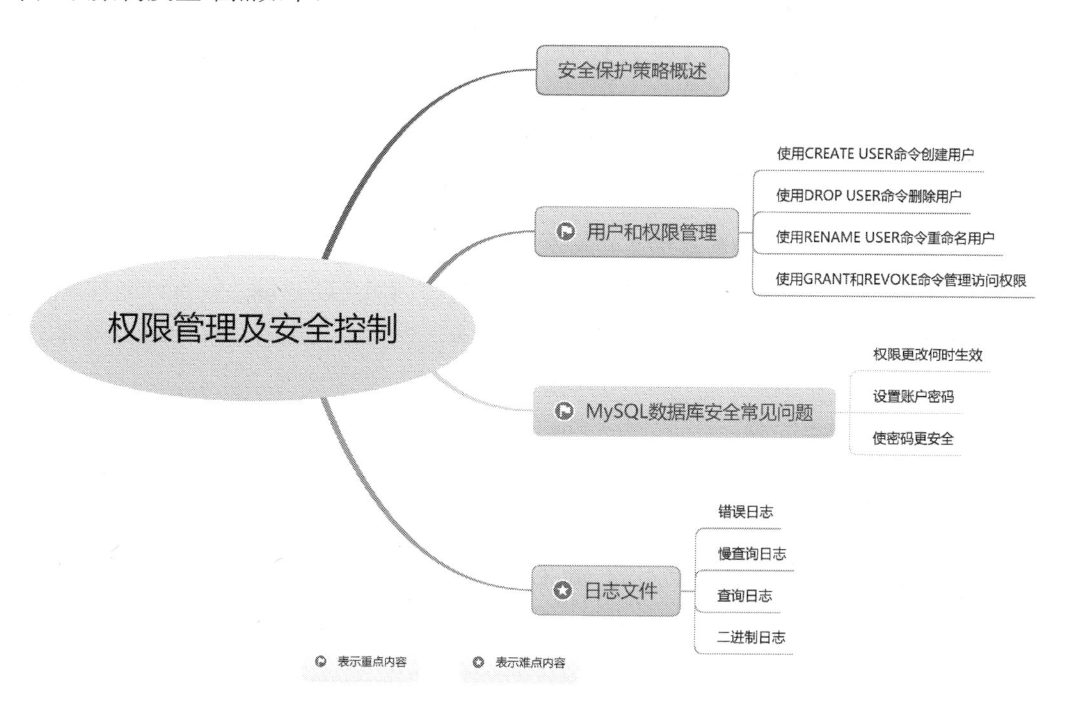

20.1 安全保护策略概述

要确保 MySQL 的安全，需要做如下工作。

1. 为操作系统和所安装的软件打补丁

如今打开计算机的时候，都会弹出软件的安全警告。虽然这些警告有时会给我们带来一些困扰，但是采取措施确保系统打上所有的补丁是绝对有必要的。利用攻击指令和 Internet 上丰富的工具，即使恶意用户在攻击方面没有多少经验，也可以毫无阻碍地攻击未打补丁的服务器。即便用户在使用托管服务器，也不要过分依赖服务提供商来完成必要的升级；相反，要坚持间隔性地手动更新，以确保和补丁相关的事情都被处理妥当。

2. 禁用所有不使用的系统服务

始终要注意在将服务器放到网络上之前，已经消除所有不必要的潜在服务器攻击途径。这些攻击往往是由不安全的系统服务带来的，通常运行在不为系统管理员所知的系统中。简言之，如果不打算使用某个服务，就禁用该服务。

3. 关闭端口

虽然关闭不使用的系统服务是减少成功攻击可能性的好方法，不过还可以通过关闭未使用的端口来添加第二层安全防护。对于专用的数据库服务器，可以考虑关闭除 22（SSH 协议专用）、3306（MySQL 数据库使用）和一些“工具”专用的（如 123，NTP 专用）端口号在 1024 以下的端口。简言之，如果不希望在指定端口有数据通信，就关闭这个端口。除了在专用防火墙工具或路由器上做这些调整，还可以考虑利用操作系统的防火墙。

4. 审计服务器的用户账户

当已有的服务器再作为公司的数据库主机时，要确保禁用所有非特权用户，或者最好是全部删除。虽然 MySQL 用户和操作系统用户完全无关，但他们都要访问服务器环境，就有可能有意地破坏数据库服务器及其内容。为确保在审计中不会有遗漏，可以考虑重新格式化所有相关的驱动器，并重新安装操作系统。

5. 设置 MySQL 的用户密码

对所有 MySQL 用户使用密码。客户端程序不需要知道运行它的人员的身份。对于客户/服务器应用程序，用户可以指定客户端程序的用户名。例如，如果 other_user 没有密码，任何用户可以简单地用 mysql -u other_user db_name 冒充他人调用 mysql 程序进行连接。如果所有用户账户均存在密码，使用其他用户的账户进行连接将困难得多。

20.2 用户和权限管理

MySQL 数据库中的表与其他任何关系表没有区别，它们的结构和数据都可以通过典型的 SQL 命令进行修改。使用 GRANT 和 REVOKE 命令可以创建和删除用户，也可以在线授予和撤回用户访问权限。由于语法严谨，消除了由不好的 SQL 查询（例如，忘记在 UPDATE 查询中加入 WHERE 子句）所带来的潜在危险的错误。

自 MySQL 5.0 开始，MySQL 新增了 3 个命令：CREATE USER、DROP USER 和 RENAME USER。这使得增加新用户、删除和重命名用户变得更加容易。

20.2.1　使用 CREATE USER 命令创建用户

CREATE USER 命令用于创建新的 MySQL 账户。要使用 CREATE USER 命令，必须拥有 MySQL 数据库的全局 CREATE USER 权限，或拥有 INSERT 权限。对于每个账户，CREATE USER 命令会在没有权限的 mysql.user 表中创建一个新记录。如果账户已经存在，则出现错误。使用自选的 IDENTIFIED BY 子句，可以为账户设置一个密码。user 值和密码的设置方法与 GRANT 语句一样。其命令的原型如下。

```
CREATE USER user [IDENTIFIED BY[PASSWORD 'PASSWORD']
[, user [IDENTIFIED BY[PASSWORD 'PASSWORD']]...
```

例 20.1　应用 CREATE USER 命令创建一个新用户，用户名为 mrsoft，密码为 mr。（**实例位置：资源包\TM\sl\20\20.1**）

运行结果如图 20.1 所示。

```
mysql> CREATE USER mrsoft IDENTIFIED BY 'mr';
Query OK, 0 rows affected (0.00 sec)
```

图 20.1　通过 CREATE USER 命令创建 mrsoft 用户

如果创建一个新用户 dbadmin，并且只允许该用户使用密码 123456 从 localhost 主机连接到 MySQL 数据库服务器，则 CREATE USER 命令如下。

```
CREATE USER dbadmin@localhost
IDENTIFIED BY '123456';
```

如果用户 dbadmin 还可以从 IP 为 192.168.1.100 的主机连接到 MySQL 数据库服务器，则 CREATE USER 命令如下。

```
CREATE USER dbadmin@192.168.1.100
IDENTIFIED BY '123456';
```

如果允许用户账户从任何主机连接，则使用百分比（%）通配符，如下所示。

```
CREATE USER superadmin@'%' IDENTIFIED BY 'mypassword';
```

20.2.2　使用 DROP USER 命令删除用户

如果存在一个或多个闲置的账户，应当考虑删除它们，以确保它们不会被用于可能的违法活动。利用 DROP USER 命令就能很容易地做到，该命令将从权限表中删除用户的所有信息，即来自所有授权表的账户权限记录。DROP USER 命令原型如下。

```
DROP USER user [, user] ...
```

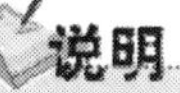

说明

DROP USER 命令不能自动关闭任何打开的用户对话。另外，如果用户有打开的对话，此时取消用户，则命令不会生效，直到用户对话被关闭后才生效。一旦对话被关闭，用户就被取消，此用户再次试图登录时将会失败。

例 20.2　应用 DROP USER 命令删除用户名为 mrsoft 的用户。（**实例位置：资源包\TM\sl\20\20.2**）

运行结果如图 20.2 所示。

```
mysql> DROP USER mrsoft;
Query OK, 0 rows affected (0.00 sec)
```

图 20.2　使用 DROP USER 命令删除 mrsoft 用户

20.2.3　使用 RENAME USER 命令重命名用户

RENAME USER 命令用于对原有 MySQL 账户进行重命名。RENAME USER 命令原型如下。

```
RENAME USER old_user TO new_user
[, old_user TO new_user] ...
```

注意

如果旧账户不存在或者新账户已存在，则会出现错误。

例 20.3　应用 RENAME USER 命令将 mrsoft 用户重新命名为 lh。（**实例位置：资源包\TM\sl\20\20.3**）

运行结果如图 20.3 所示。

```
mysql> RENAME USER mrsoft TO lh;
Query OK, 0 rows affected (0.00 sec)
```

图 20.3　使用 RENAME USER 命令重命名 mrsoft 用户

20.2.4　使用 GRANT 和 REVOKE 命令管理访问权限

GRANT 和 REVOKE 命令用来管理访问权限，也可以用来创建和删除用户（但使用 CREATE USER 和 DROP USER 命令可以更容易地实现）。

1．查看用户权限

使用 SHOW GRANTS 命令可以查看用户的权限，语法如下。

```
SHOW GRANTS FOR 用户名@主机名;
```

执行上面的查询语句，运行结果如图 20.4 所示。

```
mysql> SHOW GRANTS FOR dbadmin@localhost;
+---------------------------------------------+
| Grants for dbadmin@localhost                |
+---------------------------------------------+
| GRANT USAGE ON *.* TO `dbadmin`@`localhost` |
+---------------------------------------------+
1 row in set (0.00 sec)
```

图 20.4　显示用户权限

上面结果中的*.*显示 dbadmin 用户只能登录数据库服务器，没有其他权限。

注意

点（.）之前的部分表示数据库，点后面的部分表示表，如 db_database18.tb_bookinfo 等。

2．设置用户权限

在 MySQL 中，拥有 GRANT 权限的用户才可以执行 GRANT 语句，其语法格式如下。

```
GRANT priv_type [(column_list)] ON database.table
TO user [IDENTIFIED BY [PASSWORD] 'password']
[, user[IDENTIFIED BY [PASSWORD] 'password']] ...
[WITH with_option [with_option]...]
```

参数说明如下。

（1）priv_type 参数表示权限类型。

（2）column_list 参数表示权限作用于哪些列上，省略该参数时，表示作用于整个表。

（3）database.table 参数用于指定权限的级别。

（4）user 参数表示用户账户，由用户名和主机名构成，格式是'username'@'hostname'。

（5）IDENTIFIED BY 参数用来为用户设置密码。

（6）password 参数是用户的新密码。

（7）WITH 关键字后面带有一个或多个 with_option 参数。该参数有 5 个选项，详细介绍如下。

☑ GRANT OPTION：被授权的用户可以将这些权限赋予其他用户。

☑ MAX_QUERIES_PER_HOUR count：设置每小时可以允许执行 count 次查询。

☑ MAX_UPDATES_PER_HOUR count：设置每小时可以允许执行 count 次更新。

☑ MAX_CONNECTIONS_PER_HOUR count：设置每小时可以建立 count 个连接。

☑ MAX_USER_CONNECTIONS count：设置单个用户可以同时具有 count 个连接。

MySQL 中可以授予的权限有如下几组。

☑ 列权限：和表中的一个具体列相关。例如，可以使用 UPDATE 语句更新表 students 中 name 列的值的权限。

☑ 表权限：和一个具体表中的所有数据相关。例如，可以使用 SELECT 语句查询表 students 中所有数据的权限。

☑ 数据库权限：和一个具体的数据库中的所有表相关。例如，可以在已有的数据库 mytest 中创建新表的权限。

☑ 用户权限：和 MySQL 中所有的数据库相关。例如，可以删除已有的数据库或者创建一个新的数据库的权限。

对应地，在 GRANT 语句中可用于指定权限级别的值有以下几类格式。

☑ *：表示当前数据库中的所有表。

☑ *.*：表示所有数据库中的所有表。

☑ db_name.*：表示某个数据库中的所有表，db_name 指定数据库名。

☑ db_name.tbl_name：表示某个数据库中的某个表或视图，db_name 指定数据库名，tbl_name 指定表名或视图名。

☑ db_name.routine_name：表示某个数据库中的某个存储过程或函数，routine_name指定存储过程名或函数名。

☑ TO 子句：如果权限被授予一个不存在的用户，MySQL会自动执行一条CREATE USER语句来创建这个用户，但同时必须为该用户设置密码。

例如，向super@localhost用户账户授予所有权限，使用以下语句。

```
GRANT ALL ON *.* TO 'super'@'localhost' WITH GRANT OPTION;
```

其中，ON *.*子句表示MySQL中的所有数据库和所有对象，更多权限说明如表20.1所示。WITH GRANT OPTION允许super@localhost向其他用户授予权限。

表20.1　GRANT和REVOKE管理权限

权　　限	意　　义
ALL [PRIVILEGES]	设置除GRANT OPTION之外的所有简单权限
ALTER	允许使用ALTER TABLE
ALTER ROUTINE	更改或取消已存储的子程序
CREATE	允许使用CREATE TABLE
CREATE ROUTINE	创建已存储的子程序
CREATE TEMPORARY TABLES	允许使用CREATE TEMPORARY TABLE
CREATE USER	允许使用CREATE USER、DROP USER、RENAME USER和REVOKE ALL PRIVILEGES
CREATE VIEW	允许使用CREATE VIEW
DELETE	允许使用DELETE
DROP	允许使用DROP TABLE
EXECUTE	允许用户运行已存储的子程序
FILE	允许使用SELECT...INTO OUTFILE和LOAD DATA INFILE
INDEX	允许使用CREATE INDEX和DROP INDEX
INSERT	允许使用INSERT
LOCK TABLES	允许对拥有SELECT权限的表使用LOCK TABLES
PROCESS	允许使用SHOW FULL PROCESSLIST
REFERENCES	未被实施
RELOAD	允许使用FLUSH
REPLICATION CLIENT	允许用户询问从属服务器或主服务器的地址
REPLICATION SLAVE	用于复制型从属服务器（从主服务器中读取二进制日志事件）
SELECT	允许使用SELECT
SHOW DATABASES	显示所有数据库
SHOW VIEW	允许使用SHOW CREATE VIEW

续表

权　　限	意　　义
SHUTDOWN	允许使用 mysqladmin shutdown
SUPER	允许使用 CHANGE MASTER、KILL、PURGE MASTER LOGS 和 SET GLOBAL 语句，mysqladmin debug 命令；允许连接（一次），即使已达到 max_connections
UPDATE	允许使用 UPDATE
USAGE	“无权限”的同义词
GRANT OPTION	允许授予权限

例 20.4　下面创建一个管理员，以此来讲解 GRANT 命令的用法。（**实例位置：资源包\TM\sl\20\20.4**）

（1）以 root 用户身份登录，使用 CREATE USER 命令创建一个管理员 mr，设置密码为 mrsoft，命令如下。

```
CREATE USER mr IDENTIFIED BY 'mrsoft';
```

运行结果如图 20.5 所示。

```
mysql> create database db_database20;
Query OK, 1 row affected (0.43 sec)

mysql> CREATE USER mr IDENTIFIED BY 'mrsoft';
Query OK, 0 rows affected (0.12 sec)
```

图 20.5　创建 mr 管理员

（2）使用 root 赋予 mr 用户在 db_database20 数据库中执行的 INSERT、SELECT、UPDATE 和 DELETE 权限，代码如下。

```
GRANT INSERT,SELECT,UPDATE,DELETE ON db_database20.* TO mr;
```

然后使用 SHOW GRANTS 命令查看 mr 管理员的权限，代码如下。

```
SHOW GRANTS FOR mr;
```

运行结果如图 20.6 所示。

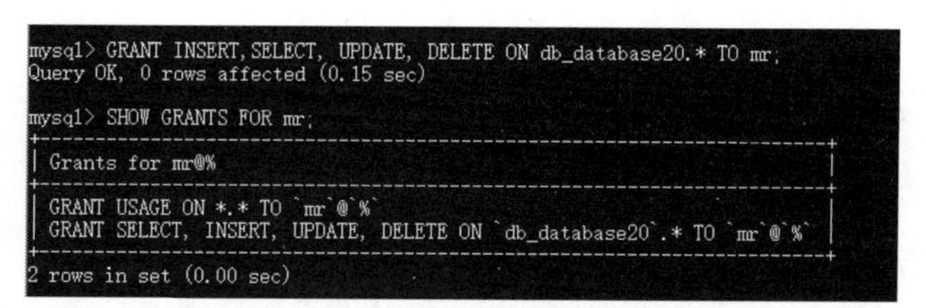

图 20.6　授予 mr 管理员权限

（3）新建一个 cmd 窗口，使用 mr 用户登录 MySQL，执行 CREATE TABLE 命令创建 user 数据表，代码如下。

```
CREATE TABLE user(
id INT PRIMARY KEY AUTO_INCREMENT,
name VARCHAR(255) );
```

运行结果如图 20.7 所示。

```
C:\Users\Administrator>mysql -u mr -p
Enter password: ******
Welcome to the MySQL monitor.  Commands end with ; or \g.
Your MySQL connection id is 10
Server version: 8.0.12 MySQL Community Server - GPL

Copyright (c) 2000, 2018, Oracle and/or its affiliates. All rights reserved.

Oracle is a registered trademark of Oracle Corporation and/or its
affiliates. Other names may be trademarks of their respective
owners.

Type 'help;' or '\h' for help. Type '\c' to clear the current input statement.

mysql> use db_database20;
Database changed
mysql> CREATE TABLE user(
    -> id INT PRIMARY KEY AUTO_INCREMENT,
    -> name VARCHAR(255) );
ERROR 1142 (42000): CREATE command denied to user 'mr'@'localhost' for table 'user'
```

图 20.7　mr 用户创建 user 数据表

在图 20.7 中，提示错误信息 ERROR 1142 (42000): CREATE command denied to user 'mr'@'localhost' for table 'user'。这是因为 mr 用户不具备创建数据表的权限。

（4）使用 root 用户赋予 mr 用户在 db_database20 数据库中执行 CREATE 的权限，并查看 mr 用户的权限，代码如下。

```
GRANT CREATE ON db_database20.* TO mr;
```

运行结果如图 20.8 所示。

```
mysql> GRANT CREATE ON db_database20.* TO mr;
Query OK, 0 rows affected (0.14 sec)

mysql> SHOW GRANTS FOR mr;
+--------------------------------------------------------------------------+
| Grants for mr@%                                                          |
+--------------------------------------------------------------------------+
| GRANT USAGE ON *.* TO `mr`@`%`                                           |
| GRANT SELECT, INSERT, UPDATE, DELETE, CREATE ON `db_database20`.* TO `mr`@`%` |
+--------------------------------------------------------------------------+
2 rows in set (0.00 sec)
```

图 20.8　赋予 mr 用户 CREATE 权限

（5）新建一个 cmd 窗口，使用 mr 用户登录。重新执行创建 user 数据表的命令，运行结果如图 20.9 所示。

```
C:\Users\Administrator>mysql -u mr -p
Enter password: ******
Welcome to the MySQL monitor.  Commands end with ; or \g.
Your MySQL connection id is 19
Server version: 8.0.12 MySQL Community Server - GPL

Copyright (c) 2000, 2018, Oracle and/or its affiliates. All rights reserved.

Oracle is a registered trademark of Oracle Corporation and/or its
affiliates. Other names may be trademarks of their respective
owners.

Type 'help;' or '\h' for help. Type '\c' to clear the current input statement.

mysql> use db_database20;
Database changed
mysql> CREATE TABLE user(
    -> id INT PRIMARY KEY AUTO_INCREMENT,
    -> name VARCHAR(255) );
Query OK, 0 rows affected (0.24 sec)
```

图 20.9　mr 用户成功创建 user 数据表

REVOKE 命令用于撤销用户的某些权限，该命令的使用方法与 GRANT 命令相同，不再赘述。

误区警示

当用户使用 GRANT 和 REVOKE 命令更改用户权限后，退出 MySQL 系统，再使用新账户名登录 MySQL 时，可能会因为没有刷新用户授权表而导致登录错误。这是因为在用户设置新账户名后，只有重新加载授权表才能使之前设置的授权表生效。使用 FLUSH PRIVILEGES 命令可以重载授权表。该命令将在 20.3.1 节中讲解。

需要注意的是，只有如 root 这样拥有全部权限的用户才可以执行此命令。当用户重载授权表并退出 MySQL 后，使用新创建的用户名即可正常登录 MySQL。

20.3　MySQL 数据库安全常见问题

20.3.1　权限更改何时生效

MySQL 服务器启动以及使用 GRANT 和 REVOKE 语句的时候，服务器会自动读取 grant 表。但是，既然知道这些权限的存储位置及其存储方式，就可以手动修改它们。当手动更新权限时，MySQL 服务器不会注意到权限已被修改，必须向服务器指出已经对权限进行了修改，有 3 种方法可以实现这个任务。

可以在 MySQL 命令提示符下（必须以管理员的身份登录）输入如下命令。

```
flush privileges;
```

这是更新权限最常用的方法。或者，还可以在操作系统中运行：

```
mysqladmin flush-privileges
```

或者是

```
mysqladmin reload
```

此后：当用户再次连接时，系统将检查全局级别权限；当下一个命令被执行时，将检查数据库级别的权限；当用户下次请求连接时，将检查表级别和列级别权限。

20.3.2　设置账户密码

（1）可以用 mysqladmin 命令在 DOS 命令窗口中指定密码。

```
mysqladmin -u user_name -p"oldpwd" -h host_name password "newpwd"
```

mysqladmin 命令重设服务器为 host_name、用户名为 user_name 的用户的密码，oldpwd 为旧密码，newpwd 为设定后的新密码。

（2）通过 SET PASSWORD 命令设置用户的密码。

```
SET PASSWORD FOR 'mr'@'%' = '123456';
```

只有以 root 用户（可以更新 MySQL 数据库的用户）的身份登录，才可以更改其他用户的密码。如果没有以匿名用户的身份连接，省略 for 子句便可以更改自己的密码。

```
SET PASSWORD = '123456';
```

（3）在全局级别下使用 GRANT USAGE 语句（在*.*）指定某个账户的密码，而不影响账户当前的权限。

```
GRANT USAGE ON *.* TO 'mr'@'%' IDENTIFIED BY 'mrsoft';
```

20.3.3 使密码更安全

（1）在管理级别，切记不能将 mysql.user 表的访问权限授予任何非管理账户。

（2）采用下面的命令模式来连接服务器，以此来隐藏密码。

```
mysql -u francis -p db_name
Enter password: ********
```

“*”字符指示输入密码的位置，输入的密码是不可见的。因为密码对其他用户不可见，与在命令行上进行指定相比，这样输入密码更安全。

（3）如果想要在非交互式方式下运行一个脚本调用一个客户端，就没有从终端输入密码的机会。其最安全的方法是让客户端程序提示输入密码或在适当保护的选项文件中指定密码。

20.4 日 志 文 件

MySQL 提供了日志文件来帮助开发人员定位 MySQL 的错误信息和检查运行性能，常用的日志类型包括：

☑ 错误日志（error log）。

☑ 慢查询日志（slow query log）。

☑ 查询日志（general query log）。

☑ 二进制日志（binary log）。

20.4.1 错误日志

错误日志文件对 MySQL 的启动、运行、关闭过程进行了记录。开发人员在遇到问题时应该首先查看该文件以便定位问题。该文件不仅记录了所有的错误信息，也记录了一些警告信息或正确的信息。可以通过下面的命令查看错误日志路径。

```
SHOW VARIABLES LIKE '%log_error%';
```

运行结果如图 20.10 所示。

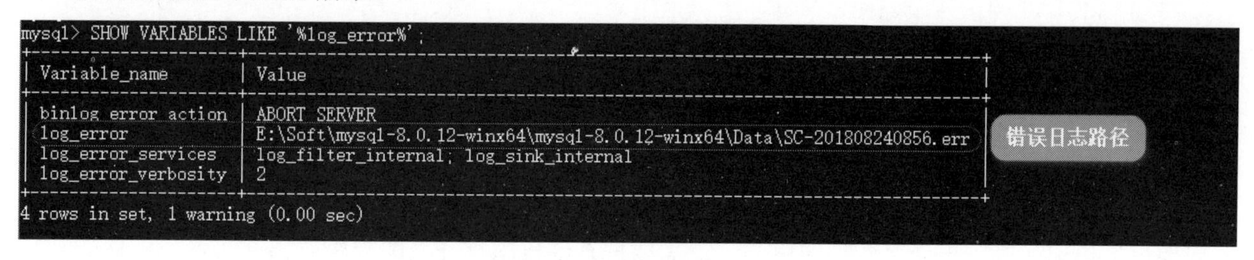

图 20.10　查看错误日志路径

重启 MySQL，就会发现在错误日志中记录了 MySQL 重启的相关信息。

20.4.2　慢查询日志

如果 MySQL 中有语句查询比较慢，在数据库层面有没有办法直接定位这些 SQL 语句呢？MySQL 提供了记录慢查询的文件，该文件会记录查询时间超过 long_query_time 的 SQL 语句，默认是关闭的。

可以使用如下命令查看慢查询的日志是否开启，以及日志文件位置。

```
SHOW VARIABLES LIKE '%slow_query_log%'
```

运行结果如图 20.11 所示。

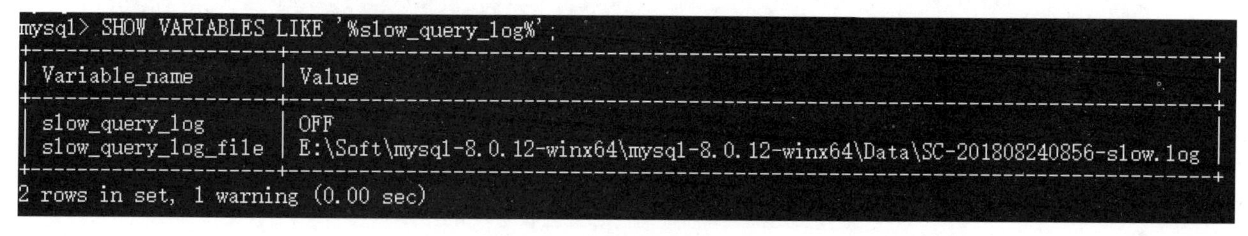

图 20.11　查看慢查询日志

慢查询日志默认是关闭的，通过如下命令将其开启。

```
SET GLOBAL slow_query_log=ON
```

一个查询消耗多长时间被定义为慢查询呢？MySQL 是通过 long_query_time 这个参数来控制的。

```
SHOW VARIABLES LIKE '%long_query_time%'
```

运行结果如图 20.12 所示。

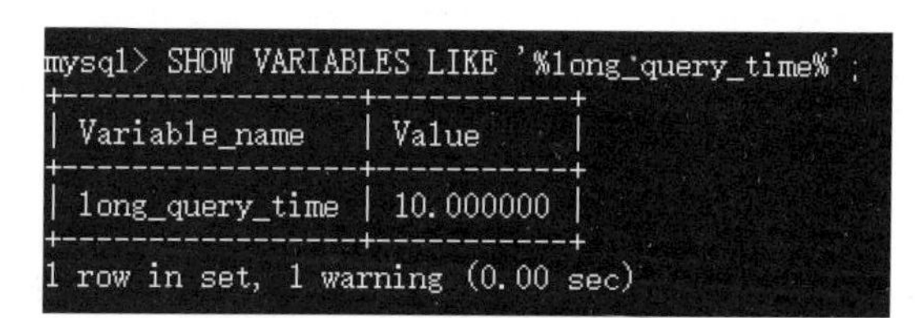

图 20.12　查看慢查询定义时间

long_query_time 参数的单位是秒，默认为 10 秒，可以通过以下命令将其设置为 1 秒。

```
SET GLOBAL long_query_time=1
```

如果 SQL 查询的时间超过设置的阈值，就被记录到慢查询日志中。

20.4.3　查询日志

查询日志会记录发送给 MySQL 服务器的所有 SQL，因为 SQL 的量大，默认是不开启的。如果一个问题反复出现（经常出现事务不结束），就需要把查询日志打开，即使没有提交事务，一样会被写入查询日志中，这样就可以定位出现问题的 SQL 语句。

MySQL 有 3 个参数用于设置 general log。

☑ general_log：用于开启 general log。ON 表示开启，OFF 表示关闭。

☑ log_output：日志的输出模式。FILE 表示输出到文件中，TABLE 表示输出到 MySQL 库的 general_log 表中，NONE 表示不记录 general_log。

☑ general_log_file：日志文件的输出路径，设置 log_output 为 FILE 时才会输出到此文件中。

可以使用如下命令查看 general_log 是否开启。

```
show variables like '%general%';
```

运行效果如图 20.13 所示。

```
mysql> show variables like '%general%';
+------------------+------------------------------------------------------------------------+
| Variable_name    | Value                                                                  |
+------------------+------------------------------------------------------------------------+
| general_log      | OFF                                                                    |
| general_log_file | E:\Soft\mysql-8.0.12-winx64\mysql-8.0.12-winx64\Data\SC-201808240856.log |
+------------------+------------------------------------------------------------------------+
2 rows in set, 1 warning (0.00 sec)
```

图 20.13　查看查询日志文件状态及路径

如果 general_log 是关闭的，可以通过下面的命令开启。

```
set global general_log=ON;
```

大多数情况下，general log 是临时开启的。需要记得关闭它，并把日志的输出模式恢复为 FILE，命令如下。

```
set global general_log=OFF;
set global log_output='FILE';
```

20.4.4　二进制日志

二进制日志包含描述数据库更改的事件，如表的创建操作或表数据的更改。除非使用基于行的日志记录，否则它还包含可能已进行更改的语句的事件（例如，不匹配任何行的 DELETE）。另外，二进制日志还包含关于每条语句花费多长时间更新数据的信息。二进制日志有以下几个用途。

☑ 恢复（recovery）：某些数据的恢复需要二进制日志。例如，在一个数据库全备文件恢复后，

用户可以通过二进制日志进行 point-in-time 的恢复。

☑ 复制（replication）：其原理与恢复类似，通过复制和执行二进制日志，使一台远程的 MySQL 数据库（一般称为 slave 或 standby）与一台 MySQL 数据库（一般称为 master 或 primary）进行实时同步。

☑ 审计（audit）：用户可以通过二进制日志中的信息来进行审计，判断是否有对数据库进行注入的攻击。

使用如下命令查看二进制日志是否开启。

```
SHOW VARIABLES LIKE 'log_bin';
```

运行效果如图 20.14 所示。

```
mysql> SHOW VARIABLES LIKE 'log_bin';
+---------------+-------+
| Variable_name | Value |
+---------------+-------+
| log_bin       | ON    |
+---------------+-------+
1 row in set, 1 warning (0.02 sec)
```

图 20.14　查看二进制日志是否开启

默认情况下，log_bin 的值为 ON 表示开启，否则未开启。

使用如下命令查看二进制日志文件名。

```
SHOW BINARY LOGS;
```

运行效果如图 20.15 所示。以后每次操作相关的表时，File_size 都会增大。例如，向 user 表中新增 3 条记录，然后查看 binlog.000195 文件的 File_size，运行效果如图 20.16 所示。

```
mysql> SHOW BINARY LOGS;
+---------------+-----------+
| Log_name      | File_size |
+---------------+-----------+
| binlog.000180 |     20331 |
| binlog.000181 |      9211 |
| binlog.000182 |      2519 |
| binlog.000183 |       178 |
| binlog.000184 |    152651 |
| binlog.000185 |      8060 |
| binlog.000186 |       178 |
| binlog.000187 |     15668 |
| binlog.000188 |     63040 |
| binlog.000189 |       155 |
| binlog.000190 |       178 |
| binlog.000191 |     30358 |
| binlog.000192 |      6385 |
| binlog.000193 |       155 |
| binlog.000194 |       178 |
| binlog.000195 |       155 |
+---------------+-----------+
16 rows in set (0.00 sec)
```

图 20.15　显示全部二进制文件

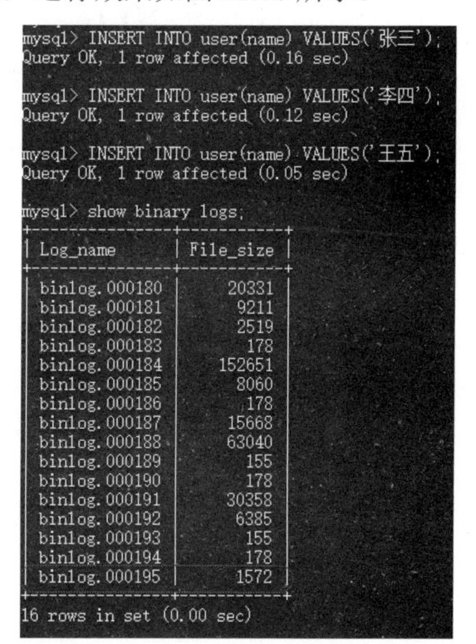

```
mysql> INSERT INTO user(name) VALUES('张三');
Query OK, 1 row affected (0.16 sec)

mysql> INSERT INTO user(name) VALUES('李四');
Query OK, 1 row affected (0.12 sec)

mysql> INSERT INTO user(name) VALUES('王五');
Query OK, 1 row affected (0.05 sec)

mysql> show binary logs;
+---------------+-----------+
| Log_name      | File_size |
+---------------+-----------+
| binlog.000180 |     20331 |
| binlog.000181 |      9211 |
| binlog.000182 |      2519 |
| binlog.000183 |       178 |
| binlog.000184 |    152651 |
| binlog.000185 |      8060 |
| binlog.000186 |       178 |
| binlog.000187 |     15668 |
| binlog.000188 |     63040 |
| binlog.000189 |       155 |
| binlog.000190 |       178 |
| binlog.000191 |     30358 |
| binlog.000192 |      6385 |
| binlog.000193 |       155 |
| binlog.000194 |       178 |
| binlog.000195 |      1572 |
+---------------+-----------+
16 rows in set (0.00 sec)
```

图 20.16　查看二进制文件的 File_size 变化情况

此外，还可以使用如下命令对日志进行回放。

```
SHOW BINLOG EVENTS [IN 'log_name']
```

例如，回放 binblog.000195 文件的运行结果如图 20.17 所示。

```
mysql> show binlog events in 'binlog.000195';
+---------------+------+----------------+-----------+-------------+--------------------------------------------------------------------------+
| Log_name      | Pos  | Event_type     | Server_id | End_log_pos | Info                                                                     |
+---------------+------+----------------+-----------+-------------+--------------------------------------------------------------------------+
| binlog.000195 |    4 | Format_desc    |         1 |         124 | Server ver: 8.0.12, Binlog ver: 4                                        |
| binlog.000195 |  124 | Previous_gtids |         1 |         155 |                                                                          |
| binlog.000195 |  155 | Anonymous_Gtid |         1 |         228 | SET @@SESSION.GTID_NEXT= 'ANONYMOUS'                                     |
| binlog.000195 |  228 | Query          |         1 |         385 | CREATE DATABASE `db_database21` CHARACTER SET utf8mb4 /* xid=58 */       |
| binlog.000195 |  385 | Anonymous_Gtid |         1 |         460 | SET @@SESSION.GTID_NEXT= 'ANONYMOUS'                                     |
| binlog.000195 |  460 | Query          |         1 |         663 | use `db_database21`; CREATE TABLE `user` (
`id` int(11) NOT NULL ,
`name` varchar(255) NULL ,
PRIMARY KEY (`id`)
) /* xid=70 */ |
| binlog.000195 |  663 | Anonymous_Gtid |         1 |         738 | SET @@SESSION.GTID_NEXT= 'ANONYMOUS'                                     |
| binlog.000195 |  738 | Query          |         1 |         822 | BEGIN                                                                    |
| binlog.000195 |  822 | Table_map      |         1 |         887 | table_id: 68 (db_database20.user)                                        |
| binlog.000195 |  887 | Write_rows     |         1 |         935 | table_id: 68 flags: STMT_END_F                                           |
| binlog.000195 |  935 | Xid            |         1 |         966 | COMMIT /* xid=110 */                                                     |
| binlog.000195 |  966 | Anonymous_Gtid |         1 |        1041 | SET @@SESSION.GTID_NEXT= 'ANONYMOUS'                                     |
| binlog.000195 | 1041 | Query          |         1 |        1125 | BEGIN                                                                    |
| binlog.000195 | 1125 | Table_map      |         1 |        1190 | table_id: 68 (db_database20.user)                                        |
| binlog.000195 | 1190 | Write_rows     |         1 |        1238 | table_id: 68 flags: STMT_END_F                                           |
| binlog.000195 | 1238 | Xid            |         1 |        1269 | COMMIT /* xid=111 */                                                     |
| binlog.000195 | 1269 | Anonymous_Gtid |         1 |        1344 | SET @@SESSION.GTID_NEXT= 'ANONYMOUS'                                     |
| binlog.000195 | 1344 | Query          |         1 |        1428 | BEGIN                                                                    |
| binlog.000195 | 1428 | Table_map      |         1 |        1493 | table_id: 68 (db_database20.user)                                        |
| binlog.000195 | 1493 | Write_rows     |         1 |        1541 | table_id: 68 flags: STMT_END_F                                           |
| binlog.000195 | 1541 | Xid            |         1 |        1572 | COMMIT /* xid=112 */                                                     |
+---------------+------+----------------+-----------+-------------+--------------------------------------------------------------------------+
21 rows in set (0.00 sec)
```

图 20.17　回放日志

20.5　小　　结

本章对 MySQL 数据库的权限管理和安全控制进行了详细讲解，其中，账户管理和权限管理是重点内容。这两部分中的密码管理、授权和收回权限是重中之重，因为这些内容涉及 MySQL 数据库的安全。希望读者能够认真学习这部分内容。

20.6　实践与练习

（答案位置：资源包\TM\sl\20\实践与练习）

1．创建一个名为 mr 的用户，然后删除它。

2．使用 set password 命令将刚刚创建的 mr 用户的密码设置为 111。

第 4 篇

项目实战

本篇分别使用 Python 和 Java 两种语言，结合 MySQL 实现两个大型的、完整的管理系统。通过这两个项目，运用软件工程的设计思想，让读者学习如何进行软件项目的实践开发。书中按照“系统分析→系统设计→数据库与数据表设计→实现项目→项目总结”的流程进行介绍，带领读者体验开发项目的全过程。

项目实战

- Python+MySQL实现智慧校园考试系统
  - 通过Django + Bootstrap + MySQL + Redis实现
- Java+MySQL实现物流配货系统
  - 通过Java+Struts 2框架+MySQL实现

第 21 章

Python+MySQL 实现智慧校园考试系统

智慧校园指的是以互联网为基础的智慧化的校园工作、学习和生活一体化环境，这个一体化环境以各种应用服务系统为载体，将教学、科研、管理和校园生活进行充分融合。在智慧校园体系中，考试系统则是一个不可或缺的重要环节。使用考试系统，通过简单配置，即可创建出一份精美的考卷，考生可以在计算机上进行考试或者练习。本章内容将使用 Django 框架开发一个智慧校园考试系统，并详细介绍开发该系统时需要了解和掌握的相关细节。

本章知识架构及重难点如下：

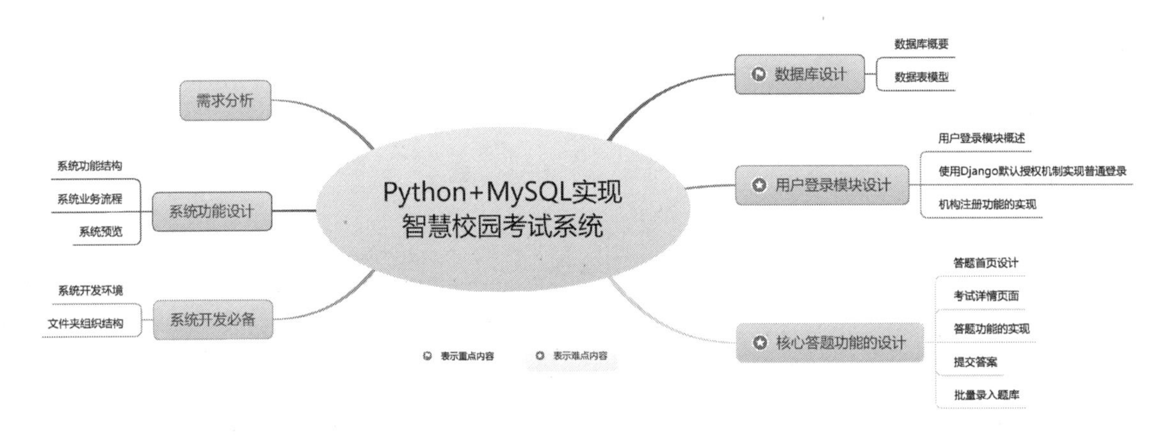

21.1 需求分析

为实现用户在线考试答题的需求，智慧校园考试系统需要具备如下功能。

（1）具备用户管理功能，包括用户注册、登录和退出等功能。

（2）具备邮件激活功能，用户注册完成后，需要登录邮箱激活。

（3）具备分类功能，用户选择某类知识进行答题。

（4）具备机构注册功能，允许机构用户进行注册，注册成功后可自主出题。

（5）具备快速出题功能，机构用户可下载题库模板，根据模板创建题目，上传题库。

（6）具备配置考试功能，机构用户可以配置考试信息，如设置考试题目、时间等内容。

（7）具备答题功能，用户参与考试后，可以选择上一题和下一题。

（8）具备评分功能，用户答完所有题目后，显示用户考试结果。
（9）具备排行榜功能，用户可以通过排行榜，查看考试成绩。

21.2　系统功能设计

21.2.1　系统功能结构

智慧校园考试系统功能结构如图 21.1 所示。

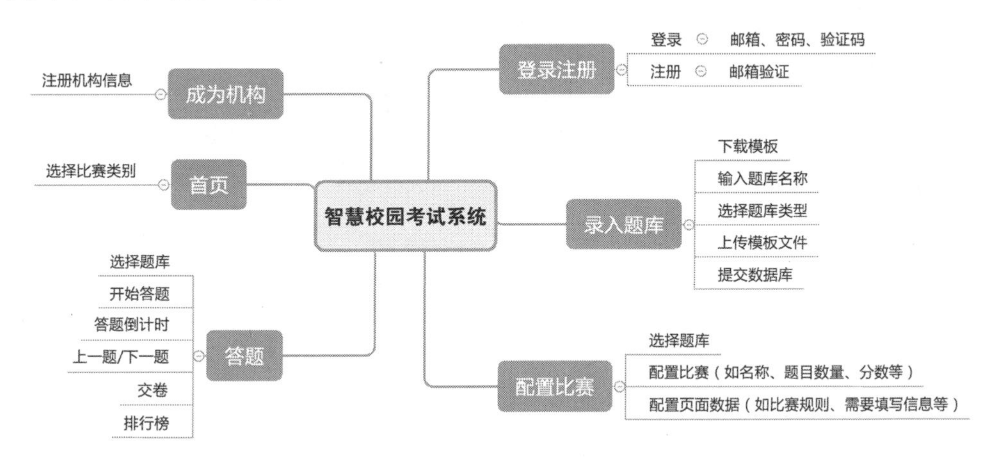

图 21.1　智慧校园考试系统功能结构

21.2.2　系统业务流程

智慧校园考试系统业务流程如图 21.2 所示。

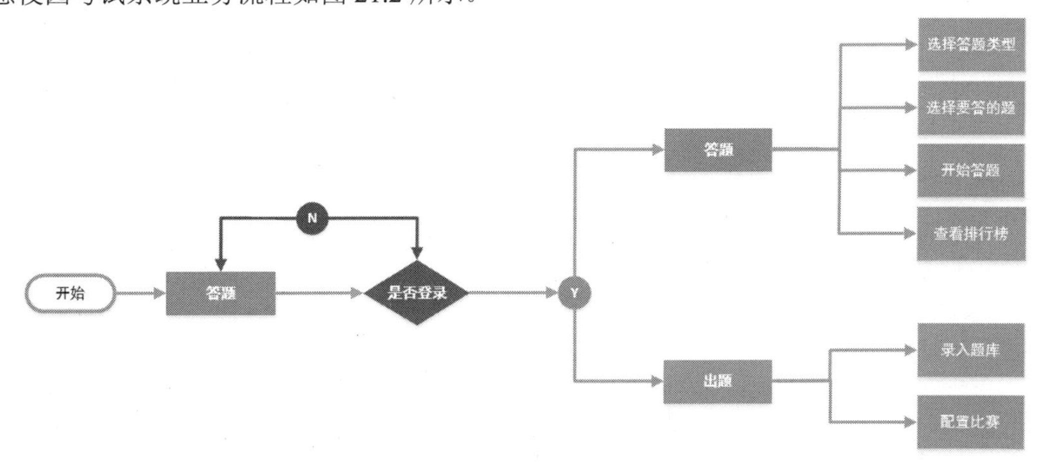

图 21.2　智慧校园考试系统业务流程

21.2.3　系统预览

智慧校园考试系统是一个答题和出题一站式管理平台，该系统中包含很多页面，下面展示几个比较重要的页面。

智慧校园考试系统的首页如图 21.3 所示。

图 21.3　智慧校园考试系统首页

智慧校园考试系统的考试列表页面效果如图 21.4 所示。

图 21.4　考试列表页面

智慧校园考试系统的答题页面效果如图 21.5 所示。

图 21.5　答题页面

21.3　系统开发必备

21.3.1　系统开发环境

本系统的软件开发及运行环境具体如下。

☑　操作系统：Windows 7 及以上或者 Ubuntu。
☑　虚拟环境：virtualenv 或者 Anaconda。
☑　数据库和驱动：MySQL + PyMySQL、Redis。
☑　开发工具：PyCharm。
☑　开发框架：Django 2.1 + Bootstrap + jQuery。
☑　浏览器：Chrome 浏览器。

21.3.2　文件夹组织结构

智慧校园考试系统的项目目录结构如图 21.6 所示。

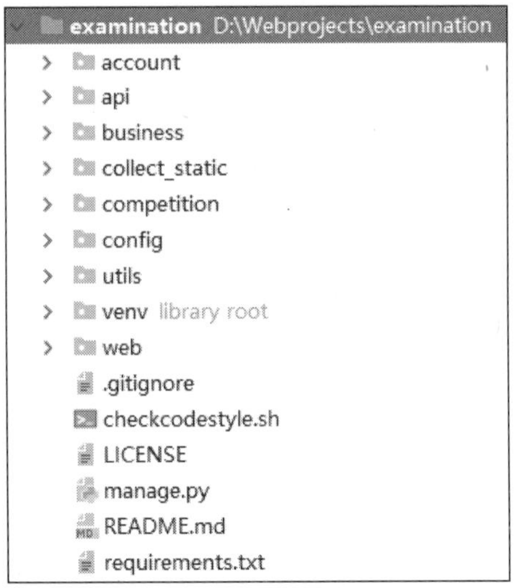

```
examination D:\Webprojects\examination
  > account
  > api
  > business
  > collect_static
  > competition
  > config
  > utils
  > venv library root
  > web
    .gitignore
    checkcodestyle.sh
    LICENSE
    manage.py
    README.md
    requirements.txt
```

图 21.6　文件夹组织结构

图 21.6 列出了智慧校园考试系统的项目目录结构，该结构中的文件夹及文件的作用分别如下。

☑ account：配置用户属性和用户信息数据的 app，其中视图包含登录视图和首页渲染视图。

☑ api：RESTfull API 的接口路由包，不包含视图。

☑ business：机构账户，应用配置和固定的额外配置数据 app，包含机构数据渲染的视图。

☑ collect_static：Django 的 STATIC_ROOT 目录，用来配置 nginx 路由。

☑ competition：核心考试功能 app，包含考试数据渲染和答题信息，录入题库等接口视图。

☑ config：项目配置文件目录，包含公共配置文件、本地配置文件和数据库配置文件等。

☑ utils：包含封装后的 mysql 模块、扩展的 Redis 接口、装饰器、封装的响应类、中间件、题库上传工具和错误码等工具。

☑ venv：virtualenv 项目虚拟环境包。

☑ web：项目前端代码。

☑ .gitignore，README.md，LICENSE：项目代码版本控制的配置文件。

☑ checkcodestyle.sh：shell 下检查代码 pep8 规范和执行 isort.py 工具的脚本。

☑ manage.py ：Django 命令入口。

☑ requirements.txt ：项目所依赖的 Python 包的 pip 安装列表。

智慧校园考试系统使用 Django 框架进行开发，该框架中的 manage.py 提供了众多管理命令接口，方便执行数据库迁移和静态资源收集等工作，本项目中使用的主要命令如下。

```
python manage.py makemigrations            # 生成数据库迁移脚本
python manage.py migrate                   # 根据 makemigrations 命令生成的脚本，创建或修改数据库表结构。
python manage.py migrate migrate_name      # 回滚到指定迁移版本
python manage.py collectstatic             # 生成静态资源目录，并根据 settings.py 中的 STATIC_ROOT 进行设置。
python manage.py shell                     # 打开 Django 解释器，可以引入项目包。
python manage.py dbshell                   # 打开 Django 数据库连接，可以执行原生 SQL 命令。
python manage.py startproject              # 创建一个 Django 项目。
python manage.py startapp                  # 创建一个 app。
python manage.py createsuperuser           # 创建一个管理员超级用户，并使用 django.contrib.auth 进行认证。
python manage.py runserver                 # 运行开发服务器。
```

21.4　数据库设计

21.4.1　数据库概要

智慧校园考试系统使用 MySQL 数据库来存储数据，数据库名为 exam，共包含 22 张数据表，其数据库表结构如图 21.7 所示。

图 21.7　数据库表结构

exam 数据库中的数据表对应的中文表名及其主要作用如表 21.1 所示。

表 21.1　exam 数据库中的数据表及其作用

英 文 表 名	中 文 表 名	描　述
account_profile	用户信息表	保存授权后的账户信息
account_userinfo	用户填写信息表	保存用户填写的表单信息
auth_group	授权组表	django 默认的授权组
auth_group_permissions	授权组权限表	django 默认的授权组权限信息
auth_permission	授权权限表	django 默认的权限信息
auth_user	授权用户表	django 默认的用户授权信息
auth_user_groups	授权用户组表	django 默认的用户组信息
auth_user_user_permissions	授权用户权限表	django 默认的用户权限信息
business_appconfiginfo	机构 app 配置表	保存机构 app 配置信息

续表

英 文 表 名	中 文 表 名	描　　述
business_businessaccountinfo	机构账户表	保存机构账户信息
business_businessappinfo	机构 app 表	保存机构 app 信息，与配置信息关联
business_userinfoimage	表单图片链接表	保存每个表单字段的图片链接
business_userinforegex	表单验证正则表	保存每个表单字段的正则表达式信息
competition_bankinfo	题库信息表	保存题库信息
competition_choiceinfo	选择题表	保存选择题信息
competition_competitionkindinfo	考试信息表	保存考试信息和考试配置信息
competition_competitionqainfo	答题记录表	保存答题记录
competition_fillinblankinfo	填空题表	保存填空题信息
django_admin_log	django 日志表	保存 django 管理员登录日志
django_content_type	django contenttype 表	保存 django 默认的 content type
django_migrations	django 迁移表	保存 django 的数据库迁移记录
django_session	django session 表	保存 django 默认的授权等 session 记录

21.4.2　数据表模型

Django 框架自带的 ORM 可以满足绝大多数数据库开发的需求，在没有达到一定的数量级时，我们完全不需要担心 ORM 为项目带来的瓶颈。下面是智慧校园考试系统中使用 ORM 来管理一个考试信息的数据模型，关键代码如下。

```
class CompetitionKindInfo(CreateUpdateMixin):
    """比赛类别信息类"""
    IT_ISSUE = 0
    EDUCATION = 1
    CULTURE = 2
    GENERAL = 3
    INTERVIEW = 4
    REAR = 5
    GEO = 6
    SPORT = 7

    KIND_TYPES = (
        (IT_ISSUE, u'技术类'),
        (EDUCATION, u'教育类'),
        (CULTURE, u'文化类'),
        (GENERAL, u'常识类'),
        (GEO, u'地理类'),
        (SPORT, u'体育类'),
        (INTERVIEW, u'面试题')
    )

    kind_id = ShortUUIDField(_(u'比赛 id'), max_length=32, blank=True, null=True,
                             help_text=u'比赛类别唯一标识', db_index=True)
    account_id = models.CharField(_(u'出题账户 id'), max_length=32, blank=True, null=True,
                                  help_text=u'商家账户唯一标识', db_index=True)
```

```
    app_id = models.CharField(_(u'应用 id'), max_length=32, blank=True, null=True,
                              help_text=u'应用唯一标识', db_index=True)
    bank_id = models.CharField(_(u'题库 id'), max_length=32, blank=True, null=True,
                              help_text=u'题库唯一标识', db_index=True)
    kind_type = models.IntegerField(_(u'比赛类型'), default=IT_ISSUE, choices=KIND_TYPES,
                                    help_text=u'比赛类型')
    kind_name = models.CharField(_(u'比赛名称'), max_length=32, blank=True, null=True,
                                 help_text=u'竞赛类别名称')
    sponsor_name = models.CharField(_(u'赞助商名称'), max_length=60, blank=True, null=True,
                                    help_text=u'赞助商名称')
    total_score = models.IntegerField(_(u'总分数'), default=0, help_text=u'总分数')
    question_num = models.IntegerField(_(u'题目个数'), default=0, help_text=u'出题数量')
    # 周期相关
    cop_startat = models.DateTimeField(_(u'比赛开始时间'), default=timezone.now,
                                       help_text=_(u'比赛开始时间'))
    period_time = models.IntegerField(_(u'答题时间'), default=60, help_text=u'答题时间(min)')
    cop_finishat = models.DateTimeField(_(u'比赛结束时间'), blank=True, null=True,
                                        help_text=_(u'比赛结束时间'))

    # 参与相关
    total_partin_num = models.IntegerField(_(u'total_partin_num'), default=0,
                                           help_text=u'总参与人数')
    class Meta:
        verbose_name = _(u'比赛类别信息')
        verbose_name_plural = _(u'比赛类别信息')

    def __unicode__(self):
        return str(self.pk)

    @property
    def data(self):
        return {
            'account_id': self.account_id,
            'app_id': self.app_id,
            'kind_id': self.kind_id,
            'kind_type': self.kind_type,
            'kind_name': self.kind_name,
            'total_score': self.total_score,
            'question_num': self.question_num,
            'total_partin_num': self.total_partin_num,
            'cop_startat': self.cop_startat,
            'cop_finishat': self.cop_finishat,
            'period_time': self.period_time,
            'sponsor_name': self.sponsor_name,
        }
```

与 Competition 类相似，本项目中的其他类也继承基类 CreateUpdateMixin。在基类中主要定义一些通用的信息，关键代码如下。

```
from django.db import models # 基础模型
from django.utils.translation import ugettext_lazy as _      # 引入延迟加载方法，只有在渲染视图时该字段才会呈现出翻译值
from TimeConvert import TimeConvert as tc

class CreateUpdateMixin(models.Model):
    """模型创建和更新时间戳 Mixin"""
status = models.BooleanField(_(u'状态'), default=True, help_text=u'状态', db_index=True)       # 状态值, True 和 False
    created_at = models.DateTimeField(_(u'创建时间'), auto_now_add=True, editable=True, help_text=_(u'创建时间'))
                                                                                          # 创建时间
```

```
updated_at = models.DateTimeField(_(u'更新时间'), auto_now=True, editable=True, help_text=_(u'更新时间'))
                                                                                    # 更新时间

class Meta:
    abstract = True   # 抽象类，该类只作为继承类使用，不会生成表
```

21.5 用户登录模块设计

21.5.1 用户登录模块概述

用户登录模块主要对进入智慧校园考试系统的用户信息进行验证，本项目中使用邮箱和密码的方式进行登录，登录流程如图 21.8 所示，登录运行效果如图 21.9 所示。

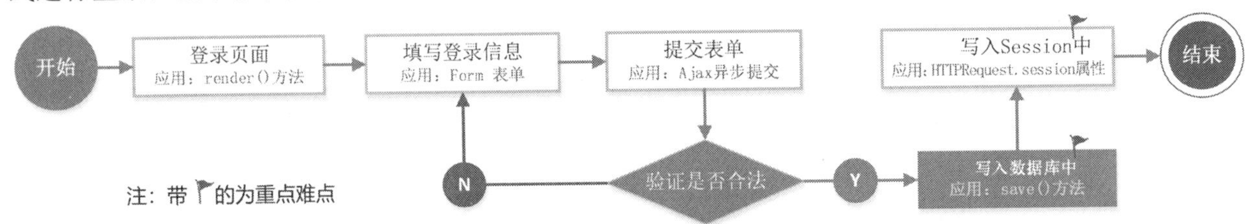

图 21.8　登录流程图

图 21.9　使用邮箱和密码的方式进行登录

21.5.2 使用 Django 默认授权机制实现普通登录

Django 默认的用户授权机制可以提供绝大多数场景的登录功能，为了更加适应智慧星答题系统的

需求，这里对其进行简单修改。

1. 用户登录接口

在 account app 下创建一个 login_views.py 文件，用来作为接口视图，在该文件中编写一个 normal_login 方法，用来实现用户登录功能，代码如下：

```
@csrf_exempt
@transaction.atomic
def normal_login(request):
    """
    普通登录视图
    :param request: 请求对象
    :return: 返回 json 数据, user_info: 用户信息;has_login: 用户是否已登录
    """
    email = request.POST.get('email', '')                        # 获取 email
    password = request.POST.get('password', '')                  # 获取 password
    sign = request.POST.get('sign', '')                          # 获取登录验证码的 sign
    vcode = request.POST.get('vcode', '')                        # 获取用户输入的验证码
    result = get_vcode(sign)                                     # 从 redis 中校验 sign 和 vcode
    if not (result and (result.decode('utf-8') == vcode.lower())):
        return json_response(*UserError.VeriCodeError)           # 校验失败返回错误码 300003
    try:
        user = User.objects.get(email=email)                     # 使用 email 获取 Django 用户
    except User.DoesNotExist:
        return json_response(*UserError.UserNotFound)            # 获取失败返回错误码 300001
    user = authenticate(request, username=user.username, password=password) # 授权校验
    if user is not None:                                         # 校验成功，获得返回用户信息
        login(request, user)                                     # 登录用户，设置登录 session
        # 获取或创建 Profile 数据
        profile, created = Profile.objects.select_for_update().get_or_create(
            email=user.email,
        )
        if profile.user_src != Profile.COMPANY_USER:
            profile.name = user.username
            profile.user_src = Profile.NORMAL_USER
            profile.save()
        request.session['uid'] = profile.uid                     # 设置 Profile uid 的 session
        request.session['username'] = profile.name               # 设置用户名的 session
        set_profile(profile.data)                                # 将用户信息保存到 redis 中，用户信息从 redis 中进行查询
    else:
        return json_response(*UserError.PasswordError)           # 校验失败，返回错误码 300002
    return json_response(210, 'OK', {                            # 返回 JSON 格式的数据
        'user_info': profile.data,
        'has_login': bool(profile),
    })
```

以上实现的是用户登录的接口，编写完上面的代码后，需要在 api 模块下的 urls.py 中添加路由，代码如下。

```
path('login_normal', login_views.normal_login, name='normal_login'),
```

在 web 目录下的 base.html 文件中，定义一个使用 jQuery 实现的 Ajax 异步请求方法，用来处理用户登录的表单，代码如下。

```
$('#signInNormal').click(function () {                  // 单击登录按钮
    refreshVcode('signin');                             // 刷新验证码
    $('#signInModalNormal').modal('show');              // 显示弹窗
```

```
$('#signInVcodeImg').click(function () {                              // 单击验证码图片，刷新验证码
    refreshVcode('signin');
});
$('#signInPost').click(function () {                                  // 单击登录按钮
    // 获取表单数据
    var email = $('#signInId').val();
    var password = $('#signInPassword').val();
    var vcode = $('#signInVcode').val();
     // 验证 Email
    if(!checkEmail(email)){
        $('#signInId').val('');
        $('#signInId').attr('placeholder', '邮件格式错误');
        $('#signInId').css('border', '1px solid red');
        return false;
    }else{
        $('#signInId').css('border', '1px solid #C1FFC1');
    }
    // 验证密码
    if(!password){
        $('#signInPassword').attr('placeholder', '请填写密码');
        $('#signInPassword').css('border', '1px solid red');
    }else{
        $('#signInPassword').css('border', '1px solid #C1FFC1');
    }
    // Ajax 异步提交
    $.ajax({
    url: '/api/login_normal',                                         // 提交地址
    data: {                                                           // 提价数据
        'email': email,
        'password': password,
        'sign': loginSign,
        'vcode': vcode
    },
    type: 'post',                                                     // 提交类型
    dataType: 'json',                                                 // 返回数据类型
    success: function(res){                                           // 回调函数
        if (res.status === 210){                                      // 登录成功
            $('#signInModalNormal').modal('hide');                    // 隐藏弹窗
            window.location.href = '/';                               // 跳转到首页
        }
        else if(res.status === 300001) {
            alert('用户名错误');
        }
        else if(res.status === 300002) {
            alert('密码错误');
        }
        else if(res.status === 300003) {
            alert('验证码错误');
        }
        else {
            alert('登录错误');
        }
     }
  })
  });
```

登录使用异步方式来实现，当用户单击页面上“登录”按钮时，弹出 Bootstrap 框架的 modal 插件，当用户输入邮箱账户、密码和验证码时，会根据不同的错误信息给用户一个友好的提示。

当前端验证全部通过时，Ajax 发起请求，后台会校验用户输入的数据是否合理有效，如果验证全部通过，则将在用户单击“登录”按钮时，显示出存储在 session 中的用户名。用户登录界面如图 21.10 所示。

图 21.10　用户登录界面

说明

在登录过程刷新验证码，我们也提供了一个接口，在本项目中通过创建 utils/codegen.py/CodeGen 类来生成验证码并将其保存到流中，具体代码请查看资源包中的源码文件。

2．用户注册接口

用户注册同样是使用 Ajax 异步请求的方式。首先需要在注册页面中填写注册信息。当用户单击“注册”按钮时，提交用户填写的表单信息，并通过正则表达式验证输入是否合法。如果不合法，则返回重新填写注册信息；如果合法，则将表单信息写入数据库中并发送激活邮件，然后判断用户是否通过发送的激活邮件激活成功了。如果成功，则结束；否则可以重新发送激活邮件，或者用户重新进入邮箱，通过邮件来激活。用户注册流程如图 21.11 所示。

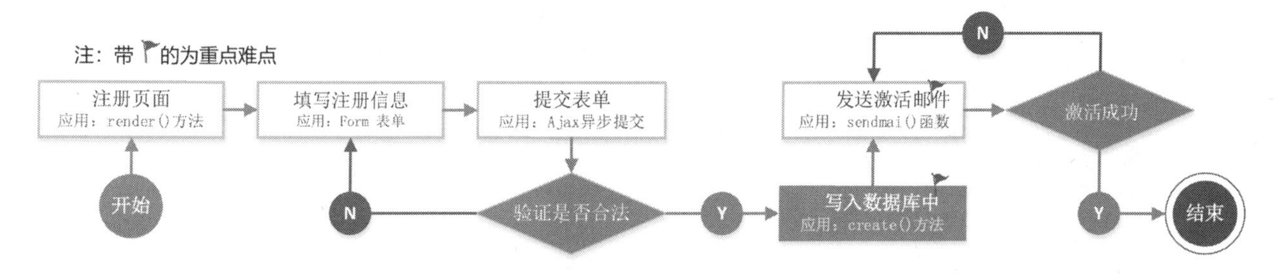

图 21.11　注册流程

发送邮件同样需要通过异步请求的接口来实现，用户注册视图函数的代码如下。

```
@csrf_exempt
@transaction.atomic
```

```
def signup(request):
    email = request.POST.get('email', '')                          # 邮箱
    password = request.POST.get('password', '')                    # 密码
    password_again = request.POST.get('password_again', '')        # 确认密码
    vcode = request.POST.get('vcode', '')                          # 注册验证码
    sign = request.POST.get('sign')                                # 验证码的检验码
    if password != password_again:                                 # 两次输入的密码不一样，返回错误码 300002
        return json_response(*UserError.PasswordError)
    result = get_vcode(sign)                                       # 校验 vcode，逻辑和登录视图相同
    if not (result and (result.decode('utf-8') == vcode.lower())):
        return json_response(*UserError.VeriCodeError)
    if User.objects.filter(email__exact=email).exists():           # 检查数据库是否存在该用户
        return json_response(*UserError.UserHasExists)             # 返回错误码 300004
    username = email.split('@')[0]                                 # 生成一个默认的用户名
    if User.objects.filter(username__exact=username).exists():
        username = email                                           # 默认用户名已存在，使用邮箱作为用户名
    User.objects.create_user(                                      # 创建用户，并设置为不可登录
        is_active=False,
        is_staff=False,
        username=username,
        email=email,
        password=password,
    )
    Profile.objects.create(                                        # 创建用户信息
        name=username,
        email=email
    )
    sign = str(uuid.uuid1())                                       # 生成邮箱校验码
    set_signcode(sign, email)                                      # 在 redis 中设置 30 分钟时限的验证周期
    return json_response(210, 'OK', {                              # 返回 JSON 数据
        'email': email,
        'sign': sign
    })
```

编写完上面的视图函数后，需要在 api 的 urls.py 中加入如下路由。

```
path('signup', login_views.signup, name='signup'),
```

响应接口数据后，注册过程并未完成，需要用户手动触发邮箱验证。当用户单击“发送邮件”按钮时，Ajax 将提交数据到以下接口路由，代码如下。

```
path('sendmail', login_views.sendmail, name='sendmail'),
```

上面路由对应的视图函数为 sendmail，该函数仅仅完成了一个使用 django.core.sendmail 发送邮件的过程，其实现代码如下。

```
def sendmail(request):
    to_email = request.GET.get('email', '')                # 在 URL 中获取的注册邮箱地址
    sign = request.GET.get('sign', '')                     # 在 URL 中获取的 sign 标识
    if not get_has_sentregemail(to_email):                 # 检查用户是否在同一时间多次单击发送邮件
        title = '[Quizz.cn 用户激活邮件]'                     # 定义邮件标题
        sender = settings.EMAIL_HOST_USER                  # 获取发送邮件的邮箱地址
        # 回调函数
        url = settings.DOMAIN + '/auth/email_notify?email=' + to_email + '&sign=' + sign
        # 邮件内容
        msg = '您好，Quizz.cn 管理员想邀请您激活您的用户，单击链接激活。{}'.format(url)
        # 发送邮件并获取发送结果
        ret = send_mail(title, msg, sender, [to_email], fail_silently=True)
        if not ret:
```

```
            return json_response(*UserError.UserSendEmailFailed)          # 发送出错，返回错误码 300006
        set_has_sentregemail(to_email)              # 正常发送，设置 3 分钟的继续发送限制
        return json_response(210, 'OK', {})         # 返回空 JSON 数据
    else:
        # 如果用户在同一时间多次单击发送，则返回错误码 300005
        return json_response(*UserError.UserHasSentEmail)
```

说明

在上面发送邮件的视图函数 sendmail()中添加了一个回调函数，用来检查用户是否确认邮件。回调函数是一个普通的视图渲染函数。

在 config 模块的 urls.py 中添加总的授权路由，代码如下。

```
urlpatterns += [
            path('auth/', include(('account.urls','account'), namespace='auth')),
    ]
```

然后在 account 的 urls.py 中添加授权回调函数的路由。

```
path('email_notify', login_render.email_notify, name='email_notify'),
```

授权回调函数 email_notify 的实现代码如下。

```
@transaction.atomic
def email_notify(request):
    email = request.GET.get('email', '')                              # 获取要验证的邮箱
    sign = request.GET.get('sign', '')                                # 获取校验码
    signcode = get_signcode(sign)                                     # 在 redis 中校验邮箱
    if not signcode:
        return render(request, 'err.html', VeriCodeTimeOut)          # 校验失败返回错误视图
    if not (email == signcode.decode('utf-8')):
        return render(request, 'err.html', VeriCodeError)            # 校验失败返回错误视图
    try:
        user = User.objects.get(email=email)                          # 获取用户
    except User.DoesNotExist:
        user = None
    if user is not None:                                              # 激活用户
        user.is_active = True
        user.is_staff = True
        user.save()
        login(request, user)                                          # 登录用户
        profile, created = Profile.objects.select_for_update().get_or_create(   # 配置用户信息
            name=user.username,
            email=user.email,
        )
        profile.user_src = Profile.NORMAL_USER                        # 配置用户为普通登录用户
        profile.save()
        request.session['uid'] = profile.uid                          # 配置 session
        request.session['username'] = profile.name
        return render(request, 'web/index.html', {                    # 渲染视图，并返回已登录信息
            'user_info': profile.data,
            'has_login': True,
            'msg': "激活成功",
        })
    else:
        return render(request, 'err.html', VerifyFailed)              # 校验失败返回错误视图
```

前端单击注册连接的 Ajax 请求的代码如下。

```
$('#signUpPost').click(function () {                                    // 单击注册按钮
    // 获取表单数据
    var email = $('#signUpId').val();
    var password = $('#signUpPassword').val();
    var passwordAgain = $('#signUpPasswordAgain').val();
    var vcode = $('#signUpVcode').val();
    // 验证邮箱
    if(!checkEmail(email)) {
        $('#signUpId').val('');
        $('#signUpId').attr('placeholder', '邮箱格式错误');
        $('#signUpId').css('border', '1px solid red');
        return false;
    }else{
        $('#signUpId').css('border', '1px solid #C1FFC1');}
    // 验证两次输入的密码是否一致
    if(!(password === passwordAgain)) {
        $('#signUpPasswordAgain').val('');
        $('#signUpPasswordAgain').attr('placeholder', '两次输入的密码不一致');
        $('#signUpPassword').css('border', '1px solid red');
        $('#signUpPasswordAgain').css('border', '1px solid red');
        return false;
    }else{
        $('#signUpPassword').css('border', '1px solid #C1FFC1');
        $('#signUpPasswordAgain').css('border', '1px solid #C1FFC1');}
    // Ajax 异步请求
    $.ajax({
        url: '/api/signup',                                             // 请求 URL
        type: 'post',                                                   // 请求方式
        data: {                                                         // 请求数据
            'email': email,
            'password': password,
            'password_again': passwordAgain,
            'sign': loginSign,
            'vcode': vcode},
        dataType: 'json',                                               // 返回数据类型
        success: function (res) {                                       // 回调函数
            if(res.status === 210) {                                    // 注册成功
                sign = res.data.sign;
                email = res.data.email;
                // 拼接验证邮箱 URL
                window.location.href = '/auth/signup_redirect?email=' + email +
                '&sign=' + sign;
            }else if(res.status === 300002) {
                alert('两次输入的密码不一致');
            }else if(res.status === 300003) {
                alert('验证码错误');
            }else if(res.status === 300004) {
                alert('用户名已存在');
            }
        }
    })
});
```

发送邮件的 Ajax 请求的代码如下。

```
$('#sendMail').click(function () {                                      // 单击发送邮件
    $('#sendMailLoading').modal('show');                                // 显示弹窗
    // Ajax 异步请求
```

```
    $.ajax({
        url: '/api/sendmail',                                    // 请求 URL
        type: 'get',                                             // 请求方式
        data: {                                                  // 请求数据
            'email': '{{ email|safe }}',
            'sign': '{{ sign|safe }}'
        },
        dataType: 'json',                                        // 返回数据类型
        success: function (res) {                                // 回调函数
            if(res.status === 210) {                             // 请求成功
                $('#sendMailLoading').modal('hide');
                alert('发送成功，快去登录邮箱激活账户吧');
            }
            else if(res.status === 300005) {
                $('#sendMailLoading').modal('hide');
                alert('您已经发送过邮件，请稍等再试');
            }
            else if(res.status === 300006) {
                $('#sendMailLoading').modal('hide');
                alert('验证邮件发送失败!');
            }
        }
    })
});
```

说明

修改密码和重置密码的实现方式与用户注册的实现方式类似，这里不再赘述。

用户注册页面的效果如图 21.12 所示。

图 21.12　用户注册页面的效果

21.5.3　机构注册功能的实现

在智慧校园考试系统中还提供了机构注册的功能，当单击“成为机构”导航按钮时，需要根据用

户的 uid 来判断用户是否已经注册过机构账户。如果没有注册过，则渲染一个表单，这个表单使用 Ajax 来异步请求；如果已经注册过，则返回一条信息提示，引导用户重定向到出题页面。下面详细讲解实现过程。

在 config/urls.py 中添加机构 app 的路由，代码如下。

```
path('biz/', include(('business.urls','business'), namespace='biz')),   # 机构
```

然后在 bisiness 下面的 urls.py 中添加渲染机构页面的路由，代码如下。

```
path('^$', biz_render.home, name='index'),
```

上面的代码中用到了页面渲染视图函数，函数名称为 index，其具体实现如下。

```
def home(request):
    uid = request.GET.get('uid', '')                                   # 获取 uid
    try:
        profile = Profile.objects.get(uid=uid)                         # 根据 uid 获取用户信息
except Profile.DoesNotExist:
        profile = None                                                 # 未获取到用户信息，profile 变量被置空
    types = dict(BusinessAccountInfo.TYPE_CHOICES)                     # 所有的机构类型
    # 渲染视图，返回机构类型和是否存在该账户绑定过的机构账户
    return render(request, 'bussiness/index.html', {
        'types': types,
        'is_company_user': bool(profile) and (profile.user_src == Profile.COMPANY_USER)
    })
```

在 web/business/index.html 页面中添加一个 Bootstrap 框架的 panel 控件，用来存放机构注册表单，代码如下。

```
<div class="panel panel-info">
        <div class="panel-heading"><h3 class="panel-title">注册成为机构</h3></div>
        <div class="panel-body">
            <form id="bizRegistry" class="form-group">
                <label for="bizEmail">邮箱</label>
                <input type="text" class="form-control" id="bizEmail"
                        placeholder="填写机构邮箱" />
                <label for="bizCompanyName">名称</label>
                <input type="text" class="form-control" id="bizCompanyName"
                        placeholder="填写机构名称" />
                <label for="bizCompanyType">类型</label>
                <select id="bizCompanyType" class="form-control">
                    {% for k, v in types.items %}
                        <option value="{{ k }}">{{ v }}</option>
                    {% endfor %}
                </select>
                <label for="bizUsername">联系人</label>
                <input type="text" class="form-control" id="bizUsername"
                        placeholder="填写机构联系人" />
                <label for="bizPhone">手机号</label>
                <input type="text" class="form-control" id="bizPhone"
                        placeholder="填写联系人手机号" />
                <input type="submit" id="bizSubmit" class="btn btn-primary"
                        value="注册机构" style="float: right;margin-top: 21px" />
            </form>
        </div>
    </div>
</div>
```

在 JavaScript 脚本中添加申请成为机构的请求方法，代码如下。

```
$('#bizSubmit').click(function () { // 单击注册机构
    // 获取表单信息
    var email = $('#bizEmail').val();
    var name = $('#bizCompanyName').val();
    var type = $('#bizCompanyType').val();
    var username = $('#bizUsername').val();
    var phone = $('#bizPhone').val();
    // 正则表达式验证邮箱
    if(!email.match('^\\w+([-+.]\\w+)*@\\w+([-.]\\w+)*\\.\\w+([-.]\\w+)*$')) {
        $('#bizEmail').val('');
        $('#bizEmail').attr('placeholder', '邮箱格式错误');
        $('#bizEmail').css('border', '1px solid red');
        return false;
    }else{
        $('#bizEmail').css('border', '1px solid #C1FFC1');
    }
    // 正则表达式验证机构名称
    if(!(name.match('^[a-zA-Z0-9_\\u4e00-\\u9fa5]{4,21}$'))) {
        $('#bizCompanyName').val('');
        $('#bizCompanyName').attr('placeholder', '请填写 4～21 个中文、字母、数字或者下画线的机构名称');
        $('#bizCompanyName').css('border', '1px solid red');
        return false;
    }else{
        $('#bizCompanyName').css('border', '1px solid #C1FFC1');
    }
     // 正则表达式验证用户名
    if(!(username.match('^[\u4E00-\u9FA5A-Za-z]+$'))){
        $('#bizUsername').val('');
        $('#bizUsername').attr('placeholder', '联系人姓名应该为汉字或大小写字母');
        $('#bizUsername').css('border', '1px solid red');
        return false;
    }else{
        $('#bizUsername').css('border', '1px solid #C1FFC1');
    }
    // 正则表达式验证手机
    if(!(phone.match('^1[3|4|5|8][0-9]\\d{4,8}$'))){
        $('#bizPhone').val('');
        $('#bizPhone').attr('placeholder', '手机号不符合规则');
        $('#bizPhone').css('border', '1px solid red');
        return false;
    }else{
        $('#bizPhone').css('border', '1px solid #C1FFC1');
    }
    // Ajax 异步请求
    $.ajax({
        url: '/api/checkbiz',               // 请求 URL
        type: 'get',                        // 请求方式
        data: {                             // 请求数据
            'email': email
        },
        dataType: 'json',                   // 返回数据类型
        success: function (res) {           // 回调函数
            if(res.status === 210) {        // 注册成功
                if(res.data.bizaccountexists) {
                    alert('您的账户已存在，请直接登录');
                    window.location.href = '/';
                }
```

```
                else if(res.data.userexists && !res.data.bizaccountexists) {
                    if(confirm('您的邮箱已被注册为普通用户，我们将会为您绑定该用户。')){
                        bizPost(email, name, type, username, phone, 1);
                        window.location.href = '/biz/notify?email=' + email + '&bind=1';
                    }else {
                        window.location.href = '/{% if request.session.uid %} ?
                          uid={{ request.session.uid }}{% else %}{% endif %}';
                    }
                }
                else{
                    bizPost(email, name, type, username, phone, 2);
                    window.location.href = '/biz/notify?email=' + email;
                }
            }
        }
    });
    // 验证邮箱方法
    function bizPost(email, name, type, username, phone, flag) {
        // Ajax 异步请求
        $.ajax({
            url: '/api/regbiz',              // 请求 URL
            data: {                          // 请求数据
                'email': email,
                'name': name,
                'type': type,
                'username': username,
                'phone': phone,
                'flag': flag
            },
            type: 'post',                    // 请求类型
            dataType: 'json'                 // 返回数据类型
        })
    }
});
```

单击“注册”按钮时，首先验证表单是否符合正则表达式，当这些验证都通过时，先请求一个/api/check_biz 接口，这个方法对应的路由和接口函数如下。

```
def check_biz(request):
    email = request.GET.get('email', '')  # 获取邮箱
    try:  # 检查数据库中是否有该邮箱注册过的数据
        biz = BusinessAccountInfo.objects.get(email=email)
    except BusinessAccountInfo.DoesNotExist:
        biz = None
    return json_response(210, 'OK', {    # 返回邮箱是否已经被注册过和是否已经有此用户
        'userexists': User.objects.filter(email=email).exists(),
        'bizaccountexists': bool(biz)
    })
```

上面的接口用来检查用户填写的邮箱是否存在登录账户和机构账户，这里的实现是：如果用户登录账户存在，但是机构账户不存在，那么会提示用户绑定已有账户，注册成为机构账户；如果用户账户不存在，并且机构账户也不存在，则会在请求下一个接口中，为该邮箱创建一个未激活的登录账户和一个机构账户，因此该用户务必要到自己的邮箱里面验证该账户并激活。

那么如果是上面说的第一种情况，就没必要再次验证邮箱了。

而如果是第二种情况，也就是用户既没有注册为登录用户，也没有注册机构账户的情况，用户会将表单信息提交到/api/regbiz 接口，因此，首先需要在 api 模块的 urls.py 中添加路由，代码如下。

```
# bussiness
urlpatterns += [
    path('regbiz', biz_views.registry_biz, name='registry biz'),
    path('checkbiz', biz_views.check_biz, name='check_biz'),
]
```

然后在 business 的 biz_views.py 中添加如下方法。

```
@csrf_exempt
@transaction.atomic
def registry_biz(request):
    email = request.POST.get('email', '')                              # 获取填写的邮箱
    name = request.POST.get('name', '')                                # 获取填写的机构名
    username = request.POST.get('username', '')                        # 获取填写的机构联系人
    phone = request.POST.get('phone', '')  # 获取填写的手机号
    ctype = request.POST.get('type', BusinessAccountInfo.INTERNET)     # 获取机构类型
    # 获取一个标记位，代表用户是创建新用户还是使用绑定旧用户的方式
    flag = int(request.POST.get('flag', 2))
    uname = email.split('@')[0]  # 和之前的注册逻辑没什么区别，创建一个账户名
    if not User.objects.filter(username__exact=name).exists():
        final_name = username
    elif not User.objects.filter(username__exact=uname).exists():
        final_name = uname
    else:
        final_name = email
    if flag == 2:  # 如果标记位是 2，那么将为用户创建新用户
        user = User.objects.create_user(
            username=final_name,
            email=email,
            password=settings.INIT_PASSWORD,
            is_active=False,
            is_staff=False
        )
    if flag == 1:  # 如果标记位是 1，那么将为用户绑定旧用户
        try:
            user = User.objects.get(email=email)
        except User.DoesNotExist:
            return json_response(*UserError.UserNotFound)
    pvalues = {
        'phone': phone,
        'name': final_name,
        'user_src': Profile.COMPANY_USER,
    }
    # 获取或创建用户信息
    profile, _ = Profile.objects.select_for_update().get_or_create(email=email)
    for k, v in pvalues.items():
        setattr(profile, k, v)
    profile.save()
    bizvalues = {
        'company_name': name,
        'company_username': username,
        'company_phone': phone,
        'company_type': ctype,
    }
    # 获取或创建机构账户信息
    biz, _ = BusinessAccountInfo.objects.select_for_update().get_or_create(
        email=email,
        defaults=bizvalues
    )
```

```
    return json_response(210, 'OK', {   # 响应 JSON 格式数据，这个标记位在发送验证邮件的时候还有用
        'name': final_name,
        'email': email,
        'flag': flag
    })
```

提交表单后，如果是新创建的用户，则验证用户的邮件，这个步骤和之前雷同，所以不再赘述。整个创建过程完成后，如果用户注册成为机构用户，那么该用户就可以在快速出题的导航页中录制题库，并且生成一个考试了。登录账户会根据注册渠道的不同，标记为普通用户和机构账户用户这两种类型。机构注册页面的效果如图 21.13 所示。

图 21.13　机构注册页面的效果

21.6　核心答题功能的设计

21.6.1　答题首页设计

答题首页主题呈现为考试的分类，我们将其划分为 6 个类别和 1 个热门考试。对应的参数及其说明如下。

☑　hot：代表所有热门考试前十位。
☑　tech：代表科技类热门考试前十位。
☑　culture：代表文化类考试前十位。
☑　edu：代表教育类考试前十位。
☑　sport：代表体育类考试前十位。
☑　general：代表常识类考试前十位。
☑　interview：代表面试类考试前十位。

答题模块是本项目的核心功能，答题模块的流程如图 21.14 所示。

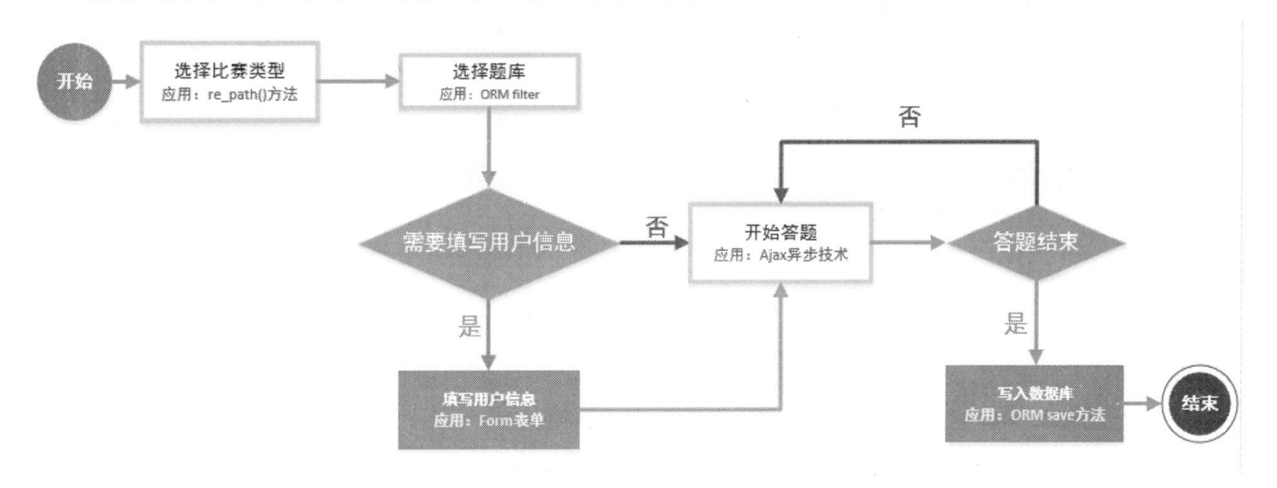

图 21.14　答题模块流程

答题首页的运行效果如图 21.15 所示。

图 21.15　答题首页

当单击某一个类别后，将进入该类别下的考试列表。其对应的路由如下。

```
re_path('games/s/(\w+)', cop_render.games, name='query_games'),
```

这里使用 re_path()函数进行正则匹配，如我们选择单击“热门考试”，则进入如下 URL。

```
/bs/games/s/hot
```

通过以上方式，我们就可以根据 URL 中最后一个参数的值来判断用户选择的是哪一类考试。下面来看如何获取对应分类的数据信息，代码如下。

```
def games(request, s):
    """
```

```
    获取所有考试接口
    :param request: 请求对象
    :param s: 请求关键字
    :return: 返回该请求关键字对应的所有考试类别
    """

    if s == 'hot':
        # 筛选条件: 完成时间大于当前时间;根据参与人数降序排序;根据创建时间降序排序;筛选 10 个
        kinds = CompetitionKindInfo.objects.filter(
            cop_finishat__gt=datetime.datetime.now(tz=datetime.timezone.utc),
        ).order_by('-total_partin_num').order_by('-created_at')[:10]

    elif s == 'tech':            # 获取所有科技类比赛
        kinds = CompetitionKindInfo.objects.filter(
            kind_type=CompetitionKindInfo.IT_ISSUE,
            cop_finishat__gt=datetime.datetime.now(tz=datetime.timezone.utc)
        ).order_by('-total_partin_num').order_by('-created_at')

    elif s == 'edu':             # 获取所有教育类比赛
        kinds = CompetitionKindInfo.objects.filter(
            kind_type=CompetitionKindInfo.EDUCATION,
            cop_finishat__gt=datetime.datetime.now(tz=datetime.timezone.utc)
        ).order_by('-total_partin_num').order_by('-created_at')

    elif s == 'culture':         # 获取所有文化类比赛
        kinds = CompetitionKindInfo.objects.filter(
            kind_type=CompetitionKindInfo.CULTURE,
            cop_finishat__gt=datetime.datetime.now(tz=datetime.timezone.utc)
        ).order_by('-total_partin_num').order_by('-created_at')

    elif s == 'sport':           # 获取所有体育类比赛
        kinds = CompetitionKindInfo.objects.filter(
            kind_type=CompetitionKindInfo.SPORT,
            cop_finishat__gt=datetime.datetime.now(tz=datetime.timezone.utc)
        ).order_by('-total_partin_num').order_by('-created_at')

    elif s == 'general':         # 获取所有常识类比赛
        kinds = CompetitionKindInfo.objects.filter(
            kind_type=CompetitionKindInfo.GENERAL,
            cop_finishat__gt=datetime.datetime.now(tz=datetime.timezone.utc)
        ).order_by('-total_partin_num').order_by('-created_at')

    elif s == 'interview':       # 获取所有面试类比赛
        kinds = CompetitionKindInfo.objects.filter(
            kind_type=CompetitionKindInfo.INTERVIEW,
            cop_finishat__gt=datetime.datetime.now(tz=datetime.timezone.utc)
        ).order_by('-total_partin_num').order_by('-created_at')

    else:
        kinds = None
    return render(request, 'competition/games.html', {
        'kinds': kinds,
    })
```

在上述代码中，我们根据参数 s 的值来获取对应的考试数据信息。运行结果如图 21.16 所示。

图 21.16　考试列表

21.6.2　考试详情页面

考试详情页面用来展示考试的信息，包括考试名称、出题机构、考试题目数量和题库大小等信息，其效果如图 21.17 所示。

图 21.17　考试详情页面

在 competition 应用下面添加一个 cop_render.py 文件，用来存放考试页面的视图渲染函数，代码如下。

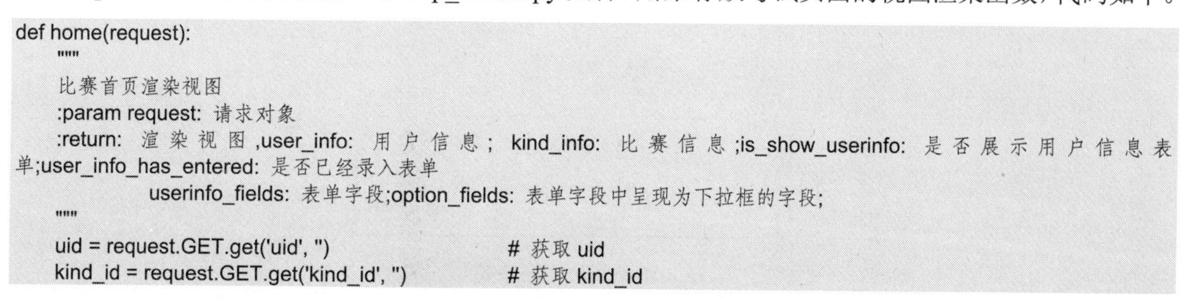

```
def home(request):
    """
    比赛首页渲染视图
    :param request: 请求对象
    :return: 渲染视图,user_info: 用户信息; kind_info: 比赛信息;is_show_userinfo: 是否展示用户信息表单;user_info_has_entered: 是否已经录入表单
             userinfo_fields: 表单字段;option_fields: 表单字段中呈现为下拉框的字段;
    """
    uid = request.GET.get('uid', '')                    # 获取 uid
    kind_id = request.GET.get('kind_id', '')            # 获取 kind_id
```

```
created = request.GET.get('created', '0')          # 获取标志位，以后会用到
try:                                                # 获取比赛数据
    kind_info = CompetitionKindInfo.objects.get(kind_id=kind_id)
except CompetitionKindInfo.DoesNotExist: # 不存在渲染错误视图
    return render(request, 'err.html', CompetitionNotFound)
try:  # 获取题库数据
    bank_info = BankInfo.objects.get(bank_id=kind_info.bank_id)
except BankInfo.DoesNotExist:                 # 不存在渲染错误视图
    return render(request, 'err.html', BankInfoNotFound)
try:  # 获取用户数据
    profile = Profile.objects.get(uid=uid)
except Profile.DoesNotExist:                  # 不存在渲染错误视图
    return render(request, 'err.html', ProfileNotFound)
if kind_info.question_num > bank_info.total_question_num:            # 比赛出题数量是否小于题库总大小
    return render(request, 'err.html', QuestionNotSufficient)
show_info = get_pageconfig(kind_info.app_id).get('show_info', {})  # 从 redis 中获取页面配置信息
# 页面配置信息，用来控制答题前是否展示一张表单
is_show_userinfo = show_info.get('is_show_userinfo', False)
form_fields = collections.OrderedDict()      # 生成一个有序的用来保存表单字段的字典
form_regexes = []                            # 生成一个空的正则表达式列表
if is_show_userinfo:
    # 从页面配置中获取 userinfo_fields
    userinfo_fields = show_info.get('userinfo_fields', '').split('#')
    for i in userinfo_fields:                 # 将页面配置的每个正则表达式取出来放入正则表达式列表中
        form_regexes.append(get_form_regex(i))
    userinfo_field_names = show_info.get('userinfo_field_names', '').split('#')
    for i in range(len(userinfo_fields)):     # 将每个表单字段信息保存到有序的表单字段字典中
        form_fields.update({userinfo_fields[i]: userinfo_field_names[i]})
return render(request, 'competition/index.html', {                  # 渲染页面
    'user_info': profile.data,
    'kind_info': kind_info.data,
    'bank_info': bank_info.data,
    'is_show_userinfo': 'true' if is_show_userinfo else 'false',
    'userinfo_has_enterd': 'true' if get_enter_userinfo(kind_id, uid) else 'false',
    'userinfo_fields': json.dumps(form_fields) if form_fields else '{}',
    'option_fields': json.dumps(show_info.get('option_fields', '')),
    'field_regexes': form_regexes,
    'created': created
})
```

考试详情页除了要返回考试的信息，还需要返回页面的配置信息。在本项目中，在 business app 的数据模型中创建一个 AppConfigInfo，关联每个 BusinessAppInfo 的 app_id，用来指定每个 AppInfo 在页面中的不同配置，以便于让整个页面多样化、可定制化。这里我们指定了一个配置，如果机构用户开启了此功能，那么每个答题用户需要在参与考试之前填写一个表单，如图 21.18 所示。

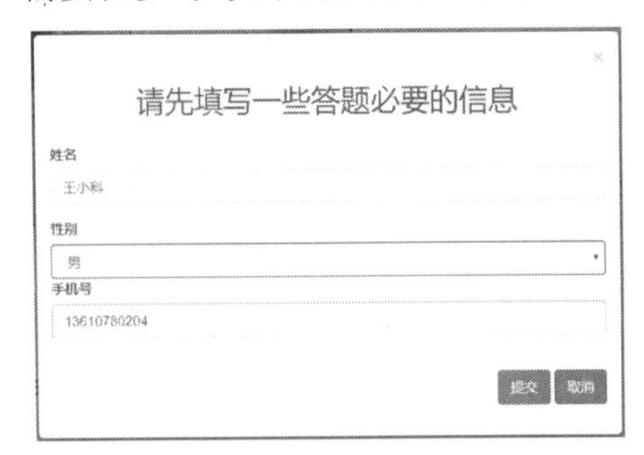

图 21.18　在答题之前需要填写的表单

图 21.18 中的表单主要为了收集答题用户的信息，以便于日后可以联系该用户。在 business.models 模块中，添加一个名称为 AppConfigInfo 的模型类，代码如下。

```
class AppConfigInfo(CreateUpdateMixin):
    """ 应用配置信息类 """

    app_id = models.CharField(_(u'应用 id'), max_length=32, help_text=u'应用唯一标识',
                              db_index=True)
    app_name = models.CharField(_(u'应用名'), max_length=40, blank=True, null=True,
                              help_text=u'应用名')
    # 文案配置
    rule_text = models.TextField(_(u'考试规则'), max_length=255, blank=True, null=True,
                              help_text=u'考试规则')

    # 显示信息
    is_show_userinfo = models.BooleanField(_(u'展示用户表单'), default=False,
                                      help_text=u'是否展示用户信息表单')
    userinfo_fields = models.CharField(_(u'用户表单字段'), max_length=128, blank=True, null=True,
                                      help_text=u'需要用户填写的字段，用#隔开')
    userinfo_field_names = models.CharField(_('用户表单 label'), max_length=128, blank=True,
                                   null=True, help_text=u'用户需要填写的表单字段 label 名称')
    option_fields = models.CharField(_(u'下拉框字段'), max_length=128, blank=True, null=True,
                              help_text=u'下拉框字段选项配置，用#号隔开，每个字段由冒号(:)和逗号(,)
                              组成。 如 option1:吃饭，喝水，睡觉#option2:上班，学习，看电影')

    class Meta:
        verbose_name = _(u'应用配置信息')
        verbose_name_plural = _(u'应用配置信息')

    def __unicode__(self):
        return str(self.pk)

    # 页面配置数据
    @property
    def show_info(self):
        return {
            'is_show_userinfo': self.is_show_userinfo,
            'userinfo_fields': self.userinfo_fields,
            'userinfo_field_names': self.userinfo_field_names,
            'option_fields': self.option_fields,
        }

    @property
    def text_info(self):
        return {
            'rule_text': self.rule_text,
        }

    @property
    def data(self):
        return {
            'show_info': self.show_info,
            'text_info': self.text_info,
            'app_id': self.app_id,
            'app_name': self.app_name
        }
```

上面的模型类指定了页面需要进行的一些配置，其中 is_show_userinfo 字段用来控制用户表单的展示和隐藏。具体展示成什么样，这里将该功能做成了一个动态的表单，在 userinfo_fields 字段中，保存一个字符串的值，格式如下。

```
name#sex#age#phone  # 以#隔开的一个纯文本值，每一段的值代表了表单中的一个字段
```

通过上面的字符串值，当用户想要在表单中展示更多字段时，只需修改该值即可。

另外，表单中的 label 标签在 user_info_fieldnames 这个字段中给出；而如果想展示成带下拉框的形式，则只需要在 option_fields 这个字段中写下类似下面的值即可。

```
sex:男#女,graduated_from:QingHuaDaXue,BeijingDaXue
```

在上面的代码中，每个逗号代表了一个配置项，冒号（:）用来分隔字段名和可选值，这里的 sex 是字段名，可选的值是男和女两个值。

21.6.3 答题功能的实现

当单击“开始挑战”按钮时，代表已经确认过考试信息，可以开始答题了，答题页面的效果如图 21.19 所示。

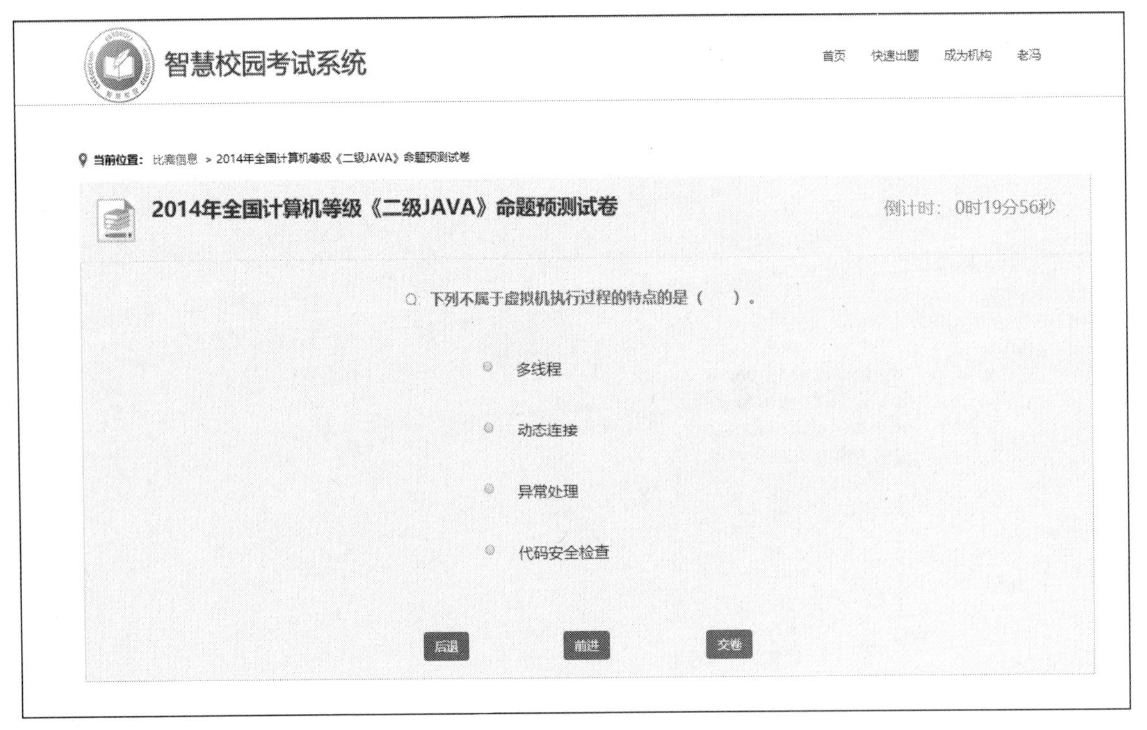

图 21.19　答题页面的效果

因此添加如下的 URL 路由。

```
path('game', cop_render.game, name='game'),
```

上面的路由中用到了 game 视图函数，该函数用来获取考试、题库和用户相关的信息，其详细代码如下。

```
@check_login
@check_copstatus
def game(request):
    """
    返回比赛题目信息的视图
    :param request: 请求对象
    :return: 渲染视图,user_info: 用户信息;kind_id: 比赛唯一标识;kind_name: 比赛名称;cop_finishat: 比赛结束时间;rule_text: 大赛规则
    """
    uid = request.GET.get('uid', '')                                        # 获取 uid
    kind_id = request.GET.get('kind_id', '')                                # 获取 kind_id
    try:  # 获取比赛信息
        kind_info = CompetitionKindInfo.objects.get(kind_id=kind_id)
    except CompetitionKindInfo.DoesNotExist:                               # 未获取到渲染错误视图
        return render(request, 'err.html', CompetitionNotFound)
    try:  # 获取题库信息
        bank_info = BankInfo.objects.get(bank_id=kind_info.bank_id)
    except BankInfo.DoesNotExist:                                           # 未获取到渲染错误视图
        return render(request, 'err.html', BankInfoNotFound)
    try:  # 获取用户信息
        profile = Profile.objects.get(uid=uid)
    except Profile.DoesNotExist: # 未获取到渲染错误视图
        return render(request, 'err.html', ProfileNotFound)
    if kind_info.question_num > bank_info.total_question_num:              # 检查题库大小
        return render(request, 'err.html', QuestionNotSufficient)
    pageconfig = get_pageconfig(kind_info.app_id)                          # 获取页面配置信息
    return render(request, 'competition/game.html', {                      # 渲染视图信息
        'user_info': profile.data,
        'kind_id': kind_info.kind_id,
        'kind_name': kind_info.kind_name,
        'cop_finishat': kind_info.cop_finishat,
        'period_time': kind_info.period_time,
        'rule_text': pageconfig.get('text_info', {}).get('rule_text', '')
    })
```

当加载考试页面的时候，只是获取了基本数据，对于题目信息，需要使用 Ajax 异步请求的方式进行获取，代码如下。

```
var currentPage = 1;
var hasPrevious = false;
var hasNext = false;
var questionNum = 0;
var response;
var answerDict;
  $(document).ready(function () {
      if({{ period_time|safe }}) { # 开始计时
          startTimer1();
      }
      $('#loadingModal').modal('show');                                    # 显示弹窗
      uid = '{{ user_info.uid|safe }}';                                    # 获取用户 id
      kind_id = '{{ kind_id|safe }}';                                      # 获取类型 id
      # Ajax 异步请求
      $.ajax({
          url: '/api/questions',                                           # 请求 URL
          type: 'get', # 请求类型
          data: { # 请求数据
              'uid': uid,
              'kind_id': kind_id
          },
```

```
        dataType: 'json',                                         # 返回数据类型
        success: function (res) {                                 # 回调函数
            response = res; # 接收返回数据
            questionNum = res.data.kind_info.question_num;        # 获取题号
            answerDict = new Array(questionNum);                  # 获取问题数组
                # 遍历问题数组
            for(var i=0; i < questionNum; i++){
                if(response.data.questions[i].qtype === 'choice') {
                    answerDict['c_' + response.data.questions[i].pk] = '';
                }else{
                    answerDict['f_' + response.data.questions[i].pk] = '';
                }
            }
             # 选择题
            if(res.data.questions[0].qtype === 'choice') {
                $('#question').html(res.data.questions[0].question);   // currentPage - 1
                $('#item1').html(res.data.questions[0].items[0]);
                $('#item2').html(res.data.questions[0].items[1]);
                $('#item3').html(res.data.questions[0].items[2]);
                $('#item4').html(res.data.questions[0].items[3]);
                $('#itemPk').html('c_' + res.data.questions[0].pk);
                hasNext = (currentPage < questionNum);
                $('#fullinBox').hide();
            } else{
                # 填空题
                $('#question').html(res.data.questions[0].question.replace('##',
                                        '______'));
                $('#answerPk').val('f_' + res.data.questions[0].pk);
                hasNext = (currentPage < questionNum);
                $('#choiceBox').hide();
            }
            $('#loadingModal').modal('hide'); # 隐藏弹窗
        }
    });
```

由于需要从题库中随机抽取指定数目的题目，因此在/api/questions 目录中的 competition 应用下面添加一个接口视图 game_views.py，视图代码如下。

```
@check_login
@check_copstatus
@transaction.atomic
def get_questions(request):
    """
    获取题目信息接口
    :param request: 请求对象
    :return: 返回 json 数据, user_info: 用户信息;kind_info: 比赛信息;qa_id: 比赛答题记录;questions: 比赛随机后的题目
    """
    kind_id = request.GET.get('kind_id', '')                       # 获取 kind_id
    uid = request.GET.get('uid', '')                               # 获取 uid
    try:  # 获取比赛信息
        kind_info = CompetitionKindInfo.objects.select_for_update().get(kind_id=kind_id)
    except CompetitionKindInfo.DoesNotExist:                       # 未获取到，返回错误码 100001
        return json_response(*CompetitionError.CompetitionNotFound)
    try:  # 获取题库信息
        bank_info = BankInfo.objects.get(bank_id=kind_info.bank_id)
    except BankInfo.DoesNotExist:                                  # 未获取到，返回错误码 100004
        return json_response(*CompetitionError.BankInfoNotFound)
    try:  # 获取用户信息
        profile = Profile.objects.get(uid=uid)
```

```
    except Profile.DoesNotExist:                                  # 未获取到，返回错误码 210001
        return json_response(*ProfileError.ProfileNotFound)
    qc = ChoiceInfo.objects.filter(bank_id=kind_info.bank_id)     # 选择题
    qf = FillInBlankInfo.objects.filter(bank_id=kind_info.bank_id) # 填空题
    questions = []  # 将两种题型放到同一个列表中
    for i in qc.iterator():
        questions.append(i.data)
    for i in qf.iterator():
        questions.append(i.data)
    question_num = kind_info.question_num                         # 出题数
    q_count = bank_info.total_question_num                        # 总题数
    if q_count < question_num:                                    # 出题数大于总题数，返回错误码 100005
        return json_response(CompetitionError.QuestionNotSufficient)
    qs = random.sample(questions, question_num)                   # 随机分配题目
    qa_info = CompetitionQAInfo.objects.select_for_update().create(         # 创建答题 log 数据
        kind_id=kind_id,
        uid=uid,
        qsrecord=[q['question'] for q in qs],
        asrecord=[q['answer'] for q in qs],
        total_num=question_num,
        started_stamp=tc.utc_timestamp(ms=True, milli=True),               # 设置开始时间戳
        started=True
    )
    for i in qs:  # 剔除答案信息
        i.pop('answer')
    return json_response(210, 'OK', {  # 返回 JSON 数据，包括题目信息、答题 log 信息等
        'kind_info': kind_info.data,
        'user_info': profile.data,
        'qa_id': qa_info.qa_id,
        'questions': qs
    })
```

上面的 api 视图需要在 api 模块下的 urls.py 中配置路由，代码如下。

```
url(r'^questions$', game_views.get_questions, name='get_questions'),
```

这个接口主要用于生成考试数据，考试数据是从题库中随机抽取指定数目的题目，每次调用接口都会返回不同的结果。每次调用接口都会生成一个答题日志，对于没有答题就刷新了页面的用户，日志不会被丢失，而是会被标记为未完成。

注意答题是有时间限制的，该时间是在 CompetitionKindInfo 数据模型中的 period_time 字段中配置的。如果用户答题超过了这个时间，则答题日志会被标记为已超时，并且答题数据会存在，作为以后数据分析用，但是不会参与到排行榜中，这在答题中会有相应的提示。

答题数据统一返回页面中，页面需要按照页面大小为 1 的数量对返回的题目做分页，并且需要记住用户上一道题和下一道题的答题情况和顺序。这些需要在前台实现，可以参考资源包中的源代码。

21.6.4 提交答案

当答题完成后，需要判断答题剩余时间：如果剩余时间为 0，或者已经超时，则把答题的日志保存为超时，并且不能将答题成绩加入排行榜；而如果剩余时间大于 0，则将用户的成绩加入排行榜，并且将答题日志标记为已完成，以区别未完成的答题记录。提交答案显示成绩单页面的效果如图 21.20 所示。

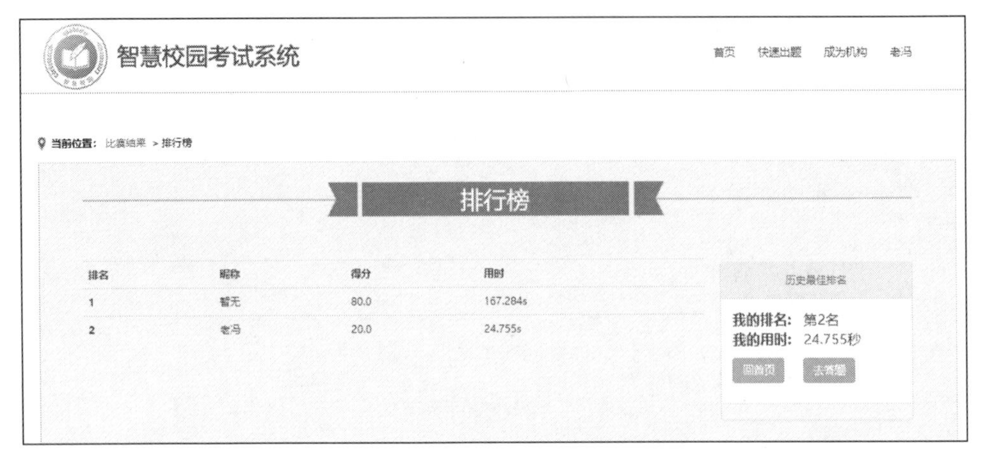

图 21.20　提交答案显示成绩单页面

在答题过程中，前端需要记录用户的答题数据和顺序，并生成一个指定的数据形式，以便提交到后台进行答案的匹配，提交答案的实现代码如下 0

```
$('#answerSubmit').click(function () {                          # 单击提交答案按钮
    if(window.confirm("确认提交答案吗?")) {                        # 弹出确认框
        if({{ period_time|safe }}) {                            # 正常结束
            stopTimer1();                                       # 停止计时
        }
        var answer = "";
        # 组织答案
        for (var key in answerDict) {
            if (!answer) {
                answer = String(key) + "," + answerDict[key] + "#";
            }else{
                answer += String(key) + "," + answerDict[key] + "#";
            }
        }
        # Ajax 异步请求
        $.ajax({
            url: '/api/answer',                 # 请求 URL
            type: 'post',                       # 请求类型
            data: {                             # 请求数据
                'qa_id': response.data.qa_id,
                'uid': response.data.user_info.uid,
                'kind_id': kind_id,
                'answer': answer
            },
            dataType: 'json',                   # 返回数据类型
            success: function (res) {           # 回调函数
                if(res.status === 210) {        # 请求成功，页面跳转
                    window.location.href = "/bs/result?uid=" + res.data.user_info.uid +
                        "&kind_id=" + res.data.kind_id + "&qa_id=" + res.data.qa_id;
                }else{
                    alert('提交失败');
                }
            }
        })
    }else {}
})
});
```

/api/answer 接口对应的路由需要在 api 模块的 urls.py 中进行填写，代码如下。

```
url(r'^answer$', game_views.submit_answer, name='submit_answer'),
```

上面用到了 submit_answer 视图函数，需要将该视图函数添加到 game_views.py 文件中，实现代码如下。

```
@csrf_exempt
@check_login
@check_copstatus
@transaction.atomic
def submit_answer(request):
    """
    提交答案接口
    :param request: 请求对象
    :return: 返回 json 数据, user_info: 用户信息; qa_id: 比赛答题记录标识; kind_id: 比赛唯一标识
    """
    stop_stamp = tc.utc_timestamp(ms=True, milli=True)          # 结束时间戳
    qa_id = request.POST.get('qa_id', '')                       # 获取 qa_id
    uid = request.POST.get('uid', '')                           # 获取 uid
    kind_id = request.POST.get('kind_id', '')                   # 获取 kind_id
    answer = request.POST.get('answer', '')                     # 获取 answer
    try:  # 获取比赛信息
        kind_info = CompetitionKindInfo.objects.get(kind_id=kind_id)
    except CompetitionKindInfo.DoesNotExist:                    # 未获取到，返回错误码 100001
        return json_response(*CompetitionError.CompetitionNotFound)
    try:  # 获取题库信息
        bank_info = BankInfo.objects.get(bank_id=kind_info.bank_id)
    except BankInfo.DoesNotExist:                               # 未获取到，返回错误码 100004
        return json_response(*CompetitionError.BankInfoNotFound)
    try:  # 获取用户信息
        profile = Profile.objects.get(uid=uid)
    except Profile.DoesNotExist:                                # 未获取到，返回错误码 210001
        return json_response(*ProfileError.ProfileNotFound)
    try:  # 获取答题 log 信息
        qa_info = CompetitionQAInfo.objects.select_for_update().get(qa_id=qa_id)
    except CompetitionQAInfo.DoesNotExist:                      # 未获取到，返回错误码 100006
        return json_response(*CompetitionError.QuestionNotFound)

    answer = answer.rstrip('#').split('#')                      # 处理答案数据
    total, correct, wrong = check_correct_num(answer)           # 检查答题情况
    qa_info.aslogrecord = answer
    qa_info.finished_stamp = stop_stamp
    qa_info.expend_time = stop_stamp - qa_info.started_stamp
    qa_info.finished = True
    qa_info.correct_num = correct if total == qa_info.total_num else 0
    qa_info.incorrect_num = wrong if total == qa_info.total_num else qa_info.total_num
    qa_info.save()                                              # 保存答题 log
    if qa_info.correct_num == kind_info.question_num:           # 得分处理
        score = kind_info.total_score
    elif not qa_info.correct_num:
        score = 0
    else:
        score = round((kind_info.total_score / kind_info.question_num) * correct, 3)
    qa_info.score = score                                       # 继续保存答题 log
    qa_info.save()
    kind_info.total_partin_num += 1                             # 保存比赛数据
    kind_info.save()                                            # 比赛答题次数
    bank_info.partin_num += 1
```

```
    bank_info.save()                                              # 题库答题次数
if (kind_info.period_time > 0) and (qa_info.expend_time > kind_info.period_time * 60 * 1000):   # 超时，不加入排行榜
        qa_info.status = CompetitionQAInfo.OVERTIME
        qa_info.save()
    else:   # 正常完成，加入排行榜
        add_to_rank(uid, kind_id, qa_info.score, qa_info.expend_time)
        qa_info.status = CompetitionQAInfo.COMPLETED
        qa_info.save()
    return json_response(210, 'OK', {                             # 返回 JSON 数据
        'qa_id': qa_id,
        'user_info': profile.data,
        'kind_id': kind_id,
    })
```

21.6.5 批量录入题库

录入题库功能的实现方法是：在页面中为用户提供一个 Excel 模板，用户按照对应的模板格式来编写题库信息，编写完成后，在页面中选择带有题库的 Excel 文件，单击“开始录制”按钮，进行题库的录入。题库 Excel 模板如图 21.21 所示。题库的录入界面如图 21.22 所示。

1	问题	答案	选项一	选项二	选项三	选项四	问题图片链接	问题音频链接	问题来源
2	商女不知亡国恨下一句是？	隔江犹唱后庭花	隔江犹闻笙竹宴	铁马冰河入梦来	一弦一柱思华年	江枫渔火对愁眠			
3	补全诗句：到现在，乡愁是一湾##，我在这头，大陆在那头。	浅浅的海峡							
4	君住长江南，我住长江北，##，共饮长江水	日日思君不见君							
5	龙舟是为了纪念哪位文化名人的？	屈原	孔子	李白	荀子	屈原			
6	元宵又称为上元节，那么下元节是几月几号？	正月十五	六月十五	十二月十五	正月十五	七月十五			
8	李白的《渡荆门送别》一诗中，写出诗人渡过荆门进入楚地看到江水冲出山峦向着原野奔腾而去的壮阔景色的诗句是：##，江入大荒流	山随平野尽							
9	不识##真面目，只缘身在此山中	庐山							
10	有情##含春泪，无力蔷薇卧晚枝。	芍药							
11	人闲##落，夜静春山空。	桂花							
12	采##东篱下，悠然见南山。	菊							
13	唐宋散文八大家不包括以下哪一位人物？	李白	苏轼	苏辙	李白	王安石			
14	清明上河图的作者是哪一个朝代的人？	北宋	南宋	北宋	晚唐	元朝			
15	天子呼来不上船，自称臣是酒中仙。说的是哪一位人物？	李白	杜甫	王之涣	李白	贾岛			
16									
17	说明：请按照表格对应的行和列填写题目。								
18									
19	对于题型为选择题的问题，题目填写到第一列，答案填写到第二列，四个选项分别填写到第三到第六列。如果题目中有图片需要展示，请在第七列填写图片的链接，如果题目中存在音频，请在第八列填写音频链接。								
20									
21	对于题型为填空题的问题，题目填写到第一列，答案填写到第二列。								
22	注意：问题中需要补全答案的位置，不论要补全的字数有多少，都用两个井号代替 ##，如：慈母手中线，##身上衣。另外，填空题不存在选项，所以第三列到第六列不用填写。								
23	如果题目中有图片需要展示，请在第七列填写图片的链接，如果题目中存在音频，请在第八列填写音频链接。								
24									

图 21.21　题库 Excel 模板

图 21.22　题库录入界面

综上所述，录入题库主要分为以下 5 个步骤。

（1）用户下载模板文件。

（2）根据自己的题库需求修改 Excel 模板文件。

（3）输入题库名称并选择题库类型。

（4）上传文件。

（5）提交到数据库。

下面详细讲解录入题库功能的实现过程。首先在前端向配置题库中添加一个导航页，在 competition 应用下面的 urls.py 中添加下面几条路由。

```
# 配置考试 url
urlpatterns += [
    path('set', set_render.index, name='set_index'),
    path('set/bank', set_render.set_bank, name='set_bank'),
    path('set/bank/tdownload', set_render.template_download, name='template_download'),
    path('set/bank/upbank', set_render.upload_bank, name='upload_bank'),
    path('set/game', set_render.set_game, name='set_game'),
]
```

在 competition 应用下面添加一个 render 视图模块 set_render.py，并在其中添加 index 函数，用来渲染视图和用户信息数据，代码如下。

```
@check_login
def index(request):
    """
    题库和考试导航页
    :param request: 请求对象
    :return: 渲染视图和 user_info 用户信息数据
    """

    uid = request.GET.get('uid', '')

    try:
        profile = Profile.objects.get(uid=uid)
    except Profile.DoesNotExist:
        return render(request, 'err.html', ProfileNotFound)

    return render(request, 'setgames/index.html', {'user_info': profile.data})
```

导航页使用了 Bootstrap 框架的巨幕 jumbotron。用户单击“录制题库”按钮时，页面跳转到 urls.py 中的第二条路由，对应的视图代码如下。

```
@check_login
def set_bank(request):
    """
    配置题库页面
    :param request: 请求对象
    :return: 渲染页面返回 user_info 用户信息数据和 bank_types 题库类型数据
    """
    uid = request.GET.get('uid', '')
    try:
        profile = Profile.objects.get(uid=uid)  # 检查账户信息
    except Profile.DoesNotExist:
        return render(request, 'err.html', ProfileNotFound)
    bank_types = []
    for i, j in BankInfo.BANK_TYPES:  # 返回所有题库类型
```

```
        bank_types.append({'id': i, 'name': j})
    return render(request, 'setgames/bank.html', {   # 渲染模板
        'user_info': profile.data,
        'bank_types': bank_types
    })
```

对应的 html 模板被放置在 web/setgames/bank.html 中，关键代码如下。

```
<form id="uploadFileForm" method="post" action="/bs/set/bank/upbank"
          enctype="multipart/form-data">{% csrf_token %}
<div id="uploadMainRow" class="row" style="margin-top: 121px;">
    <div class="col-md-3">
        <label>① 下载题库</label>
        <p style="color: gray;margin-top: 5px;">
          <a id="tDownload" href="/bs/set/bank/tdownload?uid={{ user_info.uid }}">下载</a>
          我们的简易模板，按照模板中的要求修改题库。
       </p>
    </div>
    <div class="col-md-3">
        <div class="form-group">
            <label for="bankName">② 题库名称</label>
            <input id="bankName" name="bank_name" type="text" class="form-control"
                    placeholder="请输入题库名称" />
        </div>
    </div>
    <div class="col-md-3">
        <label for="choicedValue">③ 题库类型</label>
        <div class="dropdown">
            <input type="button" id="choicedValue" data-toggle="dropdown" name="bank_type"
                    value="选择一个题库类型" />
            <div class="dropdown-menu">
                {% for t in bank_types %}
                    <div onclick="choiceBankType(this)">{{ t.name }}</div>
                {% endfor %}
            </div>
        </div>
    </div>
    <div class="col-md-3">
        <div class="row" style="margin-left:-1px;">
            <label for="uploadFile">④ 上传文件</label>
            <input class="form-control" name="template" type="file" id="uploadFile">
        </div>
    </div>
    <input type="hidden" name="uid" value="{{ user_info.uid }}" />
</div>
<div class="row" style="margin-top:35px;">
    <input type="submit" id="startUpload" class="btn btn-danger" value="开始录制">
</div>
</form>
<script type="text/javascript">
    var choicedBankType;
    var responseTypes = {{ bank_types|safe }};
    var choiceBankType = function (t) {
        var cbt = $(t).html();
        for(var i in responseTypes){
            if(responseTypes[i].name === cbt){
                choicedBankType = responseTypes[i].id;
                break;
            }
        }
```

```
        $('#choicedValue').val(cbt);
    }
</script>
```

在开始录入题库之前，用户需要先单击下载 Excel 模板文件并进行编辑后才能提交。下载的 URL 路由在 urls.py 中的第三条，对应的视图函数代码如下。

```
@check_login
def template_download(request):
    """
    题库模板下载
    :param request: 请求对象
    :return: 返回 Excel 文件的数据流
    """
    uid = request.GET.get('uid', '')                          # 获取 uid
    try:
        Profile.objects.get(uid=uid)                          # 用户信息
    except Profile.DoesNotExist:
        return render(request, 'err.html', ProfileNotFound)
    def iterator(file_name, chunk_size=512):                  # 设置 chunk_size 大小为 512KB
        with open(file_name, 'rb') as f:                      # rb，以字节读取
            while True:
                c = f.read(chunk_size)
                if c:
                    yield c                                   # 使用 yield 返回数据，直到所有数据返回完毕才退出
                else:
                    break
    template_path = 'web/static/template/template.xlsx'
    file_path = os.path.join(settings.BASE_DIR, template_path)        # 希望将题库文件存储到一个单独目录中
    if not os.path.exists(file_path):                                 # 路径不存在
        return render(request, 'err.html', TemplateNotFound)
    # 将文件以流式响应返回客户端
    response = StreamingHttpResponse(iterator(file_path), content_type='application/vnd.ms-excel')
    response['Content-Disposition'] = 'attachment; filename=template.xlsx'    # 格式为 xlsx
    return response
```

用户单击“开始录制”按钮时，数据以 POST 方式提交到后台，该视图函数对应的 url 在 urls.py 中的第四行，视图函数代码如下。

```
@check_login
@transaction.atomic
def upload_bank(request):
    """
    上传题库
    :param request:请求对象
    :return: 返回用户信息 user_info 和上传成功的个数
    """
    uid = request.POST.get('uid', '')  # 获取 uid
    bank_name = request.POST.get('bank_name', '')  # 获取题库名称
    bank_type = int(request.POST.get('bank_type', BankInfo.IT_ISSUE))  # 获取题库类型
    template = request.FILES.get('template', None)  # 获取模板文件
    if not template:  # 模板不存在
        return render(request, 'err.html', FileNotFound)
    if template.name.split('.')[-1] not in ['xls', 'xlsx']:  # 模板格式为 xls 或者 xlsx
        return render(request, 'err.html', FileTypeError)
    try:  # 获取用户信息
        profile = Profile.objects.get(uid=uid)
    except Profile.DoesNotExist:
```

```
        return render(request, 'err.html', ProfileNotFound)

    bank_info = BankInfo.objects.select_for_update().create(              # 创建题库 BankInfo
        uid=uid,
        bank_name=bank_name or '暂无',
        bank_type=bank_type
    )
    today_bank_repo = os.path.join(settings.BANK_REPO, get_today_string()) # 保存文件目录以当天时间为准
    if not os.path.exists(today_bank_repo):
        os.mkdir(today_bank_repo)                                         # 不存在该目录则创建
    final_path = os.path.join(today_bank_repo, get_now_string(bank_info.bank_id)) + '.xlsx'   # 生成文件名
    with open(final_path, 'wb+') as f:                                    # 保存题库的模板文件
        f.write(template.read())
    choice_num, fillinblank_num = upload_questions(final_path, bank_info)    # 使用 xlrd 读取 Excel 文件到数据库中
    return render(request, 'setgames/bank.html', {                         # 渲染视图
        'user_info': profile.data,
        'created': {
            'choice_num': choice_num,
            'fillinblank_num': fillinblank_num
        }
    })
```

上面的视图函数首先将返回的 Excel 题库模板保存到指定目录中，以便于后期使用，然后生成一个题库 BankInfo，并使用一个自定义的 Python 脚本将 Excel 题库文件中的数据逐一读取出来，保存到数据库中。

上面视图对应的函数文件放置在 utils 模块的 upload_questions.py 文件中，代码如下。

```
import xlrd                                                      # xlrd 库
from django.db import transaction                                # 数据库事物
from competition.models import ChoiceInfo, FillInBlankInfo       # 题目数据模型

def check_vals(val):  # 检查值是否被转换成 float，如果是，将.0 结尾去掉
    val = str(val)
    if val.endswith('.0'):
        val = val[:-2]
    return val
@transaction.atomic
def upload_questions(file_path=None, bank_info=None):
    book = xlrd.open_workbook(file_path)                         # 读取文件
    table = book.sheets()[0]                                     # 获取第一张表
    nrows = table.nrows                                          # 获取行数
    choice_num = 0                                               # 选择题数量
    fillinblank_num = 0                                          # 填空题数量
    for i in range(1, nrows):
        rvalues = table.row_values(i)                            # 获取行中的值
        if (not rvalues[0]) or rvalues[0].startswith('说明'):    # 取出多余行
            break
        if '##' in rvalues[0]:                                   # 选择题
            FillInBlankInfo.objects.select_for_update().create(
                bank_id=bank_info.bank_id,
                question=check_vals(rvalues[0]),
                answer=check_vals(rvalues[1]),
                image_url=rvalues[6],
                source=rvalues[7]
            )
            fillinblank_num += 1                                 # 填空题数加 1
        else:                                                    # 填空题
            ChoiceInfo.objects.select_for_update().create(
```

```
                bank_id=bank_info.bank_id,
                question=check_vals(rvalues[0]),
                answer=check_vals(rvalues[1]),
                item1=check_vals(rvalues[2]),
                item2=check_vals(rvalues[3]),
                item3=check_vals(rvalues[4]),
                item4=check_vals(rvalues[5]),
                image_url=rvalues[6],
                source=rvalues[7]
            )
            choice_num += 1   # 选择题数加 1
    bank_info.choice_num = choice_num
    bank_info.fillinblank_num = fillinblank_num
    bank_info.save()
    return choice_num, fillinblank_num
```

录入题库过程非常简单，只需使用 xlrd 读取文件中的每一行，判断第一列中的题目信息中是否包含##，如果包含，就代表该题目是填空题。在答题的时候，页面会将##解读为 4 条下画线（____），方便用户答题。

21.7　小　　结

本章主要讲解如何使用 Django 框架实现智慧校园考试系统项目，包括网站的系统功能设计、业务流程设计、数据库设计以及主要的功能模块。希望通过本章的学习，读者能够将前面章节所学知识融会贯通，熟悉 Python 项目开发流程，并掌握 Django 开发 Web 技术，为今后的项目开发积累经验。有兴趣的读者可以阅读源码并对其进行修改完善。

第 22 章

Java+MySQL 实现物流配货系统

一个设计得当的物流配送管理系统，不但能使物流企业走上科学化、网络化管理的道路，而且能够为企业带来巨大的经济效益。所谓物流企业信息化，是指物流企业运用现代信息技术对物流过程中产生的全部或部分信息进行采集、分类、传递、汇总、查询等一系列处理活动。其目的在于通过建设物流信息系统，提高信息流转效率，降低物流运作成本。为此，本章将开发一个物流配货系统。

本章知识架构及重难点如下：

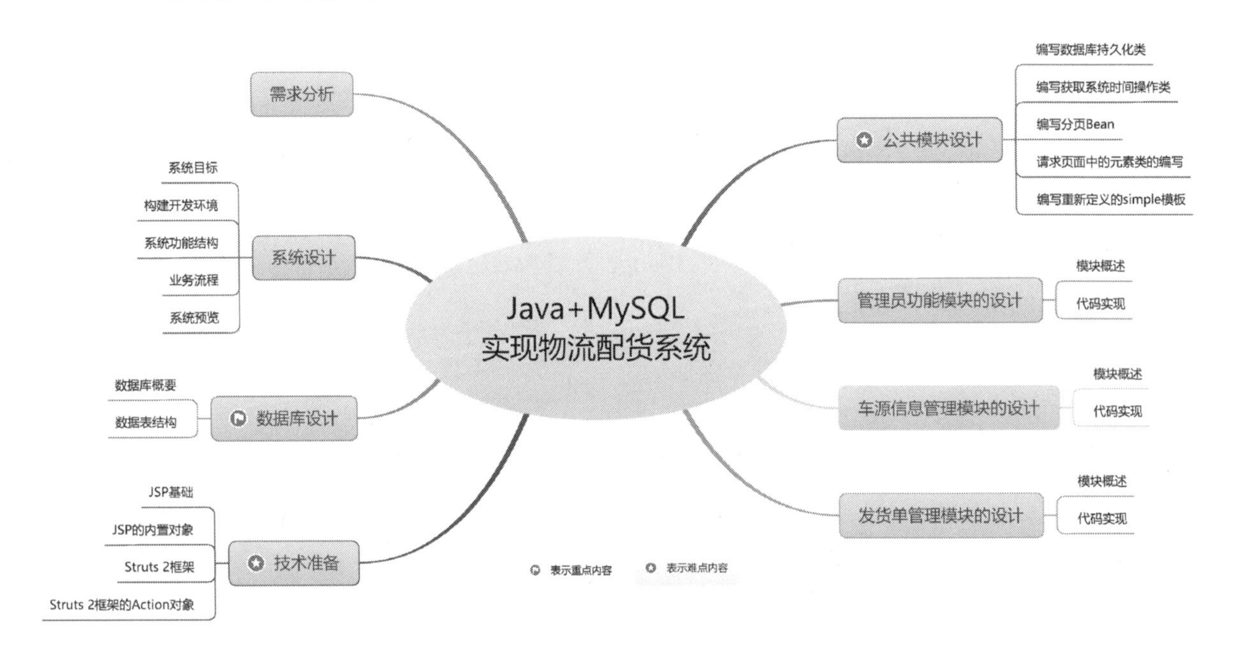

22.1 需 求 分 析

网络化的物流管理方式，在操作过程中能够快捷地查找出车源信息、客户订单以及客户信息；能够对货物进行全程跟踪，了解货物的托运情况，从而使企业能够根据实际情况，做好运营过程中的各项准备工作，并对突发事件做出及时准确的调整；能够保证托运人以及收货人对货物进行及时的处理。通过对物流企业和相关行业信息的调查，物流配货系统具有以下功能。

（1）全面展示企业的形象。
（2）通过系统流程图，全面介绍企业的服务项目。
（3）实现对车辆来源的管理。
（4）实现对固定客户的管理。
（5）通过发货单编号，详细查询到物流配货的详细信息。
（6）具备易操作的页面。
（7）当受到外界环境（停电、网络病毒）干扰时，系统可以自动保护原始数据的安全。

22.2　系统设计

22.2.1　系统目标

结合目前网络上物流配送系统的设计方案，对客户做的调查结果以及企业的实际需求，本项目在设计时应该满足以下目标。

☑ 页面设计美观大方、操作简单。
☑ 功能完善、结构清晰。
☑ 能够快速查询车源信息。
☑ 能够准确填写发货单。
☑ 能够实现发货单查询。
☑ 能够实现对回单处理。
☑ 能够对车源信息进行添加、修改和删除。
☑ 能够对客户信息进行管理。
☑ 能够及时、准确地对网站进行维护和更新。
☑ 良好的数据库系统支持。
☑ 最大限度地实现易安装性、易维护性和易操作性。
☑ 系统运行稳定，具备良好的安全措施。

22.2.2　构建开发环境

本系统的软件开发及运行环境具体如下。

☑ 操作系统：Windows 10。
☑ JDK 版本：Java SE 11.0.1。
☑ 开发工具：Eclipse for Java EE 2018-12 (4.22.0)。
☑ Web 服务器：Tomcat 9.0。
☑ 后台数据库：MySQL。
☑ 浏览器：推荐 Google Chrome 浏览器。
☑ 分辨率：最佳效果为 1440 像素×900 像素。

22.2.3 系统功能结构

物流配货系统的功能结构如图 22.1 所示。

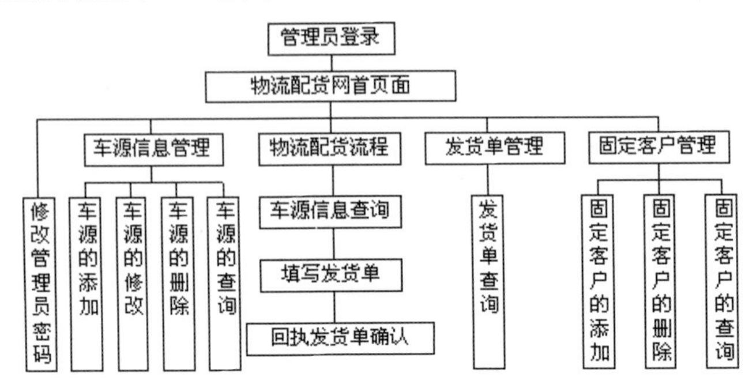

图 22.1　系统功能结构

22.2.4 业务流程

物流配货系统的业务流程如图 22.2 所示。

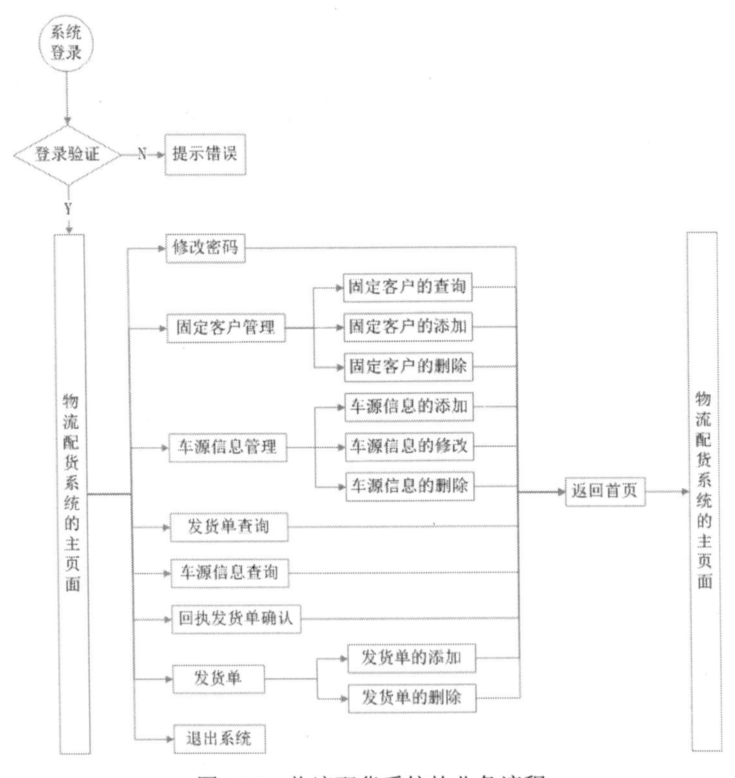

图 22.2　物流配货系统的业务流程

22.2.5　系统预览

物流配货系统中有多个页面，下面列出网站中几个典型页面的预览，其他页面可以通过运行资源包中本系统的源程序进行查看。

物流配货系统的管理员登录页面如图 22.3 所示，在该页面中将要求用户输入管理员的用户名和密码才能实现管理员登录。

图 22.3　物流配货系统的管理员登录页面

管理员在系统登录页面中，输入正确的用户名和密码后，单击“登录”按钮，即可进入物流配货系统的主页面，如图 22.4 所示。

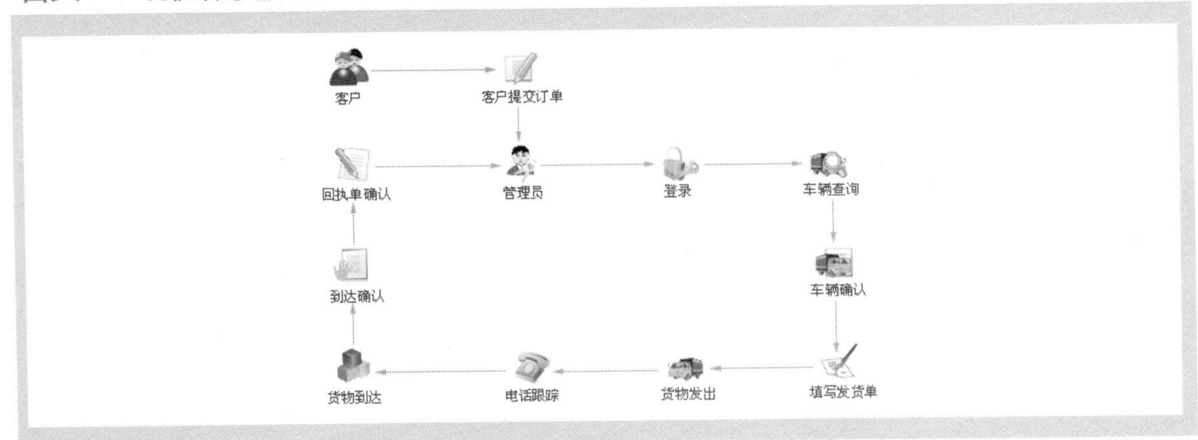

图 22.4　物流配货系统的主页面

在物流配货系统的主页面中，单击“发货单查询”按钮，可以查看已有发货单，如图 22.5 所示；单击“回执发货单确认”按钮后，输入发货单号（如 1305783681593），单击“订单确认”按钮，即可显示该发货单的确认信息，如图 22.6 所示。查看无误后，单击“回执发货单确认”按钮，即可完成该发货单的确认操作。

图 22.5　发货单查询　　　　图 22.6　回执发货单确认

22.3　数据库设计

22.3.1　数据库概要

本系统数据库采用 MySQL 数据库，用来存储管理员信息、车源信息、固定客户信息和发货单信息等。这里将数据库命名为 db_logistics，其中包含 5 张数据表，数据表树型结构如图 22.7 所示。

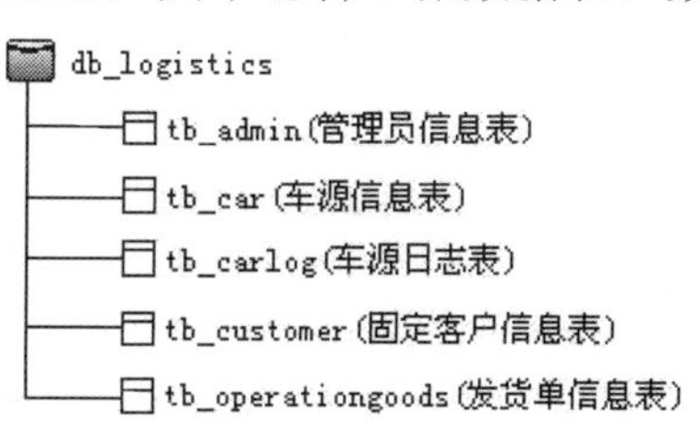

图 22.7　数据表树型结构

22.3.2　数据表结构

本项目用到的数据表如下。

1．tb_admin（管理员信息表）

管理员信息表用来存储管理员信息。表 tb_admin 的结构如表 22.1 所示。

表 22.1　表 tb_admin 的结构

字　段　名	数　据　类　型	长　　度	是　否　主　键	描　　述
id	int	11	主键	数据库自动编号
admin_user	varchar	50		管理员用户名
admin_password	varchar	50		管理员密码

2．tb_car（车源信息表）

车源信息表用来存储车源信息。表 tb_car 的结构如表 22.2 所示。

表 22.2　表 tb_car 的结构

字 段 名	数 据 类 型	长　度	是 否 主 键	描　述
id	int	11	主键	数据库编号
username	varchar	50		车主姓名
user_number	varchar	50		车主身份证号
car_number	varchar	50		车牌号码
tel	varchar	50		车主电话
address	varchar	80		车主地址
car_road	varchar	50		车辆运输路线
car_content	varchar	50		车辆描述

3．tb_carlog（车源日志表）

车源日志表用来存储车源日志信息。表 tb_carlog 的结构如表 22.3 所示。

表 22.3　表 tb_carlog 的结构

字 段 名	数 据 类 型	长　度	是 否 主 键	描　述
id	int	11	主键	数据库自动编号
good_id	varchar	255		发货单号
car_id	int	11		车源信息表的自动编号
startTime	varchar	255		车辆使用开始时间
endTime	varchar	255		车辆使用结束时间
describer	varchar	255		车辆使用描述

4．tb_customer（固定客户信息表）

固定客户信息表用来存储固定客户信息。表 tb_customer 的结构如表 22.4 所示。

表 22.4　表 tb_customer 的结构

字 段 名	数 据 类 型	长　度	是 否 主 键	描　述
customer_id	int	11	主键	自动编号
customer_user	varchar	50		固定客户姓名
customer_tel	varchar	50		固定客户电话
customer_address	varchar	80		固定客户地址

5．tb_operationgoods（发货单信息表）

发货单信息表用来存储发货单信息。表 tb_operationgoods 的结构如表 22.5 所示。

表 22.5　表 tb_operationgoods 的结构

字 段 名	数 据 类 型	长　度	是 否 主 键	描　述
id	int	11	主键	数据库自动编号
car_id	int	11		车辆信息表的自动编号

续表

字　段　名	数 据 类 型	长　　度	是 否 主 键	描　　述
customer_id	int	11		固定客户信息表的自动编号
goods_id	varchar	255		发货单编号
goods_name	varchar	255		收货人姓名
goods_tel	varchar	255		收货人电话
goods_address	varchar	255		收货人地址
goods_sure	int	11		回执发货单确认标识

22.4　技 术 准 备

本项目主要使用 JSP 技术，结合 Struts 2 框架进行开发，本节对本章用到的主要技术进行介绍。

22.4.1　JSP 基础

JSP（Java server page）是由 Sun 公司倡导、许多公司参与而建立的动态网页技术标准。它在 HTML 代码中嵌入 Java 代码片段（scriptlet）和 JSP 标签，构成了 JSP 网页。在接收到用户请求时，服务器会处理 Java 代码片段，然后将生成处理结果的 HTML 页面返回给客户端，客户端的浏览器将呈现最终页面效果。其工作原理如图 22.8 所示。

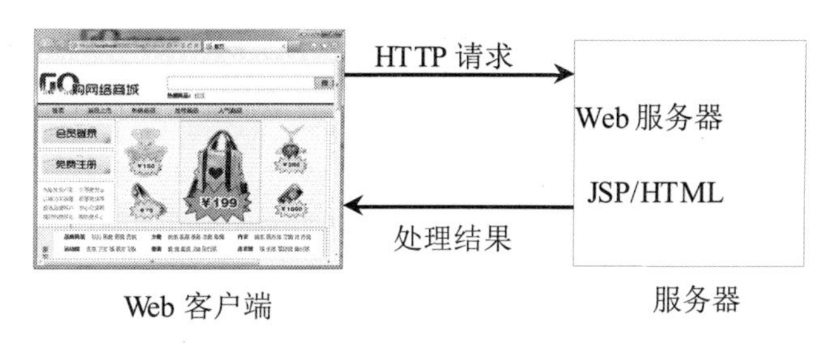

图 22.8　JSP 工作原理

JSP 页面主要由指令标签、HTML 标记语言、注释、嵌入 Java 代码、JSP 动作标签 5 个元素组成，如图 22.9 所示。

```
1  <%@ page language="java" import="java.util.*" pageEncoding="GB18030"%>
2  <!DOCTYPE HTML PUBLIC "-//W3C//DTD HTML 4.01 Transitional//EN">
3  <html>
4      <head>
5          <title>一个简单的JSP页面</title>
6      </head>
7      <body>
8          <!--HTML注释信息-->
9          <%
10             Date now = new Date();
11             String dateStr;
12             dateStr = String.format("%tY年%tm月%td日", now, now, now);
13         %>
14         当前日期是: <%=dateStr%>
15         <br>
16     </body>
17 </html>
18
```

图 22.9　简单的 JSP 页面代码

程序运行结果说明如下。

1. 指令标签

上述代码的第 1 行就是一个 JSP 的指令标签。指令标签通常位于文件的首位，并且不会产生任何可以输出到网页中的内容。另外，指令标签主要用于定义整个 JSP 页面的相关信息，如使用的语言、导入的类包、指定错误处理页面等。其语法格式如下。

```
<%@ directive attribute="value" attributeN="valueN" ……%>
```

- ☑ directive：指令名称。
- ☑ attribute：属性名称，不同的指令包含不同的属性。
- ☑ value：属性值，为指定属性赋值的内容。
- ☑ HTML 标记语言

第 2～7 行、第 15～17 行都是 HTML 语言的代码，这些代码定义了网页内容的显示格式。

2. 注释

第 8 行使用了 HTML 语言的注释格式，在 JSP 页面中还可以使用 JSP 的注释格式和嵌入 Java 代码的注释格式。HTML 语言的注释不会被显示在网页中，但是在浏览器中选择查看网页源代码时，还是能够看到注释信息的。

语法：

```
<!-- 注释文本 -->
```

例如：

```
<!-- 显示数据报表的表格 -->
<table>
    ……
</table>
```

JSP 注释由服务器编译和执行，不会被发送到客户端。

语法：

```
<%-- 注释文本 --%>
```

例如：

```
<%-- 显示数据报表的表格 --%>
<table>
    ……
</table>
```

另外，JSP 页面支持嵌入的 Java 代码，这些 Java 代码的语法和注释方法都和 Java 类的代码相同，因此也就可以使用 Java 的代码注释格式。

例如：

```
<%
//单行注释
/*
多行注释
*/
```

```
%>
<%/**JavaDoc 注释，用于成员注释*/%>
```

3．嵌入 Java 代码

在 JSP 页面中可以嵌入 Java 程序代码片段，这些 Java 代码被包含在<%%>标签中，如上述的第 9～14 行就嵌入了 Java 代码片段。其中的代码可以看作一个 Java 类的部分代码。嵌入 Java 代码语法格式如下。

```
<% 编写 Java 代码 %>
```

Java 代码片段被包含在“<%”和“%>”标记之间。可以编写单行或多行的 Java 代码，语句以“;”结尾，其编写格式与 Java 类代码格式相同。

4．JSP 动作标签

上述代码中没有编写动作标签。JSP 动作标签是 JSP 中标签的一种，它们都使用“jsp:”开头，例如“<jsp:forward>”标签可以将用户请求转发给另一个 JSP 页面或 Servlet 进行处理。动作标签通用的使用格式如下。

```
<动作标识名称 属性 1="值 1" 属性 2="值 2".../>
```

或

```
<动作标识名称 属性 1="值 1" 属性 2="值 2" ...>
    <子动作 属性 1="值 1" 属性 2="值 2" .../>
</动作标识名称>
```

在 JSP 中提供的常用动作标签如表 22.6 所示。

表 22.6　JSP 的动作标签

动 作 标 签	作　　用
<jsp:include>	向当前的页面中包含其他的文件
<jsp:forward>	将请求转发到另一个 JSP、HTML 或相关的资源文件中
<jsp:useBean>	在 JSP 页面中创建一个 Bean 实例，并且通过属性的设置可以将该实例存储到 JSP 中的指定范围内
<jsp:setProperty>	与<jsp:useBean>标识一起使用，它将调用 Bean 中的 setXxx()方法将请求中的参数赋值给由<jsp:useBean>标识创建的 JavaBean 中对应的简单属性或索引属性
<jsp:getProperty>	从指定的 Bean 中读取指定的属性值，并输出到页面中
<jsp:fallback>	<jsp:plugin>的子标识，当使用<jsp:plugin>标识加载 Java 小应用程序或 JavaBean 失败时，可通过<jsp:fallback>标识向用户输出提示信息
<jsp:plugin>	在页面中插入 Java Applet 小程序或 JavaBean，它们能够在客户端运行

22.4.2　JSP 的内置对象

为了方便 Web 应用程序的开发，在 JSP 页面中内置了一些默认的对象，这些对象不需要预先声明就可以在脚本代码和表达式中随意使用。JSP 提供的内置对象共有 9 个，如表 22.7 所示。所有的 JSP 代码都可以直接访问这 9 个内置对象。

表 22.7　JSP 的内置对象

内置对象名称	所 属 类 型	有 效 范 围	说　　明
application	javax.servlet.ServletContext	application	该对象代表应用程序上下文，它允许 JSP 页面与包括在同一应用程序中的任何 Web 组件共享信息
config	javax.servlet.ServletConfig	page	该对象允许将初始化数据传递给一个 JSP 页面
exception	java.lang.Throwable	page	该对象含有只能由指定的 JSP“错误处理页面”访问的异常数据
out	javax.servlet.jsp.JspWriter	page	该对象提供对输出流的访问
page	javax.servlet.jsp.HttpJspPage	page	该对象代表 JSP 页面对应的 Servlet 类实例
pageContext	javax.servlet.jsp.PageContext	page	该对象是 JSP 页面本身的上下文，它提供了唯一一组方法来管理具有不同作用域的属性，这些 API 在实现 JSP 自定义标签处理程序时非常有用
request	javax.servlet.http.HttpServletRequest	request	该对象提供对 HTTP 请求数据的访问，同时还提供用于加入特定请求数据的上下文
response	javax.servlet.http.HttpServletResponse	page	该对象允许直接访问 HttpServletReponse 对象，可用来向客户端输入数据
session	javax.servlet.http.HttpSession	session	该对象可用来保存在服务器与一个客户端之间需要保持的数据，当客户端关闭网站的所有网页时，session 变量会自动消失

request、response 和 session 是 JSP 内置对象中重要的 3 个对象，这 3 个对象体现了服务器端与客户端（即浏览器）进行交互通信的控制，如图 22.10 所示。

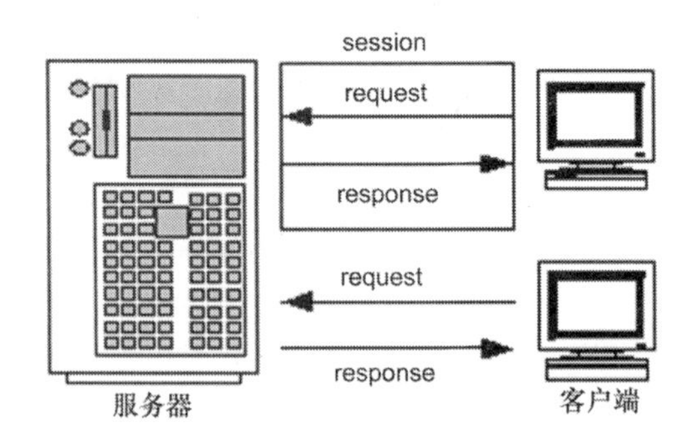

图 22.10　JSP 的 3 个重要内置对象对通信的控制

从图 22.10 中可以看出，在客户端打开浏览器，并在地址栏中输入服务器 Web 服务页面的地址后，就会显示 Web 服务器上的网页。客户端的浏览器从 Web 服务器上获得网页，实际上是使用 HTTP 协议向服务器端发送了一个请求，服务器在收到来自客户端浏览器发来的请求后要响应请求。JSP 通过 request 对象获取客户端浏览器的请求，通过 response 对客户端浏览器进行响应，而 session 则一直保存着会话期间所需要传递的数据信息。

22.4.3　Struts 2 框架

Struts 是 Apache 软件基金下的 Jakarta 项目的一部分。它目前有两个版本，即 Struts 1.x 和 Struts 2.x。

这两个版本都是基于 MVC 经典设计模式的框架，该框架采用 Servlet 技术和 JSP 来实现，并在当前 Web 开发中应用非常广泛。本章使用 Struts 2 标签方便地控制页面执行的流程。主要的 Struts 2 标签如下。

1．if 和 else 标签

if 和 else 标签常被用于控制页面执行的流程。if 标签可以单独使用，也可以与 elseif 标签、单个或多个 else 标签一起使用，关键代码如下。

```
<s:if test="%{false}">
      <div>Stop</div>
</s:if>
<s:elseif test="%{true}">
      <div>Start</div>
</s:elseif>
<s:else>
      <div>Stop</div>
</s:else>
```

2．action 标签

action 标签允许开发人员通过指定 action 名称和可选的命名空间直接从 JSP 页面中调用 action。标签的正文内容用于呈现 action 的结果。关键代码如下。

```
<div>Tag to execute the action</div>
<br />
<s:action name="actionTagAction" executeResult="true" />
<br />
<div>To invokes special method   in action class</div>
<br />
<s:action name="actionTagAction!specialMethod" executeResult="true" />
```

3．include 标签

include 标签用于在另一个 JSP 页面中包含一个 JSP 文件。关键代码如下。

```
<-- First Syntax -->
<s:include value="myJsp.jsp" />

<-- Second Syntax -->
<s:include value="myJsp.jsp">
    <s:param name="param1" value="value2" />
    <s:param name="param2" value="value2" />
</s:include>

<-- Third Syntax -->
<s:include value="myJsp.jsp">
    <s:param name="param1">value1</s:param>
    <s:param name="param2">value2</s:param>
</s:include>
```

4．date 标签

date 标签允许以快速简单的方式格式化日期。用户可以指定自定义日期格式（如“dd/MM/yyyy hh:mm”），可以生成易读的符号（例如“在 2 小时 14 分钟内”）。关键代码如下。

```
<s:date name="person.birthday" format="dd/MM/yyyy" />
<s:date name="person.birthday" format="%{getText('some.i18n.key')}" />
<s:date name="person.birthday" nice="true" />
<s:date name="person.birthday" />
```

5. param 标签

param 标签可用于参数化其他标签。此标签具有以下两个参数。

☑ name（字符串）：参数的名称。

☑ value（对象）：参数的值。

param 标签的示例代码如下。

```
<pre>
<ui:component>
 <ui:param name="key"       value="[0]"/>
 <ui:param name="value"     value="[1]"/>
 <ui:param name="context" value="[2]"/>
</ui:component>
</pre>
```

6. property 标签

property 标签用于获取一个值的属性，如果没有指定，它将默认为在值栈（值栈是对应每一个请求对象的内存数据中心，能够为每个请求提供公共的数据存取服务）的顶部。关键代码如下。

```
<s:push value="myBean">
     <s:property value="myBeanProperty" default="a default value" />
</s:push>
```

7. push 标签

push 标签用于推送堆栈中的值，以简化使用。关键代码如下。

```
<s:push value="user">
     <s:propery value="firstName" />
     <s:propery value="lastName" />
</s:push>
```

8. set 标签

set 标签为指定范围内的变量赋值。当希望将变量分配给复杂表达式，且仅引用该变量而不是复杂表达式时，set 标签是很有用的。关键代码如下。

```
<s:set name="myenv" value="environment.name"/>
<s:property value="myenv"/>
```

9. UI 标签

在介绍 UI 标签之前，先看一个简单的视图页面，关键代码如下。

```
<html>
<head>
<s:head/>
<title>Hello World</title>
</head>
<body>
```

```
    <s:div>Email Form</s:div>
    <s:text name="Please fill in the form below:" />
    <s:form action="hello" method="post" enctype="multipart/form-data">
    <s:hidden name="secret" value="abracadabra"/>
    <s:textfield key="email.from" name="from" />
    <s:password key="email.password" name="password" />
    <s:textfield key="email.to" name="to" />
    <s:textfield key="email.subject" name="subject" />
    <s:textarea key="email.body" name="email.body" />
    <s:label for="attachment" value="Attachment"/>
    <s:file name="attachment" accept="text/html,text/plain" />
    <s:token />
    <s:submit key="submit" />
    </s:form>
</body>
</html>
```

上面代码中用到的主要标签说明如下。

☑ s:head：生成 Struts 2 应用程序所需的 JavaScript 和样式表元素。

☑ s:div：用于呈现 HTML div 元素。

☑ s:text：用于呈现文本。

☑ s:form：用于呈现标签。

☑ s:submit：用于提交表单。

☑ s:label：用于呈现标签。

☑ s:textfield：用于呈现可输入文本框

☑ s:password：用于呈现密码框。

☑ s:textarea：用于呈现文本区域。

☑ s:file：呈现输入文件上传的组件，此组件允许用户上传文件。

☑ s:token：用于查明表单是否已被提交两次。

22.4.4　Struts 2 框架的 Action 对象

Action 是 Struts 2 框架的核心，每个 URL 都映射到一个特定的 Action，该 Action 提供处理来自用户的请求所需的处理逻辑。此外，Action 还有另外两个重要的功能：第一，Action 在将数据从请求传递到视图（无论是 JSP 还是其他类型的结果）方面起着重要作用；第二，Action 必须协助框架确定哪个结果应该呈现在响应请求的视图中。

在 Struts 2 中，Action 的唯一要求是必须有一个无参数方法返回 String 或 Result 对象，并且必须是一个 Java 对象。如果没有指定方法，则默认是使用 execute()方法。

通过实现 Action 接口的方式，可以创建一个处理请求的 Action 类。Action 接口的代码如下。

```
public interface Action {
    public static final String SUCCESS = "success";
    public static final String NONE = "none";
    public static final String ERROR = "error";
    public static final String INPUT = "input";
    public static final String LOGIN = "login";
    public String execute() throws Exception;
}
```

Action 接口中定义的常量值说明如下。

☑ success 表示程序处理正常，并返回给用户成功后的结果。
☑ none 表示处理正常结束，但不返回给用户任何提示。
☑ error 表示处理结果失败。
☑ input 表示需要更多用户输入才能顺利执行。
☑ login 表示需要用户正确登录后才能顺利执行。

22.5 公共模块设计

在开发过程中，经常会用到一些公共类和相关的配置，因此，在开发网站前需要编写这些公共类以及相应的配置文件代码。下面将具体介绍物流配货系统涉及的公共类和相应的配置文件代码的编写。

22.5.1 编写数据库持久化类

本实例使用的数据库持久化类的名称为 JDBConnection.java。该类不仅提供了数据库的连接，还有根据数据库获取的 Statement 和 ResultSet 等，com.tool.JDBConnection 类封装了关于数据库的各项操作，关键代码如下。

```
public class JDBConnection {
private final static String url =
            "jdbc:mysql://localhost:3306/db_logistics?user="
            + "root&password=root&useUnicode=true&characterEncoding=utf8";
    private final static String dbDriver = "com.mysql.jdbc.Driver";
    private Connection con = null;
    static {
        try {
            Class.forName(dbDriver).newInstance();
        } catch (Exception ex) {
        }
    }
    //创建数据库连接
    public boolean creatConnection() {
        try {
            con = DriverManager.getConnection(url);
                con.setAutoCommit(true);
        } catch (SQLException e) {
            return false;
        }
        return true;
    }
    //对数据库的增加、修改和删除的操作
    public boolean executeUpdate(String sql) {
        if (con == null) {
            creatConnection();
        }
        try {
            Statement stmt = con.createStatement();
```

```
                int iCount = stmt.executeUpdate(sql);//如果返回结果为 1，则说明执行了该 SQL 语句
                System.out.println("操作成功，所影响的记录数为" + String.valueOf(iCount));
                return true;
            } catch (SQLException e) {
                return false;
            }
        }
        //对数据库的查询操作
        public ResultSet executeQuery(String sql) {
            ResultSet rs;
            try {
                if (con == null) {
                    creatConnection();
                }
                Statement stmt = con.createStatement();
                try {
                    rs = stmt.executeQuery(sql);    /*执行查询的 SQL 语句，将查询结果存放在 ResultSet 对象中*/
                } catch (SQLException e) {
                    return null;
                }
            } catch (SQLException e) {
                return null;
            }
            return rs;
        }
    }
```

22.5.2　编写获取系统时间操作类

本实例使用的是对系统时间进行操作的类，其名称为 CurrentTime。该类对时间的操作中存在获取当前系统时间的方法，具体代码如下。

```
public class CurrentTime {
//获取系统时间的方法，在页面中显示的格式为年-月-日　星期几
public String currentlyTime() {
    Date date = new Date();
    DateFormat dateFormat = DateFormat.getDateInstance(DateFormat.FULL);
    return dateFormat.format(date);
 }
//获取系统时间，返回值为自 1970 年 1 月 1 日　00:00:00 GMT　以来此 Date 对象表示的毫秒数
public long autoNumber() {
        Date date = new Date();
        long autoNumber = date.getTime();
        return autoNumber;
}
}
```

22.5.3　编写分页 Bean

在本实例中，分页 Bean 的名称为 MyPagination。当对保存在 List 对象中的结果集的查询结果进行分页时，通常将用于分页的代码放在一个 JavaBean 中实现。下面将介绍如何对保存在 List 对象中的结果集进行分页显示。

1．设置分页 Bean 的属性对象

首先编写用于保存分页代码的 JavaBean，其名称为 MyPagination，并将其保存在 com.wy.core 包中，然后定义一个 List 类型对象 list 和 3 个 int 类型的变量，具体代码如下。

```
public class MyPagination {
	public List<Object> list=null;                          //设置 List 类型的对象 list
	private int recordCount=0;                              //设置 int 类型变量 recordCount
	private int pagesize=0;                                 //设置 int 类型变量 pagesize
	private int maxPage=0;                                  //设置 int 类型变量 maxPage
}
```

2．初始化分页信息的方法

在 MyPagination 类中添加一个用于初始化分页信息的方法 getInitPage()，该方法包括 3 个参数，分别为用于保存查询结果的 List 对象 list、用于指定当前页面的 int 型变量 Page 和用于指定每页显示的记录数的 int 型变量 pagesize。该方法的返回值为保存要显示记录的 List 对象。具体代码如下。

```
	public List getInitPage(List list,int Page,int pagesize){
		List<Object> newList=new ArrayList<Object>();           //实例化 List 集合对象
		this.list=list;                                         //获取当前的记录集合
		recordCount=list.size();                                //获取当前的记录数
		this.pagesize=pagesize;                                 //获取当前页数
		this.maxPage=getMaxPage();                              //获取最大页码数
		try{
		for(int i=(Page-1)*pagesize;i<=Page*pagesize-1;i++){
			try{
				if(i>=recordCount){                             //如果循环 i 大于最大页码数量，则程序中止
			break;
			}
			}catch(Exception e){}
			newList.add((Object)list.get(i));                   //将查询的结果存放在 List 集合中
		}
		}catch(Exception e){
			e.printStackTrace();
		}
		return newList;                                         //返回查询的结果
	}
```

3．获取指定页数据的方法

在 MyPagination 类中添加一个用于获取指定页数据的方法 getAppointPage()，该方法只包括一个用于指定当前页数的 int 型变量 Page，该方法的返回值为保存要显示记录的 List 对象，具体代码如下。

```
public List<Object> getAppointPage(int Page){
	List<Object> newList=new ArrayList<Object>();               //实例化 List 集合对象
	try{
		for(int i=(Page-1)*pagesize;i<=Page*pagesize-1;i++){
		try{
			if(i>=recordCount){                                 //如果 i 的值大于最大页码数量，则程序中止
					break;                                      //程序中止
			}
		}catch(Exception e){}
		newList.add((Object)list.get(i));                       //将查询的结果存放在 List 集合中
		}
	}catch(Exception e){
```

```
            e.printStackTrace();
        }
        return newList;                                    //返回指定页数的记录
}
```

4．获取最大记录数的方法

在 MyPagination 类中添加一个用于获取最大记录数的方法 getMaxPage ()，该方法无参数，其返回值为最大记录数。具体代码如下。

```
public int getMaxPage(){
        //计算最大的记录数
        int maxPage=
(recordCount%pagesize==0)?(recordCount/pagesize):(recordCount/pagesize+1);
        return maxPage;
}
```

5．获取总记录数的方法

在 MyPagination 类中添加一个用于获取总记录数的方法 getRecordSize()，该方法无参数，其返回值为总记录数。具体代码如下。

```
public int getRecordSize(){
        return recordCount;                                //通过 return 关键字返回记录总数
}
```

6．获取当前页数的方法

在 MyPagination 类中添加一个用于获取当前页数的方法 getPage()，该方法只有一个用于指定从页面中获取的页数的参数，其返回值为处理后的页数。具体代码如下。

```
public int getPage(String str){
        if(str==null){                                     //如果参数值为 null，则将参数 str 赋值为 0
                str="0";
        }
        int Page=Integer.parseInt(str);                    //对参数类型进行转换，并赋值为 Page 变量
        if(Page<1){                                        //如果 Page 变量小于 1，则将变量赋值为 1
                Page=1;
        }else{
                if(((Page-1)*pagesize+1)>recordCount){
                        Page=maxPage;                      //将变量 Page 设置为最大页码数量
                }
        }
        return Page;                                       //通过 return 关键字返回当前页码数
}
```

7．输出记录导航的方法

在 MyPagination 类中添加一个用于输出记录导航的方法 printCtrl()，该方法只有一个用于指定当前页数的参数，其返回值为输出记录导航的字符串。具体代码如下。

```
public String printCtrl(int Page) {
        String strHtml =
"<div style='width:980px;text-align:right;padding:10px; "
+ "color:#525252;'>当前页数：["+ Page + "/" + maxPage + "]  ";
```

```
try {
    if (Page > 1) {            //如果当前页码数大于 1，“第一页”及“上一页”超链接存在
        strHtml = strHtml + "<a href='?" + method + "&Page=1'>第一页</a>";
        strHtml = strHtml + "  <a href='?Page="+ (Page - 1) + "'">上一页</a>";
    }
    if (Page < maxPage) {          //如果当前页码数小于最大页码数，“下一页”及“最后一页”超链接存在
        strHtml = strHtml + "  <a href='?Page="
            + (Page + 1) + "'">下一页</a>   <a href='?Page=" + maxPage + "'">最后一页 </a>";
    }
        strHtml = strHtml + "</div>";
    } catch (Exception e) {
        e.printStackTrace();
    }
    return strHtml;                  //通过 return 关键字返回这个表格
}
```

22.5.4　请求页面中的元素类的编写

在 Struts 2 的 Action 类中，若要使用 HttpServletRequest 和 HttpServletResponse 类对象，必须使该 Action 类实现 ServletRequestAware 和 ServletResponseAware 接口。另外，如果仅仅是对会话进行存取数据的操作，则可实现 SessionAware 接口；否则可通过 HttpServletRequest 类对象的 getSession()方法来获取会话。Action 类继承了这些接口后，必须实现接口中定义的方法。

在本实例中，请求页面中元素类的名称为 MySuperAction，该类实现了 ServletRequestAware 接口、ServletResponseAware 接口和 SessionAware 接口，并继承了 ActionSupport 类。关键代码如下。

```
public class MySuperAction extends ActionSupport implements SessionAware,ServletRequestAware,
ServletResponseAware {
    protected HttpServletRequest request;          //定义 HttpServletRequest 对象
    protected HttpServletResponse response;        //定义 HttpServletResponse 对象
    protected Map session;                         //定义 Map 对象
    public void setSession(Map session) {
        this.session=session;
    }
    public void setServletRequest(HttpServletRequest request) {
        this.request=request;
    }
    public void setServletResponse(HttpServletResponse response) {
        this.response=response;
    }
}
```

22.5.5　编写重新定义的 simple 模板

使用 Struts 2 提供的标签可以根据 Struts 2 的模板在 JSP 页面中生成实用的 HTML 代码，这样可以大大减少 JSP 页面中的冗余代码，只需要配置使用不同的主题模板就可以显示不同的页面样式。

Struts 2 默认提供 5 种主题，分别为 Simple 主题、XHTML 主题、CSS XHTML 主题、Archive 主题及 Ajax 主题。一般情况下，默认的主题为 XHTML 主题，这个主题默认会生成一些没有实际作用的 HTML 代码，我们可以对默认的主题进行修改。要修改主题，则需要设置 struts.properties 资源文件，该文件的主要代码如下。

```
struts.ui.theme=simple
```

使用上面的代码，就可以手动编写所需要的 HTML 代码了。但是，如果通过 Struts 2 的 actionenor 和 actionmessage 标签产生错误信息，则会增加<li>元素。如何去掉<li>元素呢？可以对 simple 主题重新进行定义，在重新定义主题之前，需要在 src 节点下依次创建名称为 template 和 simple 两个包文件，然后在 simple 包下重新定义 Simple 主题。

1. 重新定义<s:fielderror>标签输出的内容

创建 fielderror.ftl 文件，该文件将重新定义<s:fielderror>标签输出的内容，该文件的关键代码如下。

```
<#if fieldErrors?exists><#t/>
	<#assign eKeys = fieldErrors.keySet()><#t/>
	<#assign eKeysSize = eKeys.size()><#t/>
	<#assign doneStartUlTag=false><#t/>
	<#assign doneEndUlTag=false><#t/>
	<#assign haveMatchedErrorField=false><#t/>
	<#if (fieldErrorFieldNames?size > 0) ><#t/>
		<#list fieldErrorFieldNames as fieldErrorFieldName><#t/>
			<#list eKeys as eKey><#t/>
			<#if (eKey = fieldErrorFieldName)><#t/>
				<#assign haveMatchedErrorField=true><#t/>
				<#assign eValue = fieldErrors[fieldErrorFieldName]><#t/>
				<#if (haveMatchedErrorField && (!doneStartUlTag))><#t/>
					<#assign doneStartUlTag=true><#t/>
				</#if><#t/>
				<#list eValue as eEachValue><#t/>
					${eEachValue}
				</#list><#t/>
			</#if><#t/>
		</#list><#t/>
	</#list><#t/>
	<#if (haveMatchedErrorField && (!doneEndUlTag))><#t/>
		<#assign doneEndUlTag=true><#t/>
	</#if><#t/>
	<#else><#t/>
	<#if (eKeysSize > 0)><#t/>
			<#list eKeys as eKey><#t/>
				<#assign eValue = fieldErrors[eKey]><#t/>
				<#list eValue as eEachValue><#t/>
					${eEachValue}</span>
				</#list><#t/>
			</#list><#t/>
		</#if><#t/>
	</#if><#t/>
</#if><#t/>
```

2. 重新定义<s:actionerror>标签输出的内容

创建 actionerror.ftl 文件，该文件将重新定义<s:actionerror>标签输出的内容，该文件的关键代码如下。

```
<#if (actionErrors?exists && actionErrors?size > 0)>
<#list actionErrors as error>
${error}
</#list>
</#if>
```

3. 重新定义<s:actionmessage>标签输出的内容

创建 actionmessage.ftl 文件，该文件将重新定义<s: actionmessage>标签输出的内容，该文件的关键代码如下。

```
<#if (actionMessages?exists && actionMessages?size > 0)>
<#list actionMessages as message>
${message}
</#list>
</#if>
```

22.6 管理员功能模块的设计

22.6.1 模块概述

管理员模块是一个系统必有的功能，系统管理员拥有系统的最高权限，该模块需要实现管理员的登录功能和修改密码的功能。首先需要创建管理员的 Action 实现类，在该 Action 实现类的相应方法中调用 DAO 层的方法验证登录和修改密码。

1. 创建管理员的 Action 实现类

在本实例中，管理员的实现类名称为 AdminAction。AdminAction 类继承自 AdminForm 类，而 AdminForm 类本身继承自 MySuperAction 类。因此，AdminForm 和 MySuperAction 两个类中的属性和方法均可用于 AdminAction 类中。

在 AdminAction 类中首先需要在静态方法中实例化管理员模块的 AdminDao 类（该类用于实现与数据库的交互）。在管理员模块中，实现类的关键代码如下。

```
public class AdminAction extends AdminForm {
	private static AdminDao adminDao = null;
	static{
		adminDao=new AdminDao();
	}
	…… 省略其他业务逻辑的代码
}
```

2. 管理员功能模块涉及 struts.xml 文件

在创建完管理员功能模块中的实现类后，需要在 struts.xml 文件中进行配置。该文件主要配置管理员功能模块的请求结果。管理员功能模块涉及的 struts.xml 文件的代码如下。

```
<action name="admin_*" class="com.webtier.AdminAction" method="{1}">
    <result name="success">/admin_{1}.jsp</result>
    <result name="input">/admin_{1}.jsp</result>
</action>
```

在上述代码中，<action>元素的 name 属性表示请求的方式，在请求方式中“*”表示请求方式的方

法，这与 method 属性的配置是相对应的，而 class 属性是请求处理类的路径。如果客户端请求的名称是“admin_index.action”，则其对应的是 struts.xml 配置文件中指定的 AdminAction 类的 index()方法。

通过<result>子元素添加了两个返回映射地址。其中，success 表示返回请求的成功页面，而 input 表示请求失败的页面。然而无论请求成功还是失败，最后返回的页面都是同一个页面，而这个页面的名称要根据请求方法的名称来确定。

22.6.2　代码实现

1．管理员登录的实现过程

（1）编写管理员登录页面。

管理员登录模块是物流配货系统中最先使用的功能，也是系统的入口。在系统登录页面中，管理员可以通过输入正确的用户名和密码进入系统，当管理员没有输入用户名和密码时，系统会通过服务器端进行判断，并提示管理员输入用户名和密码。物流配货系统的管理员登录页面如图 22.11 所示。

图 22.11　物流配货系统的管理员登录页面

图 22.11 所示的页面是 form 表单，它主要是通过 Struts 2 的标签进行编写的，关键代码如下。

```
<%@ taglib prefix="s" uri="/struts-tags"%>
<link href="css/style.css" type="text/css" rel="stylesheet">
<div style="width: 42%; float: left;color: #525252;padding-top: 110;">
        <s:form action="admin_index" method="post">
                <ul class="login_ul">
                        <li style="color:red;text-align: center;"><s:fielderror>
                                <s:param value="%{'admin_user'}" />
```

```
                        </s:fielderror> <s:fielderror>
                              <s:param value="%{'admin_password'}" />
                        </s:fielderror> <s:actionerror /></li>
                  <li>用户名： <s:textfield name="admin_user" /> </li>
                  <li>密　码： <s:password name="admin_password" /></li>
<li style="padding-left:138px;"><s:submit value="登录" />     <s:reset
                              value="重置" /></li>
            </ul>

      </s:form>
</div>
```

（2）编写管理员登录代码。

在管理员登录页面的“用户名”和“密码”文本框中输入正确的用户名和密码后，单击“登录”按钮，网页会访问一个 URL 地址（可以通过 IE 浏览器看到），该地址是“admin_index.action”。根据 struts.xml 文件的配置信息，我们可以知道，该请求地址执行的是 AdminAction 类中的 index()方法，该方法主要执行管理员登录验证。

在执行验证 index()方法之前，需要输入校验以校验管理员登录页面的表单。在 Struts 2 中，validate()方法无法知道需要校验哪个处理逻辑。实际上，如果我们重写了 validate()方法，则该方法会校验所有的处理逻辑。为了实现校验指定处理逻辑的功能，Struts 2 的 Action 类允许提供一个 validateXxx()方法，其中 Xxx 即 Action 对应的处理逻辑的方法。在验证 index()方法之前，需要执行以下代码来校验登录页面的表单。

```
public void validateIndex() {
            if (null == admin_user || admin_user.equals("")) {
                  this.addFieldError("admin_user", "| 请您输入用户名");
            }
            if (null == admin_password || admin_password.equals("")) {
                  this.addFieldError("admin_password", "| 请您输入密码");
            }
      }
```

在上述代码中，一旦用户名和密码被判断为 null 或空字符串，validateIndex()方法就会通过 addFieldError()方法将校验失败信息添加到 fieldError 中，之后系统就自动返回 input 逻辑视图，这个逻辑视图需要在 struts.xml 配置文件中进行配置。为了在 input 逻辑视图对应的 JSP 页面中输出错误提示，应该在该页面中编写如下标签代码。

```
<s:fielderror/>
```

如果输入校验成功，则系统将直接进入业务逻辑处理的 index()方法，该方法主要判断用户名和密码是否与数据库中的用户名和密码相同。验证用户名和密码是否正确的关键代码如下。

```
public String index() {
            String query_password = adminDao.getAdminPassword(admin_user);
            if (query_password.equals("")) {
                     this.addActionError("| 该用户名不存在");
                 return INPUT;
            }
                 if (!query_password.equals(admin_password)) {
                  this.addActionError("| 您输入的密码有误，请重新输入");
                  return INPUT;
            }
                session.put("admin_user", admin_user);
            return SUCCESS;
      }
```

（3）编写管理员登录的 AdminDao 类的方法。

管理员登录实现类使用的 AdminDao 类的方法是 getAdmin Password()。在 getAdminPassword()方法中，首先从数据表 tb_admin 中查询输入的用户名是否存在。如果用户名存在，则该方法将根据这个用户名查询密码，并返回密码的值。getAdminPassword()方法的具体代码如下。

```
public String getAdminPassword(String admin_user) {
        String admin_password = "";
        String sql = "select * from tb_admin where admin_user='" + admin_user + "'";
        ResultSet rs = connection.executeQuery(sql);
        try {
            while (rs.next()) {
                admin_password = rs.getString("admin_password");
            }
        } catch (SQLException e) {
            e.printStackTrace();
        }
        return admin_password;
    }
```

2．管理员修改密码的实现过程

（1）编写管理员密码修改页面。

管理员成功登录后，直接进入物流配货系统的主页面。登录的管理员如果想要修改自己的登录密码，则可单击主页面顶部的“修改密码”超链接，进入“修改管理员密码”页面。“修改管理员密码”页面的运行结果如图 22.12 所示。

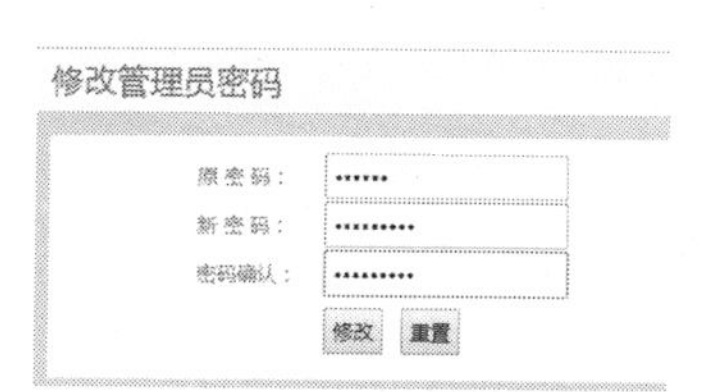

图 22.12　“修改管理员密码”页面

图 22.12 所示的页面是 form 表单，它主要是通过 Struts 2 标签进行编写的，关键代码如下。

```
<%@ taglib prefix="s" uri="/struts-tags"%>
<%String admin=(String)session.getAttribute("admin_user");%>
<s:form action="admin_updatePassword">
    <table width="70%" class="table"   style="float: right;">
        <tr>
            <td width="20%">原 密 码：</td>
            <td bgcolor="#FFFFFF">
                <s:password name="admin_password" />
                <s:fielderror>
                    <s:param value="%{'admin_password'}" />
                </s:fielderror></td>
        </tr>
        <tr>
            <td>新 密 码：</td>
            <td bgcolor="#FFFFFF"><s:password name="admin_repassword1" />
                <s:fielderror>
                    <s:param value="%{'admin_repassword1'}" />
                </s:fielderror></td>
```

```
            </tr>
            <tr>
                <td>密码确认：</td>
                <td bgcolor="#FFFFFF"><s:password name="admin_repassword2" />
                    <s:fielderror>
                        <s:param value="%{'admin_repassword2'}" />
                    </s:fielderror></td>
            </tr>
            <tr align="center" bgcolor="#FFFFFF">
                <td></td>
                <td height="50">
                    <s:hidden name="admin_user" value="%{#session.admin_user}" />
                    <s:submit value="修改" />  <s:reset value="重置" /></td>
            </tr>
        </table>
</s:form>
```

（2）编写管理员修改代码。

在管理员修改页面中，在“原密码”文本框中输入管理员原来登录时使用的密码，在“新密码”和“密码确认”两个文本框中均输入新密码，并要求两次输入的新密码必须保持一致，这些操作都是在修改密码之前编写的。因此，需要在 AdminAction 类中编写 valiadateUpdatePassword()方法来完成这些操作，主要代码如下。

```
public void validateUpdatePassword() {
        if (null == admin_password || admin_password.equals("")) {
            this.addFieldError("admin_password", "请输入原密码");
    }
        if (null == admin_repassword1 || admin_repassword1.equals("")) {
            this.addFieldError("admin_repassword1", "请输入新密码");
    }
        if (null == admin_repassword2 || admin_repassword2.equals("")) {
            this.addFieldError("admin_repassword2", "请输入密码确认");
    }
        if (!admin_repassword1.equals(admin_repassword2)) {
        this.addActionError("您两次输入的密码不相同，请重新输入！！！");
        }
}
```

valiadateUpdatePassword()方法是在执行修改密码之前进行操作的，而修改密码的方法名称是 updatePassword()，该方法主要代码如下。

```
public String updatePassword() {
            String query_password = adminDao.getAdminPassword(admin_user);
            if (!admin_password.equals(query_password)) {
        this.addFieldError("admin_password", "您输入的原密码有误，请重新输入");
    }
    String sql = "update tb_admin set admin_password='" + admin_repassword1
            + "' where admin_user='" + admin_user + "'";
        if (!adminDao.operationAdmin(sql)) {
        this.addActionError("修改密码失败！！！");
        return INPUT;
    } else {
            request.setAttribute("editPassword", "您修改密码成功，请您重新登录！！！");
        return SUCCESS;
    }
}
```

22.7　车源信息管理模块的设计

22.7.1　模块概述

车源信息管理模块主要分为以下几个功能。

☑　车源信息的查询：用于查询全部车源信息。

☑　车源信息的添加：用于添加车源信息。

☑　车源信息的修改：用于修改车源信息。

☑　车源信息的删除：用于删除车源信息。

车源信息管理主要就是对车源信息进行增、删、改、查的操作，我们首先知道了对应的数据库车源信息表是 tb_car，因此需要创建一个对应于车源信息的实体 JavaBean 类，再通过 Struts 2 创建对应于车源管理的 Action 类来实现对车源信息进行增、删、改、查的控制。

1. 定义车源信息的 FormBean 实现类

在车源信息管理模块中，涉及的数据表是车源信息表（tb_car）。车源信息表中保存了各种车源信息，根据这些信息创建车源信息的 FormBean，名称为 CarForm，关键代码如下。

```
package com.form;
import com.tools.MySuperAction;
public class CarForm extends MySuperAction{
	public Integer id=null;                          //设置自动编号的属性
	public String username=null;                     //设置车主姓名的属性
	public Integer user_number=null;                 //设置车主身份证号码的属性
	public String car_number=null;                   //设置车牌号码的属性
	public Integer tel=null;                         //设置车主电话的属性
	public String address=null;                      //设置车主地址的属性
	public String car_road=null;                     //设置车源行车路线的属性
	public String car_content=null;                  //设置车源描述信息的属性
	public Integer getId() {
		return id;
	}
	public void setId(Integer id) {
		this.id = id;
	}
	…//省略其他属性的 setXXX()和 getXXX()方法
}
```

2. 创建车源管理的实现类

在本实例中，车源管理的实现类名称为 CarAction。CarAction 类继承自 CarForm 类，而 CarForm 类本身继承自 MySuperAction 类，因此在 CarAction 类中，可以使用 CarForm 类和 MySupperAction 类中的方法和属性。

首先需要在 CarAction 类的静态方法中实例化车源模块的 AdminDao 类（该类用于实现与数据库的

交互）。在车源模块中，实现类的关键代码如下。

```
public class CarAction extends CarForm {
    private staitc CarDao carDao = null;
    staitc {
        carDao = new CarDao();
    }
}
```

3．车源管理模块涉及的 struts.xml 文件

在创建完车源管理模块中的实现类后，需要在 struts.xml 文件中进行配置，主要配置车源管理模块的请求结果。车源管理模块涉及的 struts.xml 文件的代码如下。

```
<action name="car_*" class="com.webtier.CarAction" method="{1}">
    <result name="success">/car_{1}.jsp</result>
    <result name="input">/car_{1}.jsp</result>
    <result name="operationSuccess" type="redirect">car_queryCarList.action</result>
</action>
```

在上述代码中，<action>元素的 name 属性表示请求的方式，在请求方式中“*”表示请求方式的方法，这与 method 属性的配置是相对应的，而 class 属性是请求处理类的路径。这段代码的意思是，如果客户端请求的 action 名称是 car_select.action，则其对应的是 struts.xml 配置文件中指定的 CarAction 类的 select()方法。

在<result>元素中，除了设置 success 和 input 两个返回值，还设置了 operationSuccess，其中，通过 type 属性设置转发页面的方法，这里将 type 属性设置为 redirect，也就是重定向请求。也就是说，当执行控制器 CarAction 类中的某个方法时，如果返回 operationSuccess，则根据 struts.xml 配置文件信息的内容重定向请求，然后执行 car_queryCarList.action 方法（这个方法具有查询车辆信息的功能）。

22.7.2 代码实现

1．车源查看的实现过程

（1）编写“车源信息管理”页面。

管理员登录后，单击“车源信息管理”超链接，进入“车源信息管理”页面，在该页面中将分页显示车源信息。其中，每一页面显示 4 条记录，同时提供添加车源信息、修改车源信息和删除车源信息的超链接。“车源信息管理”页面的运行结果如图 22.13 所示。

车源信息管理

序号	姓名	车牌号	地址	电话	身份证号	运输路线	车辆描述	操作
11	小三	吉A33333	长春市南关区财富领域	84978981	333333333333333	长春—上海	无	修改 删除

序号	姓名	车牌号	地址	电话	身份证号	运输路线	车辆描述	操作
10	小二	吉A22222	长春市二道区亚泰广场	84978981	222222222222222	长春—辽宁	无	修改 删除

序号	姓名	车牌号	地址	电话	身份证号	运输路线	车辆描述	操作
9	小一	吉A11111	长春市二道区中东市场	84978981	111111111111111	长春—哈尔滨	没有了	修改 删除

⊙添加车源信息

当前页数：[1/1]

图 22.13 “车源信息管理”页面

为了实现如图 22.13 所示的页面，首先通过<s:set>标签获取车源信息所有的集合对象，然后通过 Struts 2 标签库中的<s:iterator>标签循环显示车源信息，关键代码如下。

```
<%@ taglib prefix="s" uri="/struts-tags"%>
<jsp:directive.page import="java.util.List"/>
<jsp:useBean id="pagination" class="com.tools.MyPagination" scope="session"></jsp:useBean>
<%
String str=(String)request.getParameter("Page");
int Page=1;
List list=null;
if(str==null){
        list=(List)request.getAttribute("list");
        int pagesize=2;                                                //指定每页显示的记录数
        list=pagination.getInitPage(list,Page,pagesize);               //初始化分页信息
}else{
        Page=pagination.getPage(str);
        list=pagination.getAppointPage(Page);                          //获取指定页的数据
}
request.setAttribute("list1",list);
%>
<!--      ……  此处省略部分布局代码 -->
<s:set var="carList" value="#request.list1"/>
<s:if test="#carList==null||#carList.size()==0">
      <br>★★★目前没有车源信息★★★
      <a href="car_insertCar.jsp" class="a2">添加车源信息</a>
</s:if>
<s:else>
    <s:iterator status="carListStatus" value="carList">
        <table width="100%"    class="table" >
            <tr align="center">
              <td width="82" class="td">序号</td>
              <td width="82" class="td">姓名</td>
              <td width="105" class="td">车牌号</td>
              <td width="139" class="td">地址</td>
              <td width="78" class="td">电话</td>
              <td width="119" class="td">身份证号</td>
              <td class="td">运输路线</td>
              <td class="td">车辆描述</td>
              <td class="td">操作</td>
            </tr>
            <tr align="center" >
              <td height="35" class="td"><s:property value="id"/></td>
              <td class="td"><s:property value="username"/></td>
              <td class="td"><s:property value="car_number"/></td>
              <td class="td"><s:property value="address"/></td>
              <td class="td"><s:property value="tel"/></td>
              <td class="td"><s:property value="user_number"/></td>
              <td class="td"><s:property value="car_road"/></td>
              <td class="td"><s:property value="car_content"/></td>
              <td class="td"><s:a href="car_queryCarForm.action?id=%{id}">修改</s:a>
                    
                 <s:a href="car_deleteCar.action?id=%{id}">删除</s:a></td>
            </tr>
        </table>
</s:iterator>
        <div style="width:100%;padding-left:10px;text-align: left;font-size: 14pt;">
         <img src="images/add.jpg" width="16" height="16"> <a href="car_insertCar.jsp" class="a2">
添加车源信息</a> <%=pagination.printCtrl(Page) %></div>
</s:else>
```

```
<%=pagination.printCtrl(Page)%>
```

（2）编写查看车源信息 CarDao 类中的方法 queryCarList()。

查看车源信息使用的是 CarDao 类中的方法 queryCarList()。在该方法中，首先设置 String 类型的对象。如果这个对象的值为 null，则该方法执行对车源查询所有的数据；如果这个对象的值不为 null，则该方法执行的是复合查询的 SQL 语句。queryCarList()方法的关键代码如下。

```
public List queryCarList(String sign) {
        List list = new ArrayList();
        CarForm carForm = null;
        String sql=null;
        if(sign==null){
            sql = "select * from tb_car order by id desc";
        }else{
            sql = "select * from tb_car where id not in (select car_id from tb_carlog)";0
        }
            ResultSet rs = connection.executeQuery(sql);
        try {
            while (rs.next()) {
                carForm = new CarForm();
                                                        …//省略其他赋值的方法
                list.add(carForm);
            }
        } catch (SQLException e) {
            e.printStackTrace();
        }
        return list;
    }
```

2．车源添加的实现过程

（1）车源添加页面。

管理员登录系统后，单击“车源信息管理”超链接，进入“车源信息管理”页面，在该页面中单击“添加车源信息”超链接，进入“添加车源信息”页面。“添加车源信息”页面的运行结果如图 22.14 所示。

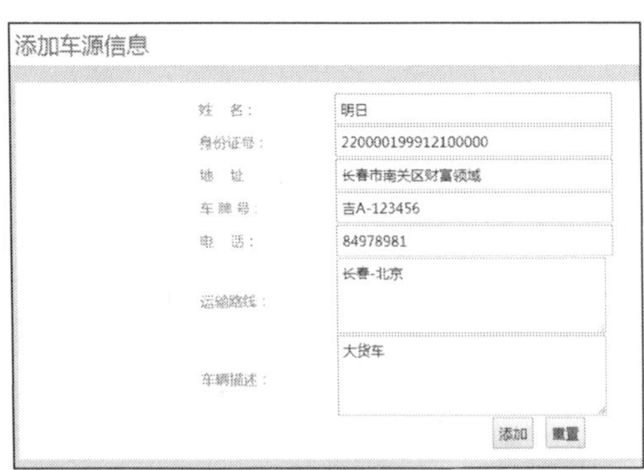

图 22.14 “添加车源信息”页面

（2）编写车源添加代码。

在图 22.14 所示的“添加车源信息”页面中，实现车源信息添加的功能是 car_insertCar.jsp 文件。根据 struts.xml 配置文件内容，车源添加调用的是 CarAction 类中的 inserCar()方法。在执行该方法之前，

需要对“添加车源信息”页面表单实现验证操作，也就是说，不允许客户端输入 null 或空字符串的操作。用于验证 null 或空字符串操作的方法名称为 validateInsertCar()，该方法的关键代码如下。

```
public void validateInsertCar() {
        if (null == username || username.equals("")) {
                this.addFieldError("username", "请您输入姓名");
        }
        if (null == user_number || user_number.equals("")) {
                this.addFieldError("user_number", "请您输入身份证号");
        }
        …//省略其他属性的校验
}
```

系统如果验证所有的表单信息成功，则执行方法实现添加车源信息的操作。insertCar()方法首先将表单的内容对象设置为添加 SQL 语句的参数，然后调用 CarDao 类中的 operationCar()方法实现添加车源信息的操作，该方法的关键代码如下。

```
public String insertCar() {
                String sql = "insert into tb_car (username,user_number,car_number,tel,address,car_road,car_content) value('"
+ username+ "','"+ user_number+ "','"+ car_number+ "','"+ tel+ "','"+ address+ "','"+ car_road+ "','"
                        + car_content + "')";
                carDao.operationCar(sql);
                return "operationSuccess";
        }
```

（3）编写添加车源信息的 CarDao 类中的方法 operationCar()。

添加车源信息类使用的是 CarDao 类中的方法 operationCar()，将 SQL 语句作为该方法的参数，并执行该 SQL 语句。该方法的关键代码如下。

```
        public boolean operationCar(String sql) {
                return connection.executeUpdate(sql);
        }
```

在上述代码中，返回值为 boolean 类型，根据这个 boolean 类型的结果判断该 SQL 语句是否执行成功。

3. 车源修改的实现过程

（1）车源信息修改页面。

管理员登录系统后，单击“车源信息管理”超链接，进入“车源信息管理”页面，在该页面中，如果管理员想要修改某个车源信息的数据，则单击该车源信息中的“修改”超链接，进入“修改车源信息”页面，该页面的运行结果如图 22.15 所示。

图 22.15　“修改车源信息”页面

（2）编写车源信息修改代码。

在图 22.15 所示的“修改车源信息”页面中，实现车源信息修改的功能是“car_updateCar”。根据 struts.xml 配置文件内容，车源修改调用的是 CarAction 类中的 updateCar()方法。在执行该方法之前，需要对“修改车源信息”页面表单实现验证操作，也就是说，不允许客户端输入 null 或空字符串的操作。

系统如果验证所有的表单信息成功，则执行 updateCar()方法实现修改车源信息的操作。在该方法中，首先将表单的内容对象设置成修改 SQL 语句的参数，然后调用 CarDao 类中的 operationCar()方法实现修改车源信息的操作。updateCar()方法的关键代码如下。

```
    public String updateCar() {
        String sql = "update tb_car set username='" + username
                + "',user_number='" + user_number + "',car_number='"
                + car_number + "',tel='" + tel + "',address='" + address
                + "',car_road='" + car_road + "',car_content='" + car_content
                + "' where id='" + id + "'";
        carDao.operationCar(sql);
        return "operationSuccess";
    }
```

4. 车源删除的实现过程

管理员登录系统后，单击“车源信息管理”超链接，进入“车源信息管理”页面。在该页面中，管理员如果想要删除某个车源信息，则单击该车源信息“删除”超链接，进入“删除车源信息”页面，在该页面中可执行删除车源信息的操作。

在“车源信息管理”页面中可以找到删除车源信息超链接代码，代码如下。

```
<s:a href="car_deleteCar.action?id=%{id}">删除</s:a>
```

在上面的代码中，删除车源信息调用的方法是 CarAction 类中的 deleteCar()方法，在该方法中通过执行删除 SQL 语句删除指定的车源信息。deleteCar()方法的关键代码如下。

```
public String deleteCar() {
    String sql = "delete from tb_car where id='" + id + "'";
    carDao.operationCar(sql);
    return "operationSuccess";
}
```

22.8 发货单管理模块的设计

22.8.1 模块概述

发货单管理模块主要功能如下。

☑ 填写发货单：对普通发货单的填写，以及根据固定的车源对发货单的填写。

☑ 回执发货单确认：根据发货单的号码，对指定发货记录进行回执。

☑ 发货单查询：实现对发货单的全部查询，并对指定的发货单进行删除操作。

发货单管理模块流程如图 22.16 所示。

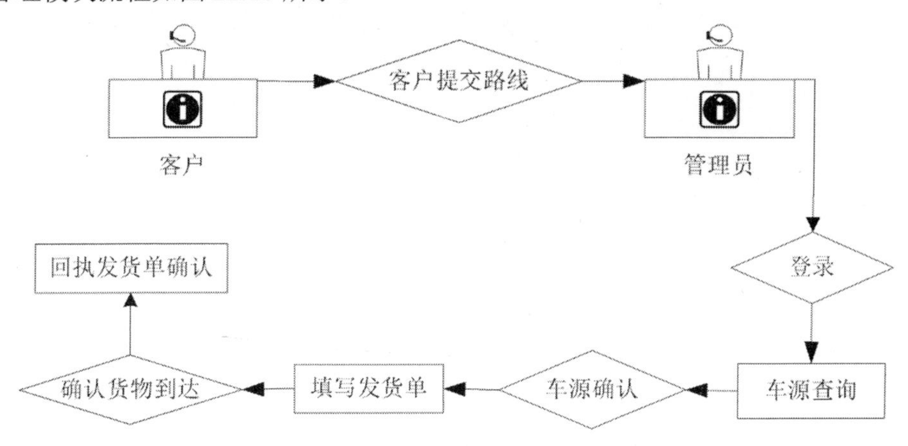

图 22.16　发货单管理流程

在发货单管理流程模块中，主要涉及两个数据表，分别为发货单信息表（tb_opera tiongoods）和发货单日志信息表（tb_carlog），因此需要创建两个 FormBean。另外，开发人员还需要创建一个发货单管理的 Action 实现类，以在 Struts 2 的配置文件中对 Action 进行配置。

22.8.2　代码实现

1．填写发货单的实现过程

（1）“发货单”页面。

管理员登录系统后，可以通过两种方式进入“发货单”页面来填写发货单信息，一种是直接单击“发货单”超链接，即可进入“发货单”页面，运行结果如图 22.17 所示。

图 22.17　直接进入“发货单”页面

另一种是单击“车源信息查询”超链接，可以对所有的车源进行查看，这里也包括车源的使用日志，单击没有使用车源中的“未被使用”超链接，可以将指定的车源添加到发货单内，运行结果如图 22.18 所示。

图 22.18　间接进入“发货单”页面

（2）编写发货单填写代码。

在填写发货单页面中，将发货单的内容填写完毕后，单击“发货”按钮，网页会访问一个 URL 地址，该地址是 goods_insertGoods。根据 struts.xml 文件的配置信息可以知道，发货单填写涉及的操作指的是 GoodsAction 类中的 insertGoods()方法

在 insertGoods()方法中，将执行两条 SQL 语句的操作：一个是对发货单表（tb_operationgoods）实现添加数据的操作，另一个是对车源日志表（tb_carlog）实现添加数据的操作。insertGoods()方法的关键代码如下：

```
public String insertGoods() {
String   sql1   =   "insert   into   tb_operationgoods   (car_id,customer_id,goods_id,goods_name,goods_   tel,goods_
address,goods_sure) value ("
        + this.car_id+ ","+ this.customer_id+ ",'" + this.goods_id+ "','"+ this.goods_name + "','"
           + this.goods_tel + "','" + this.goods_address + "',1)";
              String startTime = request.getParameter("startTime");              //从页面中获取发货时间的表单信息
              String endTime = request.getParameter("endTime");                 //从页面中获取收货时间的表单信息
              String describer = request.getParameter("describer");             //从页面中获取发货描述信息的表单信息
              String sql2 = "insert into tb_carlog (goods_id,car_id,startTime,endTime,describer) value ('"
                             + goods_id+ "','"+ car_id "','" startTime+ "','" + endTime + "','" + describer + "')";
                       this.goodsAndLogDao.operationGoodsAndLog(sql1);
                 this.goodsAndLogDao.operationGoodsAndLog(sql2);
              request.setAttribute("goodsSuccess", "<br><br>您添加订货单成功");
              return SUCCESS;
       }
```

（3）编写发货单信息的 GoodsDao 类。

添加发货单信息时使用的是 GoodsAndLogDao 类中的 operationGoodsAndLog()方法，在该方法中将 SQL 语句作为方法的参数，该 SQL 语句是通过 JDBConnection 类中的方法执行的。由于 executeUpdate() 方法的返回值为 boolean 类型，因此可以根据这个返回值的结果来判断该 SQL 语句是否执行成功。operationGoodsAndLog()方法的关键代码如下。

```
public boolean operationGoodsAndLog(String sql) {
        return connection. executeUpdate(sql);
}
```

2. 回执发货单确认的实现过程

（1）“回执发货单确认”页面。

如果收货人收到发货单中的货物，管理员可以进行回执发货单确认操作。管理员登录系统后，单击“回执发货单确认”超链接，在“回执发货单确认”页面中，在“订单确认”按钮左侧的文本框中输入发货单号，单击该按钮后，将对发货单号对应的所有发货单内容进行查询，运行结果如图 22.19 所示。

首页 >> 回执发货单确认

1513158699411　订单确认

车主姓名：	明日	车牌号码：	吉A-123456
车主地址：	长春市南关区财富领域	车主电话：	84978981
运输路线：	长春-北京		
发货人姓名：	明日	发货人电话：	84978981
发货人地址：	长春市南关区		
收货人姓名：	李先生	收货人电话：	84978981
收货人地址：	北京市通州区		
发货时间：	2017-12-13	收货时间：	2017-12-18
发货单号：	1513158699411	货物描述	暂无。

回执发货单确认

图 22.19　根据发货单号查询发货单的全部内容

（2）编写回执发货单确认代码。

在图 22.19 所示的页面中，单击“回执发货单确认”按钮后，网站会访问一个 URL 地址，该地址是 goods_changeOperation.action?goods_id=<%=logForm.getGoods_id()%>，其中 goods_id 为发货单编号，根据这个编号将修改发货单表的 sign 字段内容以及删除车源日志表的内容。

根据 struts.xml 文件中的内容，可以知道，该 URL 地址调用的是 GoodsAction 类中的 changeOperation()方法，该方法的主要代码如下。

```
public String changeOperation(){
        String goods_id=request.getParameter("goods_id");
        String sql1="update tb_operationgoods set goods_sure=0 where goods_id='"+goods_id+"'";
        String sql2="delete from tb_carlog where goods_id='"+goods_id+"'";
        this.goodsAndLogDao.operationGoodsAndLog(sql1);
        this.goodsAndLogDao.operationGoodsAndLog(sql2);
        request.setAttribute("goods_id", goods_id);
        return SUCCESS;
}
```

3. 查看发货单确认的实现过程

当管理员登录后，单击“发货单查询”超链接，则执行对所有发货单进行查询的操作。查看“发货单查询”页面的运行结果如图 22.20 所示。

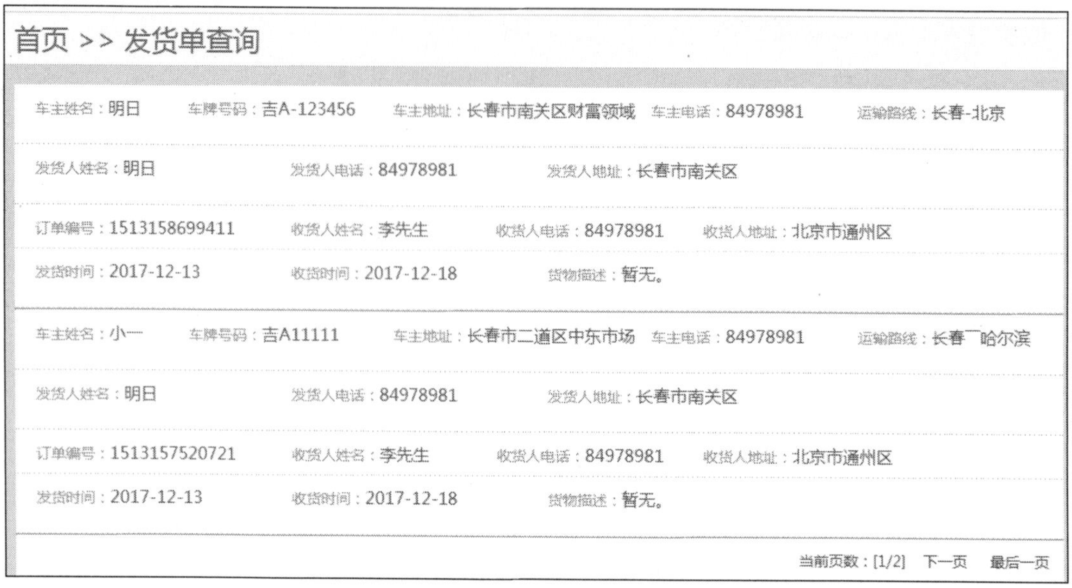

首页 >> 发货单查询

车主姓名：明日　车牌号码：吉A-123456　车主地址：长春市南关区财富领域　车主电话：84978981　运输路线：长春-北京

发货人姓名：明日　发货人电话：84978981　发货人地址：长春市南关区

订单编号：1513158699411　收货人姓名：李先生　收货人电话：84978981　收货人地址：北京市通州区

发货时间：2017-12-13　收货时间：2017-12-18　货物描述：暂无。

车主姓名：小一　车牌号码：吉A11111　车主地址：长春市二道区中东市场　车主电话：84978981　运输路线：长春¯哈尔滨

发货人姓名：明日　发货人电话：84978981　发货人地址：长春市南关区

订单编号：1513157520721　收货人姓名：李先生　收货人电话：84978981　收货人地址：北京市通州区

发货时间：2017-12-13　收货时间：2017-12-18　货物描述：暂无。

当前页数：[1/2]　下一页　最后一页

图 22.20　“发货单查询”页面

根据“发货单查询”超链接的 URL 的地址，可以知道该超链接调用是 GoodsAction 类中的 queryGoodsList()方法，该方法的主要代码如下。

```
public String queryGoodsList(){
        List list = goodsAndLogDao.queryGoodsList();
        request.setAttribute("list", list);
        return SUCCESS;
}
```

查询发货单确认信息使用的方法是 GoodsAndLogDao 类中的 queryGoodsList()。该方法将执行 select 查询语句，以查询发货单表中的所有内容，该方法的关键代码如下。

```
public List queryGoodsList() {
            List list=new ArrayList();
            String sql = "select * from tb_operationgoods order by id desc";    //设置查询的 SQL 语句
            ResultSet rs = connection.executeQuery(sql);                        //执行查询的 SQL 语句
            try {
                while (rs.next()) {
                    goodsForm = new GoodsForm();
                    goodsForm.setId(rs.getInt(1));
                    goodsForm.setCar_id(rs.getString(2));
                    goodsForm.setCustomer_id(rs.getString(3));
                    goodsForm.setGoods_id(rs.getString(2));
                    goodsForm.setGoods_name(rs.getString(5));
                    goodsForm.setGoods_tel(rs.getString(6));
                    goodsForm.setGoods_address(rs.getString(7));
                    goodsForm.setGoods_sure(rs.getString(8));
                    list.add(goodsForm);
                }
            } catch (SQLException e) {
                e.printStackTrace();
            }
            return list;    //使用 return 关键字返回查询结果
    }
```

4．删除发货单的实现过程

当执行回执发货单确认操作后，可以通过发货单的查询操作删除已经回执的发货信息。在“发货单查询”页面中可以找到删除发货单信息的超链接代码，如下所示。

```
<a href="goods_deleteGoods.action?id=<%=goodsForm.getId()%>">删除订货单</a>
```

从上面的链接地址中可以知道，删除发货单信息调用的是 GoodsAction 类中的 deleteGoods()方法。在该方法中，使用 request 对象中的 Parameter()方法获取链接地址的 id 值。根据这个 id 值设置删除的 SQL 语句，并通过这个 SQL 语句执行删除发货单信息的操作。deleteGoods()方法的关键代码如下：

```
public String deleteGoods(){
        String id=request.getParameter("id");
        String sql="delete from tb_operationgoods where id='"+id+"'";
        this.goodsAndLogDao.operationGoodsAndLog(sql);
        return "deleteSuccess";
}
```

在上述代码中，根据 struts.xml 文件的配置可以知道，当执行完对发货单的删除操作后，将会执行对发货单的查询操作。

22.9　小　　结

本章包含了以下知识点：JDBC 技术操作数据库，设置 properties 资源文件，JavaBean 的应用，实现页码的分页效果，配置 struts.xml 文件，使用 JSP 指令加载页面，Ajax 的重构功能，实现用户名和密码的校验操作，DIV 区域的展示等。读者需要熟练掌握上述知识点，并将其模块化。这样，在日后的程序开发工作中，读者可以将其拿过来直接使用，不仅可以得心应手，还能达到事半功倍的效果。